高等职业教育示范专业系列教材 数控技术专业
国家示范建设院校课程改革成果

数控车削编程与加工

周 兰 编
陈少艾 审

机械工业出版社

本书针对市场主流数控系统 FANUC 0i 系统，依据零件数控车削加工工艺流程，按照"数控车削加工准备"、"数控车削加工编程"、"数控车床基本操作（FANUC 0i Mate TC）"、"数控车床典型零件加工"四个模块进行知识讲解和技能训练。

本书以项目为载体，设计了从数控车床基本结构认识到数控车床典型零件加工共计二十八个项目，阐述了数控车削类典型零件从"图样"到"产品"全部工作过程所需的知识、技能及职业素质要求。每个项目按照"项目综述"、"操作要领及关联知识"、"工作示例"、"实训项目"方式展开，讲练结合，一讲一练。与每一项目配套的二十八个实训项目设计任务明确、可操作性强，以工作要求和工作任务方式对学生实训过程起引导和指导作用，实现了教材和实训报告的有机结合。本书可作为高等职业院校数控技术专业、机械制造专业、模具设计与制造专业等数控车削加工教学做一体化教材，也可作为企业技术人员参考、培训用书。

图书在版编目（CIP）数据

数控车削编程与加工/周兰编．—北京：机械工业出版社，2010.5
(2022.7 重印)
高等职业教育示范专业系列教材．数控技术专业．国家示范建设院校课程改革成果
ISBN 978-7-111-30470-8

Ⅰ.①数… Ⅱ.①周… Ⅲ.①数控机床:车床-车削-程序设计-高等学校:技术学校-教材 Ⅳ.①TG519.1

中国版本图书馆 CIP 数据核字（2010）第 071923 号

机械工业出版社（北京市百万庄大街 22 号　邮政编码 100037）
策划编辑：郑　丹　王英杰　责任编辑：刘良超　版式设计：霍永明
责任校对：李秋荣　封面设计：鞠　杨　责任印制：常天培
北京机工印刷厂有限公司印刷
2022 年 7 月第 1 版第 11 次印刷
184mm×260mm·24.75 印张·610 千字
标准书号：ISBN 978-7-111-30470-8
定价：49.00 元

电话服务　　　　　　　　网络服务
客服电话：010-88361066　　机　工　官　网：www.cmpbook.com
　　　　　010-88379833　　机　工　官　博：weibo.com/cmp1952
　　　　　010-68326294　　金　书　网：www.golden-book.com
封底无防伪标均为盗版　　机工教育服务网：www.cmpedu.com

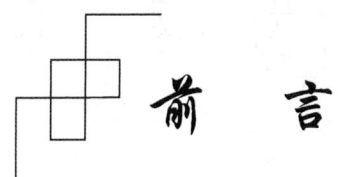

前 言

本书从行业、企业的专业调研出发，依据社会对数控技术专业技能型人才的需求，按照系统化的知识学习和系统化的技能训练两条主线展开，相互交融，同时兼顾职业素质培养，全面培养数控车削加工工艺员职业能力。

系统化的知识学习包括数控车床结构认识及运动分析、数控车床工艺范围、零件图的读图与制图技巧、零件加工工艺设计内容与方法、编程指令内涵及编程方法、机床基本操作方法等，是实施零件加工的必备知识；系统化技能训练包括机床结构认识、读图与制图、零件工艺设计、加工程序编制、机床操作与参数设置、典型零件加工与精度检测等，是数控车削加工工艺员必备技能。知识学习、技能训练内容以及难易程度选取符合数控车削加工中级工国家职业资格要求。

本书针对市场主流数控系统（FANUC 0i 系统），按照"模块—项目—实训项目"模式进行编写，理论、案例、实训有机结合。实训项目设计既引导学生进行单行和综合技能训练，又给予了学生极大的自主、创新空间，同时注重通过实训项目设计促成良好职业素质养成。

本书由武汉船舶职业技术学院周兰编写，由武汉船舶职业技术学院陈少艾教授审稿。在教材编写过程中，编者得到了相关企业、武汉船舶职业技术学院数控技术教研室各位老师和其他院校老师的大力支持，在此深表感谢。

本书按照项目驱动方式进行编写，对实训项目内容依据岗位需求进行了全新设计。由于时间仓促和编者水平有限，难免有欠妥及错误之处，恳请读者批评指正。

编　者

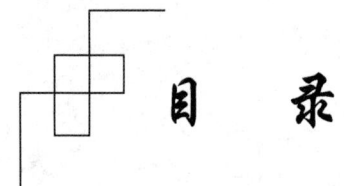

目 录

前言
模块一 数控车削加工准备 ················ 1
  项目一 数控车床基本结构认识 ········· 1
    一、数控车床的基本组成及各部分作用 ············ 1
    二、数控车床机械结构 ················ 2
    三、数控车床运动分析 ················ 4
    四、数控车床常见类型 ················ 5
    五、数控车床主要技术参数 ············ 8
  项目二 数控车床工艺范围及工艺特点认识 ············ 10
    一、数控车床车削加工工艺范围 ······ 10
    二、数控车削加工应用场合 ·········· 11
    三、数控车削加工所能达到的精度等级 ············ 13
    四、数控车削加工特点 ·············· 13
  项目三 中等复杂程度零件图的识读与绘制 ············ 14
    一、零件图识读的方法和步骤 ········ 14
    二、数控车削加工零件图的识读 ······ 15
    三、典型车削类零件读图实例 ········ 19
    四、车削类零件制图 ················ 20
  项目四 数控车削加工工艺设计 ········ 24
    一、数控车削加工工艺设计内容 ······ 24
    二、零件的工艺性分析 ·············· 24
    三、加工方法选择 ·················· 25
    四、毛坯的类型和选择 ·············· 26
    五、工件在数控车床上的定位与装夹 ···· 27
    六、数控车削加工工艺设计 ·········· 43
    七、数控车削加工刀具选择 ·········· 56
    八、零件数控车削加工精度检测 ······ 70
    九、数控车削加工工艺文件编制 ······ 78
    十、数控车削加工工艺设计实例 ······ 80
模块二 数控车削加工编程 ··············· 83
  项目五 数控车床坐标系的建立及编程指令认识 ············ 83
    一、机床坐标及运动方向的确定 ······ 83
    二、数控车床机床坐标系的建立 ······ 84
    三、数控车床工件坐标系的建立 ······ 85
    四、零件程序结构的认识 ············ 88
    五、FANUC指令系统的认识 ········ 90
  项目六 数控车床基本指令编程 ········ 95
    一、数控车床编程原则 ·············· 95
    二、快速点定位指令编程（G00） ···· 96
    三、直线插补指令编程（G01） ······ 97
    四、圆弧插补指令编程（G02/G03） ·· 98
    五、暂停指令编程（G04） ········· 102
    六、单位选择指令编程（G20/G21） · 102
    七、直径编程和半径编程 ··········· 103
    八、自动返回参考点指令G28 ······· 103
    九、自动从参考点返回指令G29 ····· 103
    十、数控车床基本指令编程实例 ····· 104
  项目七 刀具补偿指令编程及刀偏值设定 ············ 108
    一、刀具补偿的意义和类型 ········· 108
    二、刀具位置补偿 ················· 108
    三、刀尖圆弧半径补偿 ············· 111
  项目八 单一形状固定循环指令编程 ··· 116
    一、圆柱切削循环指令编程（G90） · 116
    二、圆锥切削循环指令编程（G90） · 117
    三、平端面切削循环指令编程（G94） · 119
    四、锥形端面切削循环指令编程（G94） ············ 121
    五、综合编程实例 ················· 121
  项目九 复合形状固定循环指令编程 ··· 124
    一、内、外圆粗车循环指令编程（G71） ············ 124
    二、端面粗车循环指令编程（G72） · 128
    三、固定形状粗车循环指令编程（G73） ············ 130

四、精车循环指令编程（G70） ………… 132
　　五、内、外圆复合固定循环指令 G71、
　　　　G72、G73、G70 使用注意事项……… 132
　　六、综合编程实例 ………………………… 133
项目十　切槽（钻孔）循环指令编程及工
　　　　件切断编程 …………………………… 136
　　一、端面切槽（钻孔）循环指令编程
　　　　（G74） …………………………………… 136
　　二、径向切槽（钻孔）循环指令编程
　　　　（G75） …………………………………… 138
　　三、综合编程实例 ………………………… 143
项目十一　螺纹切削循环指令编程 …………… 145
　　一、螺纹基础知识 ………………………… 145
　　二、螺纹加工工艺设计 …………………… 148
　　三、单行程螺纹切削指令编程（G32）…… 151
　　四、螺纹切削单一固定循环指令编程
　　　　（G92） …………………………………… 153
　　五、螺纹切削复合循环指令编程
　　　　（G76） …………………………………… 156
　　六、综合编程实例 ………………………… 158
项目十二　孔加工固定循环指令编程 ………… 163
　　一、孔加工固定循环指令类型 …………… 163
　　二、孔加工固定循环指令基本动作分
　　　　析 ………………………………………… 164
　　三、孔加工固定循环指令格式 …………… 164
　　四、孔加工固定循环指令应用说明 ……… 165
　　五、程序应用及编程实例 ………………… 166
项目十三　子程序的编写与调用 ……………… 169
　　一、主程序和子程序的认知 ……………… 169
　　二、子程序的嵌套功能 …………………… 169
　　三、子程序的编写与调用 ………………… 169
　　四、子程序的编写注意事项 ……………… 171
　　五、编程实例 ……………………………… 171
项目十四　非圆曲线用户宏程序编程与
　　　　调用 …………………………………… 172
　　一、非圆曲线轮廓加工特点 ……………… 172
　　二、用户宏程序初识 ……………………… 173
　　三、宏程序编程适用范围 ………………… 174
　　四、用户宏程序编程基础 ………………… 174
　　五、宏程序编程应用实例 ………………… 181

**模块三　数控车床基本操作（FANUC 0i
　　　　　Mate TC）** …………………………… 190

项目十五　数控车床操作面板认识与操

作 ………………………………………… 190
　　一、FANUC 0i Mate TC 数控车床 MDI
　　　　键盘认识与操作 ……………………… 190
　　二、FANUC 0i Mate TC 数控车床操作
　　　　面板认识与操作 ……………………… 193
　　三、数控车床的开机操作 ………………… 196
项目十六　数控车床手动操作 ………………… 197
　　一、数控车床手动返回参考点操作 ……… 197
　　二、数控车床手动连续进给（JOG）操
　　　　作 ………………………………………… 197
　　三、数控车床手轮进给操作 ……………… 199
项目十七　数控车床程序编辑 ………………… 200
　　一、数控车床程序编辑操作 ……………… 200
　　二、程序号和程序顺序号检索操作 ……… 202
　　三、删除程序的操作 ……………………… 202
　　四、程序的后台编辑操作 ………………… 203
　　五、创建程序操作 ………………………… 203
项目十八　数控车床程序自动运行操作 ……… 205
　　一、数控车床自动运行程序编辑操作的
　　　　几种方式 ……………………………… 205
　　二、存储器运行操作 ……………………… 205
　　三、程序的 MDI 运行操作 ………………… 206
　　四、程序的再启动操作 …………………… 206
　　五、子程序调用操作 ……………………… 208
　　六、手轮中断操作 ………………………… 208
　　七、镜像操作 ……………………………… 208
项目十九　数控车床参数设定与数据显示
　　　　操作 …………………………………… 210
　　一、数控车床位置显示画面操作 ………… 210
　　二、数控车床程序显示画面操作 ………… 211
　　三、数控车床参数设置和显示操作 ……… 213
　　四、数控车床系统参数设置和显示操
　　　　作 ………………………………………… 218

模块四　数控车床典型零件加工 …………… 221

项目二十　阶梯轴类零件加工 ………………… 221
　　一、零件加工工作任务 …………………… 221
　　二、零件加工工艺设计、编程与加工实
　　　　施过程 ………………………………… 222
项目二十一　含圆弧要素阶梯轴类零件加
　　　　工 ……………………………………… 231
　　一、零件加工工作任务 …………………… 231
　　二、零件加工工艺设计、编程与加工实
　　　　施过程 ………………………………… 232

| 项目二十二 含螺纹要素阶梯轴类零件加工 ……… 236
  一、零件加工工作任务 ……… 236
  二、零件加工工艺设计、编程与加工实施过程 ……… 237
项目二十三 含沟槽要素阶梯轴类零件加工 ……… 241
  一、零件加工工作任务 ……… 241
  二、零件加工工艺设计、编程与加工实施过程 ……… 242
项目二十四 阶梯孔套类零件加工 ……… 248
  一、零件加工工作任务 ……… 248
  二、零件加工工艺设计、编程与加工实施过程 ……… 249
项目二十五 含内沟槽要素阶梯孔套类零件加工 ……… 253
  一、零件加工工作任务 ……… 253
  二、零件加工工艺设计、编程与加工实施过程 ……… 254
项目二十六 含内螺纹要素阶梯孔套类零件加工 ……… 259
  一、零件加工工作任务 ……… 259
  二、零件加工工艺设计、编程与加工实施过程 ……… 260
项目二十七 含平底孔要素套类零件加工 ……… 265
  一、零件加工工作任务 ……… 265
  二、零件加工工艺设计、编程与加工实施过程 ……… 266
项目二十八 组合件加工 ……… 270
  一、零件加工工作任务 ……… 270
  二、零件加工工艺设计、编程与加工实施过程 ……… 271

附录 ……… 282
  附表 A 数控车削加工工序卡 ……… 282
  附表 B 数控车削加工工件安装及工件坐标系设定卡 ……… 283
  附表 C 数控车削加工程序编制卡 ……… 284
  附表 D 数控车削加工刀具选用卡 ……… 285
  附表 E 数控车削加工零件精度检测卡 ……… 286

参考文献 ……… 287
实训项目 ……… 289
  实训项目一 数控车床认识实训 ……… 291
  实训项目二 数控车床加工工艺范围认识实训 ……… 293
  实训项目三 零件图识读与绘制实训 ……… 296
  实训项目四 数控车削加工工艺设计实训 ……… 301
  实训项目五 数控车床坐标系建立及对刀操作实训 ……… 310
  实训项目六 数控车床基本指令编程实训 ……… 313
  实训项目七 刀具补偿功能指令编程与操作实训 ……… 315
  实训项目八 单一形状固定循环指令编程与操作实训 ……… 318
  实训项目九 复合形状固定循环指令编程与操作实训 ……… 320
  实训项目十 切槽循环指令编程及工件切断编程与操作实训 ……… 322
  实训项目十一 螺纹切削循环指令编程与操作实训 ……… 324
  实训项目十二 数控车削中心孔加工固定循环指令编程与操作实训 ……… 327
  实训项目十三 子程序编程与调用实训 ……… 329
  实训项目十四 非圆曲线用户宏程序编程与调用实训 ……… 331
  实训项目十五 操作面板基本操作实训 ……… 333
  实训项目十六 手动操作实训 ……… 335
  实训项目十七 数控车床程序编辑操作实训 ……… 337
  实训项目十八 数控车床程序自动运行操作实训 ……… 339
  实训项目十九 数控车床参数设定与数据显示操作实训 ……… 341
  实训项目二十 阶梯轴类零件加工实训 ……… 343
  实训项目二十一 含圆弧要素阶梯轴类零件加工实训 ……… 348
  实训项目二十二 含螺纹要素阶梯轴类零件加工实训 ……… 353
  实训项目二十三 含沟槽要素阶梯轴类零件加工实训 ……… 358
  实训项目二十四 阶梯孔套类零件加工实训 ……… 364
  实训项目二十五 含内沟槽要素阶梯孔

　　　　　　　套类零件加工实训……… 369　　实训项目二十七　含平底孔要素套类零
实训项目二十六　含内螺纹要素阶梯孔　　　　　　　　　　件加工实训………………… 379
　　　　　　　套类零件加工实训……… 374　　实训项目二十八　组合件加工实训………… 384

模块一　数控车削加工准备

项目一　数控车床基本结构认识

项目综述

数控车削加工工艺设计、编程与操作必须熟悉数控车床的类型、基本结构、运动方式及主要技术参数。实施本项目所训练的专业技能和应掌握的关联知识见表 1-1。

表 1-1　专业技能和关联知识

专业技能	关联知识
认识数控车床基本构成	数控车床基本构成及各部分作用
认识数控车床各部件作用	数控车床机械结构
分析数控车床存在运动	数控车床运动分析
认识数控车床常见类型	数控车床常见类型
了解数控车床主要技术参数	数控车床主要技术参数

操作要领及关联知识

一、数控车床的基本组成及各部分作用

数控车床的种类很多，但任何一种数控车床都由加工程序、输入装置、数控系统、伺服系统、辅助控制装置、反馈系统及机床本体组成，如图 1-1 所示。

（1）加工程序　数控机床工作时，不需要工人直接去操作机床。要对数控机床进行控制，必须编制加工程序。加工程序存储着加工零件所需的全部操作信息和刀具相对工件的位移信息等。加工程序可存储在控制介质上，或利用键盘直接将程序及数据输入。随着 CAD/CAM 技术的发展，有些 CNC 设备可利用 CAD/CAM 软件在其他计算机上生成程序然后导入数控系统中。

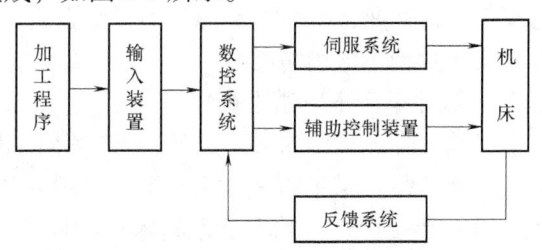

图 1-1　数控车床的基本组成

（2）输入装置　输入装置的作用是将控制介质上的数控代码变成相应的电脉冲信号，传递并存入到数控系统内。根据控制介质的不同，输入装置可以是光电阅读机、磁带机、软盘驱动器或存储卡。另外，数控机床加工程序可以采用 CNC 传送，将数控加工程序通信方式由编程计算机传递到数控系统中。

(3) 数控系统　数控系统是数控机床的核心。现代数控系统通常是一台具有专用系统软件的微型计算机，它由输入输出接口线路、控制运算器和存储器等构成。它接受控制介质上的数字化信息，经过控制软件或逻辑电路进行编译、运算和逻辑处理后，输出各种信号和指令，控制机床的各个部分进行规定的、有序的动作。

(4) 伺服系统　伺服系统是数控机床的执行机构，由驱动装置和执行部件两部分组成。它接受数控系统的指令信息，并按指令信息的要求控制执行部件的进给速度、方向和位移，以加工出符合图样要求的零件。因此，伺服精度和动态响应是影响数控机床的加工精度、表面质量和生产效率的重要因素之一。指令信息是以脉冲信息体现的，每一脉冲使机床移动部件产生的位移量叫脉冲当量，常用机床的脉冲当量为 $0.001\sim0.1$mm，新型高精度机床的脉冲当量可达到纳米级精度。

目前数控机床的伺服系统中，常用的位移执行部件有功率步进电动机、直流伺服电动机和交流伺服电动机。

(5) 反馈系统　测量元件将数控机床各坐标轴的位移指令值检测出来并经反馈系统输入到机床的数控系统中，数控系统将反馈回来的实际位移值与设定值进行比较，并向伺服系统输出达到设定值所需的位移量指令。

(6) 辅助控制装置　辅助控制装置的主要作用是接收数控系统输出的主运动换向、变速、起停、刀具的选择和更换，以及其他辅助装置动作的指令信号，经过必要的编译、逻辑判别和运算，经过功率放大后直接驱动相应的电器，带动机床的机械部件、液压装置、气动装置等辅助装置完成指令规定的动作。同时机床上的限位开关等开关量信号经它处理后送回数控系统进行处理。

由于可编程序控制器（PLC）具有响应快，性能可靠，易于使用、编程和修改，并可直接驱动机床电器，现已广泛作为数控机床的辅助控制装置。

(7) 机床本体　与传统的机床相比较，数控机床本体仍然由主传动装置、进给传动装置、床身、工作台以及辅助运动装置、液压气动系统、润滑系统、冷却装置等组成，但数控机床本体的整体布局、外观造型、传动系统、刀具系统等的结构以及操纵机构都发生了很大的改变，这种变化的目的是为了满足数控机床高精度、高速度、高效率以及高柔性的要求。

二、数控车床机械结构

1. 数控车床本体基本构成

以数控卧式车床为例，数控车床本体由床身及导轨部件、主轴箱部件、纵横向进给机构、刀架部件、尾座部件、液压系统、润滑系统、冷却系统等构成，如图1-2所示。

(1) 床身部件　数控车床的床身部件承担车床所有其他部件的重量及切削加工时的切削力，并保证各个部件之间的相对位置关系。数控车床的床身除了采用传统的铸造床身外，也有采用加强钢肋板或钢板焊接结构的。图1-3所示为典型的数控车床斜床身结构。

(2) 导轨部件　数控车床的导轨可分为滑动导轨和滚动导轨两种。

滑动导轨具有结构简单、制造方便、接触刚度大等优点。但传统滑动导轨摩擦阻力大，磨损快，动、静摩擦系数差别大，低速时易产生爬行现象。目前，数控车床已不采用传统滑动导轨，而是采用有耐磨粘贴带覆盖层的滑动导轨和新型塑料滑动导轨，它们具有摩擦性能良好和使用寿命长等特点。

车床滑动导轨的横截面形状常采用山形截面和矩形截面，如图1-4所示。山形截面导轨

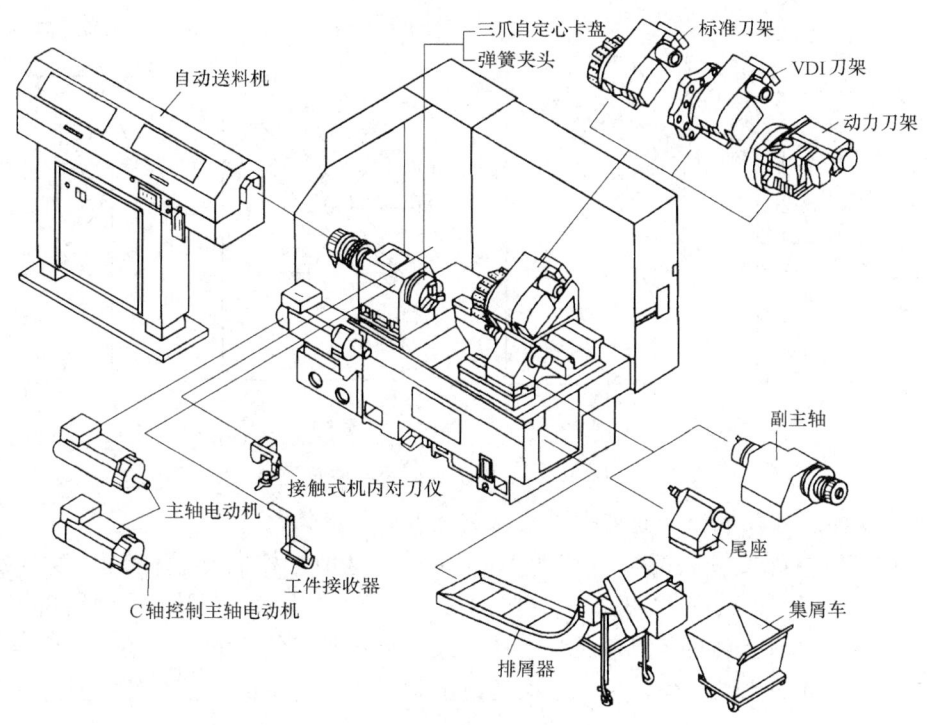

图 1-2 数控车床本体结构

导向精度高,导轨磨损后靠自重下沉自动补偿。下导轨的凸形结构有利于排除污物,但不易保存油液。矩形截面导轨制造维修方便,承载能力大,新导轨导向精度高,但磨损后不能自动补偿,需用镶条调节,影响导向精度。

滚动导轨的优点是摩擦系数小,动、静摩擦系数很接近,不会产生爬行现象,可以使用油脂润滑。数控车床导轨的行程一般较长,因此滚动体必须循环。

2. 数控车床床身的布局形式

床身和导轨的布局形式对机床性能的影响很大。床身是机床的主要承载部件,是机床的主体。按照床身导轨面与水平面的相对位置,床身的布局形式有水平床身—水平滑板、倾斜床身—倾斜滑板、水平床身—倾斜滑板以及直立床身—直立滑板等多种形式,如图 1-5 所示。

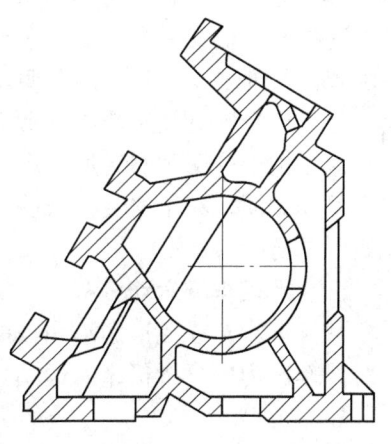

图 1-3 数控车床斜床身结构

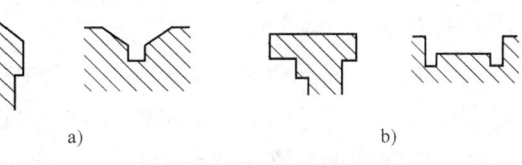

图 1-4 常见数控车床滑动导轨截面形状
a) 山形截面 b) 矩形截面

(1) 水平床身配置水平滑板 如图 1-5a 所示,水平床身的工艺性好,便于导轨面的加工。水平床身配上水平放置的刀架可提高刀架的运动精度,一般用于大型数控车床或小型精密数控车床的布局。但是水平床身由于下部空间小,故排屑困难。从结构尺寸来看,刀架水平放

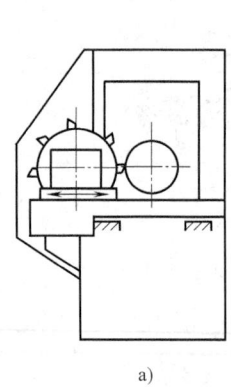 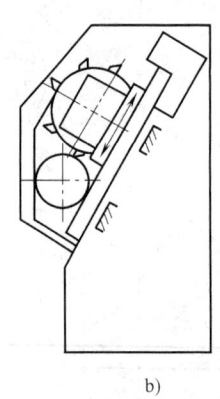 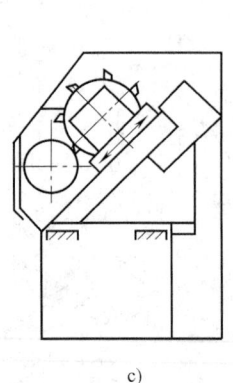 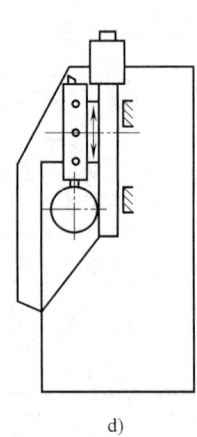

a)   b)   c)   d)

图 1-5 数控车床的布局形式

置使得滑板横向尺寸较大，从而加大了机床宽度方向的结构尺寸。

（2）倾斜床身配置倾斜滑板　如图 1-5b 所示，这种结构的导轨倾斜角度分别为 30°、45°、60°、75°和 90°，其中 90°的滑板结构称为立床身，如图 1-5d 所示。倾斜角度小，排屑不便；倾斜角度大，导轨的导向性及受力情况差。导轨倾斜角度的大小还直接影响机床外形尺寸及高度和宽度的比例。综合考虑上面的诸因素，中小规格的数控车床，其床身的倾斜度以 60°为宜。

（3）水平床身配置倾斜滑板　这种结构通常配置有倾斜式的导轨防护罩，如图 1-5c 所示。这种布局形式一方面具有水平床身工艺性好的特点，另一方面机床宽度方向的尺寸较水平配置滑板的要小，且排屑方便。

水平床身配置倾斜滑板和倾斜床身配置倾斜滑板布局形式被中、小型数控车床普遍采用。这是由于这两种布局形式排屑容易，热切屑不会堆积在导轨上，也便于安装自动排屑装置；操作方便，易于安装机械手，以实现单机自动化；机床占地面积小，外形美观，容易实现封闭式防护。

三、数控车床运动分析

数控车床存在成形运动和辅助运动，成形运动包括主运动和进给运动。下面以 MJ-50 数控卧式车床为例分析机床的运动。

1. 主运动

图 1-6 所示为标准型 MJ-50 数控车床传动系统图。其中主运动由功率为 11kW 的交流伺服电动机驱动，经一级速比为 1∶1 的弧齿同步齿形带传动，直接带动主轴旋转。

2. 纵、横向进给运动

纵向进给系统由功率为 1.8kW 的交流伺服电动机驱动，经一级速比为 1∶1.25 弧齿同步齿形带传动，带动导程 $P=10$ mm 的滚珠丝杠旋转，将电机的回转运动转化成床鞍的直线纵向运动。横向进给系统由功率为 0.9kW 的交流伺服电动机驱动，经一级速比为 1∶1.2 的弧齿同步齿形带传动，带动导程 $P=6$ mm 的滚珠丝杠旋转，将电机的回转运动转化成滑板的直线横向运动。

3. 回转刀架运动

数控车床换刀时，需要刀架作回转分度运动，刀架回转的单位角度取决于装刀数目。

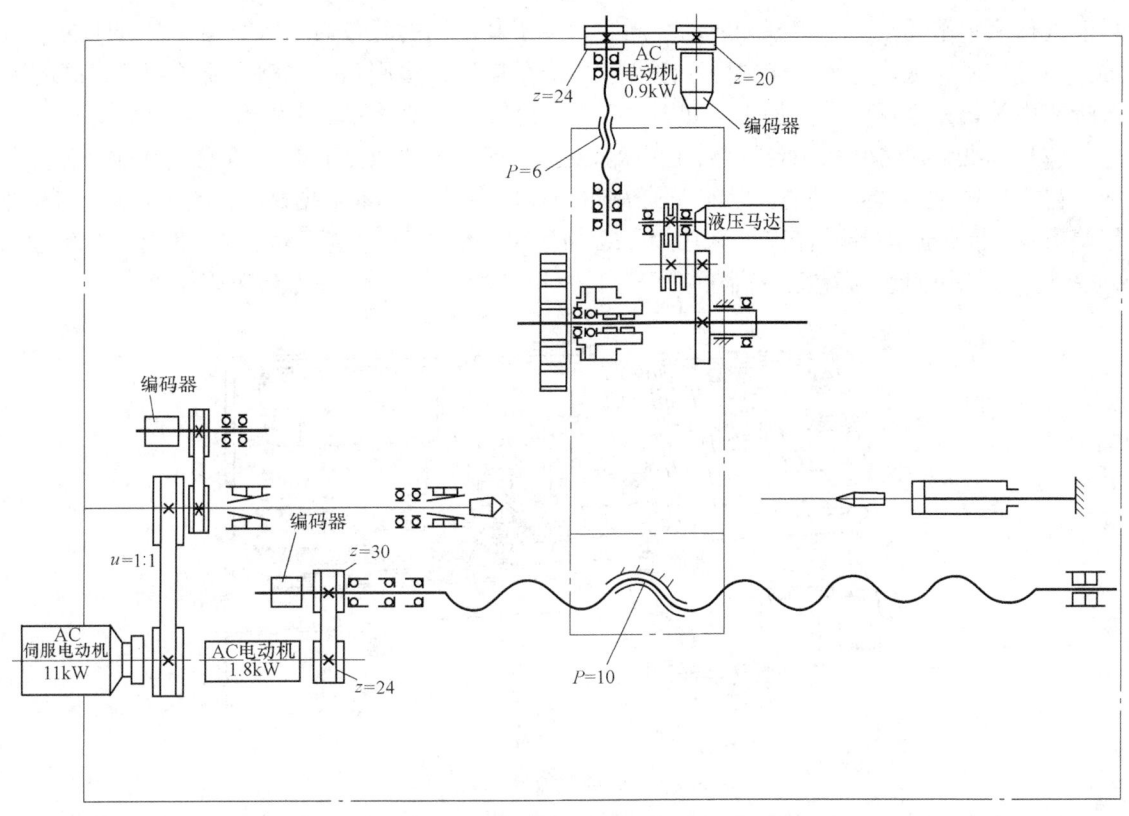

图 1-6　标准型 MJ-50 数控车床传动系统图

MJ-50 共有 10 把刀具，分度角以 36°为单位。回转刀架的动力源为液压马达，通过起分度作用的平板共轭分度凸轮，将分度运动传递给一对齿轮副，进而带动刀架回转。

4. 尾座运动

尾座上可以安装孔加工刀具或顶尖，尾座可根据待加工工件长短调整在导轨上的位置。

四、数控车床常见类型

1. 按数控系统的功能水平分类

（1）经济型数控车床　经济型数控车床又称简易型数控车床，一般是以普通车床的机械结构为基础，经过改进设计而得到，也有对普通车床进行改造而获得。一般采用由步进电动机驱动的开环伺服系统驱动，其控制部分采用单板机或单片机实现。此类车床的特点是结构简单、价格低廉，但缺少一些功能，诸如刀尖圆弧半径自动补偿和恒线速度切削等。一般

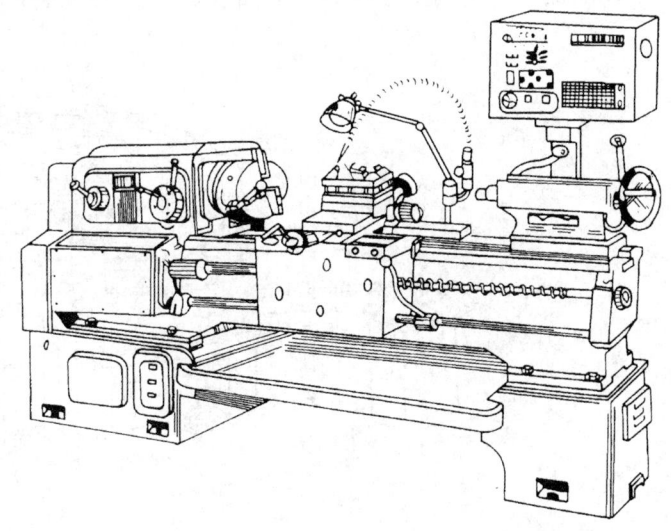

图 1-7　经济型数控车床外形

只能进行两个平动坐标的控制和联动。同时，由于其使用的是普通车床结构，在机床的精度等方面也有所欠缺。这种车床在中小型企业中应用广泛，多用于一些精度要求不是很高的大批量或中等批量零件的车削加工。如图 1-7 所示为某经济型数控车床外形。

（2）标准型数控车床　标准型数控车床就是通常所说的"数控车床"，又称全功能型数控车床。它的控制系统是标准型的，带有高分辨率的 LCD 显示器，带有数据显示、图形仿真、刀具补偿等功能，带有通信或网络接口。采用闭环或半闭环控制的伺服系统驱动，可以进行多个坐标轴的控制。具有高刚度、高精度和高效率等特点。图 1-8 所示为某标准型数控车床外形。

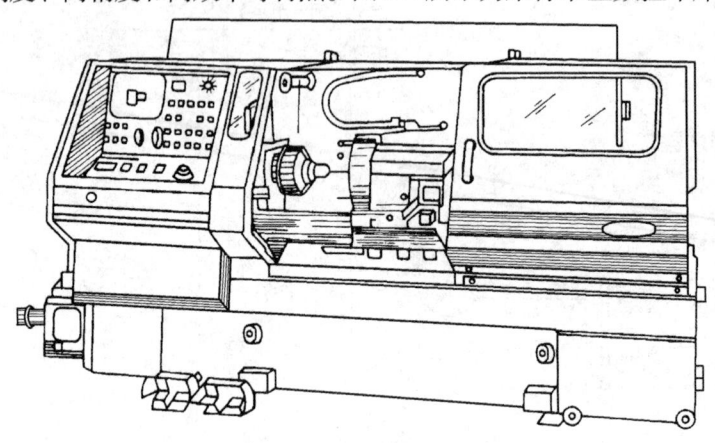

图 1-8　标准型数控车床外形

（3）车削中心　车削中心是以标准型数控车床为主体，配备刀库、自动换刀装置、分度装置、铣削动力头和机械手等部件，能实现多工序复合加工的车床，如图 1-9 所示。在车削中心上，工件在一次装夹后，可以完成回转类零件的车、铣、钻、铰、螺纹加工等多种加工工序的加工。车削中心的功能全面，加工质量和速度都很高，但价格也较贵。

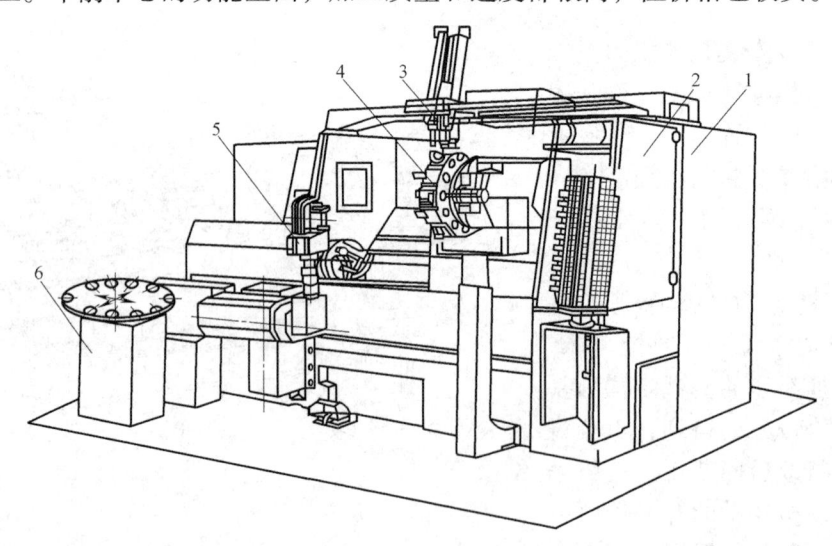

图 1-9　车削中心

1—车床本体　2—刀库　3—自动换刀装置　4—刀架　5—工件装卸机械手　6—载料机

（4）FMC 车削单元　FMC 是英文 Flexible Manufacturing Cell（柔性加工单元）的缩写。

FMC 车削单元是一个由数控车床、机器人（机械手）等构成的系统，如图 1-10 所示。它能实现工件自动搬运和装卸、自动加工和加工自动调整准备等工作。

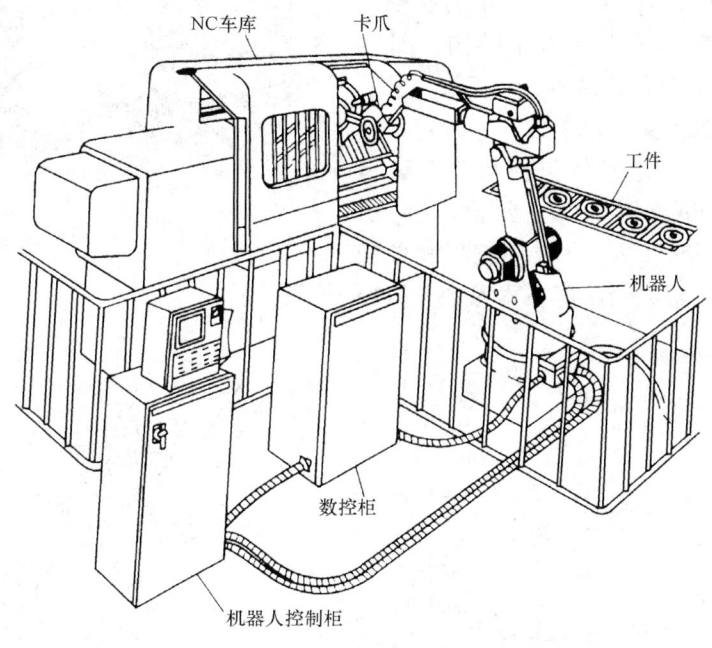

图 1-10　FMC 车削单元

2. 按主轴的配置形式分类

根据主轴的配置形式，数控车床可以分为卧式数控车床（主轴轴线为水平位置的数控车床）和立式数控车床（主轴轴线为垂直位置的数控车床）。具有两根主轴的车床，称为双轴卧式数控车床或双轴立式数控车床。如图 1-11 所示为双轴立式数控车床。

图 1-11　双轴立式数控车床

3. 按数控系统联动控制的轴数分类

根据数控系统联动控制的轴数，可以分为两轴控制的数控车床（机床上只有一个回转刀架，可实现两坐标轴控制）和四轴控制的数控车床（机床上有两个独立的回转刀架，可实现四坐标轴控制），图 1-12 所示为四轴联动数控车床，该车床具有双刀架结构，图 1-13 所示为数控车床双刀架结构。

五、数控车床主要技术参数

数控车床主要技术参数包括数控车床本体主要技术参数和数控系统主要技术参数，参数类型和作用见表 1-2。在数控编程和数控车削加工时应该了解数控车床技术参数，以便于正确选用机床。

图 1-12　四轴联动数控车床

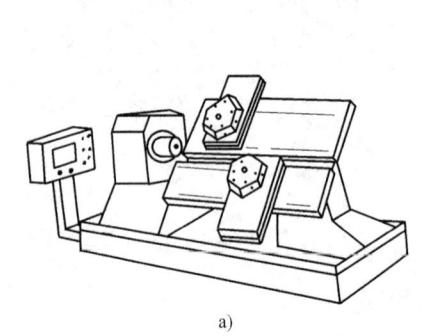
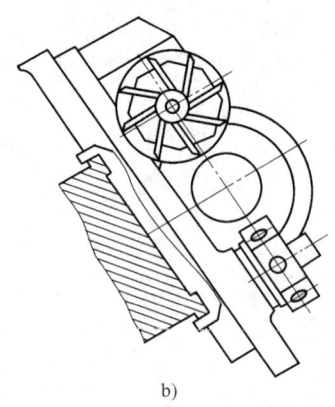

a)　　　　　　　　　　　b)

图 1-13　数控车床双刀架结构

a）平行交错双刀架　b）垂直交错双刀架

表 1-2　数控车床主要技术参数

参数类型	主要技术参数	作用
尺寸参数	X、Z 轴最大行程	影响加工工件的尺寸（重量）范围、编程范围及刀具、工件、机床之间的干涉
	卡盘尺寸	
	最大回转直径	
	最大车削直径	
	两顶尖间最大支撑长度	
	尾座套筒移动距离	
	最大车削长度	
接口参数	刀位数，刀具装夹尺寸	影响工件及刀具安装
	主轴头形式	
	主轴孔及尾座孔锥度、直径	
运动参数	主轴转速范围	影响加工性能及编程参数
	刀架快进速度、切削进给速度范围	
动力参数	主轴电动机功率	影响切削负荷
	伺服电动机额定转矩	

（续）

参数类型	主要技术参数	作用
精度参数	最小设定单位（脉冲当量）	影响加工精度及其一致性
	工件定位精度、重复定位精度	
	刀架定位精度、重复定位精度	
数控系统参数	控制轴数	影响数控编程及故障诊断
	联动轴数	
	最大编程尺寸	
	主轴功能	
	插补功能	
	刀具功能	
	自诊断功能	

项目二　数控车床工艺范围及工艺特点认识

项目综述

数控车床能够完成回转体类零件的内外圆柱面、圆锥面、螺纹面、端面、沟槽、特殊曲面等结构要素的加工。通过本项目的实施，建立学生数控车削加工工艺范围和工艺特点的概念。本项目所训练的专业技能和应掌握的关联知识见表2-1。

表2-1　专业技能和关联知识

专业技能	关联知识
掌握数控车床安全操作规程	数控车床车削加工工艺范围
掌握数控车床开关机操作顺序	数控车削加工应用场合
认识数控车床加工工艺范围及工艺特点	数控车削能达到的加工精度等级和表面粗糙度
初步掌握数控车床工夹具和刀具应用场合	数控车削加工特点

操作要领及关联知识

一、数控车床车削加工工艺范围

1. 车削外圆

车外圆是最常见、最基本的车削方法。图2-1所示为使用各种不同的车刀车削中小型零件外圆（包括车外回转槽）的方法。其中90°左偏刀主要用于需要从左向右进给，车削右边有直角轴肩的外圆以及右偏刀无法车削的外圆，如图2-1c所示，90°右偏刀亦然。

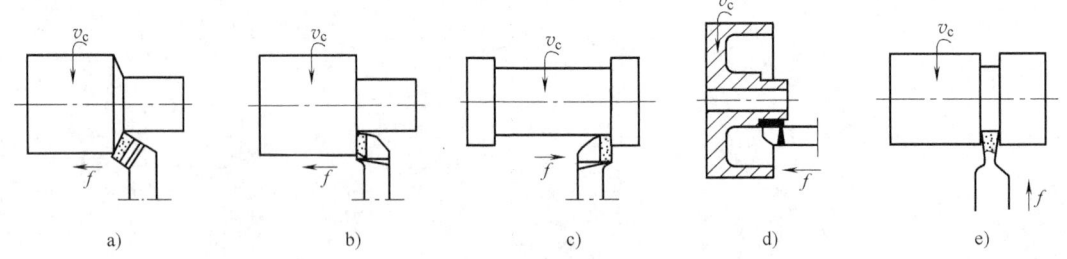

图 2-1　数控车床车削外圆

a) 45°偏刀车削外圆　b) 90°右偏刀车削外圆　c) 90°左偏刀车削外圆
d) 加工工件内部的外圆柱面　e) 加工外环形槽

2. 车削内圆（孔）

车削内圆（孔）是指用车削方法扩大工件的孔或加工空心工件的内表面。这也是常用的车削加工方法之一。常见的车孔方法如图2-2所示。在车削不通孔和台阶孔时，车刀要先纵向进给，当车到孔的根部时再横向进给，从外向中心进给车端面或台阶端面，如图2-2b、c所示。

3. 车削平面

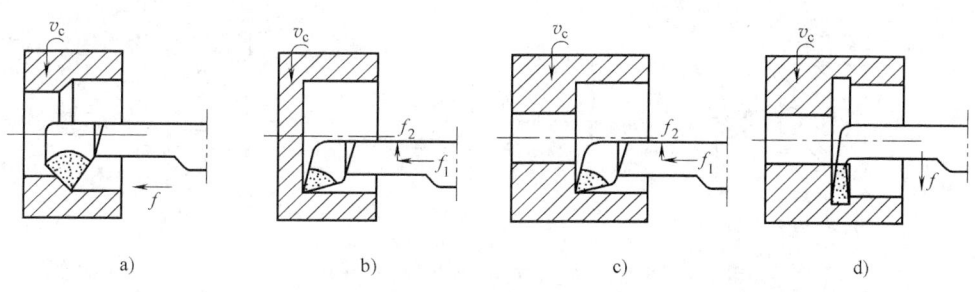

图 2-2 数控车床车削内圆

a）车削通孔　b）车削不通孔　c）车削台阶孔　d）车削内环槽

车削平面主要指的是车端平面（包括台阶端面），常见的方法如图 2-3 所示。图 2-3a 所示为使用 45°偏刀车削平面，可采用较大背吃刀量，切削顺利，表面光洁，大、小平面均可车削；图 2-3b 所示为使用 90°右偏刀从外向中心进给车削平面，适用于加工尺寸较小的平面或一般的台阶端面；图 2-3c 所示为使用 90°右偏刀从中心向外进给车削平面，适用于加工中心带孔的端面或一般的台阶端面；图 2-3d 所示为是使用 90°左偏刀车削平面，刀头强度较高，适宜车削较大平面，尤其是铸锻件的大平面。

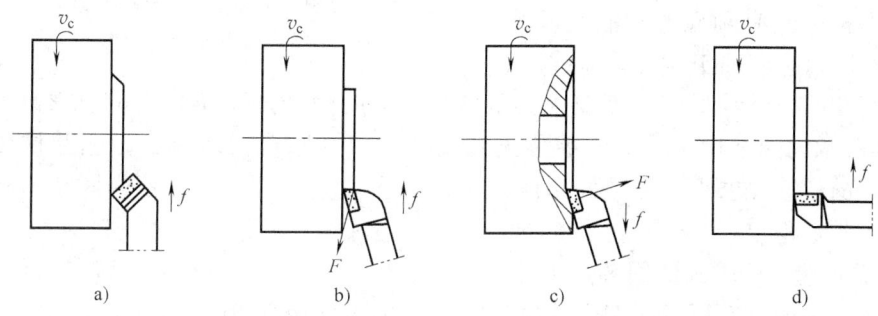

图 2-3 数控车床车削平面

a）45°偏刀车削平面　b）90°右偏刀车削平面（自外向中心进给）
c）90°右偏刀车削平面（自中心向外进给）　d）90°右偏刀车削平面

4. 车削锥面

锥面可分为内锥面和外锥面，可以分别视为内圆、外圆的特殊形式。内外锥面具有配合紧密、拆卸方便、多次拆卸后仍能保持准确对中的特点，广泛用于要求对中准确和需要经常拆卸的配合件上。工程上经常使用的标准圆锥有莫氏锥度、米制锥度和专用锥度三种，锥面加工如图 2-4 所示。

5. 定尺寸刀具孔加工

在数控车床上可以进行钻中心孔、钻孔和铰孔加工，如图 2-5 所示。

6. 车削螺纹

在数控车床上可以进行螺纹加工，如图 2-6 所示。

二、数控车削加工应用场合

数控车床能够完成上面各要素的加工，但加工零件时一定要秉承经济性原则，数控车削加工应用于下面所述场合：

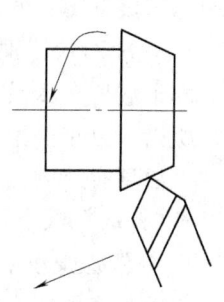

图 2-4 数控车床车削锥面

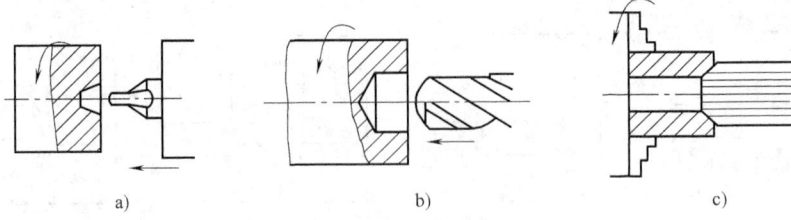

图 2-5 数控车床定尺寸刀具孔加工
a）钻中心孔 b）钻孔 c）铰孔

1. 精度要求高的回转体零件

由于数控车床刚性好，制造和对刀精度高，以及能方便和精确地进行人工补偿和自动补偿，所以能加工出尺寸精度要求较高的零件，在有些场合可以以车代磨。此外，数控车削的刀具运动是通过高精度插补运算和伺服驱动来实现的，再加上机床具有刚性好和制造精度高的特点，所以它能加工对母线直线度、

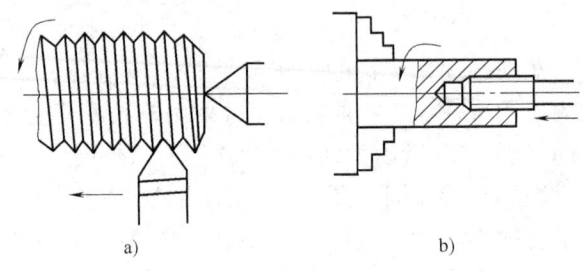

图 2-6 数控车床螺纹加工
a）车螺纹 b）攻螺纹

对轮廓圆度和圆柱度等形状精度要求高的零件，同时也能加工位置精度要求高的零件。图2-7 所示为轴承内圈结构，轴承内圈滚道和内孔的尺寸精度要求高，是相互位置精度要求高，表面粗糙度值要求小，在数控车床上工件一次装夹后可完成轴承内圈滚道和内孔的加工，且加工质量稳定。

2. 表面粗糙度要求高的回转体零件

某些数控车床具有恒线速切削功能，能加工出表面粗糙度值小而均匀的零件。在材质、精车余量和刀具已选定的情况下，表面粗糙度大小取决于进给量和切削速度。在普通车床上车削锥面和端面时，由于转速恒定不变，致使车削后的表面粗糙度不一致，只有某一直径处的粗糙度值最小。使用数控车床的恒线速切削功能，就可选用最佳线速度来切削锥面和端面，使车削后的表面粗糙度值既小又一致。数控车削还适合车削各部位表面粗糙度要求不同的零件。表面粗糙度值要求大的部位选用大的进给量，要求小的部位选用小的进给量。

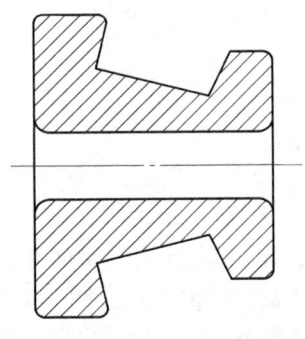

图 2-7 轴承内圈结构示意图

3. 轮廓形状特别复杂或难于控制尺寸的回转体零件

由于数控车床具有直线和圆弧插补功能，部分车床的数控系统还有某些非圆曲线插补功能，所以可以车削由任意直线和平面曲线组成的形状复杂的回转体零件以及难于控制尺寸的零件，如具有封闭内成型面的壳体零件。如图2-8 所示，封闭内腔成型面零件结构"口小肚大"，在普通车床上是无法加工的，而在数控车床上则能很容易地加工出来。

4. 带特殊螺纹的回转体零件

普通车床所能车削的螺纹相当有限，它只能车等导程的直、锥面螺纹，而且一台车床只能限定加工若干种导程的螺纹。数控车床不但能车削任何等导程的直、锥面螺纹和端面螺纹，而且能车逐渐增加、减小两种变导程及要求等导程与变导程之间平滑过渡的螺纹，还可以车高精度的模数螺旋零件（如圆柱、圆弧蜗杆）和端面（盘形）螺旋零件等。数控车床可以配备精密螺纹切削功能，再加上采用硬质合金的成形刀具及可以使用较高的转速，车削出来的螺纹精度高，表面粗糙度值小。

三、数控车削加工所能达到的精度等级

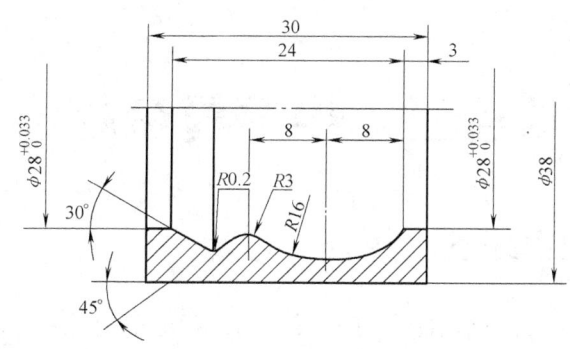

图 2-8 封闭内腔成型面零件结构

数控车床既能实现对工件的粗加工，也能实现半精加工和精加工。工件在数控车床上一次装夹后，应尽可能完成多的工序和工步的加工，以减小装配误差和提高生产效率。各种类型的加工所能达到的公差等级和表面粗糙度见表 2-2。

表 2-2 数控车削加工能达到的公差等级和表面粗糙度

车削加工类型	达到的公差等级	表面粗糙度
粗加工	IT11～IT12	$Ra12.5～25\mu m$
粗车→半精车	IT8～IT10	$Ra3.2～6.4\mu m$
粗车→半精车→精车	IT7～IT8	$Ra0.8～1.6\mu m$ $Ra0.4～0.8\mu m$（有色金属）
粗车→半精车→精车→细车	IT6～IT7	$Ra0.4～0.1\mu m$

四、数控车削加工特点

数控车削加工具有以下特点：

1) 加工精度高，通用性好。数控机床集机、电、液、自动控制等高新技术于一体，加工精度普遍高于普通机床。数控机床的加工过程是由计算机根据预先输入的程序进行控制的，这就避免了因操作者技术水平的差异而引起的产品质量的不同。对于一些具有复杂形状的工件，普通机床几乎不可能完成，而数控机床只要编制较复杂的程序就可以达到目的。

2) 加工能力强，适用于多品种小批量零件的加工。数控车床加工不同形状的零件时只要重新编制或修改加工程序就可以迅速达到加工要求，大大缩短了更换机床硬件的技术准备时间，适用于多品种、单件或小批量加工。

3) 具有较高的生产率和较低的加工成本。

4) 易于建立计算机通信网络。数控机床是使用数字信息来控制机床运动的，易于与计算机辅助设计和制造系统连接，形成计算机辅助设计、制造和机床一体化系统。

项目三　中等复杂程度零件图的识读与绘制

项目综述

数控车削加工工艺设计与编程的前提是能够对零件图样进行综合分析，获取数控编程所需要的结构参数、工艺参数等。通过本项目的实施，提高学生对图样的阅读能力和绘制能力，并为自动编程做好铺垫。本项目所训练的专业技能和应掌握的关联知识见表3-1。

表3-1　专业技能和关联知识

专业技能	关联知识
分析零件结构工艺性	零件图表达方式知识
理解零件加工精度和技术要求	零件图标注知识
根据轴测图设计零件图	装配图阅读知识
根据装配图拆分零件图	三维软件造型知识
三维造型软件应用	尺寸精度、形位公差、表面粗糙度知识
	材料和热处理知识

操作要领及关联知识

识读零件图是数控车削加工的首要工作。通过分析零件图，了解零件的作用、结构特点、图形特点、尺寸精度要求、形位公差要求、表面粗糙度要求、材料要求以及表面机械性能要求等，从而选择合适的加工方法。

一、零件图识读的方法和步骤

（1）看标题栏　从中可以了解零件的名称、材料、比例等内容。初步了解零件在机器或部件中的用途和形体概貌。

（2）分析视图　表达零件结构形状的一组视图，是按一定的投影关系配置的。分析视图时，一般可按以下顺序进行：

1）首先找到主视图，再看有多少视图、剖视图和断面图。

2）弄清各视图、剖视图、断面图的名称、剖切位置、剖切方法及目的，各视图之间的投影关系。

3）看有无局部放大图和简化画法。

（3）分析形体，想像零件形状　运用形体分析法、线面分析法和读剖视图的方法，认真分析视图。具体做法如下：

1）先把零件假想地分解成几个基本部分，然后一部分一部分地读懂。

2）利用"长对正，高平齐，宽相等"的规律，在各个视图上找出与该部分有关的图形。

3）把这些图形联系起来，运用结构分析和投影分析得出零件的空间形状。

4) 一般先看主体形状部分，再结合细节部分，弄清零件的结构形状。

（4）分析尺寸　分析尺寸可按下列顺序进行：

1) 先分析长、宽、高三个方向的尺寸基准。
2) 从基准出发，弄清哪些是主要尺寸。
3) 根据结构形状，找出定形尺寸、定位尺寸和总体尺寸。

视图和尺寸是从形状和大小两个不同方面来共同表达同一零件的，读图时应把视图、尺寸和形体结构分析三者结合起来，不应分项孤立地进行。

（5）分析技术要求　分析技术要求时，应弄清楚零件的表面粗糙度、尺寸公差、形位公差、热处理等要求，在加工和检验零件时应符合这些要求。

二、数控车削加工零件图的识读

1. 零件图的视图分析

零件的形状虽然千差万别，但在选择表达方案时遵循一定的原则：看图方便，表达清晰，力求简便。一组视图中，主视图是核心，相对较多地反映了零件的形状特征和位置特征。因此，看零件图时，首先要抓住主视图，分析其表达的重点及特点。再结合其他视图，根据表达方案及投影关系分析零件的结构特点，并综合想像出零件整体形状。

图 3-1 所示为铣刀头立体图。其中铣刀头主轴是由同一轴线、不同直径的圆柱体构成的阶梯轴，其零件图如图 3-2 所示，它采用主视图作为基本视图，用于表达整体结构，同时采用断面图和局部放大图表达局部结构。

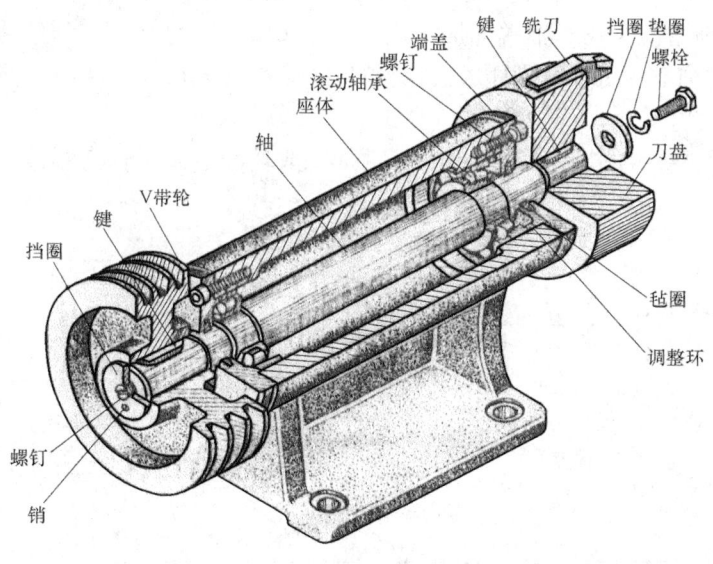

图 3-1　铣刀头立体图

轴上左、右两段局部剖处均有键槽，左段 $\phi 28k7$ $\left(^{+0.023}_{+0.002}\right)$ 处安装 V 带轮，右段 $\phi 25k7$ $\left(^{+0.023}_{+0.002}\right)$ 安装铣刀盘。图中 I 处设有螺钉孔，用于挡圈与轴的联接，见局部放大图 I；II 处设有退刀槽，见局部放大图 II，方便铣刀盘装配。

2. 零件图的结构工艺性分析

零件的结构工艺性是指零件对加工方法的适应性，即所设计的零件结构应便于加工成形。在数控车床上加工零件时，应根据数控车削的特点，认真审视零件结构的合理性。

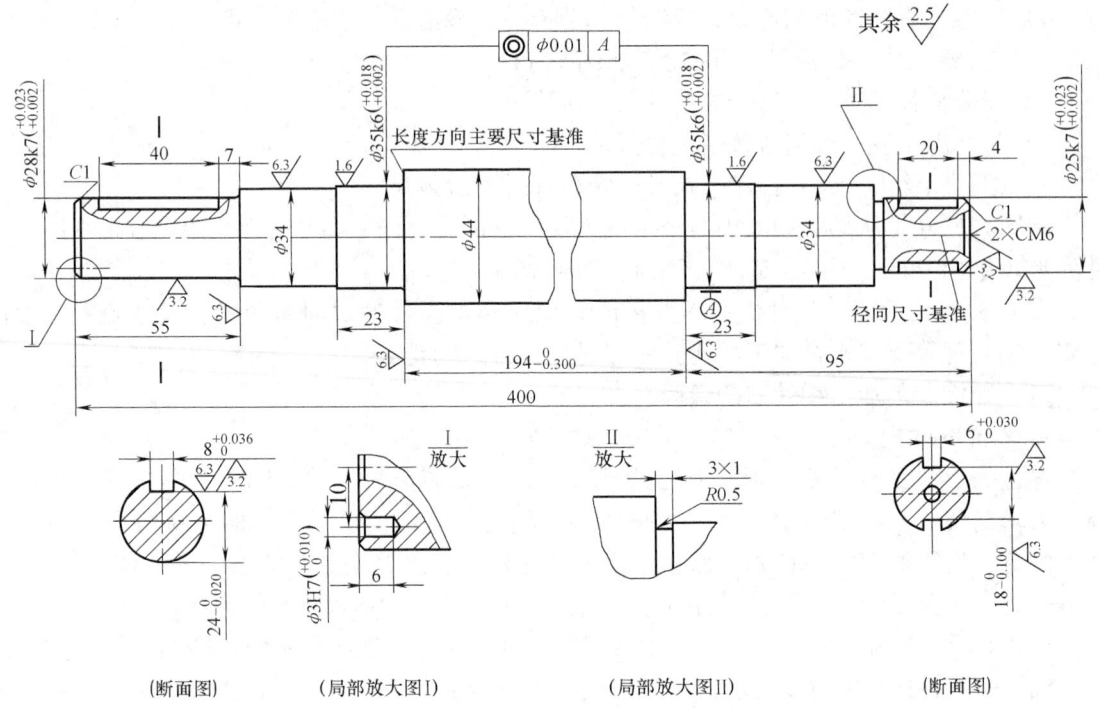

图 3-2 铣刀头主轴零件图

（1）倒角、圆角　在孔、轴端部加工成45°或30°、60°的倒角。倒角的目的是为了便于孔、轴装配和除去加工后形成的锐边。当倒角尺寸很小或无尺寸要求时，只进行锐边倒钝即可。

在阶梯轴或孔中，直径不等的交接处，常加工成环面过渡，称为圆角。倒角和倒圆如图3-3 所示。

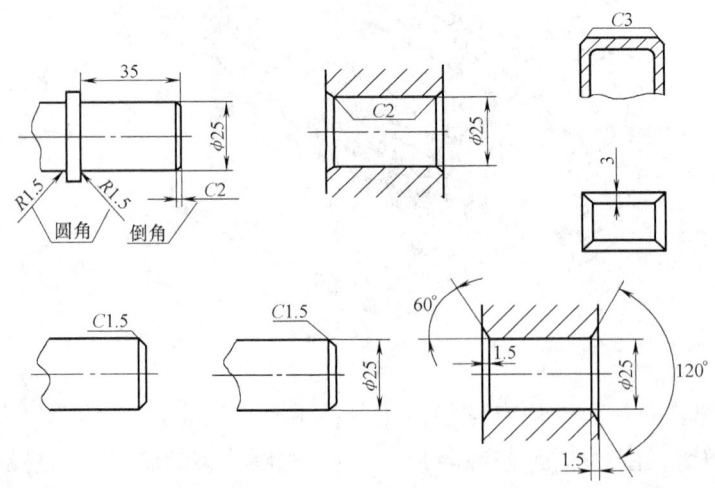

图 3-3　零件的结构工艺性——倒角和倒圆

（2）退刀槽和砂轮越程槽　为了在切削加工时不致损坏刀具，使其容易退出或进入，以及在装配时使相邻两个零件贴紧，常在台肩处先加工退刀槽和砂轮越程槽，如图3-4

所示。

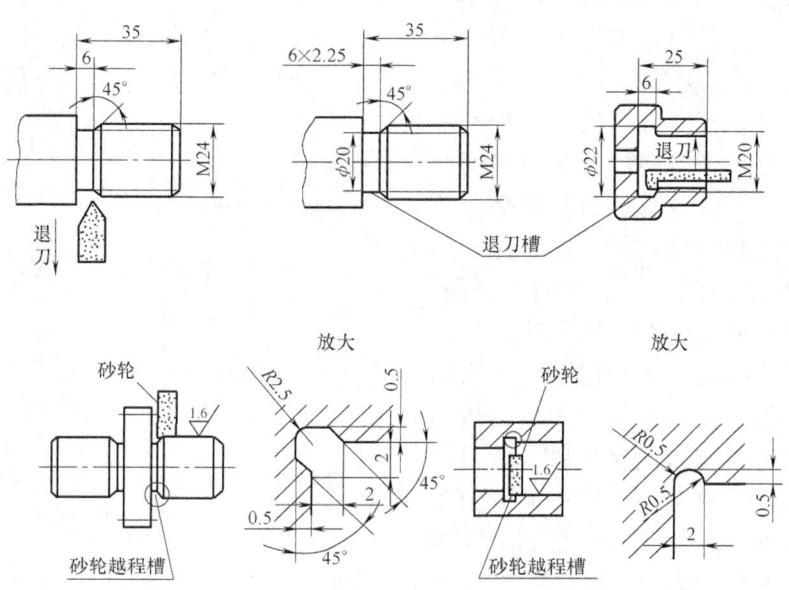

图 3-4　零件的结构工艺性——退刀槽和砂轮越程槽

在分析零件结构工艺性时，应考虑结构的合理性和加工的经济性。如图 3-5a 所示零件，需用三把不同宽度的切槽刀切槽，如无特殊需要，显然是不合理的。若改成图 3-5b 所示结构，只需一把刀即可切出三个槽，既减少了刀具数量，少占了刀架刀位，又节省了换刀时间。在结构分析时，若发现问题应向设计人员或有关部门提出修改意见。

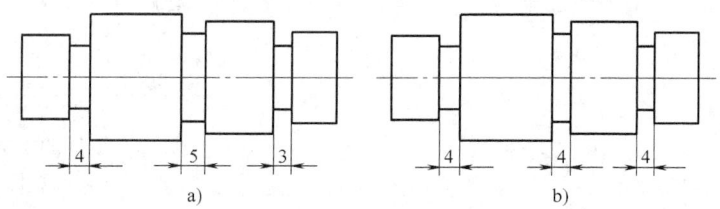

图 3-5　零件的结构工艺性——退刀槽结构合理性设计
a）不合理　b）合理

（3）凸台和凹坑　两零件接触面一般都应当加工。为了减少加工面积，保证两零件接触良好，常在零件的接触部位设置凸台或凹坑，如图 3-6 所示。

（4）中心孔　加工长轴时，为了将其支承在车床顶尖上，常需要在轴的端部加工出中心孔，如图 3-7 所示。

3. 零件的尺寸标注分析

（1）零件图的尺寸种类　零件图的尺寸总体上可分为定形尺寸、定位尺寸、总体尺寸三种。其中表达零件各组成部分的长、宽、高三个方向大小的尺寸，称为零件的定形尺寸；表达零件各组成部分相对位置的尺寸，称为零件的定位尺寸；表达零件外形大小的尺寸，称为零件的总体尺寸，分析零件的尺寸应从这三方面入手。如图 3-8 所示的轴类零件图中，长度尺寸 "30" 为定形尺寸，用于确定键槽的长度；长度尺寸 "2" 为定位尺寸，用于确定键槽相对于轴肩的位置；长度尺寸 "200" 为总体尺寸，用于确定轴的总长。

（2）零件图上的尺寸基准　零件图上的每个尺寸，在标注时都有起始位置，这个起始位置叫做尺寸基准。零件有长、宽、高三个方向尺寸，每个方向尺寸至少有一个尺寸基准。当一个方向出现两个或两个以上尺寸基准时，其中有一个基准是主要尺寸基准，其余是辅助基准。在零件上通常选取较大的装配表面、零件的对称平面、轴的重要端面及回转体的轴线等作为尺寸基准。尺寸基准的确定须根据零件在机器或部件中的位置、作用及零件在加工过程中的定位、测量要求来确定，尽量使设计基准和工艺基准达到统一。看图时，要学会分析尺寸基准，以保证设计与制造要求

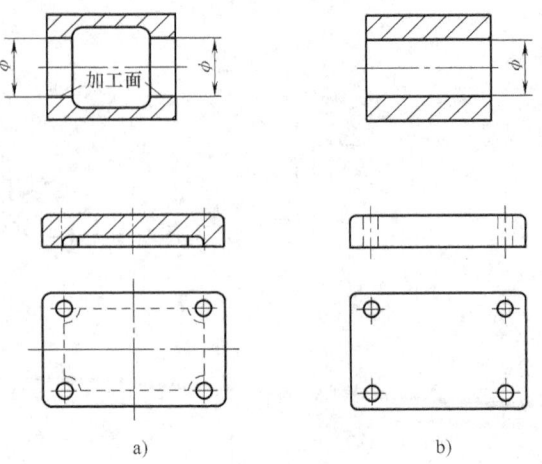

图 3-6　零件的结构工艺性——凸台和凹坑
a）合理　b）不合理

的实现。如图 3-2 所示，以 φ44mm 左端面作为长度方向的尺寸基准，以轴的回转中心线作为径向尺寸基准。

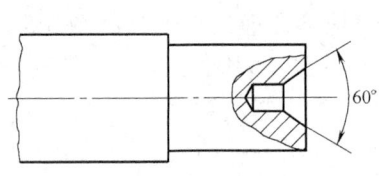

图 3-7　零件的结构工艺性
——轴端中心孔

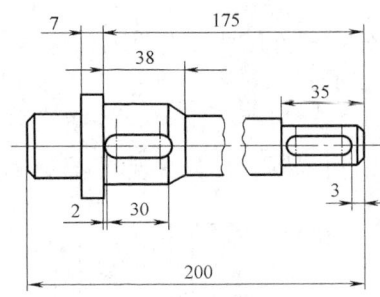

图 3-8　零件的定形尺寸、
定位尺寸和总体尺寸

4. 零件加工精度及形位公差分析

（1）零件加工精度分析　零件图上往往要标注出重要部位的尺寸精度，读图时要予以认真分析，因为它直接牵涉到加工方法和加工路线设计，项目二表 2-1 中给出了各种加工方法和加工路线所能达到的零件加工精度和表面粗糙度值。

（2）零件形位公差分析　为了保证零件的加工质量和使用要求，图样上除了提出尺寸精度要求外，还有形位公差要求。国家标准规定了 14 种形位公差符号。对于轴类零件，往往需要提出直线度、圆度、垂直度、同轴度、圆柱度、圆跳动等形位公差的要求。而这些要求往往和零件的装夹方式、加工方式有关。

5. 零件材料及技术要求分析

通常用材料的切削加工工艺性好坏来衡量材料切削加工的难易程度，材料的硬度、强度、塑性和导热性等都会影响材料的加工性能。轴类零件常用的材料有铸铁、钢、铜合金、铝合金等。

零件图技术要求中很重要的一项指标是关于零件表面的力学性能，通常以硬度方式给

出，通过热处理方式可以提高零件表面硬度。常见热处理方式有退火、正火、淬火和回火等，分别可以获得不同的表面质量。常见零件热处理及表面处理方式见表 3-2。

表 3-2 常见零件热处理及表面处理方式

项目	代号	图样上标注示例及说明	处理方法及目的
淬火	513	C48—淬火后回火至 45~50HRC Y35—油冷淬火后回火至 30~40HRC	加热到临界温度（约 710~750℃）以上，保温一段时间后，在水或油中急速冷却，可提高硬度、强度和耐磨性
回火	回火	在技术要求中用文字说明	淬火后再加热到临界温度以下的某一温度，保温一段时间后，使其迅速冷却，可消除在淬火时产生的内应力，提高力学性能
调质	515	T235—调质至 HBW220~250	淬火后进行高温回火（450~650℃），可消除材料内应力，提高力学性能
表面淬火	521	H54—火焰加热淬火后回火至 52~58HRC G52—高频感应淬火后回火至 50~55HRC	用火焰或高频电流将零件表面迅速加热到临界温度以上，再急速冷却，使材料外硬内韧
发蓝发黑	发蓝发黑	在技术要求中用文字说明	用加热方法使材料表面形成一层氧化薄膜，增加材料防腐性和美观度

三、典型车削类零件读图实例

1. 轴类零件读图

图 3-9 所示为某轴零件图，零件图分析如下：

（1）视图分析 该轴加工的主要工序在车床上进行，采用主视图作为基本视图，并且轴线水平放置，以表达轴的主要结构。为了表达轴上两处键槽结构，采用局部剖视图表示方式；对于端面螺纹孔结构，采用向视图的表达方式。

（2）结构工艺性分析 该轴零件是由同一轴线、不同直径的数段回转体组成。轴上有轴肩、键槽、螺纹孔、倒角、倒圆等结构要素。

（3）尺寸标注、形位公差及表面粗糙度分析 该轴有径向尺寸和轴向尺寸，径向尺寸标注以回转轴线为尺寸基准，重要部位都标注有尺寸上下偏差，轴向尺寸以直径尺寸 ϕ48mm 处右端面为主要基准；两键槽处轴颈部位有同轴度要求，两键槽宽度方向都有对称度要求；最高表面粗糙度要求为 Ra0.8μm。

（4）零件材料及技术要求分析 该轴采用 45 钢制造，同时提出了表面硬度要求。

2. 套类零件读图

图 3-10 所示为某轴套零件图，零件图分析如下：

（1）视图分析 该零件属于套类零件，以主视图作为基本视图，并采用全剖视图的表达方式表达内部复杂结构。

（2）结构工艺性分析 该零件结构复杂，内部有螺纹、退刀槽、锥面、圆柱面和内凹球面等结构要素，轴套的两端分别有倒角和倒圆要求。

（3）尺寸标注、形位公差及表面粗糙度分析 零件的总体尺寸为 ϕ60mm×53mm，以回转中心线作为径向尺寸基准，以 M42 左端面作为长度尺寸基准；重要尺寸标有上下偏差，重要部位有表面粗糙度要求。

（4）零件材料 零件采用铝合金材料。

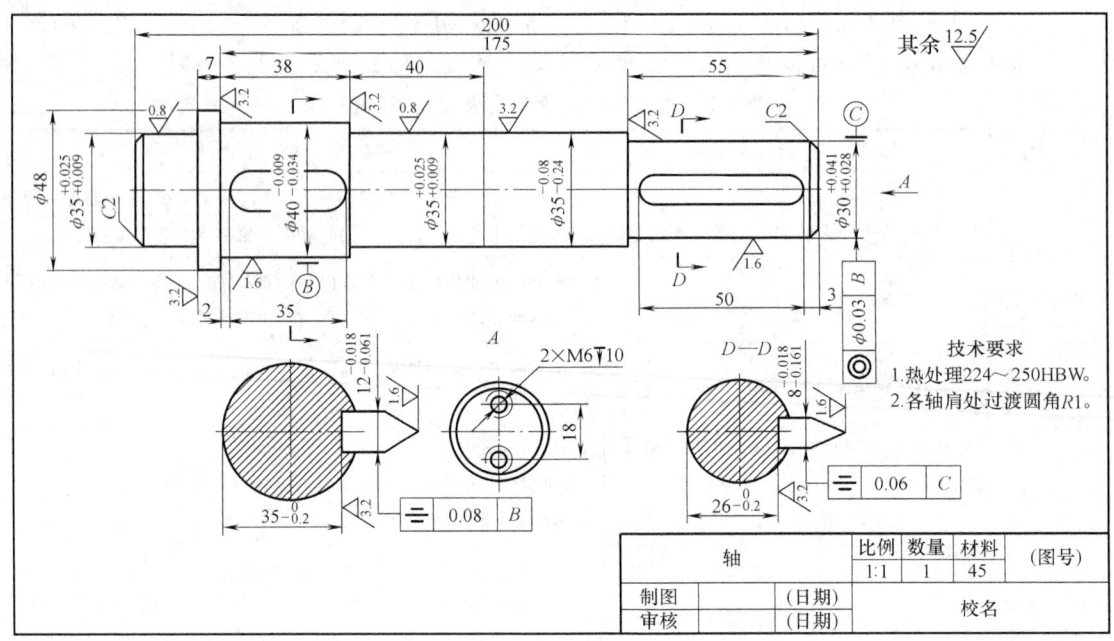

图 3-9 典型车削类零件读图示例——轴类零件

3．盘类零件读图

图 3-11 所示为某盘类零件图，零件图分析如下：

（1）视图分析 该零件采用了主视图和右视图的表达方式，主视图采用全剖视表达方式，用以表达盘的内部结构，右视图用以表达端面结构。

（2）结构工艺性分析 该零件结构要素较多，内部和外部结构均有圆柱面、退刀槽、倒角、倒圆等结构要素，端面有圆周均匀分布的沉头孔结构要素。

（3）尺寸标注、形位公差及表面粗糙度分析 零件尺寸从两个视图综合表达，重要部位有不同公差等级的尺寸精度要求；内外圆柱面之间有同轴度

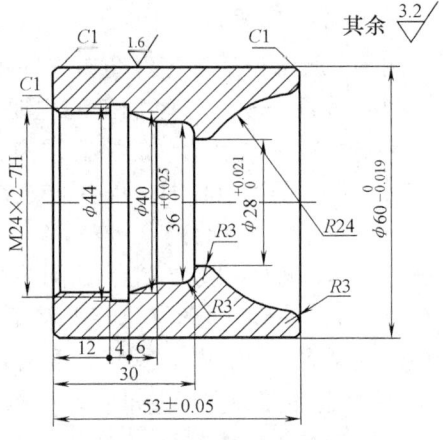

图 3-10 典型车削类零件读图示例——套类零件

要求，端面与回转中心线之间有垂直度要求，端面与轴肩之间有平行度要求等；该零件所有表面都需要加工，最低表面粗糙度为 $Ra25\mu m$，最高表面粗糙度为 $Ra3.2\mu m$。

（4）零件材料及技术要求分析 零件采用 HT150 制造，为铸件，不得有砂眼和裂纹，同时要进行去应力退火。

四、车削类零件制图

1．根据装配图拆分零件图

根据装配图拆分零件图，是在看懂装配图的基础上进行的，按照下面的步骤进行。

（1）确定零件的形状 装配图主要是表达零件之间的装配关系，对某些零件结构形状、局部结构的表达难以兼顾，省略了零件上诸如倒角、倒圆、退刀槽等工艺结构，因此在拆分

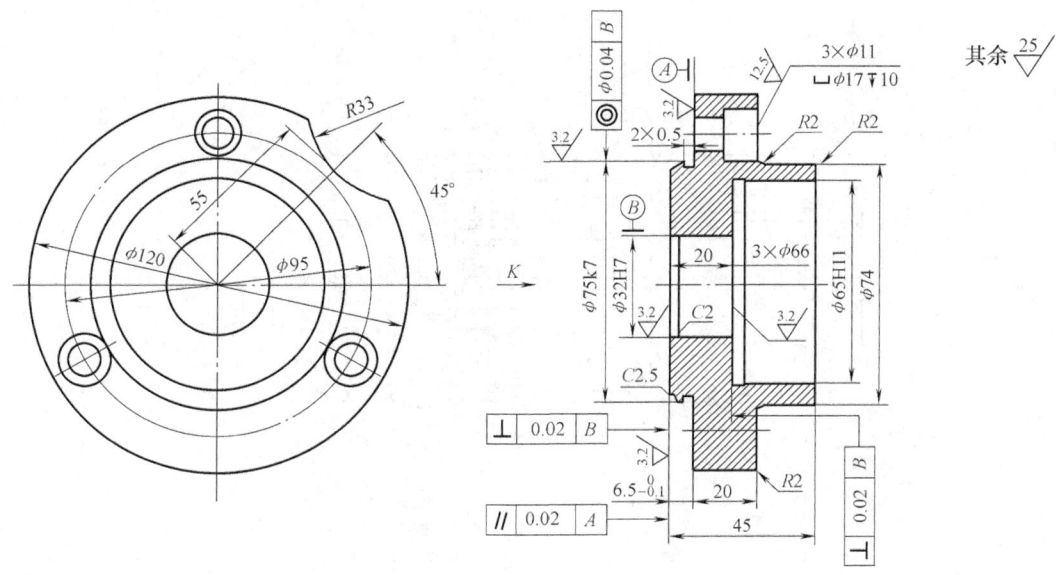

图 3-11 典型车削类零件读图示例——盘类零件

零件图时,应根据零件的作用和要求予以完善,补画出这些结构。

(2) 确定表达方案　装配图的表达方案是从整个装配体来考虑的。在拆画零件图时,零件的表达方案应根据零件的结构特点来考虑,不能强求与装配图一致。通常壳体、箱体类零件主视图所选的位置与装配图一致,便于装配时对照,而对于轴类零件,则一般按加工位置选取主视图。

(3) 尺寸标注　通常按以下方法标注尺寸:

1) 装配图已注出的尺寸,必须直接标注在有关零件图上。对于配合尺寸、某些相对位置尺寸,要注出极限偏差数值。

2) 与标准件相配合或相联接的有关尺寸,要从相应标准中查取,如螺纹尺寸、销孔、键槽等尺寸。

3) 某些尺寸需要根据装配图给出的参数进行计算而定,如齿轮的尺寸。

4) 对于标准结构或工艺结构尺寸,应从有关标准中查出,如倒角、沉孔、退刀槽等尺寸。

5) 对于装配图中未标注的尺寸,可以在装配图上量取、计算或根据功用进行局部尺寸设计。

(4) 形位公差标注　通常根据零件各结构要素在整个装配件中的作用分析出形位公差要求。如轴通过两端轴颈安装在轴承上,则两轴颈处应该有同轴度要求;又如齿轮依靠轴肩实现一个方向的轴向定位,为了保证齿轮副之间的正确啮合关系,轴肩与轴的回转中心线之间应有垂直度要求。如图 3-12 所示的减速箱的从动轴(序号 27),安装两向心推力球轴承的轴颈处应该有同轴度要求,安装齿轮(序号 22)的轴肩处与轴的回转中心线之间应该有垂直度要求。

(5) 表面粗糙度和其他技术要求标注　零件上各表面的表面粗糙度应根据零件表面的作用和要求确定。一般地讲,有相对运动和配合的表面,有密封要求、耐腐蚀要求的表面,

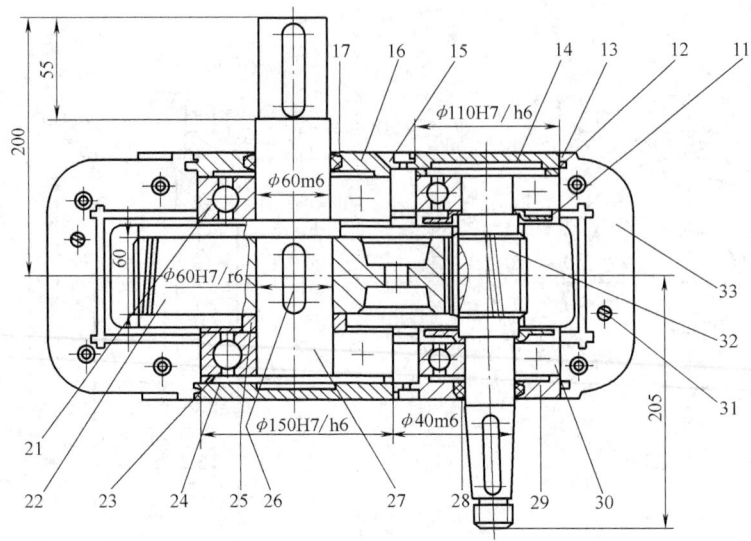

图 3-12 根据装配图分析零件形位公差标注

其表面粗糙度数值应小些；其他表面的表面粗糙度数值应大些。

零件图上技术要求的确定涉及有关专业知识，可以参照有关资料和同类产品零件，用类比法确定。

（6）根据装配图拆分零件图举例　图 3-13 所示为铣刀头装配图。在铣刀头主轴（序号 7）的左端安装有带轮，右端安装有刀盘，轴通过两端圆锥滚子轴承支承在箱体上，轴与轴上装配零件重要部位的配合尺寸如图 3-13 所示。

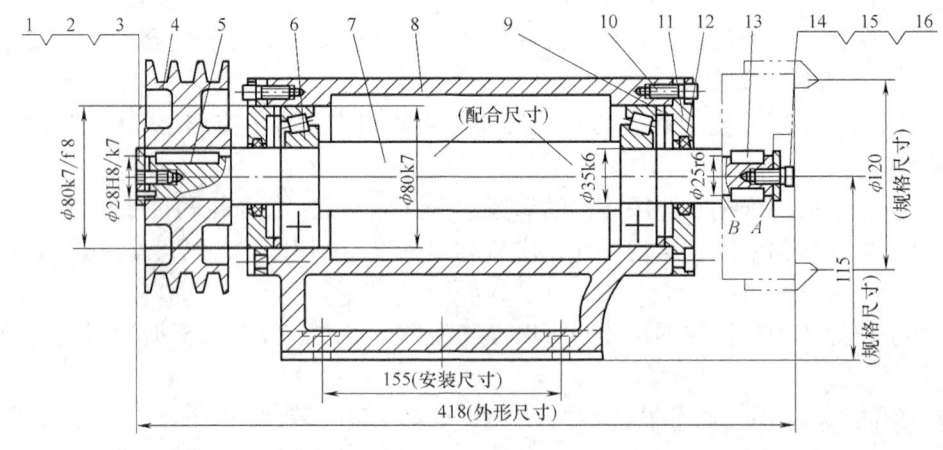

图 3-13 铣刀头装配图

根据此装配图画出的铣刀头主轴零件图如图 3-2 所示，主轴主视图的选择与装配图上的安装方位和加工方位均一致。轴的左右两端安装带轮和刀盘的位置均有键槽，用于安装键传递转矩，为了保证带轮、刀盘和轴的同心度，采用过渡配合的方式并按 7 级精度设计；安装轴承的轴颈部位按照 6 级精度过渡配合给出尺寸偏差并提出同轴度要求。主视图上未表达清楚的结构采用断面图、放大图和向视图等表达方式。

2. 根据实物或轴测图设计零件图

根据实物或轴测图设计零件图，同样也是选择正确的图形表达方式，完整的尺寸及精度标注，表面粗糙度标注，技术要求说明等。

3. 零件的三维造型及二维图形生成

应用三维造型软件如 PRO/E、UG 等对零件进行三维造型，然后转换成二维平面图。

项目四　数控车削加工工艺设计

项目综述

要完成零件的数控编程与加工,必须针对图样技术要求对零件进行工艺设计。数控车削加工工艺设计项目的实施,使学生掌握工艺设计的内容和方法。实施本项目所训练的专业技能和应掌握的关联知识见表4-1。

表4-1　专业技能和关联知识

专业技能	关联知识
正确分析零件结构工艺性	现代数控加工设备类型及工艺用途
正确理解零件加工精度和技术要求	毛坯的类型及生产纲领
选择零件加工方法	工件的定位与装夹
选择合适毛坯及加工设备	数控车削加工工艺基础
夹具的选用、设计与应用	量具的类型及应用
工艺路线及走刀路线设计	
切削用量选用	
刀具选用	
量具选用及其使用	
工艺文件编制	

操作要领及关联知识

一、数控车削加工工艺设计内容

数控车削加工工艺设计主要包括以下方面:

1) 选择在数控机床上加工的零件,并确定加工的工序内容。

2) 分析被加工零件加工部位的形状,明确加工内容与加工要求,在此基础上确定零件的加工方案,制订零件数控加工的工艺路线,包括工序的划分、加工顺序的安排、与普通加工工序的衔接等。

3) 设计数控加工工序。包括工步的划分、零件的定位和夹具的选择、刀具的选择、切削用量的确定等。

4) 数控加工运行轨迹各节点坐标的尺寸计算。

5) 编写数控加工程序。包括对刀点、换刀点的选择,加工路线的确定,刀具补偿的确定与设置,粗、精加工程序编制等。

6) 合理分配数控加工中的公差。

二、零件的工艺性分析

数控加工的前期工艺准备必须对零件图样进行工艺性分析,零件的工艺性分析归纳起来包括:

1）几何形状分析。
2）尺寸标注分析。
3）精度及技术要求分析。
4）零件力学性能分析。
5）结构工艺性分析等。

通过对零件进行工艺性分析，获取保证零件加工精度的各种数据，以便选择合适的加工方法，编写加工程序，保证加工质量。

三、加工方法选择

1. 外圆表面加工方法的选择

外圆表面的主要加工方法是车削和磨削。当表面粗糙度要求较高时，还要进行光整加工。外圆表面常见加工方案如图4-1所示。

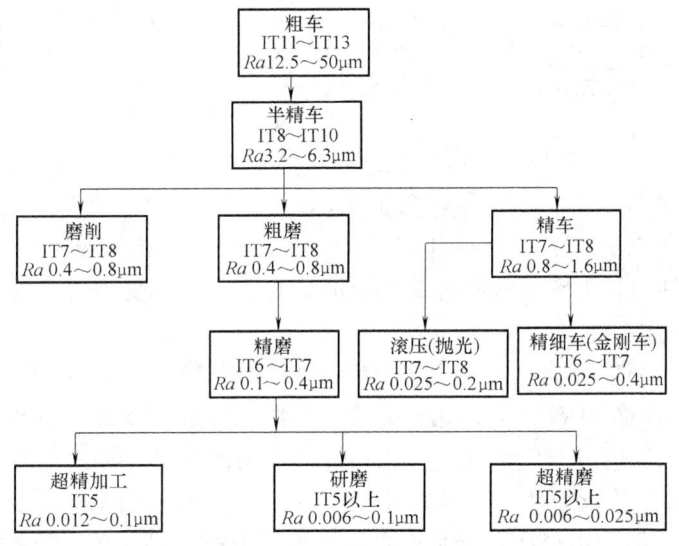

图4-1 外圆表面加工方案

以下几点作为外圆表面加工方案选择说明：

1）最终工序为车削的加工方案，适用于除淬火钢以外的各种金属材料。
2）最终工序为磨削的加工方案，适用于淬火钢、未淬火钢和铸铁，不适用于有色金属，因为有色金属韧性大，磨削时易堵塞砂轮。
3）最终工序为精细车或金刚车的加工方案，适用于要求较高的有色金属的精加工。
4）最终工序为光整加工，如研磨、超精磨及超精加工等，为提高生产效率和加工质量，一般在光整加工前进行精磨。
5）对表面粗糙度要求高而尺寸精度要求不高的外圆，可采用滚压或抛光。

2. 内孔表面加工方法的选择

内孔表面加工方法有钻孔、扩孔、铰孔、镗孔、拉孔、磨孔和光整加工，如图4-2所示的常用的内孔表面加工方案，应根据被加工孔的加工要求、尺寸、具体生产条件、批量的大小及毛坯上有无预制孔等情况合理选择确定。

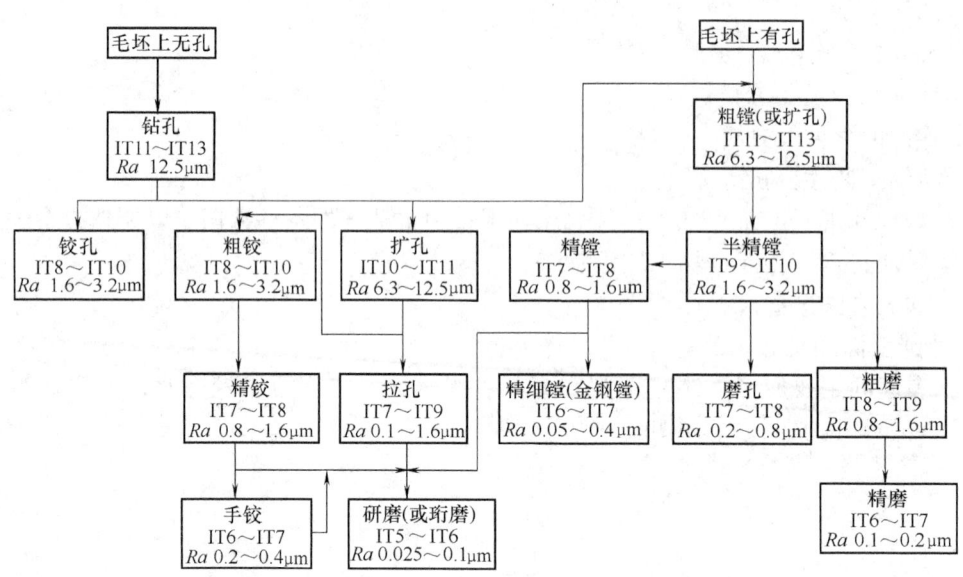

图 4-2　内孔表面加工方案

以下几点作为内孔表面加工方案选择说明：

1）加工精度为 IT9 级的孔，当孔径小于 10mm 时，可采用钻—铰方案；当孔径小于 30mm 时，可采用钻—扩方案；当孔径大于 30mm 时，可采用钻—镗方案。适合工件材料为淬火钢以外的各种金属。

2）加工精度为 IT8 级的孔，当孔径小于 20mm 时，可采用钻—铰方案；当孔径大于 20mm 时，可采用钻—扩—铰方案，此方案适用于加工淬火钢以外的各种金属，但孔径应在 20～80mm 之间，此外也可采用最终工序为精镗或拉削的方案。淬火钢可采用磨削加工。

3）加工精度为 IT7 级的孔，当孔径小于 12mm 时，可采用钻—粗铰—精铰方案；当孔径在 12～60mm 范围时，可采用钻—扩—粗铰—精铰方案或钻—扩—拉方案。若毛坯上已铸出或锻出孔，可采用粗镗—半精镗—精镗方案或粗镗—半精镗—磨孔方案。最终工序为铰孔的方案适用于未淬火钢或铸铁，对于有色金属，铰出孔的表面粗糙度较大，常用精细镗孔替代铰孔；最终工序为拉孔的方案适用于大批量生产，工件材料为未淬火钢、铸铁和有色金属；最终工序为磨孔的方案适用于加工除硬度低、韧性大的有色金属以外的淬火钢、未淬火钢及铸铁。

4）加工精度为 IT6 级的孔，最终工序采用手铰、精细镗、研磨或珩磨等均能达到要求，视具体情况选择。韧性较大的有色金属不宜采用珩磨，可采用研磨或精细镗。研磨对大、小直径孔均适用，而珩磨只适用于大直径孔的加工。

3．平面加工方法的选择

平面的主要加工方法有铣削、刨削、车削、磨削和拉削等，精度要求高的平面还需要经研磨或刮削加工。常见平面加工方式如图 4-3 所示，其中车削主要用于回转零件的端面加工，保证端面与回转轴线的垂直度要求。

四、毛坯的类型和选择

零件的毛坯有铸件、锻件和型材（如圆钢、方钢）等，应根据生产纲领和批量、零件

项目四 数控车削加工工艺设计

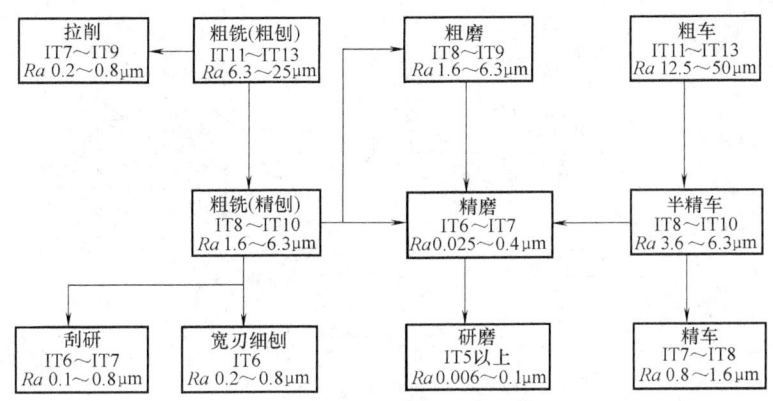

图 4-3 平面加工方案

的结构形状和尺寸大小、零件的力学性能、工厂现有设备和技术水平以及技术经济性综合考虑选择毛坯类型、材料、尺寸规格、表面质量及力学性能。

五、工件在数控车床上的定位与装夹

数控机床加工工件时，必须保证工件对机床和刀具保持正确的位置关系，这一过程叫做工件的定位。工件定位后，通过夹紧装置将工件压紧夹牢，使工件在切削过程中，不会由于切削力、离心力和工件自重力等因素的作用而产生位置变化和振动，这就是工件的夹紧。工件从定位到夹紧的全过程叫做安装，用来使工件在机床上定位和夹紧的装置，称为夹具。

1. 工件的定位原理

任何一个工件在空间的位置，都可以沿三个坐标轴 X、Y、Z 移动（用符号 $\vec{X}$、$\vec{Y}$、$\vec{Z}$ 表示）和绕这三个坐标轴转动（用符号 $\hat{X}$、$\hat{Y}$、$\hat{Z}$ 表示），工件在每一个方向移动或转动的可能性，叫做工件的一个自由度，因此工件在空间具有六个自由度，如图 4-4 所示。

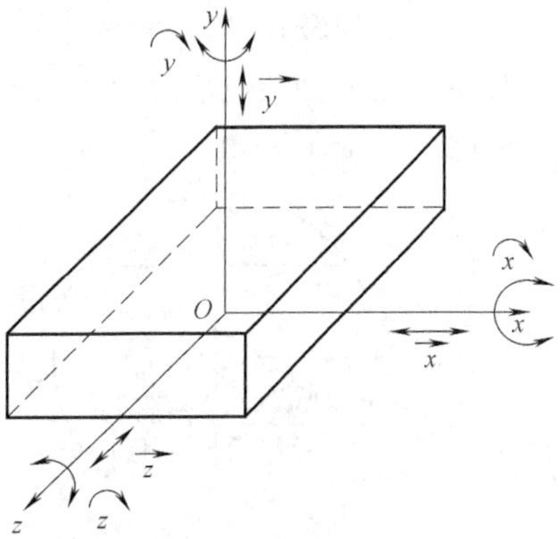

为了使工件在夹具中有一个确定的位置，就需将它的六个自由度全部加以限制。在夹具中用适当分布的六个支承点来限制工件的六个自由度，这就是工件定位的六点原理。

图 4-4 工件的六个自由度

六个支承点的分布规律如图 4-5 所示。水平面 (XOZ) 分布三个支承点，限制了工件绕 X、Z 轴的转动和沿 Y 轴的上下移动三个自由度，称为主要定位面，这三个支承点连接起来的三角形越大，工件就放得越稳，也就越容易保证工件表面间的相互位置精度，所以一般选取工件上的最大表面作为主要定位面，侧垂直面 (YOZ) 分布两个支承点，限制了工件沿 X 轴的左右移动和绕 Y 轴的转动两个自由度，称为导向定位面。这两个支承点的距离越远，工件在导向定位面上的位置就越准确可靠。因此，应选取工件上比较长的表面作为导向定位面。正垂直面 (XOY) 分布一个支承点，限制了工件沿 Z 轴前后的移动一个自由度，称为止推定位面。一般应选取工件尺寸较小的表面作为止推定位面。

工件在车床上有以下几种定位方式：

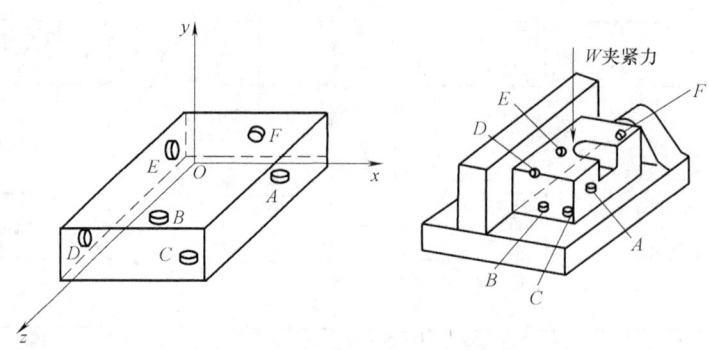

图 4-5 工件的六点定位分布

(1) 完全定位　按照上述方法在夹具上布置六个支承点，每个支承点相应地限制一个自由度，工件的六个自由度就被完全限制了，工件在夹具中的位置是唯一的，即处于完全确定的位置，这种定位称为完全定位。

(2) 不完全定位　工件加工时，有些工序并不要求工件完全定位，而只要求部分定位，即限制部分自由度就能满足工件加工要求，这种定位称为不完全定位。如图 4-6 所示，轴承内孔在车床上加工，采用花盘和角铁的安装方式，工件底面与角铁平面接触，限制了三个自由度；工件侧面与定位板接触，限制了两个自由度，一共限制了五个自由度，主轴轴线方向自由度没有加以限制。当加工轴承孔时，工件轴向安装位置并不影响加工精度，能够满足加工要求。因此，只要能保证加工精度，不完全定位是允许的。

又如，车削较短的轴类零件外圆时，采用三爪自定心卡盘装夹，限制了工件四个自由度，工件绕主轴轴线的转动和沿主轴轴线方向的移动这两个自由度没有限制，不影响工件的加工要求，属于不完全定位，如图 4-7 所示。

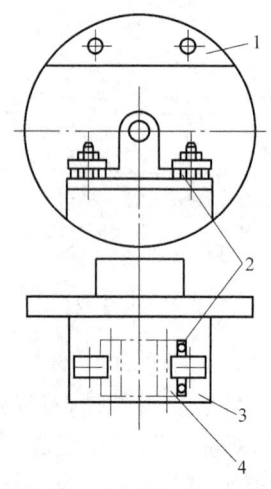

图 4-6　轴承座内孔车削加工时的不完全定位
1—平衡重　2—定位板　3—角铁　4—工件

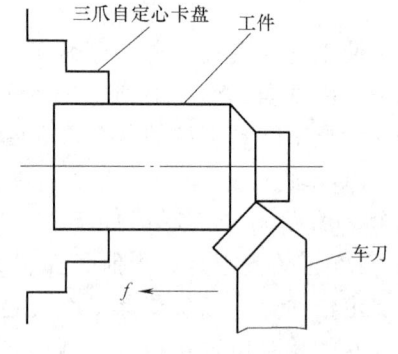

图 4-7　三爪自定心卡盘夹持短轴零件的不完全定位

(3) 欠定位　若夹具上的支承点少于工件上应该限制的自由度数，使得工件上某些应该限制的自由度没有被限制，工件的定位不足而导致加工精度得不到保证，这种定位称为欠定位。欠定位在数控车削加工时是不允许的。

如图4-8所示，用一夹一顶装夹方式车削台阶轴时，限制了工件五个自由度，若不装轴向定位装置，则台阶轴在Z轴方向的位置不确定，因此不能保证台阶长度，属于欠定位。

（4）重复定位　几个定位点同时限制同一个自由度，称为重复定位。当定位点超过6点时，一定存在重复定位。有时定位点虽少于六点，但有两个以上的定位点同时限制了工件的同一自由度，也会产生重复定位。

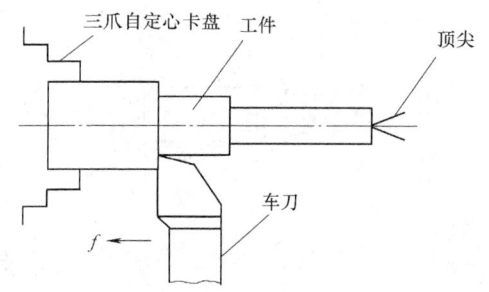

图4-8　一夹一顶装夹台阶轴时的欠定位

如图4-9所示，采用一夹一顶方式夹持长轴工件，当卡盘夹持部分较长时，相当于4个支承点，限制了工件$\vec{X}$、$\vec{Y}$、$\hat{X}$、$\hat{Y}$四个自由度；后顶尖相当于一个支承点，限制了工件$\hat{X}$、$\hat{Y}$两个自由度，其中$\hat{X}$、$\hat{Y}$被重复限制，因此，当卡盘夹紧后，后顶

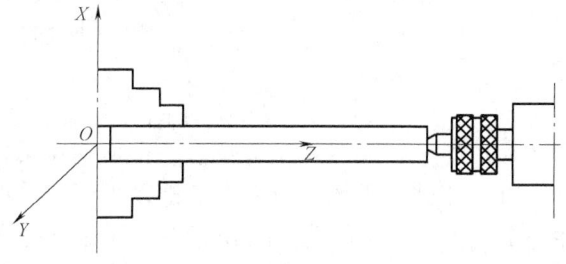

图4-9　一夹一顶装夹长轴时的重复定位

尖往往顶不到中心处，如果强制顶住，工件容易变形。所以，用一夹一顶方式装夹工件时，为防止重复定位，卡盘夹持工件部分不宜过长。

又如，一个带圆柱孔的工件用心轴定位时，如图4-10a所示，心轴相当于4个支承点，限制了$\vec{X}$、$\vec{Y}$、$\hat{X}$、$\hat{Y}$四个自由度。如果再加上一个端面定位，如图4-10b所示，端面又限制了$\vec{Z}$、$\hat{X}$、$\hat{Y}$三个自由度，所以$\hat{X}$、$\hat{Y}$被重复限制。由于工件的端面与孔的轴线存在垂直度误差，夹紧时会使心轴或工件变形，影响加工精度。

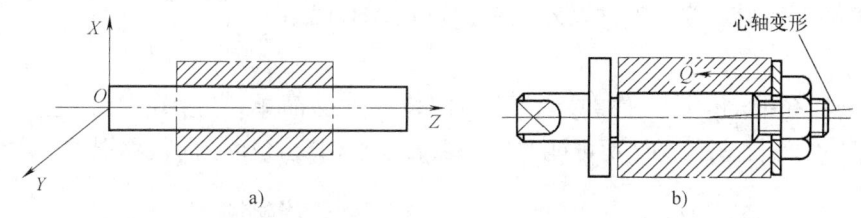

图4-10　带圆柱孔工件用心轴和端面定位时的重复定位
a) 心轴定位限制四个自由度　b) 心轴和端面形成重复定位

针对上面重复定位会影响零件加工精度情况，可采取以下预防措施：

如果工件主要以孔定位，则平面要做得小些或采用球面垫圈，如图4-11a、b所示，使平面只限制一个自由度。

如果工件主要以平面定位，则可采用缩短心轴的方法，如图4-11c所示，使心轴只限制两个自由度。

重复定位能提高工件的刚性，但对工件的定位精度有影响，一般是不允许的。如果工件的定位基准及夹具中的定位元件精度很高，重复定位也可采用。

2. 工件的定位方法

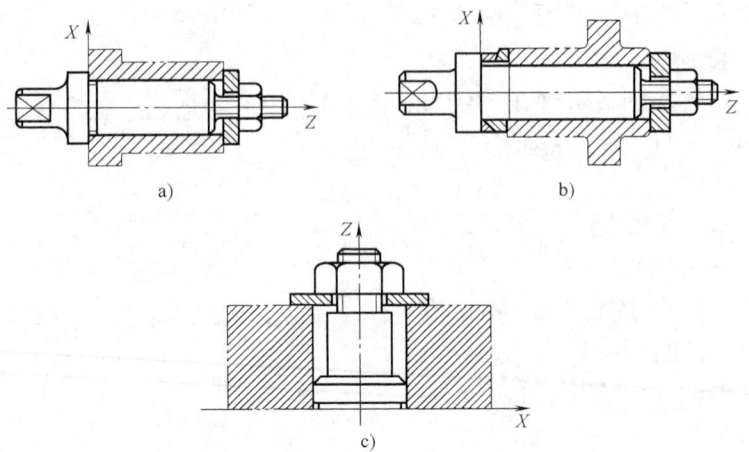

图 4-11　圆柱孔用心轴定位时防止重复定位的措施
a) 减小平面　b) 球面垫圈定位　c) 缩短心轴长度

（1）工件以平面定位　当工件以平面定位时，由于工件的定位平面和定位元件的表面不可能是理想平面（特别是以毛坯面作为定位基准时），实际定位中只能由最凸出的三点接触。为保证定位的稳定可靠，工件以毛坯面定位时，应采用三点支承的方法，并尽量增大支承点间的距离 L，使支承三角形的面积尽可能大些，如图 4-12 所示。

工件以大平面定位时，大平面中间部分应做成凹面，以减小与定位面的接触面积。用于工件点、线定位的定位元件常见的有支承钉、支承板和可调支承等，分别如图 4-13～图 4-15 所示。

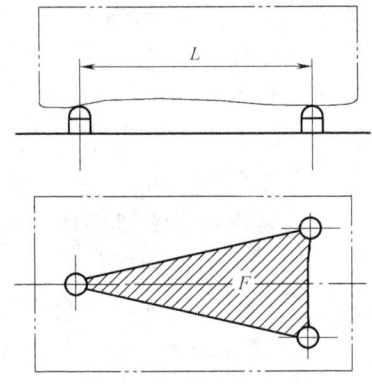

图 4-12　工件的三点平面定位

（2）工件以外圆定位　工件以外圆表面定位，有以下几种方式：

1）在圆柱孔中定位。工件在圆柱孔中定位，方法简单，应用广泛，适用于精基准定位。但工件外圆和圆柱孔直径不可能绝对一致，定位时会产生径向位移误差。

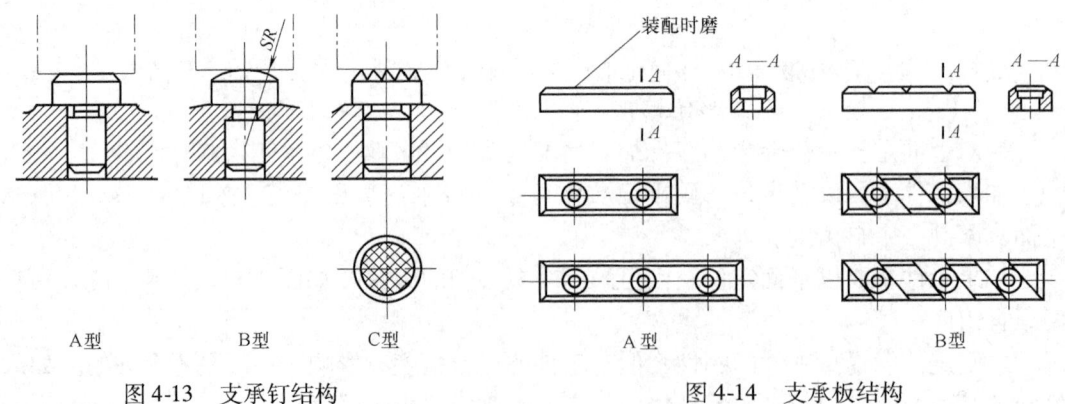

图 4-13　支承钉结构　　　　　　　　图 4-14　支承板结构

2）在半圆弧夹具上定位。工件在半圆弧夹具上定位如图 4-16 所示。这种定位装置的下

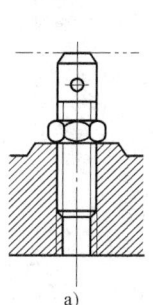 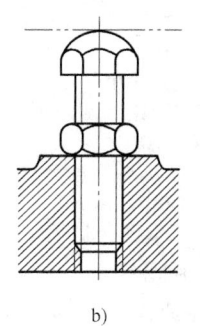 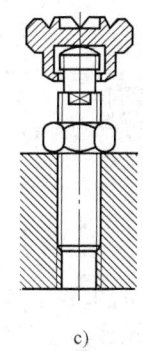

图 4-15 可调支承结构

半圆弧起定位作用，上半圆弧起夹紧作用。半圆弧夹具接触面积大，因此不易夹伤工件表面，适用于外圆已精加工过的工件。

3）在 V 形块上定位。工件在 V 形块上定位如图 4-17 所示。工件在长 V 形块上定位时，限制了四个自由度。V 形块定位的特点是当工件外圆直径变化时，可保证圆柱体轴线 X 轴方向的定位误差为零，但在 Z 轴上有定位误差存在。

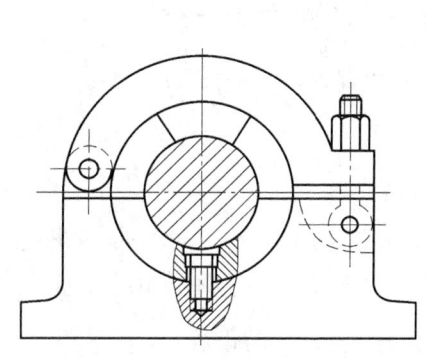 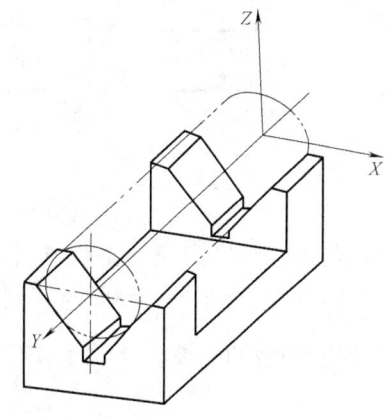

图 4-16　工件在半圆弧夹具上定位　　图 4-17　工件在 V 形块上定位

（3）工件以内孔定位　在车削齿轮、套筒、盘类等零件的外圆时，一般应以加工好的内孔定位。常用的定位元件有小锥度心轴、圆柱心轴、圆锥心轴、花键心轴和螺纹心轴等。

1）在小锥度心轴上定位。工件在小锥度心轴上定位如图 4-18 所示。工件以圆柱孔作为定位基准时，为消除配合间隙，提高定位精度，心轴可做成锥形。但其锥度应很小，一般 C 为 $\frac{1}{1000} \sim \frac{1}{5000}$，如图 4-18a 所示，否则工件会在心轴上产生倾斜，如图 4-18b 所示。小锥度心轴是靠楔紧产生的摩擦力带动工件的，不需要其他夹紧装置，定心精度高。但工件在轴向无法定位，装卸也不太方便。这种方法一般适用于定位孔公差等级为 IT7 以上的工件。

2）在圆柱心轴上定位。工件在圆柱心轴上定位如图 4-19 所示。在圆柱心轴上定位时，工件的孔与心轴常采用 H7/h6 或 H7/g6 的间隙配合，使用时工件能较方便地安装在心轴上。但由于配合间隙较大，一般只能保证同轴度误差约为 0.02mm，所以只能加工同轴度要求较低的工件。

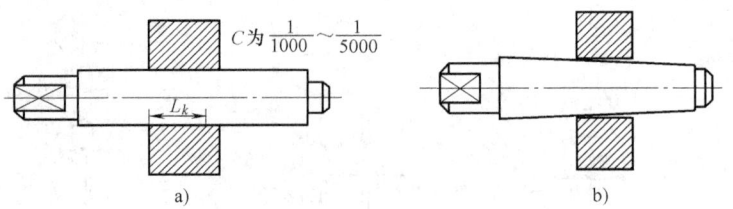

图 4-18 工件在小锥度心轴上定位

3）在圆锥心轴上定位。工件在圆锥心轴上定位如图 4-20 所示。当工件带有圆锥孔时，一般用与工件锥度相同的圆锥心轴定位，如图 4-20a 所示；如果工件圆锥半角小于自锁角 6°（锥度 $C < \frac{1}{4}$），为装卸工件方便，可在心轴大端配上一个旋出工件的螺母，如图 4-20b 所示。

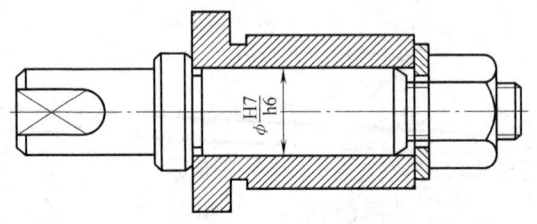

图 4-19 工件在圆柱心轴上定位

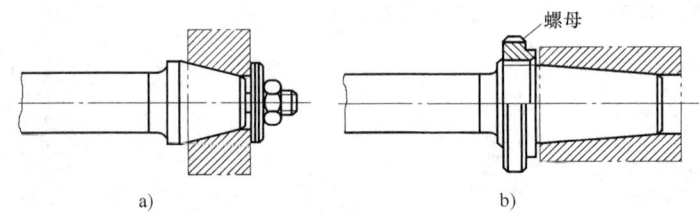

图 4-20 工件在圆锥心轴上定位

4）在花键心轴上定位。工件在花键心轴上定位如图 4-21 所示。对于带有花键孔的工件，为了保证工件的外圆、端面与花键孔三者之间的位置精度，一般采用花键心轴定位。为保证定位精度和装卸方便，心轴工作部分外圆应带有 $\frac{1}{1000} \sim \frac{1}{5000}$ 的锥度。

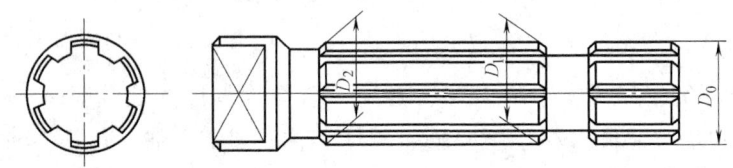

图 4-21 工件在花键心轴上定位

5）在螺纹心轴上定位。工件在螺纹心轴上定位如图 4-22 所示。当工件内孔是螺纹孔时，可用螺纹心轴定位。简单的螺纹心轴如图 4-22a 所示。使用这种心轴时，为了拆卸工件方便，工件上要有安放扳手的表面，也有的螺纹心轴上带有松开螺母，如图 4-22b 所示。由于螺纹心轴受螺纹牙型误差的影响，定位精度一般不高。

（4）工件以一面两孔定位 当工件以两个轴线互相平行的孔及与孔相互垂直的平面作为定位基准时，可用一个短圆柱销、一个削边销和一个平面作为定位元件来定位，这种定位方法称为一面两孔定位，如图 4-23 所示。在加工轴承座、箱类、气缸体等工件时，常用这种定位方法。

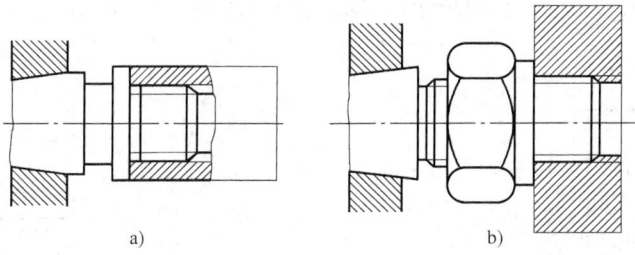

图 4-22 工件在螺纹心轴上定位

3. 工件的夹紧

（1）对夹紧装置的基本要求 当工件定位以后，为了保证工件在切削力作用下保持既定的位置不变，需要通过夹紧装置将工件在既定位置上夹紧，对夹紧装置的基本要求是：

1）牢固：工件夹紧后，应保证工件在加工过程中的位置不发生变化。

2）正确：夹紧时，应不破坏工件的正确定位。

3）快捷：夹紧装置应操作方便，安全省力，夹紧迅速。

4）简单：夹紧装置结构简单紧凑，有足够的刚性和强度，且便于制造。

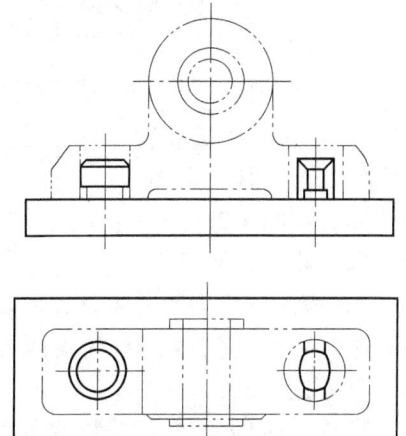

图 4-23 工件以一面两孔定位

（2）夹紧装置使用注意事项 夹紧装置产生的夹紧力包括夹紧力的大小、方向和作用点三个要素，使用时应注意以下事项：

1）夹紧力大小的确定：夹紧力必须保证工件在加工过程中的位置不发生变化，但夹紧力也不能过大，过大会造成工件变形。夹紧力的大小可以通过计算得到，但一般用经验估算的方法获得。

2）夹紧力方向的确定：夹紧力的方向应尽可能垂直于工件的主要定位基准面，使夹紧稳定可靠，保证加工精度；夹紧力的方向应尽可能与切削力方向一致。

3）夹紧力作用点的确定：夹紧力的作用点应尽可能地落在主要定位面上，这样可保证夹紧稳定可靠；夹紧力的作用点应与支承件对应，并尽可能作用在工件刚性较好的部位，如图 4-24 所示。

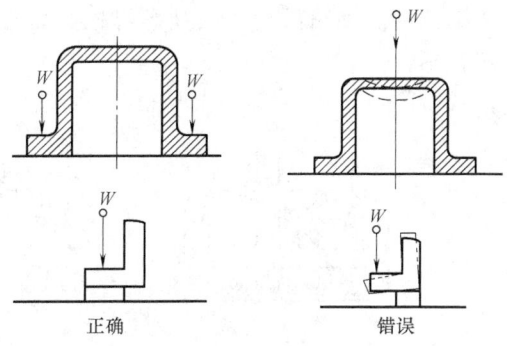

图 4-24 夹紧装置夹紧力作用点确定

（3）常见夹紧装置 常见夹紧装置有以下几种：

1）螺钉式夹紧装置。螺钉式夹紧装置如图 4-25 所示。为防止螺钉头部被压扁后拧不出来，螺钉头部不应有螺纹，并需经淬火处理，提高硬度。

2）摆动压块夹紧装置。为防止螺钉拧紧时在工件上留下压痕，可采用摆动压块装置，如图 4-26 所示。这样不仅避免了损伤工件表面，而且增大了接触面积，使夹紧更加可靠。

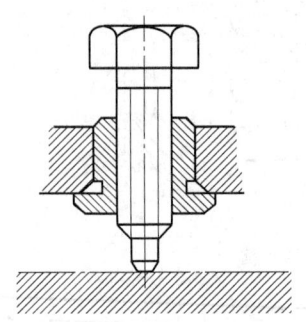

图 4-25　螺钉式夹紧装置

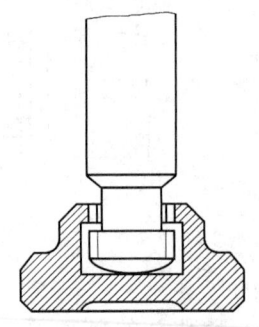

图 4-26　摆动压块夹紧装置

3）螺母式夹紧装置。螺母式夹紧装置如图 4-27 所示。当工件以内孔定位时，常用螺母式夹紧装置。其缺点是装卸工件时，必须把螺母从螺栓上旋出。为提高工作效率，可采用开口垫圈，如图 4-27b 所示。由于螺母外径小于定位孔直径，只需将螺母旋松，取出开口垫圈，即可将工件卸下。

4）螺旋压板夹紧装置。螺旋压板夹紧装置分中间夹紧、侧边夹紧及铰链螺旋压板夹紧三种方式。

螺旋式中间夹紧压板装置如图 4-28a 所示，这种螺旋压板简单，但在车床上使用不安全。整体式螺旋压板装置如图 4-28b 所示，这种整体式螺旋压板比较安全，但高度不能调整。结构较完善的螺旋压板装置如图 4-28c

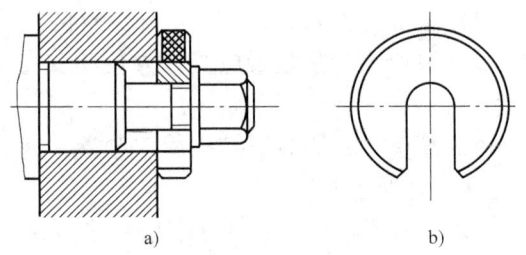

图 4-27　螺母式夹紧装置

所示，压紧时旋紧螺母，通过压板将工件夹紧。支柱可根据工件尺寸调节高度，压板有纵向槽，使压板在旋紧螺母时不会转动。压板中间有一腰形孔，只要旋松螺母并将压板后移，即可装卸工件。弹簧可使压板在螺母松开后自动抬起。采用了球面垫圈，可避免由于压板倾斜而接触不良。

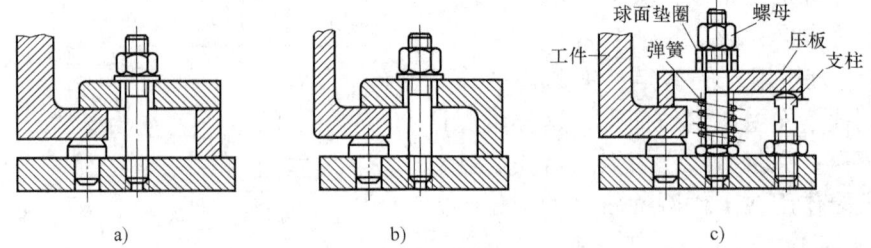

图 4-28　螺旋式中间压板夹紧装置
a）中间夹紧式　b）整体螺旋压板式　c）结构完整螺旋压板式

螺旋式侧边压板夹紧装置如图 4-29 所示，螺旋式铰链压板夹紧装置如图 4-30 所示。

5）偏心式夹紧装置。偏心式夹紧装置是利用偏心工件来实现夹紧作用的装置，如图 4-31 所示。转动手柄时，由于偏心轴的转动中心与几何中心不重合，旋转中心至偏心轮工件表面间的距离越来越大，从而通过压板将工件夹紧。

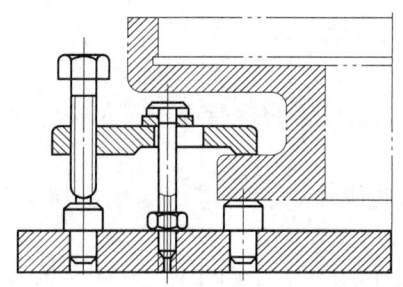

图 4-29　螺旋式侧边压板夹紧装置

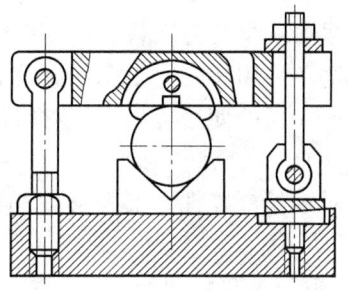

图 4-30　螺旋式铰链压板夹紧装置

偏心式夹紧装置的优点是结构简单，操作方便，夹紧迅速；缺点是夹紧力小，夹紧距离不大，自锁性较差，适用于夹紧力不大和振动较小的场合。

6）楔块式夹紧装置。楔块式夹紧装置是利用斜面楔紧作用的原理来夹紧工件的。楔块式夹紧装置如图 4-32 所示。夹紧时旋紧螺栓，在楔块的作用下，杠杆顺时针转动，其上端将工件夹紧。楔块式夹紧装置夹紧力不大，因此在夹具中较少单独使用，一般和螺旋式夹紧装置联合使用，可改变夹紧力的方向和增大夹紧力。

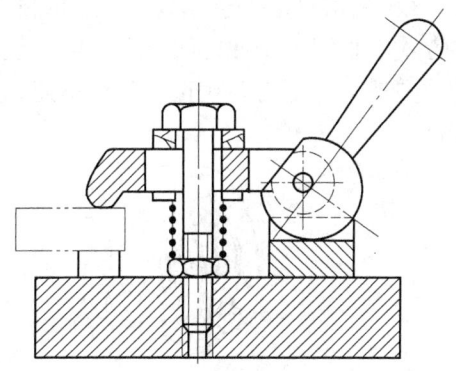

图 4-31　偏心式夹紧装置

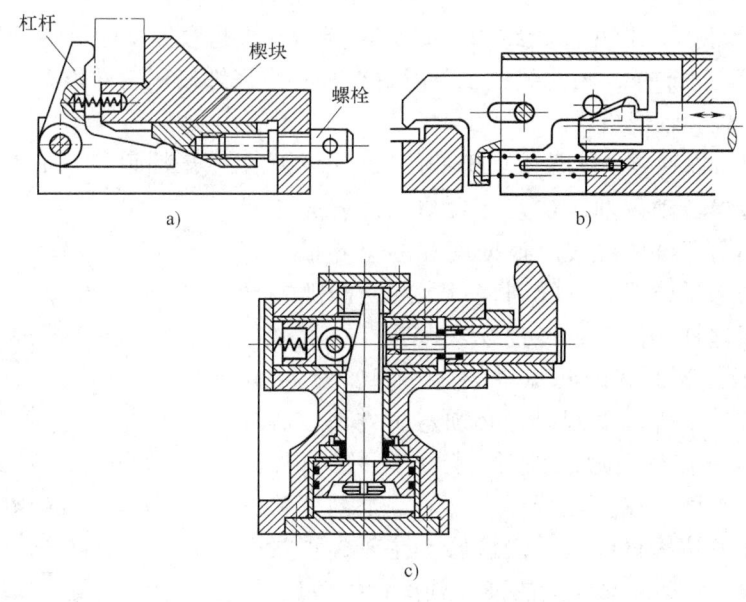

图 4-32　楔块式夹紧装置

4. 工件在数控车床上的装夹方案

（1）零件装夹方式选择原则　在数控机床上工件安装的基本原则与普通机床相同，在确定定位基准与夹紧方案时，应注意：

1) 力求设计基准、工艺基准与编程原点统一。
2) 尽量减少装夹次数，尽可能做到一次定位装夹后能完成全部加工。
3) 避免采用占机人工调整方案。
4) 若夹具的使用可以降低对机床的要求，并能降低机床的运行成本，仍应考虑使用夹具。
5) 对细长杆零件，要考虑使用跟刀架。为快速装夹工件，可考虑使用自动夹紧拨盘、液压或气动尾座。

（2）数控卧式车削加工中的常用装夹方案　数控卧式车削加工中的常见装夹方案有以下几种：

1) 三爪自定心卡盘装夹。三爪自定心卡盘结构如图4-33所示，是数控车床最常见的装夹方式，限制了工件的四个自由度，绕主轴轴线旋转和沿主轴轴线移动的两个自由度没有限制。夹持工件不需要找正，装夹迅速，自定心好，精度高，适合于装夹大批量的中小型规则零件。

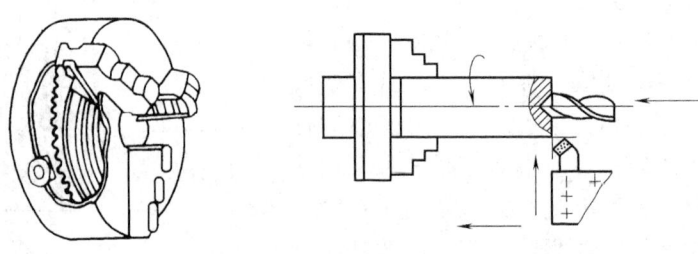

图4-33　三爪自定心卡盘及其装夹图例

2) 四爪卡盘装夹。四爪卡盘结构如图4-34所示，也是数控车床最常见的装夹方式。由于有四个独立运动的卡爪，因此装夹工件时每次都必须仔细校正工件位置，使工件的旋转轴线与车床主轴的旋转轴线重合。

装夹工件时可以通过划线盘校正工件位置。用划线盘校正外圆时，先使划针稍离开工件外圆面，然后慢慢转动主轴，观察针尖与工件表面之间的间隙大小来判断工件的位置。根据间隙的差异量来调整每一对相对的卡爪位置，它的调整量大约是间隙差异量的一半。按照这样的步骤，经过几次调整，一直进行到使划针尖和工件表面间的间隙均匀为止，如图4-35a所示。在校正较长工件的外圆时，必须对工件前、后端外圆都进行校正；在校正短工件时，除校正外圆以外，还必须校正端面平面。在校正端面平面时，把划针尖放在靠近工件端面的边缘处，然后慢慢转动主轴，观察端面与针尖的间隙。观察到端面上的某一处离针尖最近时，停止转动，用铜锤或木锤轻轻敲击工件上的那一处，如图4-35b所示。重复这样的步骤，直到端面上各处都和划针间的间隙相等为止。

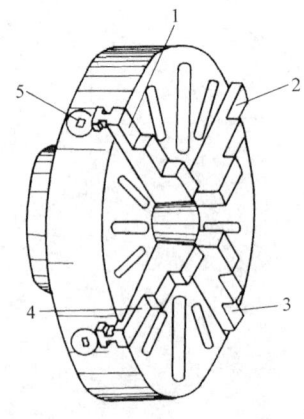

图4-34　四爪卡盘结构
1、2、3、4—卡爪　5—丝杠

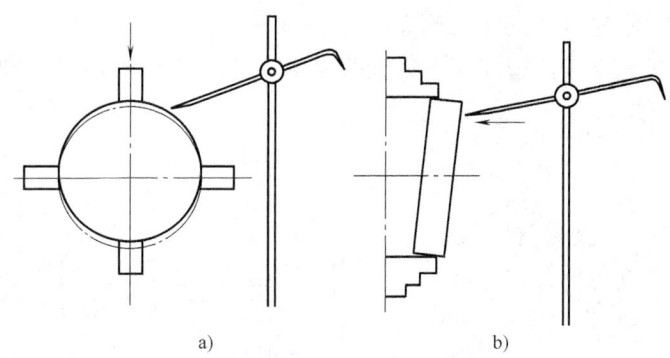

图 4-35 工件装夹在四爪卡盘上用划线盘校正位置
a）校正外圆 b）校正端面平面

校正精度较高的工件时还可以用百分表校正。校正的方法和内容与用划线盘校正时基本相同，只是用百分表校正时，百分表的测量触头是用一定压力压在被测表面上的。被测表面的径向圆跳动或端面圆跳动由百分表上的刻度值直接读出来，如图 4-36 所示。用百分表校正工件时，精度可以控制在 0.01mm 以内。

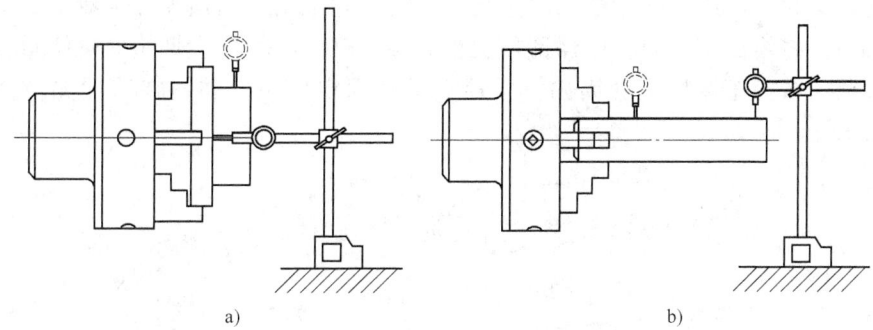

图 4-36 工件装夹在四爪卡盘上用百分表校正位置
a）盘类工件校正 b）长轴工件校正

无论是用划线盘还是用百分表校正工件都要注意：当需要校正整个工件时，校正外圆和校正端面必须同时兼顾；特别要注意加工余量较少的部分，不要因为校正不当出现加工余量不够而造成废品。

用四爪卡盘装夹工件，夹紧力大，零件装夹精度不受卡爪磨损的影响，适合于装夹形状不规则工件或大型工件。

3）在两顶尖间装夹工件。对于较长的或必须经过多次装夹才能完成加工的轴类工件，如长轴、长丝杠、光杠等细长轴类零件，或工序较多，在车削后还要铣削或磨削的工件，为了保证每次装夹时的安装精度（如同轴度要求），可用两顶尖装夹工件，如图 4-37 所示。两顶尖

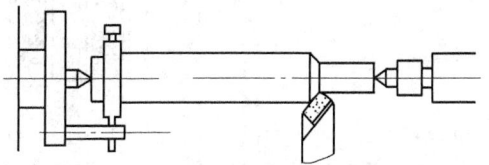

图 4-37 数控车床两顶尖装夹工件

装夹工件方便，工件经过多次安装后，其轴心线的位置不会改变，不需要进行校正，装夹精度高。

数控车床采用两顶尖定位，顶尖的作用是进行工件的定心，并承受工件的重量和切削

力。数控车床的顶尖分为前顶尖和后顶尖。

前顶尖分两种安装方式，一种前顶尖安装是插入主轴锥孔内，另一种前顶尖安装是夹在卡盘内，如图 4-38 所示。

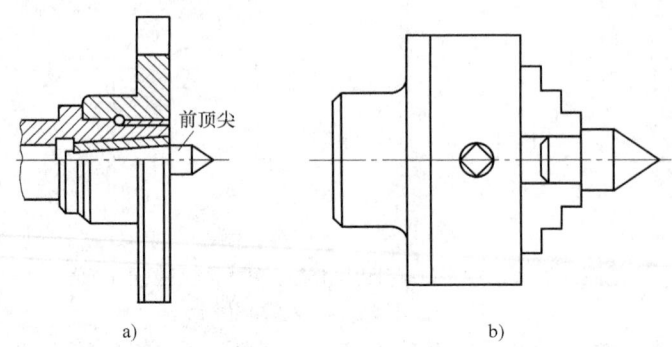

图 4-38　数控车床前顶尖的两种安装方式
a）安装在主轴锥孔内　b）夹持在卡盘内

插入主轴孔的前顶尖在每次安装时，必须把锥柄和锥孔擦干净，以保证同轴度；拆下主轴孔内的前顶尖时，可用一根棒料从主轴孔内后端把它顶出。前顶尖在卡盘上拆下后，当再应用时，必须再将锥面车一刀，以保证顶尖锥面旋转轴线与车床主轴旋转轴线重合。

后顶尖插入数控车床尾座套筒内。后顶尖又分固定后顶尖和回转后顶尖，分别如图 4-39、图 4-40 所示。

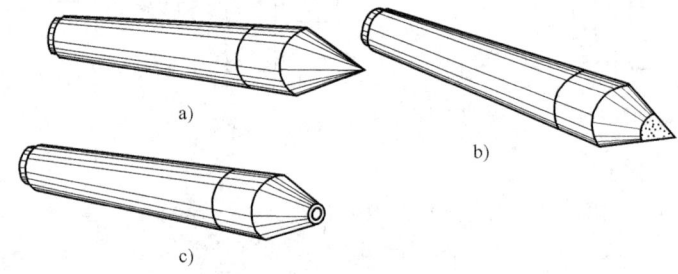

图 4-39　数控车床固定后顶尖结构

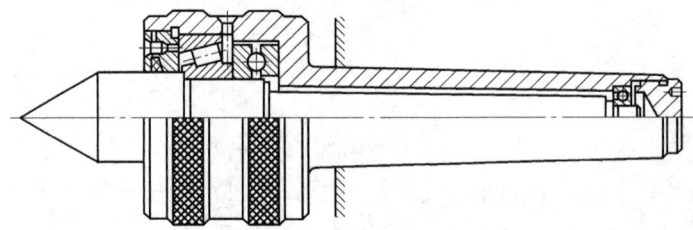

图 4-40　数控车床回转后顶尖结构

固定顶尖的优点是定心准确且刚性好；缺点是工件和顶尖是滑动摩擦，发热较大，过热时会把中心孔或顶尖"烧坏"。因此它适用于低速且加工精度要求较高的工件。

为了避免后顶尖与工件中心孔摩擦，常使用回转顶尖，这种顶尖把顶尖与工件中心孔的滑动摩擦改成顶尖内部轴承的滚动摩擦，能承受很高的旋转速度，克服了固定顶尖的缺点，应用很广。但回转顶尖存在一定的装配累积误差，并且当滚动轴承磨损后，会使顶尖产生径向摆动,从而降低加工精度。

后顶尖安装之前,必须把锥柄和锥孔擦干净。要拆下后顶尖时,可以摇动尾座手轮,使尾座套筒缩回,由丝杠的前端将后顶尖顶出。

工件在两顶尖之间装夹时,必须保证前后顶尖之间的同轴度要求。当两顶尖同轴度误差超差时,可以借助百分表测量尾座偏移量并进行调整达到精度要求。用百分表测量尾座偏移量如图 4-41 所示。

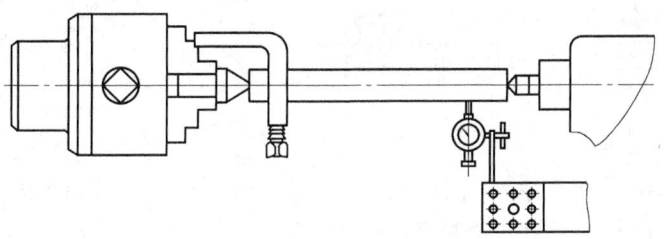

图 4-41　用百分表测量尾座偏移量

两顶尖夹持工件时的传动如图 4-42 所示,工件由插在主轴和尾座锥孔内的顶尖支持并定位后,由安装在主轴上的拨盘 1 通过鸡心夹头 2 带动工件旋转。鸡心夹头的一端装有方头螺钉 3,用来紧固工件。

4）一夹一顶装夹工件。用双顶尖装夹工件虽然精度高,但刚性较差。车削较重工件时要用一端夹住,另一端用后顶尖顶住的装夹方法,如图 4-43 所示。为了防止工件由于切削力的作用而产生轴向位移,必须在卡盘内装一限位支承,如图 4-43a 所示;或利用工件的台阶限位,如图 4-43b 所示。这种装夹方法比较安全,能承受较大的轴向切削力,安装刚性好,轴向定位准确,应用广泛。

5）用花盘及其附件装夹工件。对于外形复杂,形状不规则的异形工件,可以考虑采用花盘及其附件或专用夹具装夹。

图 4-44 所示是花盘结构。花盘采用铸铁材料制造,用螺纹或定位孔形式直接装在车床主轴上。它的工作平面与主轴轴线垂直,平面度误差小,表面粗糙度 Ra < 1.6μm,平面上开有长短不等的 T 形槽（或通槽）,用于安装螺栓紧固工件和其

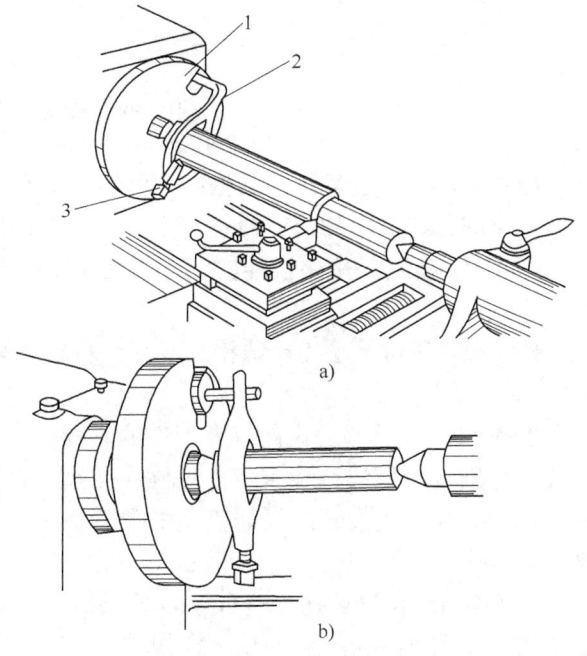

图 4-42　两顶尖夹持工件时的传动
a) 弯头鸡心夹头　b) 直尾鸡心夹头
1—拨盘　2—鸡心夹头　3—方头螺钉

他附件。为了适应不同尺寸工件的要求,花盘有 φ250mm、φ300mm、φ420mm 等规格。

图 4-45 所示是花盘常用附件结构。图 4-45a 所示是角铁结构,角铁又叫弯板,采用铸铁材料制造。它有两个相互垂直的平面,表面粗糙度 Ra < 1.6μm,并有较高的垂直度精度。

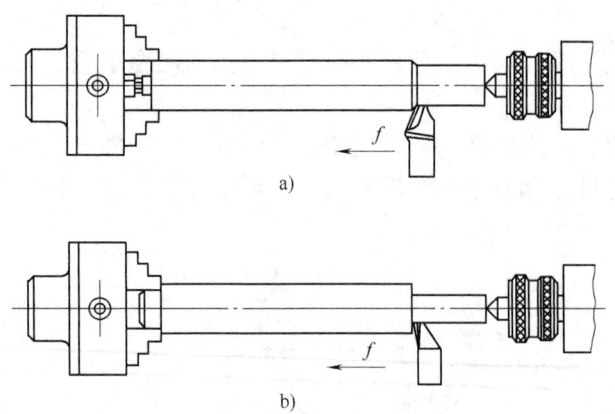

图 4-43 数控车床一夹一顶装夹工件方式
a) 用限位支承轴向定位　b) 用工件台阶轴向定位

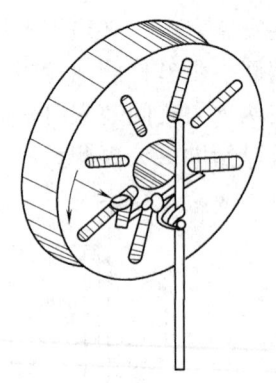

图 4-44 花盘结构及其用百分表
对花盘平面度的检测

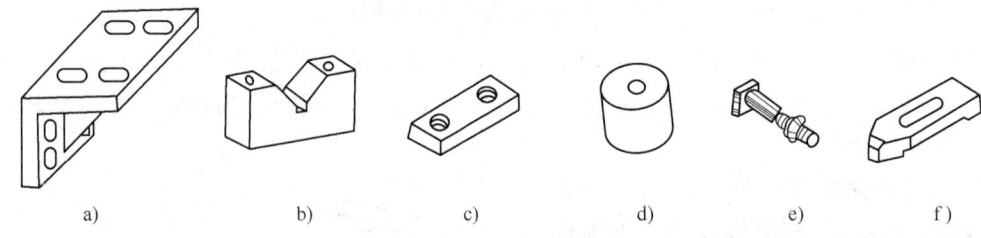

图 4-45 花盘常用附件结构
a) 角铁　b) V形架　c) 平垫铁　d) 平衡铁　e) T形螺钉　f) 压板

图 4-45b 所示是 V 形架结构，V 形架的工作表面是 V 形面，一般做成 90°或 120°，它的两个面之间都有较高的形位精度，主要用于工件以圆弧面为基准的定位。

图 4-45c 所示是平垫铁结构，它装在花盘或角铁上，作为工件定位的基准平面或导向平面。

图 4-45d 所示是平衡铁结构，平衡铁材料一般是钢或铸铁，有时为了减小体积，也可用铅制作。

图 4-45e、f 所示是花盘装夹工件的紧固装置，分别是 T 形螺钉和压板，工件在花盘上定位后必须被夹紧，以保证正确的位置关系。

图 4-46 所示是双孔连杆结构，车床上加工连杆两孔时在花盘上的安装如图 4-47 所示。

图 4-48 所示是花盘角铁装夹连杆的图例。

6）内梅花顶尖拨顶装夹工件。当轴类零件一端有中心孔且加工余量较小时可以采用这种装夹方法，如图 4-49 所示。

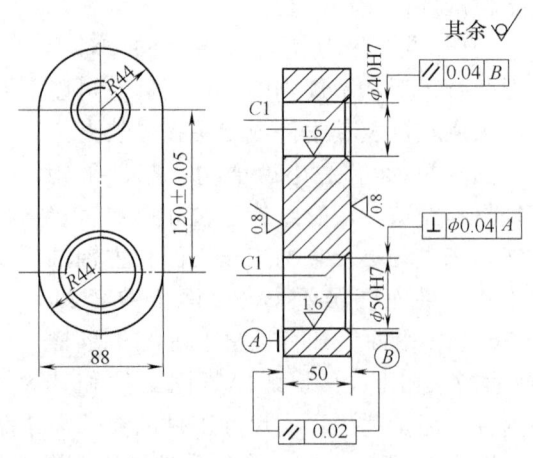

图 4-46 双孔连杆结构

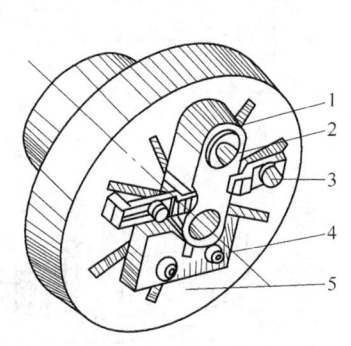 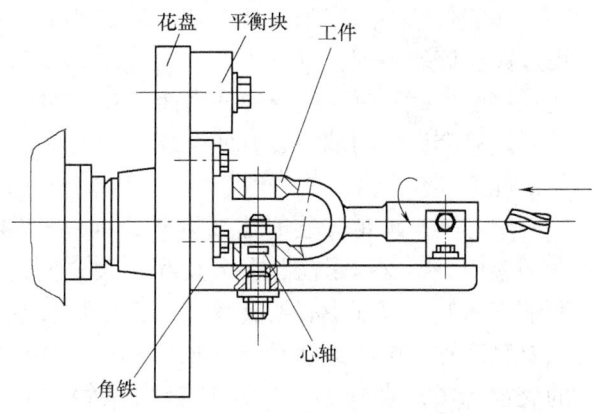

图 4-47 双孔连杆在花盘上的装夹　　　　　　　　　图 4-48 花盘角铁装夹连杆
1—连杆　2—圆形压板　3—压板　4—V形架　5—花盘

7) 外梅花顶尖拨顶装夹工件。当轴类零件两端有孔时可以采用这种装夹方法，如图 4-50 所示。

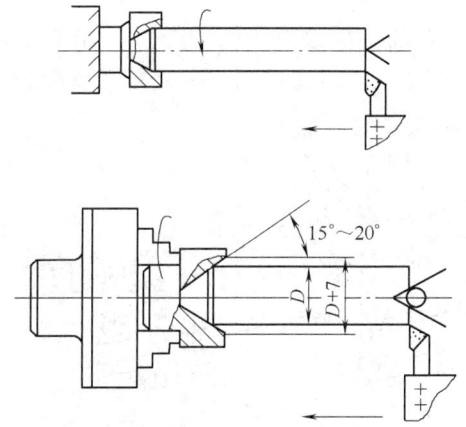 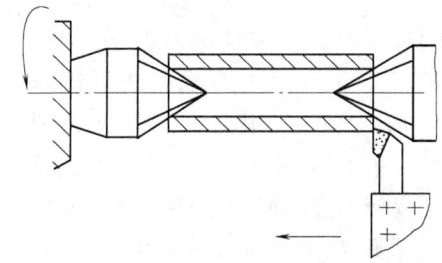

图 4-49　数控车床内梅花顶尖拨顶装夹工件　　　图 4-50　数控车床外梅花顶尖拨顶装夹工件

8) 光面顶尖拨顶装夹工件。当轴类零件两端有孔且车削余量较小时可以采用这种装夹方法，如图 4-51 所示。

（3）细长轴装夹方案　细长轴刚性差，在切削加工过程中容易受热伸长产生弯曲变形，同时在切削力的作用下会产生振动，影响加工精度和表面粗糙度。因此细长轴的加工不仅仅对刀具、机床精度、切削用量、工艺安排有较高的要求，对其进行装夹时也应该采取提高刚性的措施。

细长轴通常采用一夹一顶或两顶尖装夹，同时采用中心架或跟刀架做辅助支承的装夹方法。

1) 使用中心架支承细长轴。当细长轴可以分段车削时，中心架支承在细长轴中间，如图 4-52 所示。采用这种支承，细长轴长度与直径之比可减少一半，其刚度可增加好几倍，在细长轴装上中心架之前，可在毛坯中间车一段支承中心架支承爪的沟槽，沟槽的直径要比细长轴要求尺寸略大一些，以便留出精加工余量，车好沟槽后应用砂布抛光。

在细长轴中间车削一条沟槽比较困难时，可以利用过渡套筒装夹细长轴的方法，使支承爪不直接与毛坯轴接触，而与过渡套筒的外表面接触，如图 4-53 所示。过渡套筒的两端各装有四个螺钉，用来找正和夹住工件毛坯。

中心架支承爪安装时需要调整，如图 4-54 所示。在调整中心架支承爪前，在卡盘和顶尖之间，把工件两端支承好，保证中心架支承处工件的圆度要求。注意要轻度拧紧中心架活动臂卡爪，先拧紧靠近操作者的支承爪 C，直到感觉支承爪轻微接触到外圆为止（可结合耳听、目测等感觉）；然后顺次拧紧远离操作者的支承爪 D，向下拧上面支承爪 E，达到同样感觉；用手轻轻拧动支承爪的滚花螺钉，直到支承爪与外圆表面刚好接触为止；最后锁住下面两个支承爪就可以了。

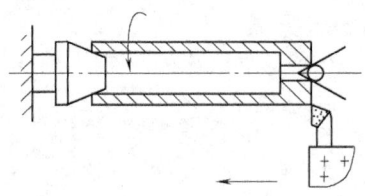

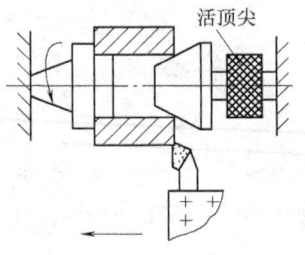

图 4-51　数控车床光面顶尖拨顶装夹工件

2) 使用跟刀架支承细长轴。跟刀架有两爪跟刀架和三爪跟刀架两种类型，如图 4-55 所示。从跟刀架工作原理来看，只需要两爪跟刀架就可以了，因为切削力总是使工件贴靠在跟刀架的两个支承爪上的。但是实际使用中，由于工件本身重力的存在，使得切削加工时，工件会时而接触卡爪，时而离开卡爪，产生振动。如果用跟刀架三爪支承，三个支承点外加刀具切削力，使得工件上下左右都不能移动，不易产生振动，加工稳定。因此采用三爪跟刀架支承是车削加工细长轴的一项重要措施。

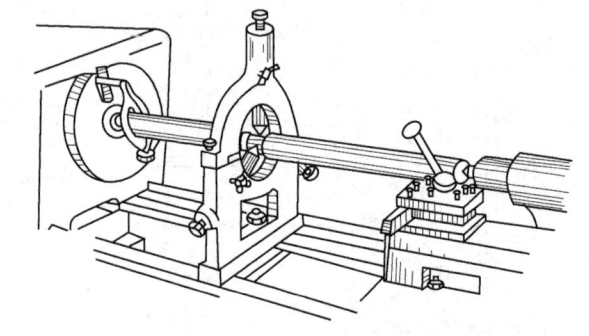

图 4-52　细长轴加工中心架辅助支承方式 1

跟刀架夹持工件需要调整。首先是调整跟刀架相对于刀架的位置，通常是粗加工时跟刀架支承爪在刀尖后面 3~5mm；精加工时支承爪在刀尖前面，避免支承爪划伤已加工表面。然后是调整卡爪的夹持力，拧动卡爪，通过手感、耳听、目测等方法，直到感觉到卡爪与外圆表面轻微接触为止。

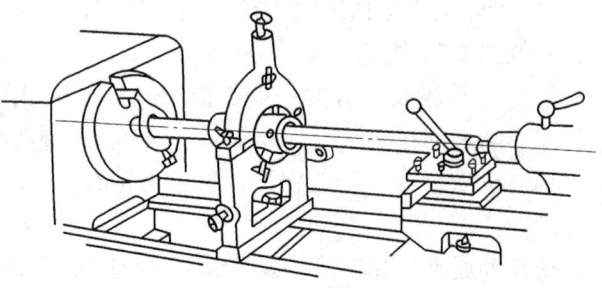

图 4-53　细长轴加工中心架辅助支承方式 2

(4) 薄壁件装夹方案　薄壁工件刚性差，在夹紧力、切削力和切削热作用下极易产生变形。如图 4-56 所示，当薄壁工件采用常规方式装夹时，受夹紧力作用，工件产生了变形，在变形状态下加工内圆，拆除外力后，工件弹性变形恢复，原来的内圆也就不圆了。因此薄壁工件的装夹应该采取相应措施避免这种情况。

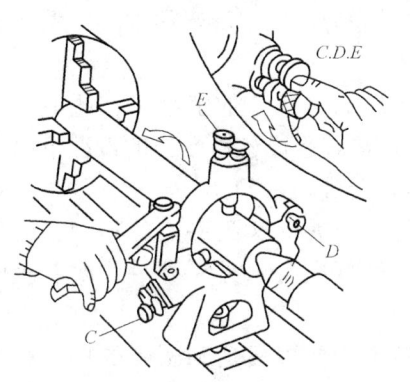

图 4-54 中心架卡爪调整

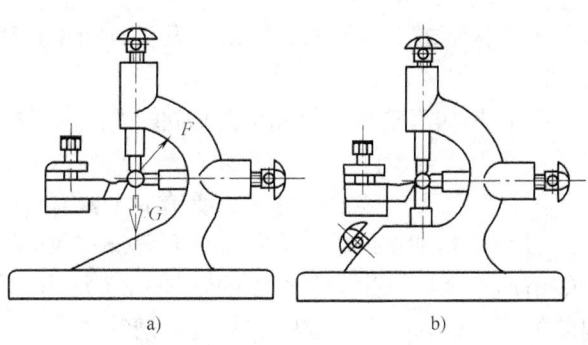

图 4-55 跟刀架类型与结构
a) 两爪跟刀架　b) 三爪跟刀架

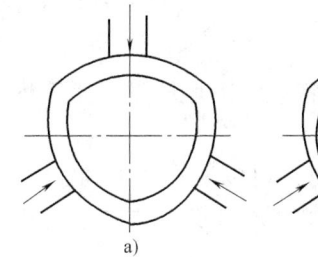
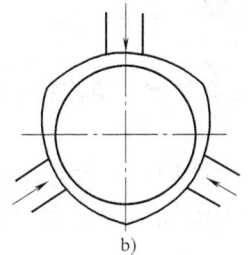
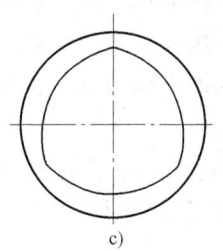

图 4-56 薄壁工件的变形

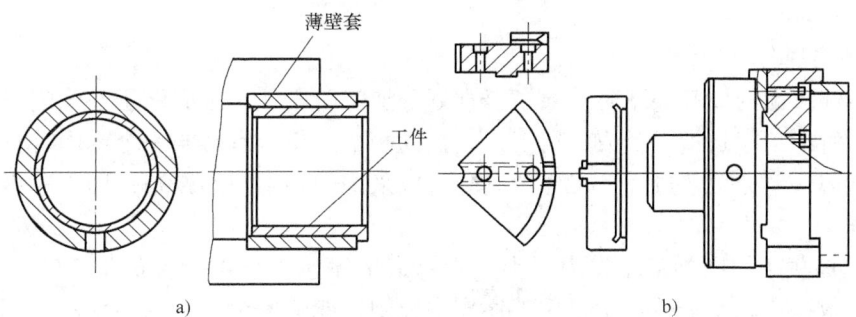

图 4-57 薄壁工件的周向装夹方法
a) 开缝套筒装夹　b) 扇形软卡爪装夹

薄壁工件的装夹有两种方案：一是周向装夹，一是轴向装夹。如图 4-57 所示，采用开缝套筒和扇行软卡爪可以增加夹具与工件之间的接触面积，使夹紧力均匀分布在工件表面上，这种周向装夹方法可使工件不易变形。

图 4-58 所示为薄壁工件轴向装夹方法，用螺母端面来压紧工件，使夹紧力沿工件轴向分布，减小变形。

六、数控车削加工工艺设计

1. 加工阶段划分

当零件加工质量要求较高时，对于选定的零件毛

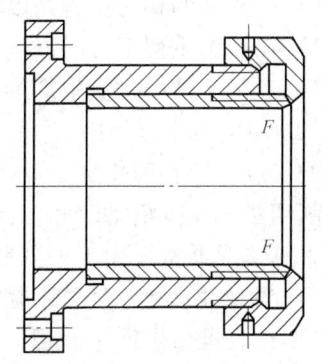

图 4-58 薄壁工件的轴向装夹方法

坯，为了保证加工质量和合理使用设备，加工过程通常划分为粗加工、半精加工、精加工和光整加工几个阶段。

（1）粗加工阶段　粗加工阶段的主要任务是切除毛坯的大部分加工余量，使毛坯在形状和尺寸上接近零件成品。粗加工应注意两方面的问题：在满足设备承受力的情况下提高生产效率；粗加工后应给半精加工或精加工留有均匀的加工余量。

（2）半精加工阶段　半精加工阶段的主要任务是使主要表面达到一定的精度，留有较少的精加工余量，为主要表面的精加工（精车、精磨）做好准备，并完成一些次要表面结构的加工，诸如扩孔、攻螺纹、铣键槽等。

（3）精加工阶段　精加工阶段的主要任务是保证各个主要表面达到图样的尺寸精度要求和表面粗糙度要求，全面保证零件加工质量。

（4）光整加工阶段　对于零件上尺寸精度和表面粗糙度要求很高的零件（尺寸精度IT6以上，表面粗糙度 $Ra0.2\mu m$ 以下），需要进行光整加工，提高尺寸精度、减少表面粗糙度。光整加工一般不用来提高位置精度。

加工阶段的划分应考虑零件的质量要求、结构特点、毛坯质量、生产纲领等。有以下一些原则可以借鉴：

1）毛坯精度高、加工余量小、生产纲领不大时，可以一次加工到位。

2）刚性好的重型工件，考虑其运输和装夹困难的原因，通常在一次装夹下完成粗、精加工。

3）粗、精加工阶段的划分，应考虑粗加工后的去应力退火、提高零件硬度的淬火等热处理的合理安排。

2. 工序的划分

安排零件表面的加工顺序时，除了合理划分加工阶段外，还应该正确确定工序的数目和工序内容。所谓工序是指一个或一组工人，在同一个工作地点对同一个或同时对几个工件所连续完成的那一部分工艺过程。工序的划分可以采用两种不同的原则：即工序集中原则与工序分散原则。

（1）工序集中原则　工序集中原则是指每道工序包含尽可能多的加工内容，从而减少工序总数。数控车床特别适合于采用工序集中原则，能够减少工件的装夹次数，保证各表面之间的相对位置精度；减少夹具数量和装夹工件的辅助时间，极大地提高生产效率。

以下情况通常采用工序集中原则：

1）当零件的相对位置精度要求很高时，采用工序集中原则。

2）在加工重型工件时，采用工序集中原则可减少搬运、装卸和调整工件的时间。

3）对于单件小批量生产的工件，通常采用工序集中的原则。

（2）工序分散原则　工序分散原则是使每道工序所包含的工作量尽量减少。采用工序分散的优点是能够简化加工设备和工艺装备结构，使设备调整和维修方便；有利于选择合理的切削用量，减少机动时间。但是工艺路线较长，所需设备较多，占地面积大。

以下情况通常采用工序分散原则：

1）当零件尺寸精度要求较高，表面粗糙度要求较高时，采用工序分散原则。

2）在大批量生产中，用通用机床和通用夹具加工时，一般都采用工序分散原则。

3）在批量生产中，工件尺寸不大和类型不固定时，采用工序分散原则。

（3）工序划分方法　按照工序集中与分散原则，常见的工序划分方法有以下几种：

1）按照所用刀具划分。将使用同一把刀具完成的那一部分工艺过程划分为一个工序。按照这种加工方式，工件在一次安装中尽可能用一把刀具加工出可能加工的所有部位。这种方法适合于零件结构比较复杂、工件待加工面较多、机床连续工作时间过长、加工程序编制较复杂的情况。加工中心特别适合这种方法。

2）按照装夹次数划分。将每次装夹完成的那一部分工艺过程划分为一个工序。这种加工方法适合于加工内容不多的工件。

3）按照粗、精加工划分。以粗加工完成的那一部分工艺过程作为一道工序，以精加工完成的那一部分工艺过程作为另一道工序。这种方法适合于零件加工后变形较大，需要粗、精加工分开，且中间穿插热处理的场合。

4）按照加工部位划分。以完成相同型面加工的那一部分工艺过程作为一道工序。对于加工表面多而复杂的零件，按照其结构特点分为几个加工部分。

3. 数控车削加工工艺顺序安排

（1）加工顺序安排原则　数控车削加工的加工顺序安排，遵循以下原则：

1）基准先行原则。加工一开始，总是先把精基准加工出来，即首先对定位基准进行粗加工和半精加工，必要时还进行精加工。如图4-59所示零件，$\phi 40\mathrm{mm}$外圆是有同轴度要求的锥面的基准，加工时应夹持毛坯外圆，把该基准先加工出来，作为加工其他要素的基准。

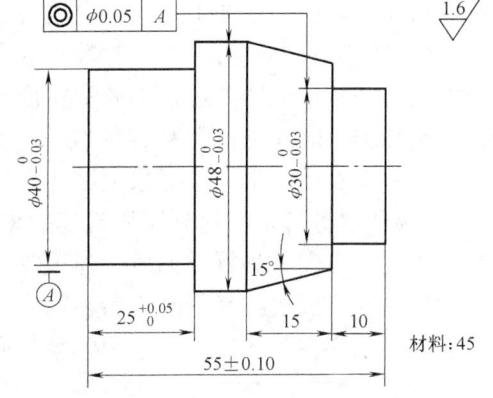

图4-59　基准先行原则加工实例

2）先粗后精原则。各个表面的加工顺序按照粗加工、半精加工、精加工、光整加工的顺序进行，逐步提高加工表面的精度和降低零件的表面粗糙度。

3）先主后次原则。零件上的工作表面及装配精度要求较高的表面都属于主要表面，应先加工；自由表面、键槽、紧固用的螺孔和光孔等表面，精度要求较低，属于次要表面，可穿插进行，一般安排在主要表面加工达到一定精度之后，最终精加工之前进行。

4）先近后远原则。通常情况下，工件装夹后，离刀架近的部位先加工，离刀架远的部位后加工，以便缩短刀具移动距离，减少空行程时间，而且还有利于保持坯件或半成品的刚性，改善其切削条件。如图4-60所示的轴类零件，当用卡盘夹持$\phi 24\mathrm{mm}$圆柱面时，按照离车刀由近及远的顺序，依次加工$\phi 18\mathrm{mm}$、$\phi 25\mathrm{mm}$、$\phi 32\mathrm{mm}$圆柱面。

5）内外交叉原则。对内表面和外表面都需要加工的零件，安排加工顺序时，应先进行内表面粗加工，后进行外表面的精加工。切不可将零件上一部分表面（外表面或内表面）加工完毕后，再加工其他表面。

（2）热处理工序安排　热处理主要用来改善零件的切削性能并消除内应力，一般有以下几种类型：

1）预备热处理。预备热处理通常安排在机械加工之前，以改善材料的切削性能及消除内应力为主要目的。常用的方法有退火、正火和调质。如为了改善切削性能，高碳钢需要进

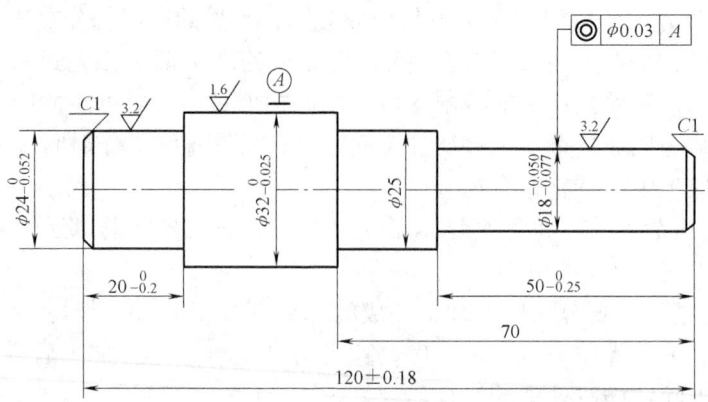

图 4-60 先近后远原则加工实例

行退火处理,以降低硬度;低碳钢需进行正火,以适当提高硬度;为清除内应力,铸件需进行回火处理,锻件需进行正火处理等。

2)去除内应力热处理。主要是消除毛坯制造或工件加工过程中产生的残余应力。一般安排在粗加工之后,精加工之前,常用的方法有人工时效、退火等。如对精度要求不高的零件,一般将消除残余应力的人工时效和退火安排在毛坯进入机加工之前进行;对精度要求较高的复杂铸件,在机加工过程中通常安排两次时效处理:铸造→粗加工→时效→半精加工→时效→精加工;对高精度零件,如精密丝杠、精密主轴等,应安排多次消除残余应力热处理,加工一次安排一次,甚至采用冰冷处理以稳定尺寸。

3)最终热处理。以达到图样规定的零件强度、硬度和耐磨性为主要目的,常用的方法有表面淬火、渗碳、渗氮和调质、淬火等,最终热处理应安排在半精加工之后,磨削加工之前。渗氮处理可以放在半精磨之后,精磨之前。

热处理工序在车削加工工序中的常规安排如图 4-61 所示。

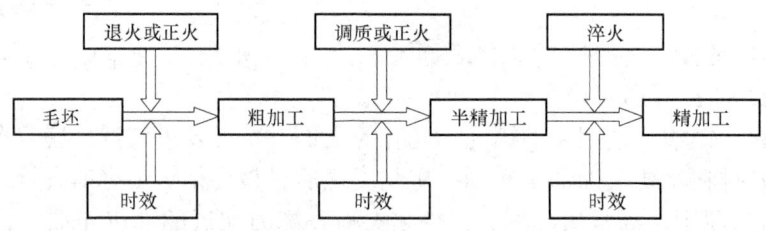

图 4-61 热处理在车削加工工序中的安排

(3)数控加工工序与普通工序的衔接 有些零件的加工是由普通机床加工和数控机床加工共同完成的,数控机床加工工序前后一般都穿插有其他普通工序,如衔接不好就容易产生矛盾,因此要解决好数控工序与普通工序之间的衔接问题。较好的解决办法是建立工序间的相互状态要求。例如,前道工序要不要为后道工序留加工余量,留多少;定位孔与面的精度与形位公差是否满足加工要求;对毛坯的热处理要求等等,都需要前后兼顾,统筹衔接。

(4)辅助工序的安排 辅助工序的种类很多,如检验、去毛刺、倒棱边、去磁、清洗、动平衡、涂防锈漆和包装等。辅助工序也是保证产品质量所必要的工序,若缺少了辅助工序或辅助工序要求不严,将给装配工作带来困难,甚至使机器不能使用。其中检验工序是主要的辅助工序,它是监控产品质量的主要措施,除在每道工序的进行中操作者都必须自行检查外，还须在下列情况下安排单独的检验工序：

1）粗加工阶段结束之后。

2）重要工序之后。

3）零件从一个加工场地转到另一个加工场地时。

4）特种性能（磁力擦伤、密封性等）检验之前。

5）零件全部加工结束之后。

其他辅助工序的安排应视具体情况而定。

（5）典型零件数控车削加工工艺顺序安排举例　下面列举几个典型零件加工工艺顺序安排实例：

1）一般主轴的加工工艺路线：下料→锻造→退火（正火）→粗加工→调质→半精加工→淬火→粗磨→时效→精磨。

2）具有花键孔的双联（或多联）齿轮的加工工艺路线：下料→锻造→粗车→调质→半精车→拉花键孔→套花键心轴精车→插齿（或滚齿）→齿部倒角→齿部淬硬→珩齿或磨齿。

3）渗碳轴类工件的加工工艺路线：下料→锻造→正火→粗加工→半精加工→渗碳→去碳加工（去除不要硬度的表面）→淬火→车螺纹、钻孔或铣槽→粗磨→时效→半精磨→时效→精磨。

4. 数控车削加工走刀路线设计

（1）走刀路线设计原则　数控车床进给加工路线指车刀从对刀点（或机床固定原点）开始运动起，直至返回该点并结束加工程序所经过的路径，包括切削加工的路径及刀具切入、切出等非切削空行程路径。

数控车削加工走刀路线的设计包括粗加工走刀路线和精加工走刀路线。由于精加工的进给路线基本上都是沿其零件轮廓顺序进行的，因此确定进给路线的工作重点是确定粗加工及空行程的进给路线。

在数控车床加工中，加工路线的确定一般要遵循以下几方面原则：

1）应能保证被加工工件的精度和表面粗糙度。

2）使加工路线最短，减少空行程时间，提高加工效率。

3）尽量简化数值计算的工作量，简化加工程序。

4）对于某些重复使用的程序，应使用子程序。

（2）粗加工走刀路线设计　粗加工走刀路线设计要考虑给精加工留有均匀的加工余量，同时还要考虑加工效率和简化程序。下面列举一些典型走刀路线以供借鉴：

1）棒料毛坯矩形加工走刀路线。数控车削加工常用棒料作为毛坯，标准数控系统通常有外圆和端面的矩形切削循环指令，如FANUC数控系统外圆切削循环指令G90、端面切削循环指令G94都是矩形走刀路线，粗加工走刀路线设计应尽量利用这样一些循环指令的走刀路线，可简化编程同时保证路径最优。如图4-62为棒料粗加工时的矩形走刀路线。

2）锻件毛坯复合加工走刀路线。数控车削加工也常用锻件作为毛坯材料，标准数控系统通常也具备内外圆的复合切削循环程序，如FANUC数控系统固定形状粗车循环指令G73，粗加工走刀路线设计应尽量利

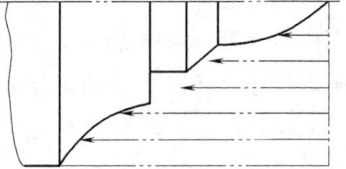

图4-62　棒料毛坯粗加工矩形走刀路线

用此类循环指令的走刀路线,保证加工余量的均匀性,图4-63为则为锻件毛坯的复合走刀路线。

3)棒料毛坯车圆锥走刀路线。在数控车床上车外圆锥时可以分为车正锥和车倒锥两种情况,而每一种情况又有两种加工路线。图4-64所示为车正锥的两种加工路线。按照图4-64a车正锥时,为计算编程终点坐标,需要计算终刀距S。假设圆锥大径为D,小径为d,锥长为L,背吃刀量为a_p,则由相似三角形可得下面表达式:

$$(D-d)/(2L) = a_p/S$$

则

$$S = 2La_p/(D-d)$$

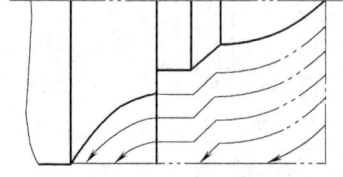

图4-63 锻件毛坯的复合走刀路线

按此种加工路线,刀具切削运动的距离较短。

当按图4-64b的走刀路线车正锥时,则不需要计算终刀距S,只要确定每次的初始背吃刀量a_p,即可车出圆锥轮廓,编程方便。但在每次切削过程中,背吃刀量是变化的,而且切削运动的路线较长。

图4-65a、b为车倒锥的两种加工路线,分别与图4-64a、b相对应,其原理与车正锥相同。

4)棒料毛坯圆弧加工走刀路线。数控车床FANUC系统应用G02(或G03)指令在圆柱棒料上车圆弧时,若用一刀就把圆弧加工出来,这样背吃刀量太大,容易打刀。所以,实际切削时,需要多刀加工,先将大部分余量切除,最后才车得所需圆弧。有两种圆弧加工走刀路线设计,分别是车圆法和车锥法,分别如下所述。

图4-66所示为棒料毛坯圆弧加工车圆法走刀路线。即用不同半径的圆弧来车削,最后将所需圆弧

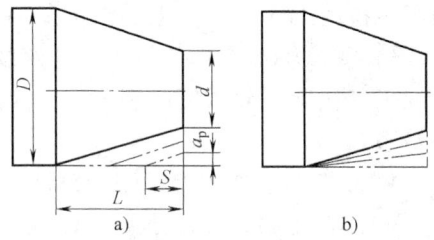

图4-64 棒料毛坯车正锥走刀路线

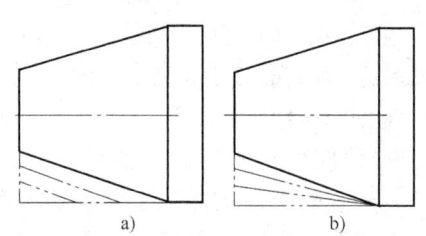

图4-65 棒料毛坯车倒锥走刀路线

加工出来。此方法在确定了每次背吃刀量后,对90°圆弧的起点、终点坐标较易确定。图4-66a中的走刀路线较短,图4-66b中加工的空行程时间较长。如图4-66b所示,在已知棒料直径和零件完工尺寸后,每次背吃刀量的确定方法是:连接OA、OB,则此时圆弧$R_1 = OA = OB$,$BD = AE = \sqrt{R_1^2 - R^2}$,$BC = AC = R - \sqrt{R_1^2 - R^2}$,据此可以确定圆弧精加工时起点B和终点A的极限位置。

此方法数值计算简单,编程方便,适合于加工较复杂的圆弧。

图4-67所示为棒料毛坯圆弧加工车锥法走刀路线,即先车圆锥,再车圆弧。但要注意车圆锥时的起点和终点的确定。若确定不好,则可能损坏圆弧表面,也可能将余量留得过大。其确定方法是连接OB交圆弧于D,过D点作圆弧的切线AC。由几何关系得:

$$BD = OB - OD = \sqrt{2}R - R = 0.414R$$

此为车圆锥时的最大切削余量,即车圆锥时,加工路线不能超过AC线。由BD与

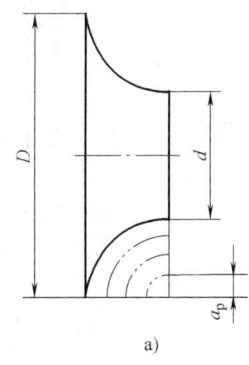
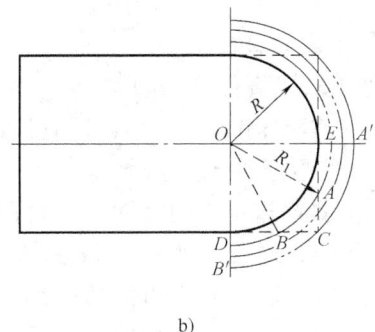

图 4-66 棒料毛坯圆弧加工车圆法走刀路线

△ABC 的关系，可得

$$AB = CB = \sqrt{2}BD = 0.586R$$

这样可以确定出车圆锥时的起点和终点。当 R 不太大时，可取 $AB = CB = 0.5R$。此法数值计算较繁琐，但其刀具切削路线较短。

5) 大余量工件阶梯走刀路线。如图 4-68 所示，棒料毛坯粗加工时，加工余量较大，可按照序号 1～5 的加工顺序进行阶梯式切削，每次切削留取的加工余量相等，便于保证零件的精加工质量。

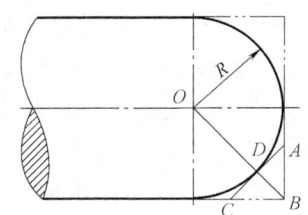

图 4-67 棒料毛坯圆弧加工车锥法走刀路线

(3) 精加工走刀路线设计 工件精加工进给走刀路线分单刀精加工和多刀精加工等几种情形。

1) 当零件的最终轮廓只需要一把刀具就可以完成加工时，要考虑加工刀具的进刀、退刀位置，尽量不要在连续的轮廓轨迹中安排切入、切出和停顿，以免造成工件的弹性变形、表面划伤等缺陷。

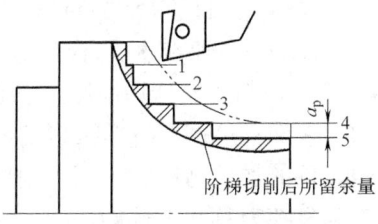

图 4-68 大余量工件阶梯走刀路线

2) 当零件精加工中需要换刀时，要根据工步顺序的要求来决定各加工刀具的先后顺序，以及各加工刀具进给路线的衔接。同时要注意加工刀具的切入、切出以及接刀点应该尽量选在空刀槽或零件表面间有拐点和转角的位置处，曲线要求相切或者光滑连接的部位不能作为加工刀具切入、切出以及接刀点的位置。

3) 如果零件各加工部位的精度要求相差不大，应以最高的精度要求为准，一次连续走刀加工完成零件的所有加工部位；如果零件各加工部位的精度要求相差很大，应把精度接近的各加工表面安排在同一把车刀的走刀路线中完成，并应先加工精度要求较低的加工部位，再加工精度要求较高的部位。

5. 数控车削加工切削用量选择

(1) 切削用量含义 如图 4-69 所示，数控机床切削用量是指背吃刀量、进给量和切削速度。

1) 背吃刀量 a_p。背吃刀量又称为切削深度，是指已加工表面和待加工表面之间的垂直距离，背吃刀量的计算公式为：

$$a_p = \frac{d_w - d_m}{2}$$

式中 d_w——待加工表面直径（mm）；
d_m——已加工表面直径（mm）。

2）进给量。数控车床的进给参量有两种表达方法：进给量 f 和进给速度 v_f。进给量 f 为工件（主轴）每转一周刀具沿进给方向相对于工件的移动距离，单位为 mm/r；进给速度 v_f 为刀具在单位时间内沿着进给方向相对于工件的位移距离，单位为 mm/min。进给量与进给速度之间的关系是：

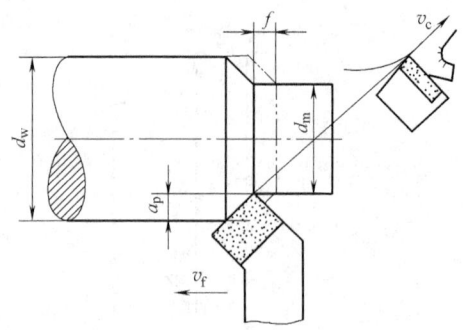

图 4-69 数控车床切削用量图例

$$v_f = nf$$

数控车削加工编程时，根据控制需要可以通过指令切换成进给量或进给速度，如 FANUC 数控系统，G98 指令代表每分钟进给（进给速度 v_f）；G99 指令代表每转进给（f）。

3）切削速度 v_c。切削刃上的切削点相对于工件运动的瞬时速度称为切削速度。切削速度的单位为 m/min。在各种金属切削机床中，大多数切削加工的主运动都是机床主轴的旋转运动，切削速度与机床主轴转速之间的转换关系为：

$$v_c = \frac{\pi d n}{1000}$$

式中 v_c——切削速度（m/min）；
d——工件直径（mm）；
n——主轴转速（r/min）。

（2）切削用量选择原则　切削用量的选择受生产率、切削力、切削功率、刀具耐用度和加工表面粗糙度等许多因素的限制。选择切削用量的基本原则是：所确定的切削用量应能达到零件的加工精度和表面粗糙度要求，在工艺系统强度和刚性允许的条件下充分利用机床功率和发挥刀具切削性能。

（3）切削用量的选择顺序　在确定了刀具的材料和几何角度的基础上，用查表法按下面步骤合理地选择切削用量：

1）首先由工序余量确定切削深度 a_p。全部余量尽可能在一次进给中去除，也可以多次进给完成。

2）在切削力允许的条件下，选择大的进给量 f（粗加工时），或按本工序的加工表面粗糙度确定进给量（精加工时）。

3）在机床功率允许的条件下，选择大的切削速度（粗加工时），或按刀具使用寿命确定切削速度（精加工时），选择机床所具有的主轴转速中最接近的速度。

4）最后验算机床的功率是否足够。

（4）切削深度的选择　切削深度的选择分为粗加工和精加工两种情形。

1）粗加工时的切削深度选择：粗加工时的切削深度根据工件的加工余量来确定，除留下精加工余量外，一次进给尽可能切除全部余量。a_p 可达 8~10mm。当切削加工余量过大、工艺系统刚度过低、机床功率不足、刀具强度不够或断续切削的冲击振动较大时，可分多次进给。切削表面层有硬皮的铸、锻件时，应尽量使背吃刀量大于硬皮层的厚度，以保护刀尖。

2）半精加工和精加工时的切削深度选择：精加工时加工余量较小，可一次切除。为了保证加工精度和表面质量，也可多次进给，第一次进给的背吃刀量一般为加工余量的2/3以上。半精加工（表面粗糙度为 $Ra6.3\sim3.2\mu m$）时，a_p 取为 $0.5\sim2mm$，精加工（表面粗糙度为 $Ra1.6\sim0.8\mu m$）时，a_p 取为 $0.1\sim0.4mm$。

（5）进给量的选择　进给量或进给速度是数控车床切削用量中的重要参数，其大小直接影响工件表面粗糙度值和车削效率，主要根据零件的加工精度、表面粗糙度要求以及刀具、工件的材料性质选取；最大进给速度受机床刚度和进给系统的性能限制。确定进给速度的原则如下：

1）当工件的质量要求能够得到保证时，为提高生产效率，可选择较高的进给速度。一般在 $100\sim200mm/min$ 范围内选取。

2）在切断、加工深孔或用高速钢刀具加工时，宜选择较低的进给速度，一般在 $20\sim50mm/min$ 范围内选取。

3）当加工精度、表面粗糙度要求较高时，进给速度应选小些，一般在 $20\sim50mm/min$ 范围内选取。

4）刀具空行程时，特别是远距离"回零"时，可以设定机床数控系统最高进给速度，编程时用 G00 选取。

实际应用时，可参考表4-2、表4-3或查阅切削用量手册选取每转进给量 f，然后根据公式 $v_f = nf$ 换算成进给速度。

表4-2　硬质合金车刀粗车外圆及端面的进给量参考值

工件材料	车刀刀杆尺寸 $B\times H$ /mm	工件直径 /mm	背吃刀量/mm ≤3	>3~5	>5~8	>8~12	>12
			进给量/mm·r^{-1}				
碳素结构钢、合金结构钢及耐热钢	16×25	20	0.3~0.4	—	—	—	—
		40	0.4~0.5	0.3~0.4	—	—	—
		60	0.5~0.7	0.4~0.6	0.3~0.5	—	—
		100	0.6~0.9	0.5~0.7	0.5~0.6	0.4~0.5	—
		400	0.8~1.2	0.7~1.0	0.6~0.8	0.5~0.6	—
	20×30 25×25	20	0.3~0.4	—	—	—	—
		40	0.4~0.5	0.3~0.4	—	—	—
		60	0.5~0.7	0.5~0.7	0.4~0.6	—	—
		100	0.8~1.0	0.7~0.9	0.5~0.7	0.4~0.7	—
		400	1.2~1.4	1.0~1.2	0.8~1.0	0.6~0.9	0.4~0.6
铸铁及铜合金	16×25	40	0.4~0.5	—	—	—	—
		60	0.5~0.8	0.5~0.8	0.4~0.6	—	—
		100	0.8~1.2	0.7~1.0	0.6~0.8	0.5~0.7	—
		400	1.0~1.4	1.0~1.2	0.8~1.0	0.6~0.8	—
	20×30 25×25	40	0.4~0.5	—	—	—	—
		60	0.5~0.9	0.5~0.8	0.4~0.7	—	—
		100	0.9~1.3	0.8~1.2	0.7~1.0	0.5~0.8	—
		400	1.2~1.8	1.2~1.2	1.0~1.3	0.9~1.1	0.7~0.9

表 4-3　按表面粗糙度选择进给量参考值

工件材料	表面粗糙度 /μm	切削速度范围 /m·min^{-1}	刀尖圆弧半径/mm		
			0.5	1.0	2.0
			进给量/mm·r^{-1}		
铸铁、青铜、铝合金	>5~10 >2.5~5 >1.25~2.5	不限	0.25~0.40 0.15~0.25 0.10~0.15	0.40~0.50 0.25~0.40 0.15~0.20	0.50~0.60 0.40~0.60 0.20~0.35
碳钢及合金钢	>5~10	<50 >50	0.30~0.50 0.40~0.55	0.45~0.60 0.55~0.65	0.55~0.70 0.65~0.70
	>2.5~5	<50 >50	0.18~0.25 0.25~0.30	0.25~0.30 0.30~0.35	0.30~0.40 0.30~0.50
	>1.25~2.5	<50 50~100 >100	0.10 0.11~0.16 0.16~0.20	0.11~0.15 0.16~0.25 0.20~0.25	0.15~0.22 0.25~0.35 0.25~0.35

（6）切削速度的选择　切削速度的选择遵循下面的原则：

1）在切削深度 a_p 和进给量 f 选定以后，可在保证刀具合理使用寿命的条件下，用计算的方法或用查表法确定切削速度 v_c，见表4-4。

表 4-4　硬质合金外圆车刀切削速度参考值

工件材料	热处理状态	$a_p = 0.3~2$mm $f = 0.08~0.3$mm	$a_p = 2~6$mm $f = 0.3~0.6$mm	$a_p = 6~10$mm $f = 0.6~1$mm
		v_c/m·min^{-1}		
低碳钢、易切钢	热轧	140~180	100~120	70~90
中碳钢	热轧	130~160	90~110	60~80
	调质	100~130	70~90	50~70
合金结构钢	热轧	100~130	70~90	50~70
	调质	80~110	50~70	40~60
工具钢	退火	90~120	60~80	50~70
灰铸铁	<190HBW	90~120	60~80	50~70
	190~225HBW	80~110	50~70	40~60
高锰钢（$\omega_{Mn}=13\%$）		10~20		
铜及铜合金		200~250	120~180	90~120
铝及铝合金		300~600	200~400	150~200
铸铝合金（$\omega_{Si}=13\%$）		100~180	80~150	60~100

2）粗加工时的 a_p 和 f 均较大，故选择较低的 v_c；精加工时，则选择较高的 v_c。

3）工件材料的加工性较差时，应选较低的 v_c。加工灰铸铁时的 v_c 应较加工中碳钢低，而加工有色金属时的 v_c 则较加工钢高得多。

4）刀具材料的切削性能越好时，v_c 也可选择越高。因此，硬质合金刀具的 v_c 比高速钢刀具高好几倍，涂层硬质合合、陶瓷、金刚石和立方氮化硼刀具的切削速度 v_c 又比硬质合金刀具高许多。

5）在确定精加工和半精加工的 v_c 时，应注意避开积屑瘤和鳞刺产生的区域。

6）在易发生振动的情况下，v_c 应避开自激振动的临界速度。

7）在加工带硬皮的铸件、锻件时，大件、细长件和薄壁件及断续切削时，应选用较低的 v_c。

6. 数控车削加工工序间加工余量确定

（1）工序间加工余量概念　基本工序间加工余量是相临两工序的工序尺寸之差，有双边和单边余量。对于数控车床加工零件，通常直径方向为双边加工余量，长度方向和深度方向为单边加工余量。由于工序尺寸存在有公差，所以余量也存在有公差，因此也就有工序的基本余量、最大余量和最小余量。确定余量和工序尺寸是工艺设计的一个重要组成部分。

（2）工序余量确定原则　工序余量的确定应遵循下面的原则：

1）加工余量应尽量小。目的是为了缩短加工时间，提高加工效率，降低制造成本，并且延长机床和刀具的使用寿命。

2）加工余量应能保证按此余量加工后能达到零件图样要求的尺寸公差、形状、位置公差和表面粗糙度。工序公差不应该超出经济加工精度范围，同时本工序余量应大于上道工序留下的尺寸公差、形位公差和表面缺陷层厚度；本工序余量还应考虑装夹误差、加工中变形、热处理变形等可能带来的误差。

（3）加工余量确定方法　加工余量通常有以下几种确定方法：

1）分析计算法。在可靠的实际数据资料基础上进行计算。

2）经验估算法。根据工艺人员的实际经验确定工序余量，通常都比较偏大。

3）查表法。查阅有关工艺手册，再结合工厂的实际情况适当修改后使用。

（4）工序尺寸公差的确定　工序尺寸公差的确定遵循以下原则：

1）当工艺基准与设计基准重合时，由最后一道工序依次向前推算工序基本尺寸，直到毛坯，即本工序余量＝前工序的工序尺寸－本工序的工序尺寸。而每道余量可以按照加工方法通过查手册或经验方法确定，如由工艺手册查得：研磨余量为 0.01mm，精磨余量为 0.1mm，半精车余量为 1.1mm，粗车余量为 4.5mm 等。

2）工序尺寸的公差按各工序采用加工方法的经济精度确定，并按"入体原则"确定其上下偏差，如某棒料毛坯半精车时按照倒推法确定的基本工序尺寸是 ϕ60.41mm，半精车能够达到的经济精度为 h11（$^{0}_{-0.190}$），按照"入体原则"，该工序尺寸及其偏差为 ϕ60.41$^{0}_{-0.190}$ mm；毛坯和两孔中心距按双向均分偏差标注，如某锻造轴类毛坯尺寸标注为 ϕ66±2mm。

7. 数控车削加工工艺设计举例

（1）数控车削加工工艺流程　通过上面分析，适合数控车削加工的零件，从零件图阅读到最后工件加工完成，整个工艺流程可以用图 4-70 所示的流程图表示。

（2）典型零件加工工艺设计案例　某传动轴零件图如图 4-71 所示，设计零件加工工艺路线。

1）阅读分析图样。以轴的两端尺寸 ϕ30mm 中心轴为基准，尺寸 ϕ35mm、ϕ25mm 对公共轴线的同轴度公差为 ϕ0.02mm，ϕ35mm、ϕ30mm 处端面跳动公差为 0.015mm。零件材料

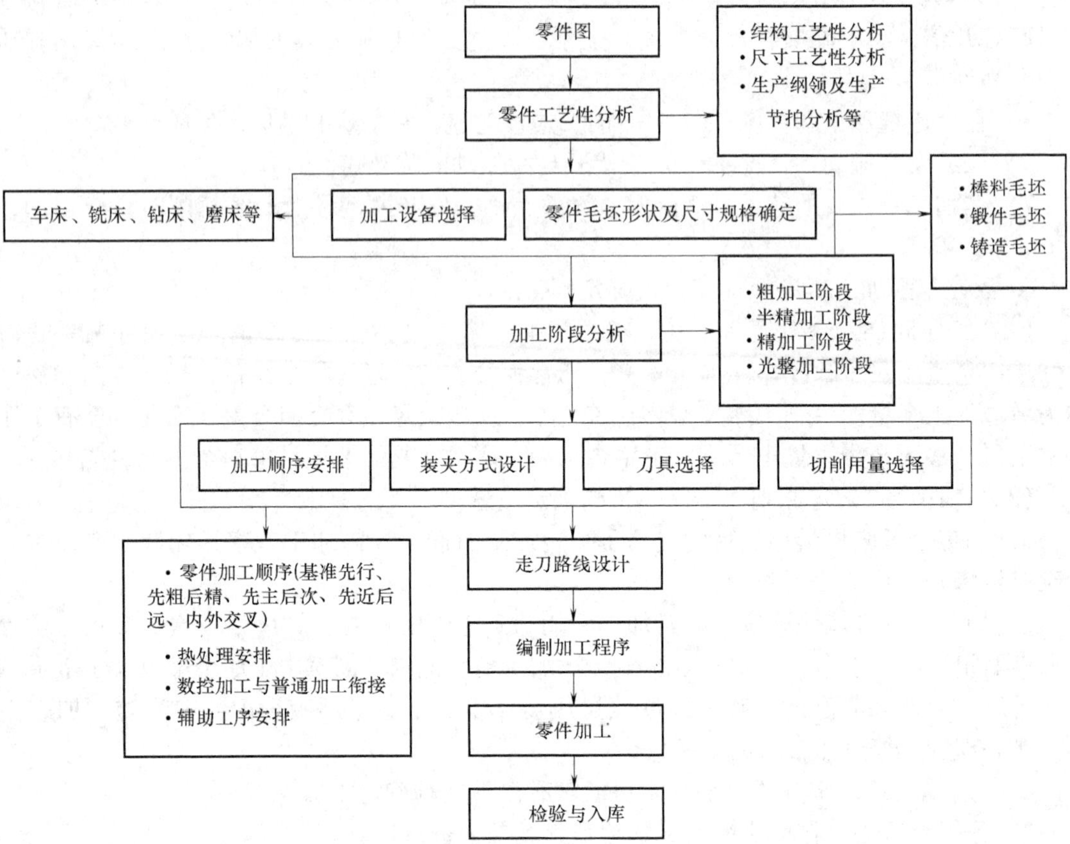

图 4-70 数控车床切削加工工艺设计流程

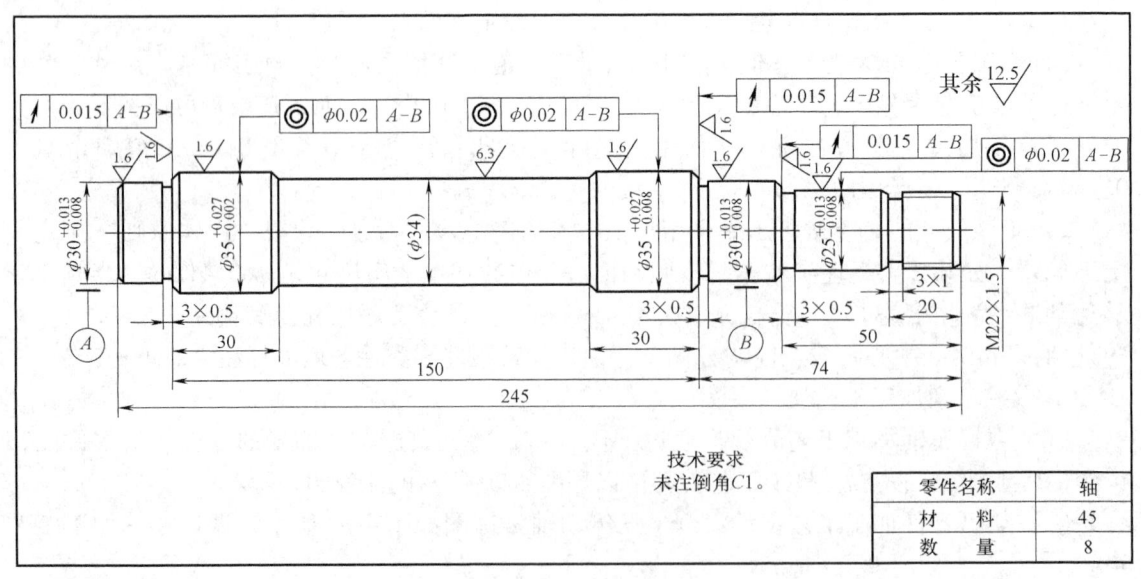

图 4-71 某传动轴零件图

为45钢,加工工件数量为8件。

2) 选择数控车床加工零件,选用圆钢棒料毛坯,尺寸规格为 $\phi40mm \times 250mm$。

3) 加工阶段划分:粗加工→半精加工→精加工。

4) 加工顺序安排:调质处理→车端面见平→钻中心孔→调头,车端面保证总长→钻中心孔→双顶尖加拨盘→粗车、半精车及精车右端各台阶→调头粗车、半精车及精车左端各台阶→切槽→车螺纹。

5) 走刀路线设计:为了保证同轴度要求,采用双顶尖装夹方式,轴外圆表面尺寸加工通过轴调头分两次装夹完成,每次走刀路线设计可按外圆粗车复合指令走刀路线设计。

6) 轴的车削工艺安排见表4-5。

表4-5 传动轴车削工艺过程

加工顺序	加工简图	加工内容	安装方法	备注
1		下料(8件):$\phi40mm \times 250mm$		
2		车端面见平,钻 $\phi2.5mm$ 中心孔	三爪自定心卡盘装夹工件	编程时以工件右端面为工件坐标系原点,使用端面矩形切削循环指令
3		调头,车端面,保证工件全长,粗车外圆 $\phi32mm \times 15mm$,钻 $\phi2.5mm$ 中心孔	三爪自定心卡盘装夹工件	以该端面中心作为工件调头加工的工件坐标系原点
4		粗车工件各台阶;车外圆 $\phi36mm$ 至全长;采用外圆粗车复合程序加工轴右端各台阶至图样要求尺寸	双顶尖夹持外加拨盘	
5		调头,利用外圆粗车复合程序加工轴左端各台阶至图样要求尺寸	双顶尖夹持外加拨盘	
6		切槽及加工螺纹	双顶尖夹持外加拨盘	
7		零件精度检测		

七、数控车削加工刀具选择

1. 数控车削加工刀具类型

（1）数控车床刀具按照用途分类　数控车床刀具按照用途可分为外圆车刀、端面车刀、内孔车刀、切槽刀、切断刀、螺纹车刀等。

1）外圆车刀。外圆车刀又有直头外圆车刀、弯头外圆车刀、90°外圆车刀，直头外圆车刀，用于加工外圆柱表面和外圆锥表面，如图4-72a所示；弯头外圆车刀可用于加工外圆柱表面、外圆锥表面、端面和倒棱，如图4-72b所示；90°外圆车刀可用于加工细长轴、刚性不好的轴类零件、阶梯轴、凸肩或端面，如图4-72c所示。

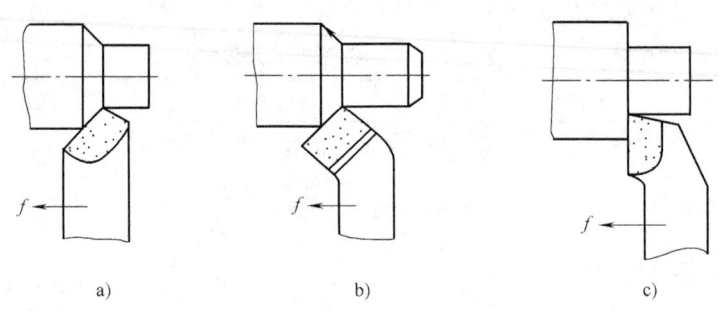

图4-72　数控车床外圆车刀加工图例
a）直头外圆车刀　b）弯头外圆车刀　c）90°外圆车刀

2）端面车刀。端面车刀用于加工工件的端面，一般由工件外圆向中心进给，加工带孔的工件端面时，也可以由工件中心向外圆进给，如图4-73所示。

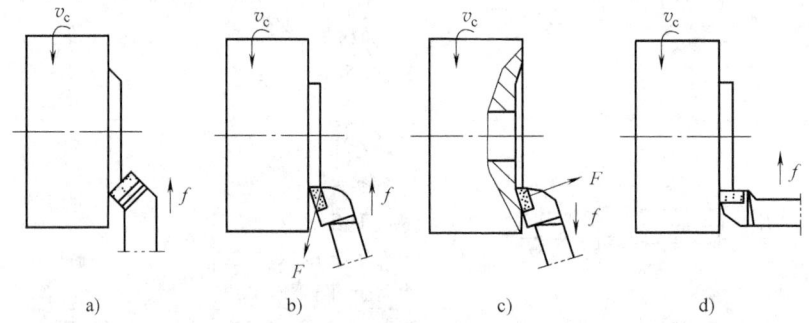

图4-73　数控车床端面车刀加工图例
a）45°偏刀车削端面　b）端面车刀车削端面（自外向中心走刀）
c）右偏刀车削端面（自中心向外走刀）　d）左偏刀车削端面（自外向中心走刀）

3）内孔车刀。内孔车刀用于车削圆孔，工作条件比车削外圆差，车刀的刀杆伸出长度和刀杆截面积尺寸都受到所加工孔的尺寸限制，图4-74所示为内孔车刀用于加工通孔、不通孔和阶梯孔的情形。

4）切断刀、切槽刀。切断刀用于切断工件或切窄槽，切断刀和切槽刀结构形式相同，不同点在于切槽刀刀头伸出长度和宽度取决于所加工工件槽的深度和宽度，而切断刀为了切断工件和尽量减少工件材料损耗，刀头必须伸出很长且宽度很小，一般为2～6mm。图4-75所示为切槽刀、切断刀加工工件的情形。

5）螺纹车刀。螺纹加工一般使用螺纹车刀来加工螺纹，图4-76所示为加工普通螺纹、

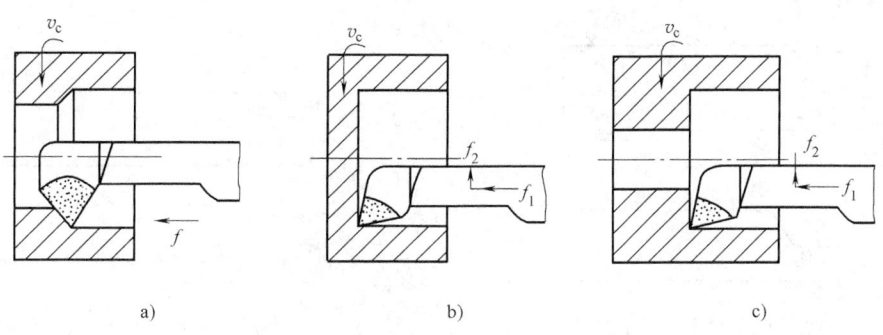

图 4-74　数控车床内孔车刀加工图例
a) 车削通孔　b) 车削不通孔　c) 车削台阶孔

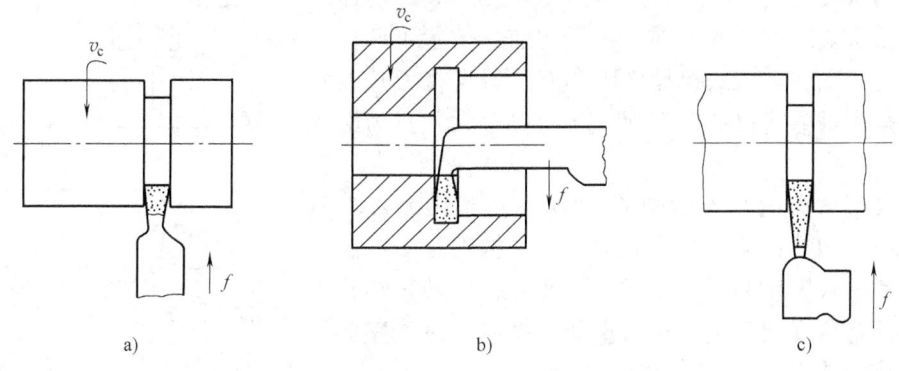

图 4-75　数控车床切槽刀、切断刀加工图例
a) 加工外环槽　b) 加工内环槽　c) 切断

矩形螺纹、梯形螺纹和模数螺纹时使用的螺纹车刀。

（2）数控车床刀具按照结构分类
数控车床刀具按照结构又可分为整体式车刀、焊接式车刀、机械夹固式车刀、可转位式车刀。

1) 整体式车刀。整体式车刀主要是整体高速钢车刀，它由高速钢刀条按要求磨制而成，如图 4-77 所示。其刀杆截面形状大都为正方形或矩形，俗称"白钢刀"，使用时其刀刃和切削角度可根据不同用途进行修磨。

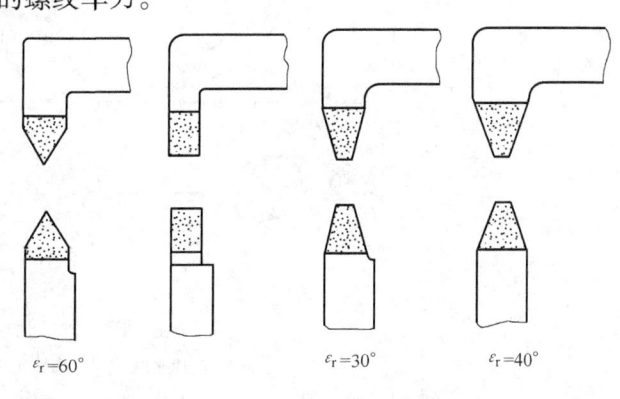

图 4-76　数控车床螺纹车刀

2) 硬质合金焊接车刀。硬质合金焊接车刀是将一定形状的硬质合金刀片，用铜或其他焊料将刀片钎焊在普通碳钢（通常为 45 钢、55 钢）刀杆上，再经刃磨而成，如图 4-78 所示。焊接式车刀结构简单，制造方便，几何参数刃磨随意，刀片材料利用率高，是目前车刀中应用较广泛的刀具。

3) 机械夹固式车刀。机械夹固式车刀是将标准硬质合金刀片用机械夹固的方法安装在刀杆上。刀片的夹紧要求夹固可靠、结构简单，刀片便于调整。刀片夹紧的方式较多，但夹固方法可归类为上压式和侧压式两种。

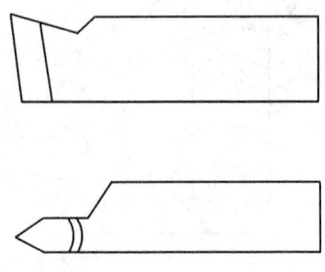

图 4-77 数控车床整体式车刀

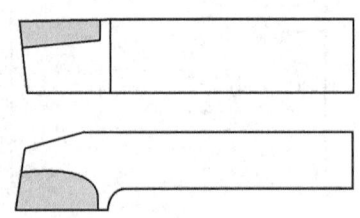

图 4-78 数控车床焊接式车刀

上压式机械夹固车刀如图 4-79 所示,其结构简单,夹固可靠,刀片调整使用方便,是应用最多的机夹结构。其压板除压紧刀片外还起断屑器的作用,根据所切削材料的不同,压板的前后位置可调,以扩大其断屑范围。上压式机械夹固车刀一般可将刀片安装出所需前角,重磨时仅磨后刀面,从而可大大减少刃磨工作量。

侧压式机械夹固车刀如图 4-80 所示,利用刀片本身的斜面由楔块和螺钉从刀片侧面夹紧。根据刀片安放的不同,有刀片平式安装和刀片立式安装两种,这两种结构的车刀一般都是刃磨前刀面,车刀重磨后都可通过调整螺钉来调整刀片的伸出位置。

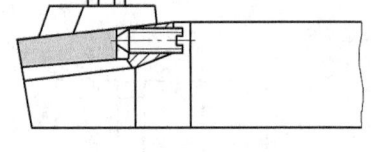
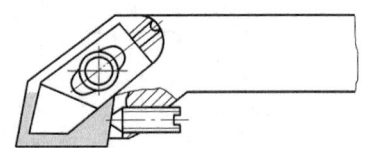

图 4-79 上压式机械夹固车刀

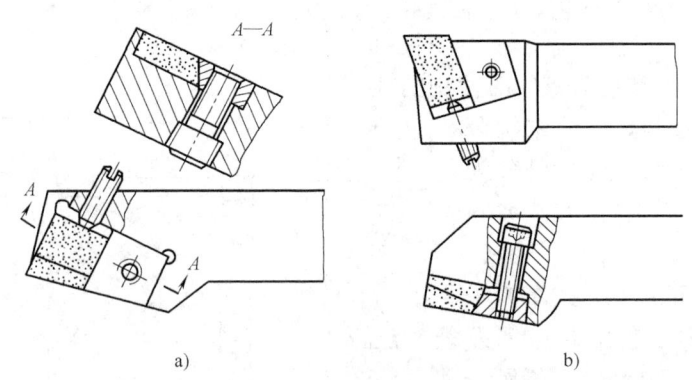

图 4-80 侧压式机械夹固车刀
a) 刀片平式安装 b) 刀片立式安装

4)可转位式机械固夹车刀。可转位式机械固夹车刀是利用可转位刀片实现不重磨快换刀刃的车刀。可转位式机械固夹车刀通常由刀杆、刀片、刀垫和夹固元件组成,如图 4-81 所示。

2. 车刀的构成、几何角度及应用场合

(1) 车刀的构成 车刀的结构如图 4-82 所示。车刀刀头为切削部分,刀头由以下几部分组成:

1)前刀面(又称前面):切屑流出时所经过的刀面。

2)主后刀面(又称后面):对着工件切削表面的刀面。

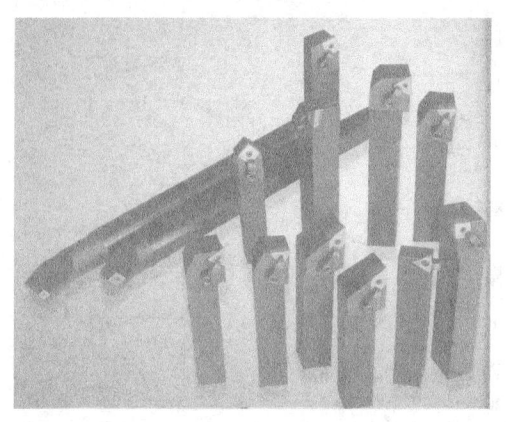

图 4-81 可转位式机械夹固车刀

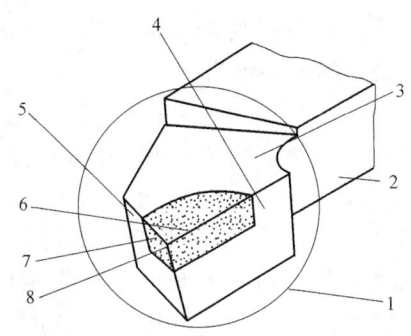

图 4-82 车刀结构
1—刀头 2—刀杆 3—前刀面 4—主后刀面 5—副后刀面 6—主切削刃 7—副切削刃 8—刀尖

3）副后刀面（又称副后面）：对着工件已加工表面的刀面。

4）主切削刃：前刀面与主后刀面的交线。

5）副切削刃：前刀面与副后刀面的交线。

6）刀尖：主切削刃与副切削刃的交点，一般为半径很小的圆弧，以保证刀尖有足够的强度。

（2）车刀的辅助平面 为了确定车刀各刀面与切削刃在空间的位置和测量角度，需要选择一些辅助平面作为基准，如图 4-83 所示，常用的辅助平面有：

1）基面：切削刃上任意一点的基面是通过该点并垂直于该点切削速度方向的平面。

2）切削平面：切削刃上任意一点的切削平面是通过该点并和工件切削表面相切的平面。

3）正交平面：主切削刃上任意一点的正交平面是通过该点并垂直于主切削刃在基面上投影的平面。

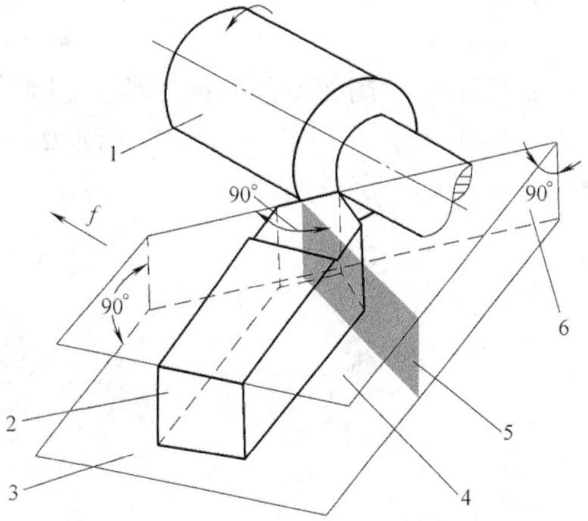

图 4-83 车刀上的三个辅助平面
1—工件 2—车刀 3—底平面 4—基面
5—正交平面 6—切削平面

上述三个平面在空间是相互垂直的。

（3）车刀的主要几何角度 如图 4-84 所示，车刀的几何角度需要在不同的平面内度量。在正交平面内度量的角度有：

1）前角 γ_0：前刀面与基面之间的夹角。表示前刀面的倾斜程度，前角越大，刀就越锋利，切削时就越省力。但前角过大，会使切削刃强度降低，影响刀具寿命。前角的选择取决于工件材料、刀具材料和加工性质。

2）后角 α_0：主后刀面与切削平面之间的夹角。它表示主后刀面的倾斜程度。后角的作用主要是减少主后刀面与工件过渡表面之间的摩擦，后角越大，摩擦越小。但后角过大会使切削刃的强度降低，影响刀具的寿命。

3）楔角 β_0：前刀面与主后刀面之间的夹角。它的大小直接反映切削刃的强度。前角、后角和楔角三者之间的关系为：

$$\gamma_0 + \alpha_0 + \beta_0 = 90°$$

在基面内测量的角度有主偏角、副偏角和刀尖角：

1）主偏角 κ_r：主切削刃在基面上的投影与进给方向之间的夹角。主偏角能影响主切削刃和刀头受力情况及散热情况。在加工强度、硬度较高的材料时，应选较小的主偏角，以提高刀具的耐用度。加工细长工件时，应选较大的主偏角，以减少径向切削力引起工件的变形和振动。

2）副偏角 κ_r'：副切削刃在基面上的投影与进给反方向之间的夹角。副偏角的作用是减少副切削刃与工件已加工表面之间的摩擦，它影响已加工表面的表面粗糙度。

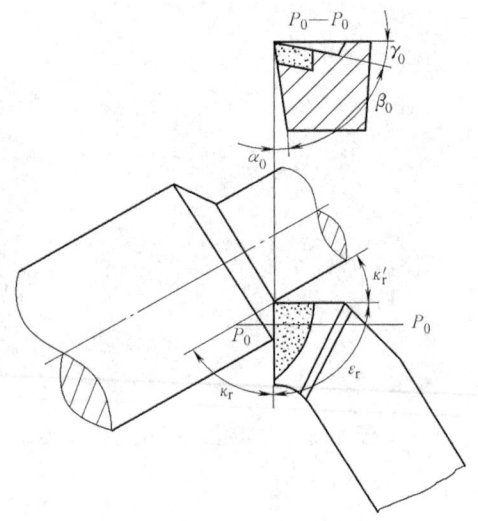

图 4-84　车刀的主要几何角度

3）刀尖角 ε_r：主、副切削刃在基面上投影之间的夹角。它影响刀尖强度和散热条件。它的大小决定于主偏角和副偏角的大小。

主偏角、副偏角和刀尖角三者之间的关系为：

$$\kappa_r + \kappa_r' + \varepsilon_r = 180°$$

在切削平面内测量的角度主要是刃倾角。

刃倾角 λ_s：在切削平面内主切削刃与基面之间的夹角。它影响刀尖强度并控制切屑流出的方向，图 4-85 所示为刃倾角大小与切屑流出方向之间的关系。

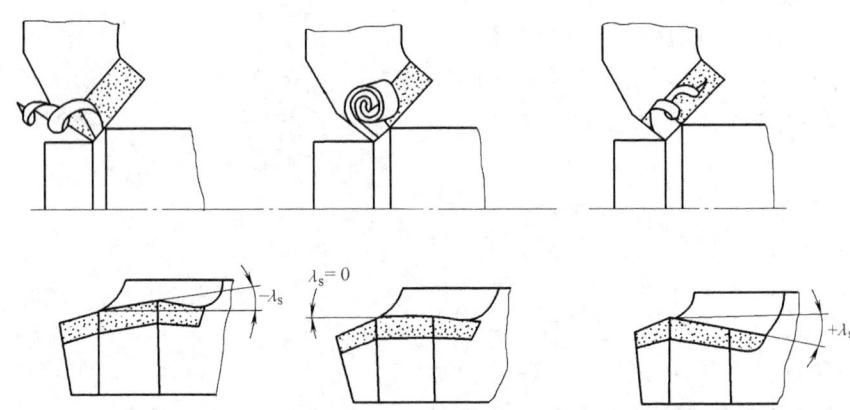

图 4-85　刃倾角大小与切屑流出方向之间的关系

（4）车刀几何角度的选用　车刀几何角度的选取应当考虑下列几个要素：

1）在保证刀头强度的基础上选用较大的前角，可减小切削阻力，减小切削热的产生。但前角过大，会减小散热面积，降低刀具耐用度。

2）粗车时，在增大前角的同时采用负刃倾角可提高刀头强度，精车时宜取正的刃倾角，以使切屑流向待加工表面。

3)根据工件形状的要求、工艺系统的刚性和工件材料的性质,主偏角可分别选用90°、75°、60°、45°等,粗车刀可磨有过渡刃。

4)对于脆性材料刀具或加工脆硬材料工件时,为了加强切削刃的强度,刀具应做负倒棱,其宽度要小于进给量。

5)为了降低加工表面的表面粗糙度,车刀上可以磨出 $K_r' = 0°$ 的修光刃,修光刃长度要略大于进给量。

3. 机夹可转位式车刀

(1)机夹可转位刀片标记含义 选用机夹可转位刀片应首先了解各类型机夹可转位刀片的表示规则和各代码的含义。按照国际标准 ISO 1832-1985 中可转位刀片的代码表示方法,代码由10位字符串组成,其排列如下:

| 1 | 2 | 3 | 4 | 5 | 6 | 7 | 8 | 9 | - | 10 |

其中每一位字符串代表刀片某种参数的意义,具体含义见表4-6。

表4-6 可转位刀片型号标记及其含义

标记编号	1	2	3	4	5	6	7	8	9	10
表达特征	刀片形状	刀片法向后角	精度等级	刀片结构形式	刀片长度/mm	刀片厚度/mm	刀尖圆角半径	刀削刃截面形状	刀削方向	断屑槽形状和宽度
示例 代号	T	N	M	R	16	05	12	S	N	V3
示例 含义	正三角形	$\alpha_n = 0°$	精度M级	单面有断屑槽,无孔	整数部分为16	整数部分为5	1.2mm	钝圆倒棱刃	左右方向均可	封闭V形槽、槽宽3mm

1)刀片形状:刀片标记符第一位表示刀片形状,不同的字符代表不同的刀片形状,如图4-86所示。

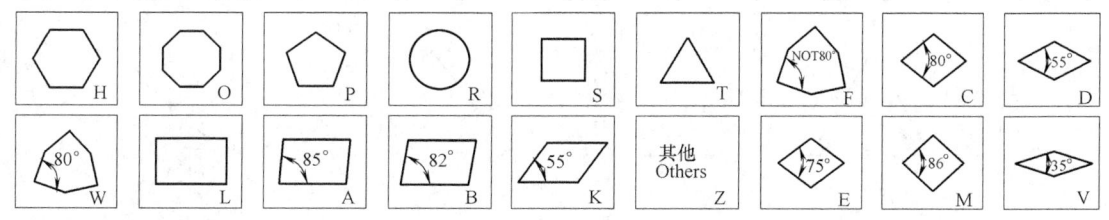

图4-86 刀片形状及对应字符

2)刀片法向后角:刀片标记符第二位表示刀片法向后角,不同的字符代表不同的主切削刃后角,如图4-87所示。

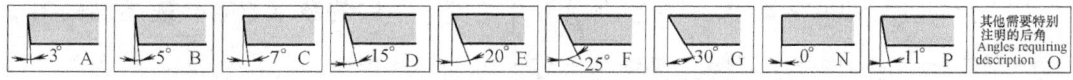

图4-87 刀片法向后角及对应字符

3)精度等级:刀片标记符第三位表示刀片精度等级,不同的字符代表不同的精度等级,见表4-7。其中 d 为刀片内切圆直径,s 为刀片厚度,d、s、m 字符含义如图4-88所示。

表 4-7 刀片精度等级代号及其公差值

级别符号	公差/mm			公差/in		
	m	s	d	m	s	d
A	±0.005	±0.025	±0.025	±0.0002	±0.001	±0.0010
F	±0.005	±0.025	±0.013	±0.0002	±0.001	±0.0005
C	±0.013	±0.025	±0.025	±0.0005	±0.001	±0.0010
H	±0.013	±0.025	±0.013	±0.0005	±0.001	±0.0005
E	±0.025	±0.025	±0.025	±0.0010	±0.001	±0.0010
G	±0.025	±0.13	±0.025	±0.0010	±0.005	±0.0010
J	±0.005	±0.025	±0.05 ±0.13	±0.0002	±0.001	±0.002 ±0.005
K	±0.013	±0.025	±0.05 ±0.13	±0.0005	±0.001	±0.002 ±0.005
L	±0.025	±0.025	±0.05 ±0.13	±0.0010	±0.001	±0.002 ±0.005
M	±0.08 ±0.18	±0.13	±0.05 ±0.13	±0.003 ±0.007	±0.005	±0.002 ±0.005
N	±0.08 ±0.18	±0.025	±0.05 ±0.13	±0.003 ±0.007	±0.001	±0.002 ±0.005
U	±0.13 ±0.38	±0.13	±0.08 ±0.25	±0.005 ±0.015	±0.005	±0.003 ±0.010

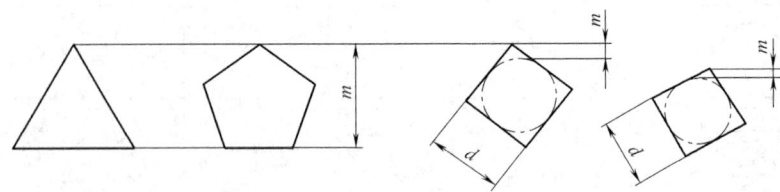

图 4-88 刀片公差字符含义

4）刀片结构形式：刀片标记符第四位表示刀片结构形式，不同的字符代表不同的刀片结构形式，如图 4-89 所示。

5）刀片长度：刀片标记符第五位表示刀片长度，不同的数字组合代表不同的刀片长度，见表 4-8。

表 4-8 刀片长度代号

代号	09	12	15	16	19	22	25	27
切削刃长度/mm	9.525	12.7	15.875	16.5	19.05	22.0	25.4	27.5

6）刀片厚度：刀片标记符第六位表示刀片厚度，不同的数字组合代表不同的刀片厚

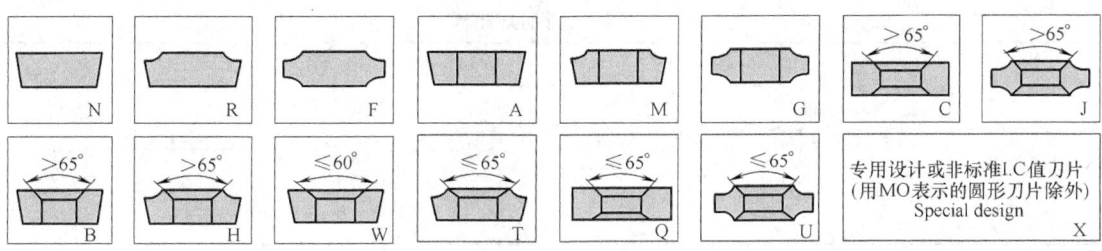

图 4-89　刀片结构形式及对应字符图例

度，见表 4-9。

表 4-9　刀片厚度代号

代号	02	03	04	05	06	07	09
刀片厚度/mm	2.38	3.18	4.76	5.16	6.35	7.93	9.25

7）刀尖圆角半径：刀片标记符第七位表示刀尖圆角半径，不同的数字组合代表不同的刀尖圆角半径，如图 4-90 所示，刀尖圆角半径代号见表 4-10。

8）切削刃截面形状：刀片标记符第八位表示切削刃截面形状，不同的字符代表不同的切削刃截面形状，见表 4-11。

9）切削方向：刀片标记符第九位表示切削方向，不同的字符代表不同的切削方向，见表 4-12。

10）断屑槽形状和宽度：刀片标记符第十位表示断屑槽形状和宽度，不同的字符代表不同的断屑槽形状和宽度，见表 4-13。

```
00
02—0.2
04—0.4
08—0.8
12—1.2
16—1.6
20—2.0
24—2.4
32—3.2
X—其他
```

图 4-90　刀尖圆角半径

表 4-10　刀尖圆角半径代号

代号	00	00	02	05	08	12	15
刀尖圆角半径 r_ε/mm	圆形刀片	锐刀尖	0.2	0.5	0.8	1.2	1.5

表 4-11　切削刃截面形状代号

代号	F	E	T	S
刀刃截形图示				
简要说明	锋利刃，切削刃较锋利，但强度和抗冲击能力差，主要用于精加工、半精加工纯铜、纯铝等低强度、低硬度的轻金属及其合金	钝圆刃，在 T 型基础上修研或对 F 型刀片钝化处理得到，增强了切削刃强度和抗冲击能力，比 T 型更有利于消除微裂纹，且有熨压和消振作用	负倒棱刃、增强了切削刃强度和抗冲击能力，在采用较大前角或粗加工时，刀具寿命提高显著，适于塑性和脆性材料加工	钝圆负倒棱刃，主要用于强度低、抗冲击能力差的刀片材料以及各种粗车、荒车、强力切削、铣削加工和其他脆、硬材料的加工。陶瓷刀片多采用该刃型

表 4-12 切削方向代号

代号	R	L	N
切削方向图示			

表 4-13 断屑槽形状和宽度代号

代码	A	B	C	D	G	H	J
断屑槽形状							
特点	基本形，槽形前后等宽等深。当槽宽由小到大时，则进给量相应由小到大，切削材料由软到硬	槽形为双圆弧变截面全封闭式，断屑稳定，断屑范围广，主要用于各材质的半精加工和精加工	正刃倾角形槽，槽形前后等宽，有正的刃倾角，切削刃锋利，断屑范围大，排屑效果好，但刀尖强度低，适于细长轴的车削或其他零件的精车	槽形是沿切削刃有一排半圆球形小凹坑，类似分屑槽起分屑作用，主要用于钻头	平面形槽，只有前角，向中心内凹，常用于铸铁等脆性材料的加工，排屑好	基本形，槽形前后等宽等深，单边开通。主要用于 $K_r=45°、75°$ 的车刀，可进行较大用量的切削	外斜通槽，槽形前宽后窄，带有正刃倾角，单边开通，刀刃锋利，断屑范围大，断屑效果好，适于粗车

代码	K	P	T	V	W	Y	Q
断屑槽形状							
特点	槽形前窄后宽，屑形通常为螺卷屑，断屑范围较窄，适合于半精车和精车	单凹弧变截面全封闭槽形，断屑效果较好，切削力较小，排屑方向理想	带断屑台形、切屑易控制	槽形前后等深等宽，左右切通用，刀尖强度大，适于粗车	具有两级断屑槽形，槽形封闭，前角小，切削力大	外斜形，槽形前宽后窄，切削轻快，排屑流畅，切屑多呈短螺卷屑，断屑范围较宽	刀尖处有一圆形小凹坑起断屑作用，适于外圆精车、半精车。在切深和进给量较小时，断屑稳定

无论是标注哪一类型的刀片代号，前七位代号是必须标注的，后三位代号在必要时才标注。

(2) 刀片材料选择 待加工工件的材料有钢材（P类）、不锈钢材料（M类）、铸铁（K类）、铝及有色金属（N类）、耐热优质合金钢（S类）以及淬硬材料（H类）等。分别对应以下类型刀具材料：

1) 普通硬质合金：包括钨钴类、钨钴钛类、添加稀有金属碳化物类、金属陶瓷类等。
2) 涂层硬质合金：指在较软的刀具基体上涂覆一层或多层硬度高、耐磨性好的难熔金属或非金属化合物薄膜，如 TiC、TiN、Al_2O_3 等，组成的涂层刀具，较好的解决了刀具存在的强度和韧性之间的矛盾。

3）金属陶瓷：包括以氧化铝基陶瓷和氮化硅基陶瓷两种。

4）超硬材料：主要指聚晶立方氮化硼 PCBN（Polycrystalline Cubic Boron Nitride）和聚晶金刚石 PCD（Poly-Crystalline Diamond）等。

刀具材料和工件材料之间的对应关系如图 4-91 所示。

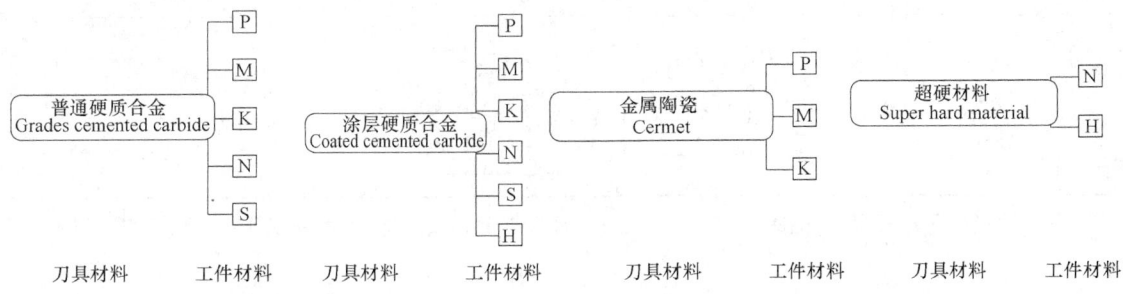

图 4-91　刀具材料和工件材料对应关系

（3）可转位刀片夹固形式　可转位刀片常见的夹固形式有多种，见表 4-14，不同的夹固形式用于不同场合。

表 4-14　可转位刀片常见夹固形式

序号	夹固名称	夹固方式图例	特　点
1	压板紧固（C 类）		·夹紧力大 ·用于安装负角刀片（如陶瓷刀片），适用于粗加工和半精加工 ·用于安装正角刀片，适用于低切削阻力情形
2	插销紧固（P 类）		·紧固力强 ·刀片夹固精度高 ·更换刀片容易
3	螺钉紧固（S 类）		·构造简单 ·使用零件少 ·可用于半精加工和精加工刀片装夹
4	双重紧固（M 类）		·压板和插销双重紧固 ·刀片紧固可靠 ·用于重切削力场合

(续)

序号	夹固名称	夹固方式图例	特　　点
5	杠杆紧固（P类）		·紧固力强 ·刀片夹固精度高 ·更换刀片容易 ·通用性好，用于多种场合
6	楔形紧固（W类）		·紧固力强 ·用于重切削力场合

用于可转位刀片装夹的附件如图4-92所示，典型可转位刀片的安装示意图如图4-93所示。

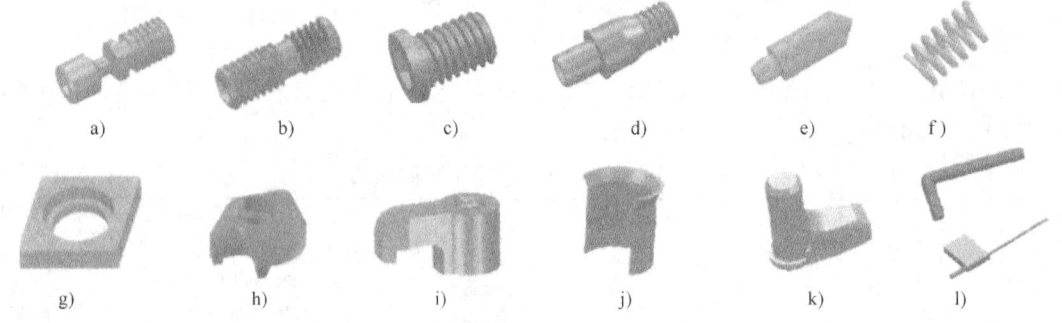

图4-92　可转位刀片安装常用附件

a）螺钉　b）双头螺钉　c）刀垫螺钉　d）销钉（Ⅰ）　e）销钉（Ⅱ）　f）弹簧
g）刀垫　h）压板（Ⅰ）　i）压板（Ⅱ）　j）档垫　k）杠杆　l）扳手

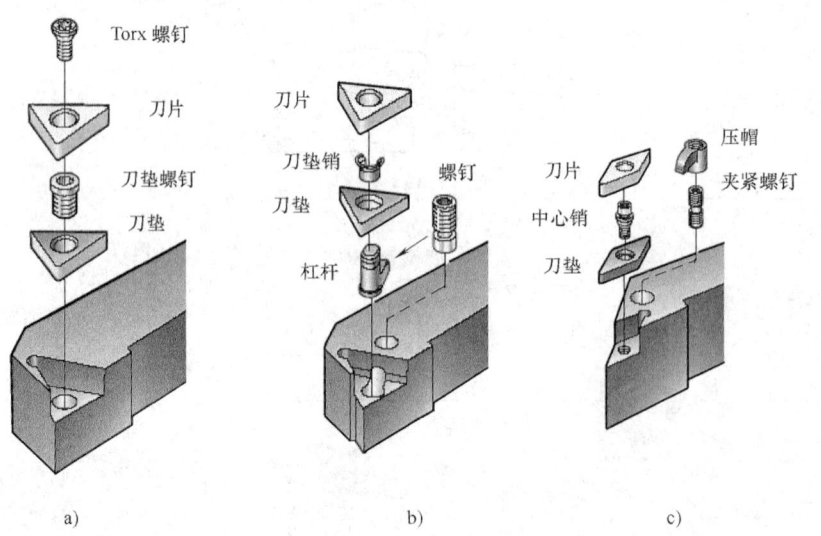

图4-93　典型可转位刀片安装示意图
a）S类夹紧　b）P类夹紧　c）M类夹紧

（4）常见可转位刀片的应用　不同的可转位刀片配合不同的安装方式可以构成不同类型的车刀，见表4-15。

表4-15　可转位刀片的应用

序号	刀片型号	刀片简图	可构成车刀类型	说　明
1	T			构成90°、93°外圆车刀
				构成60°外圆车刀
				构成90°端面车刀
				构成90°内孔车刀
2	W、F			构成90°外圆车刀
				外圆车刀
3	V D E C M			构成90°、93°、95°外圆车刀
				构成外圆车刀
				构成端面车刀
				构成外圆车刀
				构成内孔车刀
				构成45°外圆车刀
4	S			构成κ_r<90°外圆车刀
				构成端面车刀
				构成内孔车刀

(续)

序号	刀片型号	刀片简图	可构成车刀类型	说　明
5	O	○		构成外圆车刀
6	L	▭		构成切断或切槽刀

下面给出一些典型刀具的结构图例：

1）外圆端面车刀：图4-94所示为60°外圆车刀及其结构尺寸，刀片采用P型夹固方式，可进行外圆及端面加工。

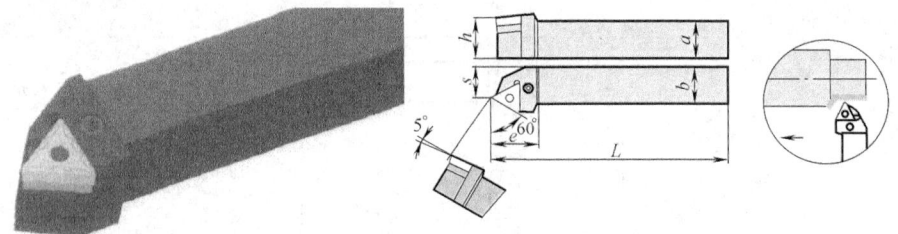

图4-94　60°外圆车刀及其结构尺寸

图4-95所示为75°外圆车刀及其结构尺寸，刀片采用M型夹固方式，可进行外圆及端面加工。

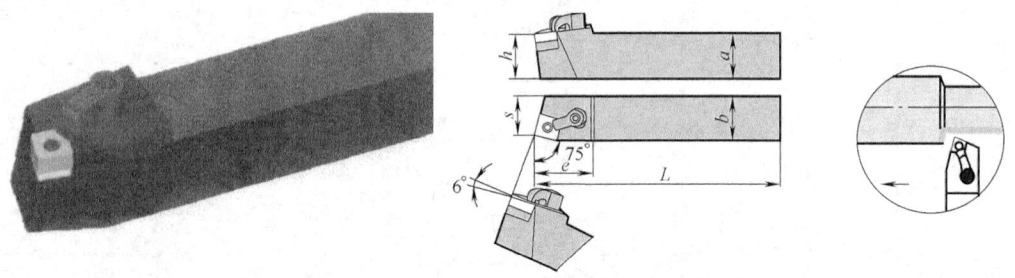

图4-95　75°外圆车刀及其结构尺寸

2）内孔车刀：图4-96所示为90°内孔车刀及其结构尺寸，刀片采用P型夹固方式，可进行内孔加工。

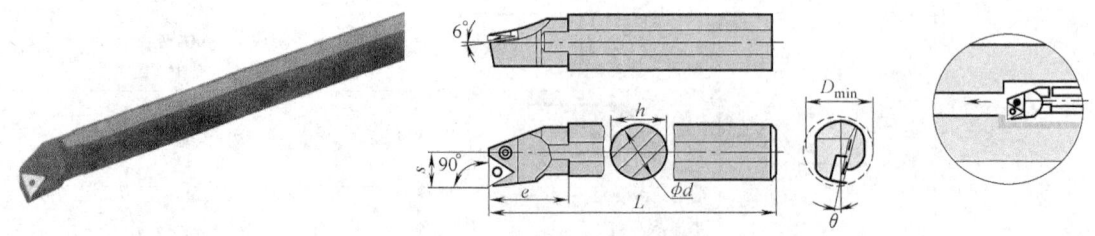

图4-96　90°内孔车刀及其结构尺寸

3）螺纹车刀：图 4-97 所示为外螺纹车刀及其结构尺寸，图 4-98 所示为内螺纹车刀及其结构尺寸。

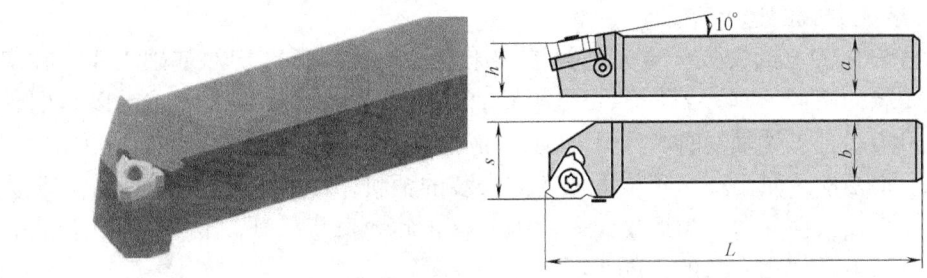

图 4-97　外螺纹车刀及其结构尺寸

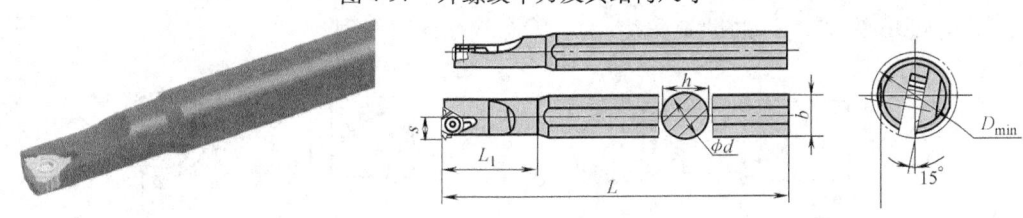

图 4-98　内螺纹车刀及其结构尺寸

4）切槽切断车刀：图 4-99 所示为切槽切断车刀及其结构尺寸。

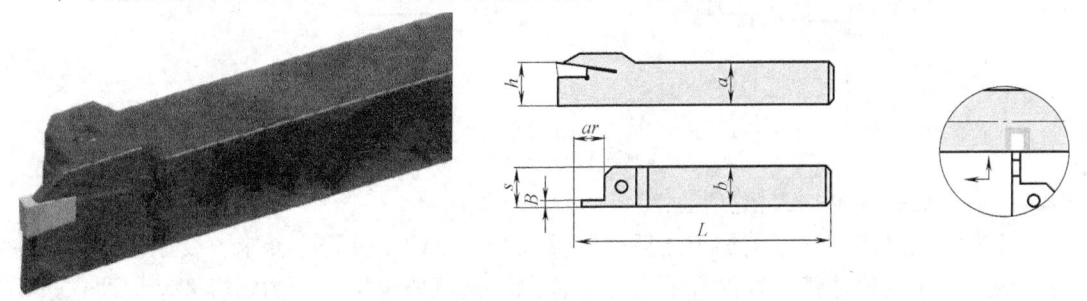

图 4-99　切槽切断车刀及其结构尺寸

（5）可转位车刀的选用　选用可转位车刀时应该考虑以下因素：

1）被加工工件材料的类别，工件常用材料有钢材、不锈钢、铸铁、有色金属、耐热优质合金钢、淬硬材料等。

2）被加工工件材料的性能，包括硬度、韧性、组织状态等。

3）切削工艺的类别，主要指粗加工、半精加工、精加工、超精加工等。

4）被加工工件精度要求，主要指几何形状、零件精度（尺寸公差、形位公差、表面粗糙度）和加工余量等。

5）刀具能够承受的切削用量，包括切削深度、进给量、切削速度等。

6）被加工工件的生产类型，主要指生产批量。

根据前面的叙述，选用可转位车刀时，应从以下几个方面入手：

1）刀片材料的选择。

2）刀片形状的选择。

3）刀片尺寸的选择。

4) 刀片刀尖圆角半径的选择。
5) 刀杆的选择。
6) 刀片装夹方式的选择等。

(6) 数控车床刀具的安装　装刀是数控车床加工中一项很重要的基础工作，在实际切削中，车刀安装的高低，车刀刀杆轴线是否垂直，对车刀角度有很大影响。以车削外圆为例，当车刀刀尖高于工件轴线时，因其车削平面与基面的位置发生变化，使前角增大，后角减小；反之，则使前角减小，后角增大。车刀安装的歪斜，对主偏角、副偏角影响较大，特别是在车螺纹时，会使牙形半角产生误差。因此，正确地安装车刀，是保证加工质量，减小刀具磨损，提高刀具使用寿命的重要步骤。

图 4-100 所示为车刀安装角度示意。图 4-100a 为 "－" 的倾斜角度，可以增大刀具切削力；图 4-100b 为 "＋" 的倾斜角度，可以减小刀具切削力。

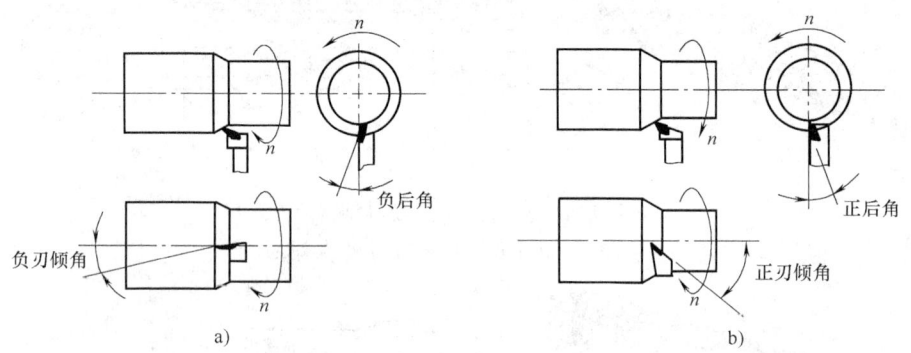

图 4-100　车刀安装角度图例
a) "－" 倾斜角度　b) "＋" 倾斜角度

八、零件数控车削加工精度检测

在车削加工过程中和车削加工之后，为保证加工出的零件符合要求，要用量具对工件进行精度测量，包括尺寸精度检测和形位公差检测。这就要根据测量的内容和精度要求选用适当的量具，并按照正确方法进行检测，以判断加工零件的形状和尺寸精度是否符合图样要求。

1. 典型零件尺寸精度检测

(1) 轴类零件尺寸精度检测　轴类零件尺寸精度的检测和合格性判断，可以使用游标卡尺、百分尺、卡规等。

1) 用游标卡尺检测轴类零件。游标卡尺外形结构及各部分作用如图 4-101 所示，游标卡尺是一种比较精密的通用量具，可以直接测量工件的内径、外径、宽度及深度等。其读数精度有 0.1mm、0.05mm 和 0.02mm 三种，测量范围有 0~125mm、0~200mm、0~300mm 等。

如图 4-102 所示，现以读数精度为 0.1mm 的游标卡尺为例，说明刻线原理和读数方法。图 4-102a 所示的主尺每一刻线间距为 1mm，副尺（游标）每一刻线间距为 0.9mm，两者之差值为 0.1mm。游标共分 10 格，当主尺与副尺的卡脚贴合时，副尺上的零线与主尺的零线对齐，而游标的最后一根刻线和主尺上的第 9 根刻线也对齐，这时游标上的其他刻线都不与主尺刻线对齐。当游标向右移动 0.1mm 时，游标零线后的第一根刻线与主尺刻线对齐；当游标向右移动 0.2mm 时，游标零线后的第二根刻线与主尺刻线对齐；依此类推，此时游

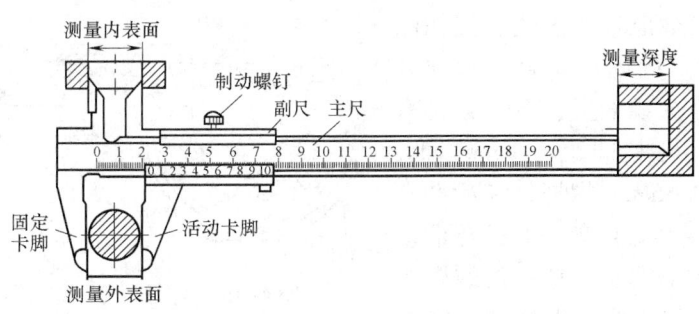

图 4-101 游标卡尺外形结构及各部分作用

标刻线数乘以 0.1mm 就为读数的小数部分值。

读数时,先读出游标零线左边主尺上的最近刻度值即为测量的整数数值,再看游标上第几根刻线与主尺刻线对齐,读出测量的小数值,两者之和为测量尺寸。

图 4-102b 所示的主尺整数读数是 37mm,副尺上第 5 根刻线与主尺刻线对齐,即小数读数为 0.5mm,故读数为 37.5mm。

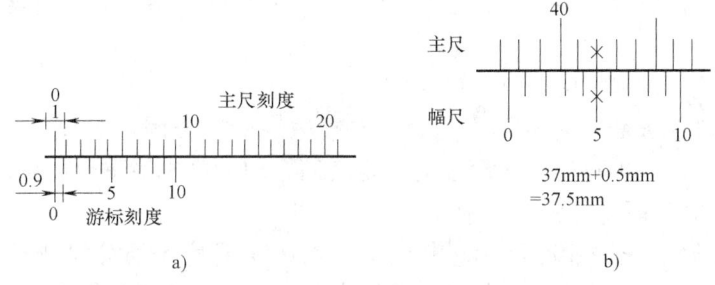

图 4-102 游标卡尺读数原理和读数示例
a) 读数原理 b) 读数示例

游标卡尺应用场合如图 4-103 所示。其中,图 4-103a 为用游标卡尺测量工件外径;图 4-103b 为用游标卡尺测量工件内径;图 4-103c 为用游标卡尺测量工件宽度;图 4-103d 为用游标卡尺测量工件深度。使用游标卡尺测量工件时,应使卡脚逐渐与工件表面靠近,最后达到轻微接触。注意卡尺必须放正,切忌歪斜,以免影响测量精度。

2)用百分尺检测轴类零件。百分尺是比游标卡尺更为精确的一种精密测量工具,有外径百分尺、内径百分尺、深度百分尺等几种,其测量准确度为 0.01mm。

测量工件外径和厚度的外径百分尺如图 4-104 所示。测量范围有 0～25mm、25～50mm、50～75mm、75～100mm、100～125mm 等。

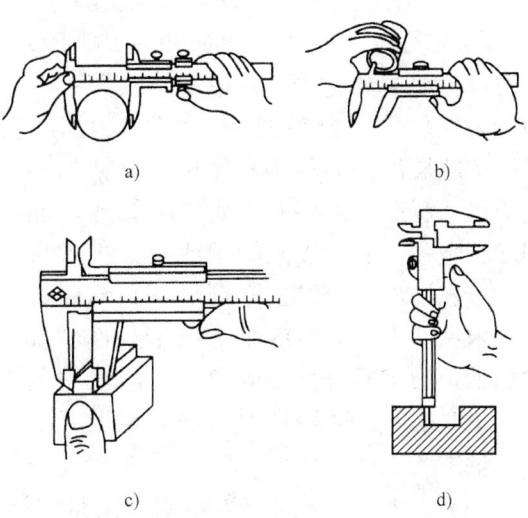

图 4-103 用游标卡尺对工件进行检测
a) 测量工件外径 b) 测量工件内径
c) 测量工件宽度 d) 测量工件深度

外径百分尺读数原理及读数示例如图 4-105 所示。百分尺的固定套筒在轴线方向刻有一条中线，中线的上、下方各刻有一排刻线，刻线每小格间距为 1mm，上、下两排刻线错开 0.5mm。螺杆是和活动套管连在一起的，转动棘轮盘，螺杆与活动套筒一同向左或向右移动。螺杆的螺距为 0.5mm，即螺杆每转 1 圈，螺杆与套筒沿轴向移动 0.5mm。活动套筒的圆周上有 50 等分的刻度线，所以活动套筒每转过一小格，就轴向移动 0.5/50mm，即 0.01mm。

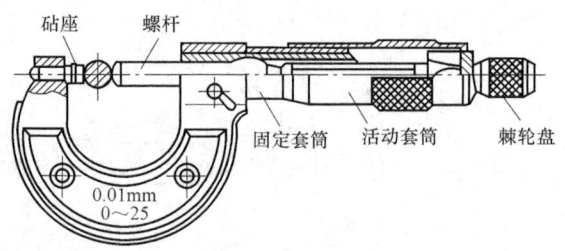

图 4-104　外径百分尺结构及各部分作用

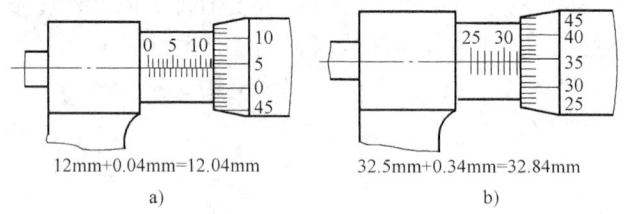

a)　12mm+0.04mm=12.04mm　　b)　32.5mm+0.34mm=32.84mm

图 4-105　外径百分尺读数原理及读数示例

百分尺的读数方法是先读出距活动套筒左端边线最近的固定套筒上的轴向刻度值（应为 0.5mm 的整数倍），再看活动套筒上与固定套筒轴向刻度中线重合的圆周刻度值，两者读数之和即为零件的实际尺寸。

百分尺应用场合如图 4-106 所示。其中，图 4-106a 是应用百分尺测量小尺寸工件外径；图 4-106b 是应用百分尺在机床上测量工件。测量时，当螺杆端面快要接触工件时，必须使用棘轮盘旋转，当棘轮发出"嘎嘎"打滑声时，表示压力合适，要停止拧动。

3）用卡规判断轴类零件尺寸合格性。卡规结构及其对工件的检测如图 4-107 所示，卡规分为通端和止端。其中通端按照被测轴的最大实体尺寸及轴的最大极限尺寸制造；止端按照被测轴的最小实体尺寸及轴的最小极限尺寸制造。使用时，如果卡规通端能顺利通过轴颈，表示被测轴颈比最大极限尺寸小；卡规止端滑不过去，表示被测轴颈比最小极限尺寸大，同时满足这两个条件就说明被测轴颈的实际尺寸在规定的极限尺寸范围内，是合格的。这种检测方法通常用于零件的批量生产中。

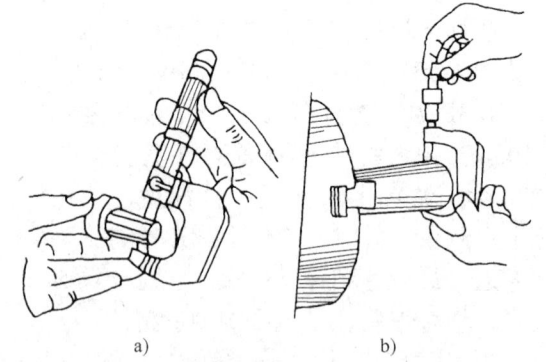

图 4-106　用外径百分尺对工件进行检测
a) 测量小尺寸工件外径　b) 在机床上测量工件

(2) 套类零件尺寸精度检测　测量套类零件孔径尺寸时，应根据工件的尺寸、数量以及精度要求，采用相应的量具进行测量。如果孔径精度要求较低，可采用钢直尺或游标卡尺测量。精度要求较高时，可采用游标卡尺、内卡钳、塞规、内径千分尺、内测千分尺等对工件进行测量。

1）用内卡钳测量工件孔径。在孔口试切或位置狭小时，使用内卡钳显得灵活方便，如图4-108所示。内卡钳与外径千分尺配合使用能测量出精度为IT7～IT8的高精度孔径。

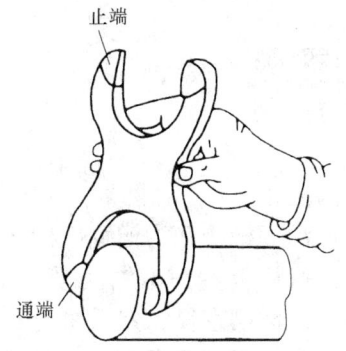

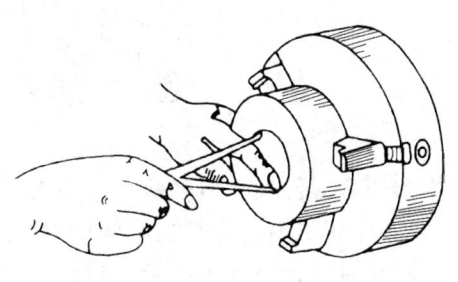

图4-107 卡规及其对工件的检测

图4-108 用内卡钳测量工件孔径

2）用塞规检测孔类零件的合格性。塞规也是成批和大量生产中用来检测零件合格性的一种专用量具，主要用来测量孔径或槽宽尺寸。如图4-109a所示，塞规一端长度较长，其直径等于孔的下限尺寸，叫做"通规"；另一端长度较短，其直径等于孔的上限尺寸，叫做"止规"。用塞规测量时，若工件的尺寸只有"通规"能进去，"止规"进不去，则说明工件的实际尺寸在公差范围之内，是合格品。否则，就是不合格品。测量方法如图4-109b所示。

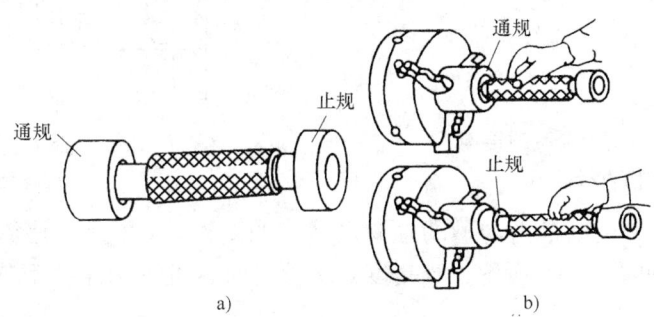

图4-109 塞规结构及其对工件的检测

a）塞规结构 b）检测工件

3）用内径千分尺测量工件孔径。用内径千分尺测量孔径时，内径千分尺应在孔内摆动，径向摆动找出最大尺寸，轴向摆动找出最小尺寸，这两个重合位置的尺寸，就是孔的实际尺寸。内径千分尺的使用方法如图4-110所示。

4）用内测千分尺测量工件孔径。内测千分尺的使用方法如图4-111所示。这种千分尺的刻线方向与外径千分尺相反，当顺时针旋转微分筒时，活动爪向右移动，测量值增大，用于测量孔径小于25mm的孔。

（3）带内沟槽要素零件尺寸精度检测

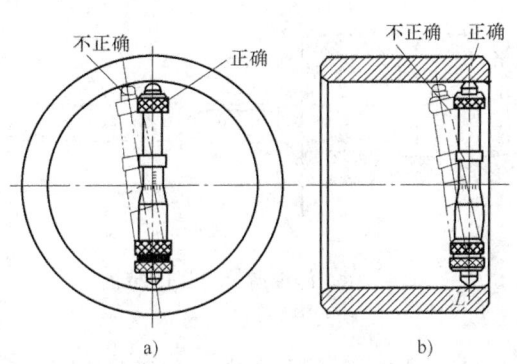

图4-110 内径千分尺的结构与使用

a）径向摆动 b）轴向摆动

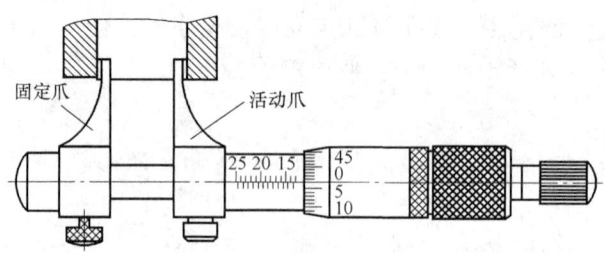

图 4-111　内测千分尺的结构与使用

带内沟槽要素零件尺寸精度检测包括沟槽直径检测、沟槽深度检测和沟槽宽度检测等。

1) 用卡钳或游标卡尺检测沟槽直径。内沟槽的直径可用弹簧内卡钳测量，如图 4-112 所示。测量时，先将弹簧内卡钳收缩，放入内沟槽，测出内沟槽直径，然后将内卡钳收缩取出，恢复到原来的尺寸，再用游标卡尺或外径千分尺测出内卡钳的张开距离，就是内沟槽直径。当内沟槽直径较大时，可用弯脚游标卡尺测量，如图 4-113 所示，这时内沟槽直径应等于卡脚尺寸和游标卡尺读数之和。

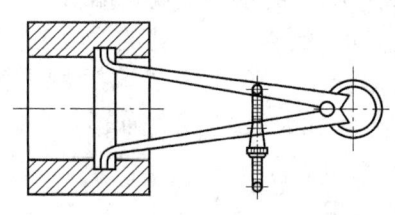

图 4-112　弹簧内卡钳的结构
与沟槽直径测量

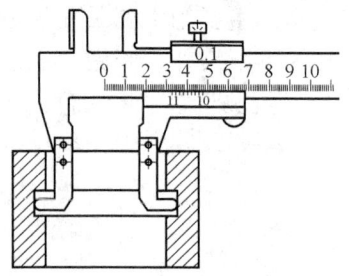

图 4-113　弯脚游标卡尺的结构
与沟槽直径测量

2) 用深度游标卡尺测量内沟槽的轴向尺寸。如图 4-114 所示，用深度游标卡尺测量沟槽轴向定位尺寸。如图 4-115 所示，当精度要求较高时，可以用深度千分尺测量沟槽或台阶深度。

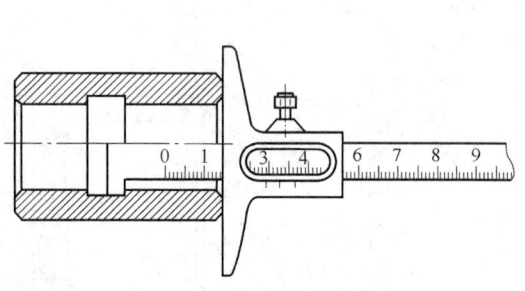

图 4-114　深度游标卡尺的结构
与沟槽深度测量

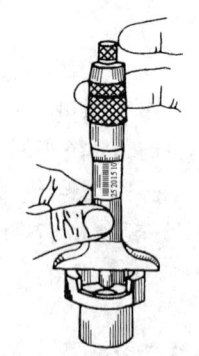

图 4-115　深度千分尺的结构
与台阶深度测量

3) 用样板测量内沟槽的宽度。如图 4-116 所示，用宽度样板或 T 形样板测量内沟槽的宽度。

(4) 带螺纹要素零件尺寸精度检测　为保证螺纹的质量，主要对螺距、大径和中径这 3

个参数分别检测或综合检测。

1）用游标卡尺测量螺纹大径。螺纹与蜗杆的顶径公差较大，车削螺纹前或车成形后大径只需用游标卡尺测量。

2）用螺纹千分尺、三针法测量螺纹中径。测量三角形螺纹的中径一般用螺纹千分尺，如图4-117a所示。测量时一定要选用一套和螺纹牙型角相同的上、下两个测量头，让两个测量头正好卡在螺纹的牙侧上，如图4-117b、c所示，此时螺纹千分尺的读数就是螺纹的中径尺寸。应当注意：在测量过程中，若更换测量头，必须重新调整砧座位置，使千分尺对准零位。

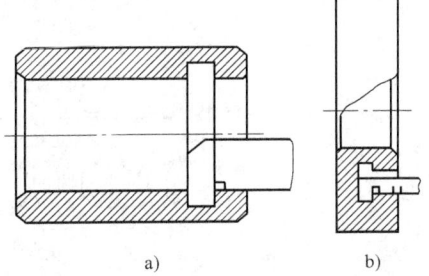

图4-116 样板的结构与内沟槽宽度测量

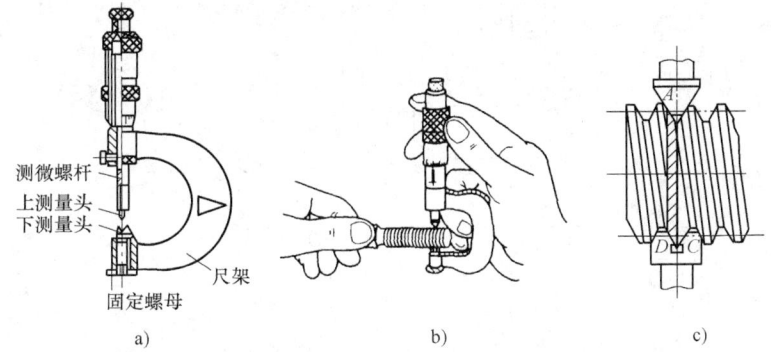

图4-117 螺纹千分尺结构及三角螺纹中径测量
a）螺纹千分尺结构 b）中径测量方法 c）螺纹千分尺测量原理

三针法测量螺纹中径是一种比较精密的测量方法，它适用于精度要求较高的三角螺纹、梯形螺纹和蜗杆中径测量。测量的方法是把3根直径符合要求的量针（没有量针时，可用3根直径相同的钻头柄代替）放在螺纹相应的螺旋槽内，用公法线千分尺测量，如图4-118所示。测量出两边量针顶点之间的距离值，然后进行必要换算即可。

3）用钢直尺或螺距规测量螺距尺寸。螺距尺寸可用钢直尺直接进行度量，不过螺距尺寸的数值较小，单一检测一个螺距难以操作，可以测量10个螺距的长度，然后把所得长度除以10，就是1个螺距的实际尺寸，如图4-119a所示。图4-119b所示为用螺距规测量螺距尺寸。

2. 典型零件要素形位公差检测

（1）零件径向圆跳动检测　零件径向圆跳动检测分为外表面径向圆跳动检测及内表面径向圆跳动检测。

1）外表面径向圆跳动检测。套类工件如图4-120a所示，对于图样要求检测的径向圆跳动项目，可用内孔作为测量基准，把工件套在精度较高的心轴上，再将心轴安装在两顶尖之间，用百分表测量，如图4-120b所示。百分表在工件旋转1周后所得的最大读数差即为该测量面上径向圆跳动误差，取各截面上测得的跳动量中的

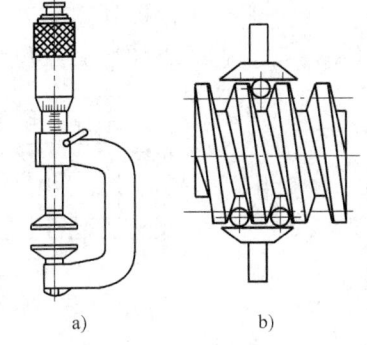

图4-118 公法线千分尺结构及三针法螺纹中径测量
a）公法线千分尺 b）螺纹中径测量

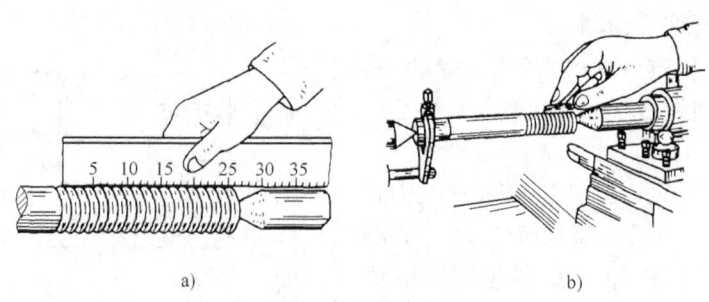

图 4-119　螺纹螺距尺寸测量

a) 用钢直尺测量螺距尺寸　b) 用螺距规测量螺距尺寸

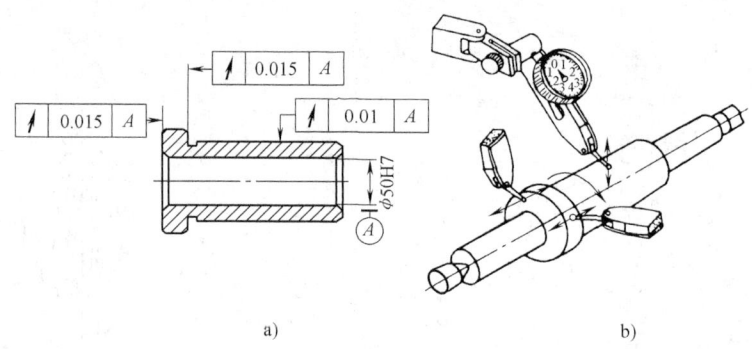

图 4-120　以孔为基准检测零件径向圆跳动及端面跳动

a) 零件图　b) 检测示意图

最大值,就为该工件的径向圆跳动误差。

2) 内表面径向圆跳动检测。外形简单而内部形状复杂的套类工件如图 4-121a 所示,为了检测工件内表面径向跳动项目,可以将工件放在"V"形架上并轴向限位,如图 4-121b 所示。测量时,工件以外圆作为测量基准,用杠杆式百分表的测头与工件内孔表面接触,工件旋转 1 周,百分表的最大读数差就是工件的径向圆跳动误差。

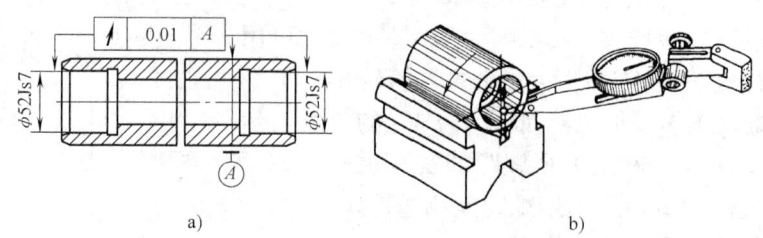

图 4-121　以外圆表面为基准检测零件内表面径向圆跳动

a) 零件图　b) 检测示意图

(2) 端面圆跳动检测　套类工件端面圆跳动的测量方法如图 4-120 所示。把杠杆式百分表的测头靠在所需测量的端面上,工件旋转 1 周,百分表的最大读数差即为该直径测量面上的端面圆跳动误差。按上述方法在若干个直径处进行测量,其跳动量最大值为该工件的端面圆跳动误差。

(3) 端面轴线垂直度检测　测量端面垂直度，需要经过2个步骤。首先要测量端面圆跳动是否合格，如合格，再测量端面的垂直度。对于精度要求较低的工件，可用刀口直尺或游标卡尺尺身侧面透光检查。对精度要求较高的工件，当端面圆跳动合格后，再把工件装夹在"V"形架的小锥度心轴上，并放在精度很高的平板上检查端面的垂直度。测量时，把杠杆式百分表从端面的最里一点向外拉出，如图4-122所示。百分表指示的读数差，就是端面对内孔轴线的垂直度误差。

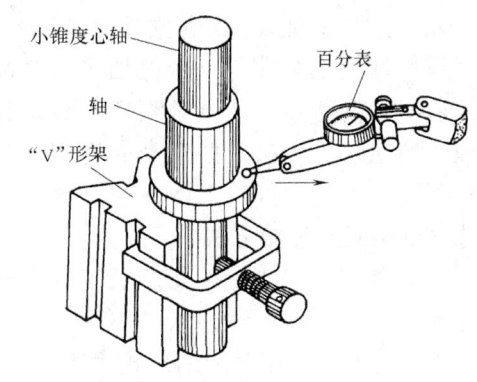

图4-122　工件端面垂直度检测

(4) 零件平行度检测　可以采用图4-123所示的方法将百分表安装在专用百分表架上进行平行度检测。

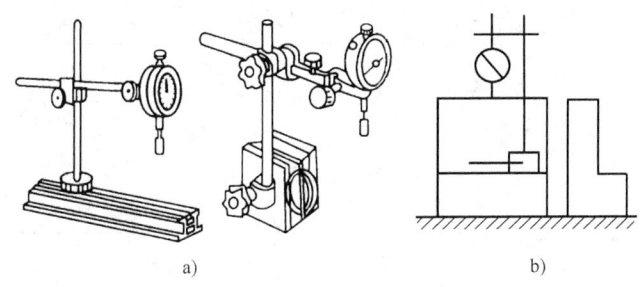

图4-123　工件平行度检测
a) 百分表架　b) 平行度检测

(5) 零件锥度检测　零件锥度检测不能使用通常用的测量工具，如钢直尺、游标卡尺等，必须使用万能角度尺、标准锥形塞规和套规涂色法等检测。

1) 万能角度尺测量零件锥度。万能角度尺是一种可以调节和指示角度的测量工具，其使用方法如图4-124所示。操作时应根据工件被测量的角度大小，确定基尺与角尺或直尺的组合，使被测量角度的一个面与基尺吻合，另一个面可通过透光检查确定与角尺或直尺是否吻合，然后拧紧固定螺钉，将工件拿开，从主尺和游标上读其角度值。

2) 标准锥形塞规和套规涂色法检测锥度。使用标准锥形塞规和套规涂色法检验圆锥面时，首先用鲜艳的显示剂，如红色印油或红丹粉，在被检测的工件表面顺着

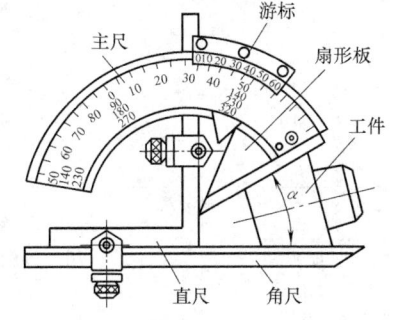

图4-124　用万能角度尺检测角度

圆锥素线薄而均匀地涂上3条显示线，如图4-125所示，然后将标准套规套在工件上，略加轴向力，并使套规转动半周，取下套规，认真观察显示剂被擦去的情况。如果3条显示线只有部分被擦去，说明锥度角不正确或圆锥素线不直；如果3条显示线都被均匀地擦去，说明锥度正确。

九、数控车削加工工艺文件编制

数控加工工艺文件是数控加工和产品验收的依据,也是操作人员必须遵守和执行的规程。不同生产厂家根据自身的生产情况制订有不同的工艺文件,下面介绍几种典型的工艺文件格式及编制方法。

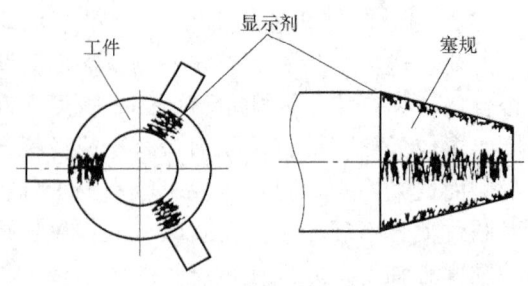

图 4-125　用涂色法检测零件锥度

1. 数控车削加工工件安装及工件坐标系设定卡

该设定卡旨在用简图的形式表明工件在各工序、工步时的定位夹紧方式,工件坐标系的建立情况等。只需要画出毛坯或半成品的大致轮廓图形,表明加工部位尺寸,表明坐标系即可,见表 4-16。

表 4-16　数控车削加工工件安装及工件坐标系设定卡

零件图号	WHCY-01-01	零件名称	异形轴
使用设备名称	卧式数控车床	使用设备型号	CK6136i
程序编号		O0001	
工步序号	1	工步简图	
工步名称	车端面		
刀具刀号	T0101 (外圆端面车刀)		
工步序号	2	工步简图	
工步名称	粗车外圆		
刀具刀号	T0101 (外圆端面车刀)		
工艺设计		批准	第　页
工艺审核		日期	共　页

2. 数控车削加工刀具选用卡

数控车削加工刀具选用卡主要用于反映加工过程中所用刀具的型号、规格、数量等,见表 4-17。

表 4-17　数控车削加工刀具选用卡

零件图号			零件名称		
使用设备名称			使用设备型号		
换刀方式			程序编号		
序号	刀具刀号	刀具名称及规格	刀尖半径及刀柄尺寸	数量	加工表面
1					
2					
3					
4					
5					
6					
7					
8					
备注			日期		
编制		审核	批准	第　页	共　页

3. 数控车削加工工序卡

数控车削加工工序卡反映加工过程中的主要工艺内容,所用刀具、量具、工具,以及切削用量等,见表 4-18。

表 4-18　数控车削加工工序卡

零件图号				零件名称		
使用设备名称				使用设备型号		
换刀方式				程序编号		
	刀具表		量具表		工具表	
刀具刀号	刀具名称	序号	量具名称及规格	序号	工具名称及规格	
T01		1		1		
T02		2		2		
T03		3		3		
T04		4		4		
T05		5		5		
T06		6		6		

（续）

序号	工艺内容	切削用量/r·min^{-1}			备注
		a_p/mm	n/r·min^{-1}	f/mm·r^{-1}	
1					
2					
3					
4					
5					
6					
7					
8					
编制		审核		批准	
日期				第　页	共　页

4. 程序清单

用户根据零件加工要求、设备情况编写零件的加工程序。

十、数控车削加工工艺设计实例

1. 轴类零件数控车削加工工艺设计

（1）**工艺设计任务**　如图4-126所示的轴类零件，完成对该零件数控加工的工艺设计。

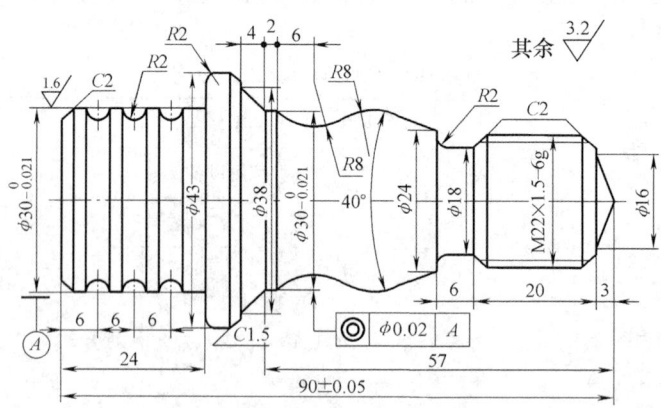

图4-126　轴类零件数控车削加工工艺设计实例

（2）**零件工艺性分析**　该轴零件是由同一轴线、不同直径的数段回转体组成。其工艺性分析如下：

1）要素分析。该零件包含有圆柱、圆锥、圆弧、螺纹、沟槽、倒角等要素。

2）尺寸精度及表面粗糙度分析。该零件外形较为复杂，左侧有三个 R2 的圆弧槽，右侧有 M22 螺纹，三处圆锥及两个 R8 圆弧，还有一处 ϕ18 的沟槽。尺寸精度上除两处

ϕ30mm 的外圆精度要求较高（IT7）外其余均为未注公差。除一处 ϕ30mm 外圆的表面粗糙度为 $Ra1.6\mu m$ 外，其余表面的表面粗糙度均为 $Ra3.2\mu m$。零件的总长为 90mm，并以端面作为长度方向尺寸标注基准；零件最大直径为 ϕ43mm，径向尺寸均以轴的回转中心线作为尺寸标注基准。

3）形位公差分析。该零件只存在右侧 ϕ30mm 圆柱体对左侧 ϕ30mm 圆柱体的同轴度要求，同轴度公差值为 ϕ0.02mm。

4）毛坯选择。该零件属于单件小批量生产，故选择 45 圆钢，毛坯尺寸规格为 ϕ45×95。

5）工件装夹方式设计。该零件加工需要进行两次装夹，先用三爪自定心卡盘夹持右端圆柱体，对 ϕ30mm 圆柱端进行端面加工，对其外圆表面进行粗加工和精加工，对 ϕ43mm 圆柱面进行加工及对圆弧槽进行加工；工件调头后，仍然用三爪自定心卡盘夹持工件，但是为了不损坏工件已加工表面，应采用软卡爪装夹或用铜皮、开口轴套保护工件加工面后再用三爪自定心卡盘装夹。

6）加工顺序安排。加工顺序安排如下：左侧零件的粗、精加工→调头→右侧零件的粗、精加工。

7）刀具的选择。该零件加工采用外圆端面车刀、R2 圆弧车刀、切槽刀、60°外螺纹车刀等。

8）切削用量的选择。学生实习加工时采用较小切削用量：粗加工时主轴转速 $n=600r/min$，进给速度 $F=80mm/min$，背吃刀量 $a_p=2mm$ 左右；精加工时 $n=1200r/min$，进给速度 $F=50mm/min$，背吃刀量 $a_p=0.5\sim 1mm$；切槽时 $n=600r/min$，进给速度 $F=40mm/min$；车螺纹时 $n=300r/min$，需要多次进给，进给次数和每次背吃刀量与螺纹螺距有关。该零件螺距为 1.5，牙深为 0.974mm，分四次走刀，每次的背吃刀量分别为 0.8mm、0.6mm、0.4mm、0.16mm。

9）工艺文件填写。按照上面的分析分别填写"数控车削加工工件安装及工件坐标系设定卡"、"数控车削加工刀具选用卡"、"数控车削加工工序卡"等。

10）零件加工精度检验项目设计及检验工具选择。根据零件的尺寸及精度要求选择合适量程范围和精度范围的外径千分尺测量圆柱直径尺寸；选择螺纹千分尺及钢直尺等测量工具对螺纹外径、中径及螺距进行检测；用模板或万能角度尺进行圆锥角度检测或圆弧半径检测；对零件重要部位的表面粗糙度用双管显微镜或干涉显微镜进行检测；用百分表对零件的同轴度公差进行检测等。通过相关尺寸检测，与图样要求进行比较，作出合格性判断。

2. 套类零件数控车削加工工艺设计

（1）工艺设计任务 如图 4-127 所示的套类零件，完成对该零件数控加工的工艺设计。

（2）零件工艺性分析 该零件是一个回转套类，其工艺性分析如下：

1）要素分析。该零件包含圆柱、圆弧、圆锥、螺纹、沟槽、倒角、倒圆等众多内表面要素。

2）尺寸精度及表面粗糙度分析。该零件外轮廓较简单，内轮廓较复杂，内轮廓主要由 $R24mm$ 内凹球面、ϕ28mm、ϕ36mm 等圆柱面，及 ϕ44mm×4mm 沟槽，M42×2 内螺纹等组成。轮廓描述清晰，尺寸齐全。其中 ϕ60mm、ϕ28mm、ϕ36mm 及长度 53mm 等尺寸要求较严格，其余尺寸均为未注公差，表面粗糙度外圆为 $Ra1.6\mu m$，其余为 $Ra3.2\mu m$，要求一般。

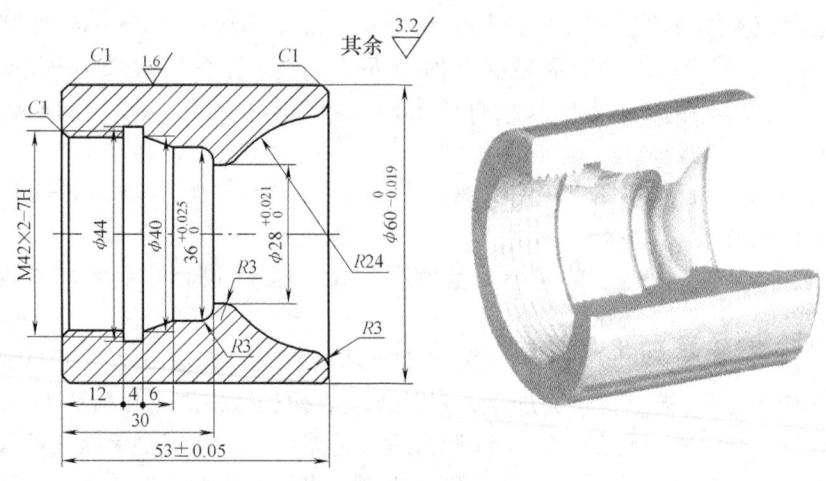

图 4-127 套类零件数控车削加工工艺设计示例

3）形位公差分析。本零件无特别的形位公差要求。

4）毛坯选择。该零件属于单件小批量生产，材料为铝合金，选择尺寸规格为 φ65mm×55mm 的棒料。

5）工件装夹方式设计。根据毛坯形状，使用三爪自定心卡盘装夹，以 φ65mm 毛坯右端外圆为定位基准，加工工件左端面及内外表面，调头加工时以 φ60mm 表面及左侧端面定位装夹，加工工件右端面及内外圆柱表面。

6）加工顺序安排。加工顺序安排如下：车端面→钻 φ25mm 孔→粗车外圆→粗车、精车左侧内轮廓→车槽→车螺纹→精车外圆→倒角、调头→车端面到尺寸→粗车、精车右侧内轮廓→精车外轮廓至尺寸。

7）刀具的选择。选用 90°外圆车刀完成外圆、端面、倒角的加工；选用不通孔车刀完成内轮廓的粗车与精车；选用内螺纹车刀完成内螺纹加工；选用 3mm 内沟槽刀完成沟槽加工；选用中心钻和 φ25mm 钻头完成孔的预加工。

8）切削用量的选择。学生实习加工时采用较小切削用量：粗加工时主轴转速 $n=600$r/min，进给速度 $F=600$mm/min，背吃刀量 $a_p \leq 1.5$mm 左右；精加工时 $n=1200$r/min，进给速度 $F=40$mm/min，背吃刀量 $a_p=0.5 \sim 1$mm；切槽时 $n=400$r/min，进给速度 $F=40$mm/min；车螺纹时 $n=300$r/min，需要多次进给，进给次数和每次背吃刀量与螺纹螺距有关。该零件螺距为 2，牙深为 1.299mm，分五次进给，每次背吃刀量分别为 0.9mm、0.6mm、0.6mm、0.4mm、0.1mm。

9）工艺文件填写。按照上面的分析分别填写"数控车削加工工件安装及工件坐标系设定卡"、"数控车削加工刀具选用卡"、"数控车削加工工序卡"等。

10）零件加工精度检验项目设计及检验工具选择。根据零件的尺寸及精度要求选择合适量程范围和精度范围的用外径千分尺测量圆柱外表面直径尺寸；选用内卡钳配合外径千分尺或内径千分尺测量圆柱内表面直径尺寸；选用弹簧内卡钳测量内沟槽直径，用深度千分尺测量位置尺寸及宽度尺寸；用内螺纹测距仪测量螺纹螺距，用内螺纹卡尺进行中径测量等等。通过相关尺寸检测，与图样要求进行比较，作出合格性判断。

模块二 数控车削加工编程

项目五 数控车床坐标系的建立及编程指令认识

项目综述

数控车床机床坐标系是机床固定坐标系,通过回参考点确定该坐标系。数控车床工件坐标系是编程坐标系,是编程人员根据编程需要确定的。实施本项目所训练的专业技能和应掌握的关联知识见表5-1。

表5-1 专业技能和关联知识

专业技能	关联知识
建立数控车床机床坐标系 建立数控车床工件坐标系 初步认识数控车床编程指令系统	数控车床机床坐标系基础知识 数控车床工件坐标系基本知识 数控车床对刀原理 数控车床指令系统

操作要领及关联知识

一、机床坐标及运动方向的确定

为了方便描述机床的运动,简化程序的编制方法,保证记录数据的互换性,数控机床的坐标轴和运动方向均已标准化。主要内容如下:

1. 刀具相对于静止工件运动原则

在考虑机床坐标命名时,被加工工件的坐标系均看作是相对静止的,而刀具是运动的。

2. 标准坐标系的规定

标准坐标系是一个用 X、Y、Z 表示直线进给运动的直角坐标系,用右手法则判定。大拇指指向 X 轴的正方向,食指指向 Y 轴的正方向,中指指向 Z 轴的正方向。这个坐标系的各个坐标轴通常与机床的主要导轨相平行。

围绕 X、Y、Z 旋转的圆周进给运动坐标轴分别用 A、B、C 表示,根据右手定则判定,以大拇指分别指向 $+X$、$+Y$、$+Z$ 方向,则食指、中指的指向是圆周进给运动的 $+A$、$+B$、$+C$ 方向,如图5-1所示。

3. 运动部件正方向规定

规定增大刀具与工件距离的方向为机床运动部件的正方向。

(1) Z 坐标轴的确定 通常把传递切削力的主轴定为 Z 坐标轴。对于工件旋转的数控车床来说，工件回转中心轴为 Z 坐标轴，刀具远离 Z 坐标轴的方向为 Z 坐标轴的正方向。

（2）X 坐标轴的确定　X 坐标轴是水平的，一般平行于工件装夹面且与 Z 轴垂直，它是刀具或工件定位平面内运动的主要坐标。对于数控车床而言，X 坐标轴的方向为沿工件的径向并平行于横向导轨，以刀具离开工件旋转中心的方向为 X 坐标轴的正方向。对于前置刀架而言，水平指向操作者的方向为 X 坐标轴的正方向；对于后置刀架而言，水平远离操作者的方向为 X 坐标轴的正方向。

（3）Y 坐标轴的确定　Y 坐标轴垂直于 X 坐标轴和 Z 坐标轴，Y 坐标轴的正方向应根据 X 坐标轴、Z 坐标轴的正方向按右手定则确定。

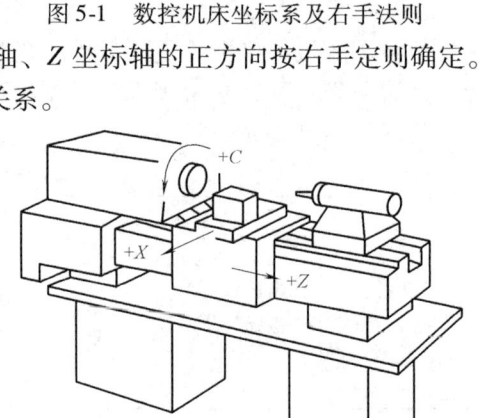

图 5-1　数控机床坐标系及右手法则

图 5-2 给出了数控车床坐标系及其方向之间的关系。

二、数控车床机床坐标系的建立

1. 机床坐标系有关基本概念

关于数控车床机床坐标系，有以下几个基本概念：

（1）机床坐标系定义　由数控车床坐标原点与车床坐标轴 X、Z 组成的坐标系称为机床坐标系。机床坐标系是机床固有的坐标系，在机床出厂前已经预调好，一般情况下，不允许用户随意改动。

机床通电后，不论刀架位于什么位置，面板显示器上显示的 X 轴与 Z 轴的坐标值均为零，这样势必造成基准不统一，所以数控车床每次开机的第一步操作应为回参考点操作。当完成回参考

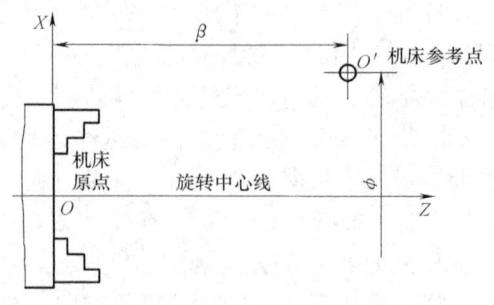

图 5-2　数控车床坐标系及其方向之间的关系

点操作后，面板显示器上显示的是刀位点（刀架中心）在机床坐标系的坐标值（空间位置），相当于在数控系统内部建立了一个以机床原点为坐标原点的机床坐标系。

（2）机床原点定义　机床原点是机床的一个固定点，不能改变。车床的机床原点定义为主轴端面与主轴回转中心线的交点，如图 5-3 所示，O 点即为机床原点。

（3）机床参考点定义　机床参考点也是机床的一个固定点，其固定位置是由 Z 向与 X 向的机械挡块来确定的，该点与机床原点的相对位置如图 5-3 所示，O' 是机床参考点，它是 X 轴、Z 轴最远离工件的那一点。当发出回参考点的指令时，装在纵向滑板和横向滑板上的行程开关碰到相应的挡块后，由数控系统控制滑板停止运动，完成回参考点的操作。由于参考点与机床原点的位置是固定的，找到了机床参考点，也就间接找到了机床原点。

2. 机床坐标系的建立

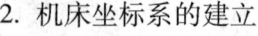

图 5-3　数控车床机床原点和机床参考点

建立机床坐标系操作也就是进行机床回参考点操作。在数控车床操作面板上有 X 方向和 Z 方向回参考点按钮，通过以下步骤建立机床坐标系：

1) 按下返回参考点按钮。
2) 选择合适的快速移动速度倍率值。
3) 分别或同时按住与返回参考点相对应的进给轴 X、Z 和方向选择开关，直至刀具返回到参考点。当刀具返回到参考点后，返回参考点完成指示灯 LED 点亮。

完成上面操作后，就建立了机床坐标系。

三、数控车床工件坐标系的建立

1. 工件坐标系、坐标原点及对刀点含义

(1) 工件坐标系　编制数控程序时，首先要建立一个工件坐标系，零件加工程序中的坐标值均以工件坐标系为依据确定。工件坐标系是编程人员在编程时使用的坐标系，编程人员选择工件上的某一已知点为坐标原点，以平行于机床的坐标轴为坐标轴建立一个新的坐标系，称为工件坐标系（也称编程坐标系）。工件坐标系一旦建立便一直有效，直到被新的工件坐标系替换为止。

(2) 工件坐标系原点　工件坐标系原点简称为工件原点，其选择要尽量满足编程简单、尺寸换算少、引起的加工误差小等条件。工件原点是人为设定的，从理论上讲，工件原点选在任何位置都是可以的，但实际上为编程方便以及使各尺寸较为直观，数控车床工件原点一般都设在主轴中心线与工件左端面或右端面的交点处，如图 5-4 所示。

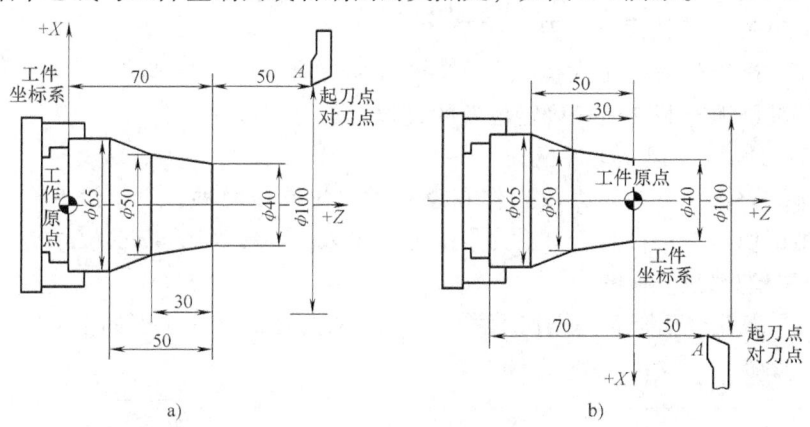

图 5-4　数控车床工件坐标系及原点选择
a) 工件原点位于工件左端面　b) 工件原点位于工件右端面

建立工件坐标系的目的就是以工件原点为坐标原点，确定刀具起刀点的坐标值。工件坐标系设定之后，LCD 屏幕上显示的是车刀刀尖相对工件原点的坐标值。编程时，工件的各尺寸坐标都是相对工件原点而言的。因此，数控车床的工件原点也称程序原点。

(3) 对刀点　对刀点是数控加工中刀具相对于工件运动的起点，即零件程序加工的起始点，所以对刀点也称程序起点，对刀的目的是确定工件原点在机床坐标系中的位置，即建立工件坐标系与机床坐标系的联系。

对刀点可设在工件上并与工件原点重合，也可设在工件外任何便于对刀的地方，但该点与工件原点之间必须有确定的坐标联系。一般情况下，对刀点既是加工程序执行的起点，也是加工程序执行的终点，如图 5-4 所示。

2. 工件坐标系设定指令 G50

（1）G50 指令格式　G50 指令格式为：

G50　X＿　Z＿；

该指令是规定刀具起刀点距工件原点在 X、Z 方向的距离。坐标值 X、Z 为刀位点在工件坐标系中的起始点（即起刀点）位置。当刀具的起刀点空间位置一定时，工件原点选择不同，刀具在工件坐标系中的坐标 X、Z 也不同。

如图 5-5 所示，以工件左端面中心作为工件坐标系原点，刀尖的起始点距工件原点的 X 方向尺寸和 Z 方向尺寸分别为 200mm（直径方向编程）和 263mm，则执行下面程序段：

G50　X200　Z263；

系统内部就会对 X 值 200mm 和 Z 值 263mm 进行记忆，并显示在面板显示器上，这相当于在系统内部建立了一个以工件原点为坐标原点的工件坐标系。

显然，如果 X、Z 坐标值不同或坐标值相同但改变了刀位点在工件坐标系中的确定位置，所设定的工件坐标系的工件原点也就不同。因此在执行程序段"G50 X＿ Z＿；"前，刀具就应安装在一确定位置。工人操作时，将刀具准确地安装在这一确定位置的过程就是对刀过程。

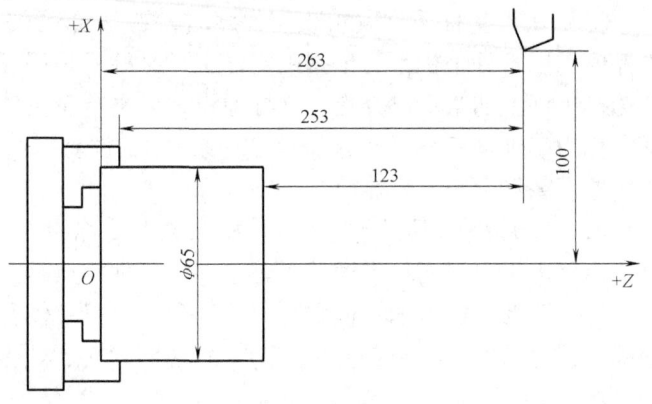

图 5-5　数控车床工件坐标系设定指令 G50 应用图例

3. 绝对对刀操作（建立工件坐标系操作）

数控车床对刀操作分有对刀仪操作和没有对刀仪操作两种。对于没有对刀仪的数控车床，一般采用试切对刀法；对于有对刀仪的数控车床，一般采用自动对刀方法。不论是何种方法，其对刀原理都是一样的。

图 5-6 所示为数控车床对刀操作示意图，试切对刀法的操作步骤如下：

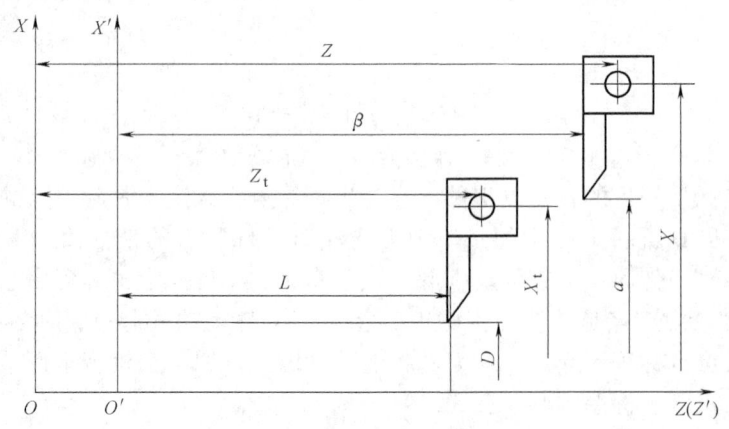

图 5-6　数控车床对刀操作示意图

（1）回参考点操作　用面板 ZRN（回参考点）方式进行回参考点操作，建立机床坐标系。此时显示器上显示刀架中心（对刀参考点）在机床坐标系中的当前位置坐标值。

(2) 试切及测量　用面板 MDI 方式操纵机床，对外圆表面试切一刀，然后保持刀具在横向（X 轴方向）上的位置不变，沿纵向（Z 轴方向）退刀；测量工件试切后的直径值 D，同时记录下显示器上显示的刀架中心在机床坐标系中 X 轴方向上的当前位置坐标值 X_t。用同样的方法再将工件的端面试切一刀，保持刀具在纵向（Z 轴方向）上的位置不变，沿横向（X 轴方向）退刀，同样可以测量试切端面至工件原点的距离 L，同时记录下显示器上显示的刀架中心在机床坐标系中 Z 轴方向上的当前位置坐标值 Z_t。

(3) 计算坐标增量　根据试切后测量的工件直径 D、端面至工件原点的距离 L 与程序所要求的起刀点在工件坐标系中的位置（α，β），算出将刀尖移到起刀点位置所需的 X、Z 轴的坐标增量。X 轴的坐标增量为：α−D，Z 轴的坐标增量为：β−L。

(4) 对刀　根据算出的坐标增量，用手摇脉冲发生器移动刀具，使前面记录的位置坐标值（X_t，Z_t）增加相应的坐标增量，即将刀具移至使显示器上所显示的刀架中心（对刀参考点）在机床坐标系中的位置坐标值为（$X_t + α − D$，$Z_t + β − L$）为止。这样就实现了将刀尖放在程序所要求的起刀点位置（α，β）上。

(5) 建立工件坐标系　对刀完毕后，执行 G50　Xα　Zβ 指令，即建立了工件坐标系。

【示例 5-1】　以图 5-5 为例，设以卡爪前端面与工件回转中心线的交点为工件原点，建立工件坐标系指令为 G50　X200.0　Z253.0，若完成回参考点操作后，经试切，测得工件直径为 φ67mm，试切端面至卡爪端面的距离为 130mm，显示器上显示的位置坐标值为 X265.763，Z419.421。为了将刀尖调整到起刀点的位置 X200.0，Z253.0，只要将显示的位置 X 坐标增加（200−67=）133，Z 坐标增加（253−130=）123，即将刀具移到使显示器上显示的位置为 X398.763，Z542.421 即可。然后执行加工程序段 G50　X200.0　Z253.0，即可建立工件坐标系，并显示刀尖在工件坐标系中的当前位置为 X200.0，Z253.0。

4. 相对对刀操作

数控车床所采用的位置检测方式分相对式和绝对式两种，下面介绍采用相对位置检测的对刀过程，这里以 Z 向为例说明相对对刀操作，如图 5-7 所示。设图中端面加工刀具是第一把刀 T01，内径加工刀具为第二把刀 T02，由于采用相对位置检测，需要用 G50 进行加工坐标系设定。假定程序

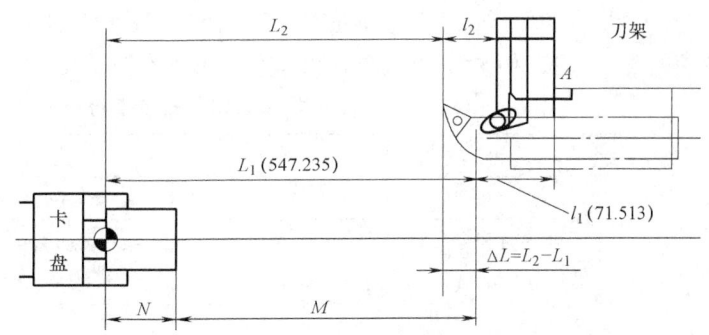

图 5-7　数控车床相对对刀操作

原点设在零件左端面，如果以刀尖点为编程点，则坐标系设定中的 Z 向数据为 L_1，这时可以将刀架向左移动并将右端面光切一刀，测出车削过后的零件长度 N 值，并将 Z 向显示值置零，再把刀架移回到起始位置，此时的 Z 向显示值就是 M 值，N+M 即为 L_1。这种以刀尖为编程点的方式应将第一把刀的刀具补偿设定为零。接着用同样方法测出第二把刀的 L_2 值，$L_2 − L_1$ 是第二把刀对第一把刀的 Z 向位置差，此处是负值。如果程序中第一把刀转为第二把刀时不变换坐标，那么第二把刀的 Z 向刀补值应设定为 ΔL。

四、零件程序结构的认识

1. 程序结构认识

一个零件的程序是一组被传送到数控装置中去的指令和数据，程序遵循一定的结构、句法和格式规则，程序由若干个程序段构成，每条程序段又由若干个指令字构成，程序结构如图 5-8 所示。

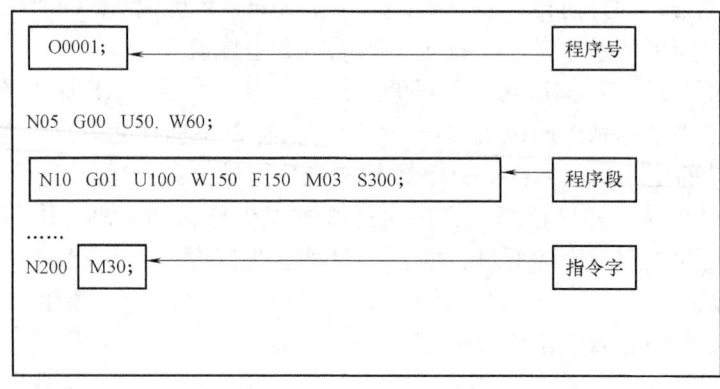

图 5-8　数控车床程序结构图例

关于零件程序，有以下几点说明：

1）从上图可以看出，一个零件的程序必须包括起始符和结束符：程序号为起始符，M02 或 M30 为程序结束符。

2）一个零件的程序是按程序的输入顺序执行的，而不是按程序段号的顺序执行的，但在书写程序时，建议按升序书写程序段号，程序段号之间允许有一定的间隔。

2. 指令字结构

一个指令字由指令字符（地址符）和两位数字数据组成。指令字符及数字数据确定了每个指令字的含义，如 G01 代表直线插补指令字。在数控程序段中包含的主要指令字符见表 5-2。

表 5-2　常见指令字符一览表

序号	功能	指令字符	意　义
1	零件程序号	O	表示程序的编号
2	程序段号	N	程序段的编号
3	准备功能	G	指令动作方式（如直线、圆弧加工等）
4	坐标字	X、Y、Z A、B、C U、V、W	坐标轴移动命令
4	坐标字	R	圆弧半径、固定循环参数等
4	坐标字	I、J、K	圆心相对于起点的坐标、固定循环参数等
5	进给功能	F	指定刀具加工时的进给速度
6	主轴功能	S	指定主轴的旋转速度
7	刀具功能	T	指定加工过程中所使用刀具的编号
8	辅助功能	M	指定程序走向及机床侧开/关控制

(续)

序号	功能	指令字符	意 义
9	暂停功能	P、X	指定暂停时间
10	程序号指定功能	P	指定子程序号
11	重复次数功能	L	子程序重复调用次数、固定循环重复次数
12	参数	P、Q、R、U、W、I、K、C、A	车削复合循环参数

3. 程序段结构

（1）程序段格式　数控车床程序段格式为：

N__ G__ X__ Y__ Z__ …F__ S__ T__ M__；

一个程序段以程序段号开始（也可省略），以程序结束代码结束。程序段中各指令字的先后顺序要求并不严格，不需要的指令字以及与上一程序段相同的继续使用的指令字可以省略。数控车床程序段各指令字含义如下：

1）程序段号 N：程序段号由指令字符 N 及数字组成，如 N0005，段号之间的间隔不要求连续，以便于程序修改和编辑。很多现代数控系统都不要求程序段号，即程序段号可有可无。另外，编写程序时可以不写程序段号，程序输入数控系统后可以通过系统设置自动生成程序段号。

2）准备功能 G：准备功能由指令字符 G 和数字组成，如 G01、G02 分别代表直线插补和圆弧插补。G 功能的代号已经标准化。

3）坐标字：坐标字由坐标指令字符及数字组成，且按一定的顺序进行排列，各组数字必须具有作为地址码的指令字符（如 X、Y 等）开头。现代数控系统一般对坐标值的小数点有严格的要求（有的系统可以用参数进行设置），如"26mm"编程时应写成"26."，否则有的系统会将"26"视为"26μm"。

4）进给功能 F：进给功能由进给指令字符及数字组成，数字表示所给定的进给速度，如 F120. 表示进给速度为 120mm/min，其小数点与 X、Y、Z 后的小数点表示同样含义。

5）主轴转速功能 S：主轴转速功能由主轴指令字符及数字组成，数字表示主轴转速，单位为 r/min。

6）刀具功能 T：刀具功能由指令字符 T 和数字组成，用以指定刀具的刀号，如 T0101，表示 1 号刀具。

7）辅助功能 M：辅助功能由辅助操作指令字符和两位数字组成，如 M03 表示主轴正转。

8）程序段结束符号：程序段结束符号在程序段最后一个有用符号之后，表示程序段结束。结束符号应根据编程手册的规定而定，本教材用"；"表示。

（2）程序段举例　如下面程序段：

N005　G01　X70.　Z-40.　F140.　S300　T01　M03；

该程序段含义为命令数控机床主轴正向旋转、转速为 300r/min，使用 1 号刀具以 140mm/min 的进给速度直线移动到工件坐标系中坐标值为 $X=70$mm、$Z=-40$mm 的地方。

五、FANUC 指令系统的认识

1. 准备功能 G 代码

（1）准备功能 G 代码　准备功能 G 代码用来规定刀具和工件的相对运动轨迹、机床坐标系的建立和选择、坐标平面的选择、刀具补偿方式确定、坐标偏置等多种加工操作。FANUC 0i 系统常用准备功能 G 代码见表 5-3。

表 5-3　FANUC 0i 系统常用准备功能 G 代码

序号	G 代码	组别	功能
1	G00	01	快速点定位
2	G01		直线插补
3	G02		顺时针圆弧插补或螺旋线插补
4	G03		逆时针圆弧插补或螺旋线插补
5	G04	00	延迟（暂停）
6	G10		可编程数据输入
7	G11		取消可编程数据输入
8	G12.1	21	极坐标插补模式
9	G13.1		取消极坐标插补模式
10	G17	16	$X_p Y_p$ 平面选择
11	G18		$Z_p X_p$ 平面选择
12	G19		$Y_p Z_p$ 平面选择
13	G20	06	英制输入
14	G21		米制输入
15	G22	09	存储行程检查
16	G23		存储行程检查功能取消
17	G25	08	主轴转速波动检测取消
18	G26		主轴转速波动检测
19	G27	00	返回参考点检查
20	G28		返回到参考点
21	G30		返回到第 2、第 3、第 4 参考点
22	G31		跳跃功能
23	G33	01	螺纹切削
24	G34		变螺距螺纹切削
25	G36	00	自动刀具补偿 X
26	G37		自动刀具补偿 Z
27	G40	07	刀具半径补偿取消
28	G41		刀尖圆弧半径左补偿
29	G42		刀尖圆弧半径右补偿
30	G50	00	1. 工件坐标系设定；2. 最高主轴速度限定
31	G50.3		工件坐标系预置

(续)

序号	G 代码	组别	功能
32	G50.2	20	取消多边形车削
33	G51.2		多边形车削
34	G52	00	局部坐标系设定
35	G53		机床坐标系设定
36	G54	14	选择工件坐标系设定1
37	G55		选择工件坐标系设定2
38	G56		选择工件坐标系设定3
39	G57		选择工件坐标系设定4
40	G58		选择工件坐标系设定5
41	G59		选择工件坐标系设定6
42	G65	00	宏程序调用
43	G66	12	宏程序模态调用
44	G67		取消宏程序模态调用
45	G70	00	精车循环
46	G71		粗车外圆复合循环
47	G72		粗车端面复合循环
48	G73		固定形状粗加工复合循环
49	G74		端面深孔钻削循环
50	G75		外径、内径钻削循环
51	G76		螺纹切削复合循环
52	G80	10	取消固定钻削循环
53	G83		端面钻削循环
54	G84		端面攻螺纹循环
55	G86		端面镗孔循环
56	G87		侧面钻削循环
57	G88		侧面攻螺纹循环
58	G89		侧面镗孔循环
59	G90	01	单一形状外径、内径切削循环
60	G92		螺纹切削循环
61	G96	02	端面切削速度控制
62	G97		取消端面切削速度控制
63	G98	05	每分钟进给量
64	G99		每转进给量
65	—	11	返回初始平面
66	—		返回 R 平面

（2）准备功能 G 代码相关说明　关于 G 代码说明如下：

1) G代码根据功能不同分成若干组,其中00组的G功能代码称为非模态G代码,只在所规定的程序段中有效,程序段结束时被注销;其余各组G代码称为模态G代码,这些G代码功能一旦被执行,则一直有效,直到被同一组的其他G代码注销为止。

2) 模态G代码组中包含一个默认的G功能,系统上电时将被初始化为该功能。

3) 没有共同指令字符的不同组G代码可以放在同一程序段中,而且与顺序无关,如G21 G41 G01可以放在同一程序段中;如果在同一程序段中指令了两个或两个以上属于同一组的G代码,只有最后的G代码才有效;如果在程序段中指令了G代码表中没有列出的代码,则显示报警。

2. 辅助功能M代码

(1) 辅助功能M代码 辅助功能M代码主要用于控制程序走向以及机床各种辅助功能的开关动作,FANUC 0i系统辅助功能M代码见表5-4。

表5-4 FANUC 0i系统辅助功能M代码

序号	代码	功能	序号	代码	功能
1	M00	程序暂停	10	M11	车螺纹直退刀
2	M01	计划停止	11	M12	误差检测
3	M02	程序结束	12	M13	误差检测取消
4	M03	主轴正转	13	M19	主轴准停
5	M04	主轴反转	14	M20	ROBOT工作启动
6	M05	主轴停止	15	M30	纸带结束
7	M08	切削液开	16	M98	调用子程序
8	M09	切削液关	17	M99	返回子程序
9	M10	车螺纹45°退刀			

(2) 辅助功能M代码相关说明 关于M代码说明如下:

1) M00、M01、M02、M30、M98、M99用于控制零件程序的走向,是CNC内定的辅助功能,不由机床制造商设计决定,与PLC程序无关。

2) 其余M代码用于控制机床各种辅助功能开关动作,其功能不由CNC内定,是由PLC程序指定的,所以有可能因机床制造商的不同而有所不同,使用时请注意机床说明书。

3) M代码也有非模态功能和模态功能两种,模态功能中包含一个默认功能,如M05、M09,系统上电时将被初始化为该功能。

4) M00为程序暂停指令,完成编有M00指令的程序段中的其他指令后主轴停止,进给停止,冷却液关断,程序停止。此时可执行某一手动操作,如工件调头、手动变速等。重新按"循环启动"按钮,机床将继续执行下一程序段。

5) M01为计划停止(任选暂停),与M00的不同之处在于必须在操作面板上预先(程序启动前)按下任选停止开关按钮,使其相通;当执行完编有M01指令的程序段的其他指令后,程序停止。如不按任选停止,则M01指令不起作用,程序继续执行。在零件加工时间较长或在加工过程中需要停机检查、测量关键部位以及交接班等情况下使用该指令很方便。

6) M02为程序结束 执行该程序后,表示程序内所有指令均已完成,因此切断机床所有动作，机床复位。但程序结束后，不返回到程序开头的位置。

7）M30 为纸带结束　在完成程序段的所有指令后，使主轴进给复位，与 M02 相似，但不同之处在于该指令还使纸带回到起始位置。

3. 进给功能 F 代码

F 指令表示工件被加工时刀具相对于工件的合成进给速度，其单位取决于 G98、G99 指令：

1）每分钟进给（G98）：在一条含有 G98 的程序段后面，再遇到 F 指令时，则认为 F 所指定的进给速度单位为 mm/min。当 G98 被执行一次后，系统将保持 G98 状态，直到被 G99 取消为止。如 G98　F20.54 即表示进给速度为 20.54mm/min。

2）每转进给（G99）：在一条含有 G99 的程序段后面，再遇到 F 指令时，则认为 F 所指定的进给速度单位为 mm/r。若系统开机状态为 G99 状态，则只有输入 G98 指令后，G99 才被取消。如 G99　F0.25 即表示进给速度为 0.25mm/r。

3）每分钟进给速度和每转进给量之间存在以下数量关系：

$$F_m = F_r S$$

式中　F_m——每分钟进给（mm/min）；

　　　F_r——每转进给（mm/r）；

　　　S——主轴转速（r/min）。

4. 主轴转速功能 S 代码

主轴转速功能 S 用于控制主轴转速，其后的数值表示主轴旋转速度，其应用及单位分以下几种情况：

1）一般情况下表示主轴旋转速度，单位为 r/min，如 M03　S300 表示主轴正转速度为 300 r/min。

2）用于限定主轴最高转速：当进行端面或球面加工时，为了获得稳定的表面加工质量，要求主轴转速能够自动调整，并且为了避免飞车，需要限定主轴最高转速。通过 G50 指令可以限定主轴最高转速。G50　S2000 表示把主轴最高速度限定为 2000r/min。

3）用于限定恒线速度控制：G96 是接通恒线速度控制的指令。系统执行 G96 指令后，用 S 指定主轴切削速度 v_c（m/min）。例如，G96　S150 表示控制主轴转速，使切削点的线速度始终保持在 150m/min。

4）用于主轴转速控制：G97 是取消恒线速度控制的指令。此时，S 指定的数值表示主轴每分钟的转数。例如，G97　S1500 表示主轴转速为 1500r/min。

因此主轴转速功能 S 在不同场合下具有不同含义。

5. 刀具功能 T 代码

刀具功能 T 代码是用于选刀或换刀的，用地址和后面的数字来指定刀具号和刀具补偿号，数控车床上一般采用 T2+2 的形式。即

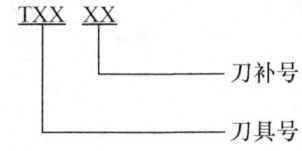

如：

N1　G50　X100.0　Z175.0；　　　　//建立工件坐标系
N2　M03　S600；　　　　　　　　　//主轴正转，转速为600r/min
N3　T0304；　　　　　　　　　　　//选择3号刀具
N4　G01　Z60.0　F30.；　　　　　//以30mm/min的进给速度直线插补至坐标位置
　　　　　　　　　　　　　　　　　　为Z60处
N5　T0000；　　　　　　　　　　　//取消刀具补偿

其中T0304表示选用3号刀具，补偿值储存在4号存储器中；T0000表示取消补偿。

项目六　数控车床基本指令编程

项目综述

数控车床编程应遵循基本编程原则。数控车床基本指令包括快速移动指令 G00，直线插补指令 G01，圆弧插补指令 G02/G03，暂停指令 G04，单位选择指令 G20/G21，直径编程和半径编程设定，自动回参考点指令 G28 和从参考点返回指令 G29。实施本项目所训练的专业技能和应掌握的关联知识见表 6-1。

表 6-1　专业技能与关联知识

专业技能	关联知识
数控车床基本指令应用 简单轴类零件、套类零件数控加工工艺设计 工艺文件编制 程序编写	数控车床编程原则 数控车床基本指令格式、应用说明 回转体类零件工艺设计方法 编程方法与步骤 工艺文件内容

操作要领及关联知识

一、数控车床编程原则

1. 绝对值编程与增量值编程

数控车床编程时，可采用绝对值编程、增量值编程或两者混合编程。由于被加工零件的径向尺寸在图样上标注和测量时，都是以直径值表示，因此直径方向用绝对值编程时，X 以直径值表示；用增量值编程时，以径向实际位移量的 2 倍值表示，并带上方向符号。

（1）绝对值编程　绝对值编程是根据预先设定的编程原点（即工件坐标系原点）计算出工件轮廓基点或节点绝对值坐标尺寸进行编程的一种方法。首先找出编程原点的位置，并用地址 X、Z 表示工件轮廓基点或节点绝对坐标，然后进行编程。例如程序段"G01 X50.0 Z80.0;"中，X 和 Z 后面的坐标值表示轮廓终点的绝对值坐标（即轮廓终点相对于工件坐标系原点的值）。

（2）增量值编程　增量值编程是根据与前一位置的坐标值增量来表示位置的一种编程方法，即程序中每一段的终点坐标都是相对于它的起点坐标而言的。采用增量值编程时，用 U、W 代替 X、Z 进行编程。U、W 的正负由行程方向来确定，行程方向与机床坐标方向相同时为正，反之为负。例如程序段"G01 U50.0 W80.0;"表示终点相对于前一加工点的坐标差值在 X 轴方向为 50mm，在 Z 轴方向为

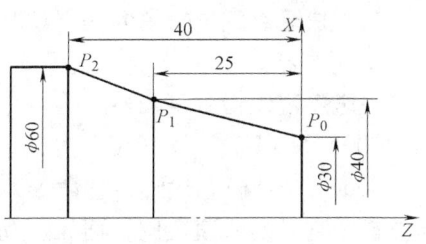

图 6-1　绝对值编程、增量值编程、混合编程图例

80mm。

(3) 混合编程　设定工件坐标系后，绝对值编程与增量值编程混合起来进行编程的方法叫混合编程。数控编程时绝对值编程、增量值编程或混合编程的采用，取决于数据处理的方便程度。

(4) 编程举例　采用三种方式编程举例如下：

【示例 6-1】　如图 6-1 所示，用三种方法编写刀具从 $P_0 \to P_1 \to P_2$ 的程序。

1) 绝对值编程的程序如下：

……

N10　G01　X30.0　Z0　F100；　　//以工件右端面中心为工件坐标系原点，刀具至 P_0 点

N15　X40.0　Z-25.0；　　　　　　//刀具至 P_1 点

N20　X60.0　Z-40.0；　　　　　　//刀具至 P_2 点

……

2) 增量值编程的程序如下：

……

N10　G01　U10.0　W-25.0　F100；　//刀具至 P_1 点

N15　U20.0　W-15.0；　　　　　　　//刀具至 P_2 点

……

3) 混合编程的程序如下：

……

N10　G01　U10.0　Z-25.0　F100；

N15　X60.0　W-15.0；

2. 脉冲数编程与小数点编程

数控编程时，可以用脉冲数编程，也可以使用小数点编程。

当使用脉冲数编程时，与数控系统最小设定单位"脉冲当量"有关。当系统脉冲当量为 0.001 时，表示对应一个脉冲，运动部件移动 0.001mm。程序中移动距离数值以 μm 为单位，例如 X60000 表示移动 60000μm，即移动 60mm。若小数点后面的数位超过 4 位时，数控系统则按四舍五入处理。

当使用小数点编程时，表明以 mm 为单位，要特别注意小数点的输入。例如，X60.0 表示采用小数点编程，移动距离为 60mm；而 X60 则表示采用脉冲数编程，移动距离为 60μm (0.06mm)。小数点编程时，小数点后的零可省略，如 X60.0 与 X60. 是等效的。

二、快速点定位指令编程（G00）

1. 指令格式

快速点定位指令编程格式为：

G00　X（U）__　Z（W）__；

G00 指令是模态代码，它命令刀具以点定位控制方式从刀具所在点快速运动到下一个目标位置。它只是快速定位，而无运动轨迹要求，也无切削加工过程。

当采用绝对值编程时，刀具分别以各轴的快速进给速度运动到工件坐标系 X、Z 点；当采用增量值编程时，刀具以各轴的快速进给速度运动到距离现有位置为 U、W 的点。

2. 指令应用说明

关于G00指令的使用,有以下几点说明:

1) G00为模态指令,可由G01、G02、G03等指令注销。

2) 移动速度不能用程序指令设定,其快移速度通过机床参数对各轴分别设定,因此各轴的快移速度可以相同,也可以不相同。

3) G00的执行过程为刀具由程序起始点加速到最大速度,然后快速移动,最后减速到终点,实现快速点定位。

4) 在执行G00指令时,由于各轴以各自速度移动,不能保证各轴同时到达终点,因而联动直线轴的合成轨迹不一定是直线,多数情况是折线,操作者要十分小心,避免刀具与工件发生碰撞。常见的做法是先将X轴移到安全位置,再执行G00指令。

5) G00指令一般用于加工前的快速定位或加工后的快速退刀。

3. G00指令应用举例

G00指令用绝对位置编程和相对位置编程举例如下:

【示例6-2】如图6-2所示,从起点A快速运动到B点,可用下面程序段编写:

绝对值编程为:G00 X120.0 Z100.0;

增量值编程为:G00 U80.0 W80.0;

图中折线表示刀具快速移动轨迹,可见刀具快速移动轨迹不是直线而是折线。实际加工时应该先预计刀具运动轨迹,避免发生运动干涉。

三、直线插补指令编程(G01)

1. 指令格式

直线插补指令编程格式为:

G01 X(U)__ Z(W)__ F__;

G01指令是模态代码,它是直线运动的命令,规定刀具在两坐标或三坐标间以插补联动方式按F指令确定的进给速度作任意斜率的直线运动。

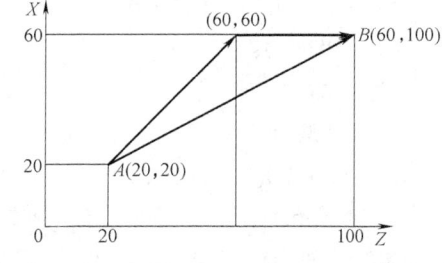

图6-2 G00指令应用举例图例

当采用绝对值编程时,刀具以F指令确定的进给速度进行直线插补,运动到工件坐标系(X, Z)点;当采用增量值编程时,刀具以F指令确定的进给速度运动到与现有位置距离为U、W的点。其中进给速度在没有新的F指令以前一直有效,不必在每个程序段中都写入F指令。

2. 指令应用说明

关于G01指令的使用,有以下几点说明:

1) G01为模态指令,可由G00、G02、G03等指令注销。

2) G01指令后的坐标值取绝对值编程还是取增量值编程,由尺寸字X、Z或U、W决定。

3) 进给速度由F指令决定。F指令也是模态指令,可由G00指令取消。如果在G01程序段之前的程序段没有F指令,而现在的G01程序段中也没有F指令,则机床不运动。因此,G01程序中必须含有F指令。

3. G01指令应用举例

用G01指令编程举例如下:

【示例6-3】 编写图6-3所示零件的精加工程序。

```
O2001；
T0101；
M03  S450；
G00  X16.0  Z2.0；
G01  X26.0  Z-3.0  F60；
     Z-48.0；
     X60.0  Z-58.0；
     X80.0  Z-73.0；
     X90.0；
G00  X100.0  Z10.0；
M05；
M30；
```

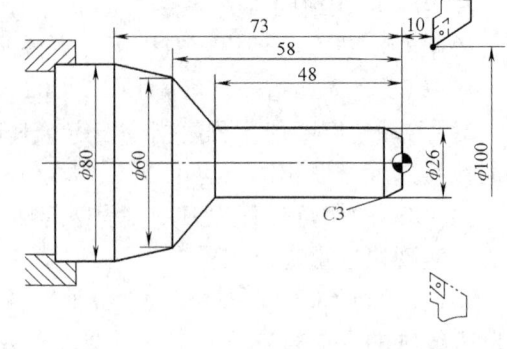

图 6-3　G01 指令应用举例图例（1）

【**示例 6-4**】　如图 6-4 所示，毛坯直径为 $\phi35mm$，以工件右端面与工件回转轴线交点作为工件坐标系原点，编写零件的粗、精加工程序。

```
O2002；
T0101；
M03  S450；
G00  X31.0  Z3.0；
G01  Z-50.0  F100.0；
     X36.0；
G00  Z3.0；
     X30.0；
G01  Z-50.0  F60.0；
     X36.0；
G00  X90.0  Z20.0；
M05；
M30；
```

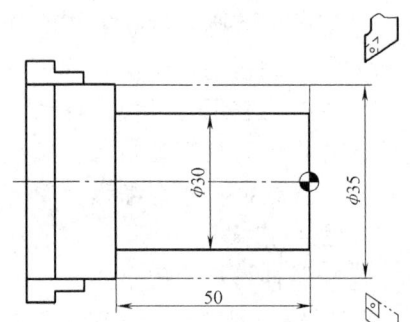

图 6-4　G01 指令应用举例图例（2）

四、圆弧插补指令编程（G02/G03）

1. 数控车床加工圆弧顺圆、逆圆判断

圆弧插补指令可指令刀具沿圆弧移动，圆弧有顺圆与逆圆之分。对于数控车床，根据 X、Z 轴的正方向，用右手法则判断出 Y 轴的正方向，然后从 Y 轴正方向向 Y 轴负方向看过去，顺时针方向加工的圆弧即为顺圆，逆时针方向加工的圆弧即为逆圆。

由于数控车床分前置刀架和后置刀架，X 轴的正方向是不同的，相应的 Y 轴正方向也不同，因此应正确判断圆弧的顺与逆，图 6-5 给出了数控车床采用前置刀架和后置刀架时圆弧顺逆的判断，其中 G02 表示顺圆加工，G03 表示逆圆加工。

2. 指令格式

（1）指令格式　圆弧插补的指令格式有两种表达方法，分别如下：

1) $\begin{Bmatrix} G02 \\ G03 \end{Bmatrix} X(U)\_\_Z(W)\_\_I\_\_K\_\_F\_\_$；

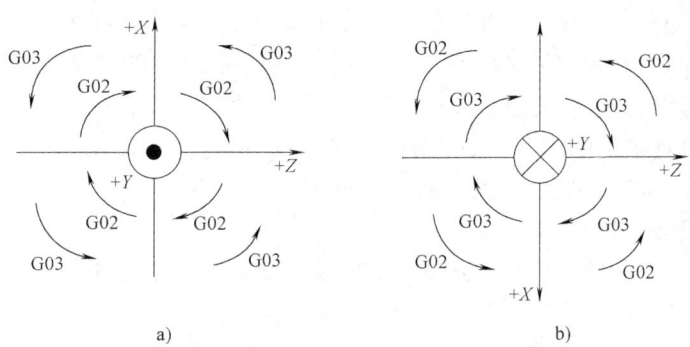

图 6-5 数控车削加工顺圆与逆圆的判断
a) 后置刀架时 b) 前置刀架时

2) $\begin{Bmatrix} G02 \\ G03 \end{Bmatrix}$ X(U)__ Z(W)__ R__ F__；

（2）指令中字符含义 指令中字符含义如下：

1) 指令格式中 G02 表示顺圆插补，G03 表示逆圆插补。

2) 采用绝对值编程时，用 X、Z 表示圆弧终点在工件坐标系中的坐标值；采用增量编程时，用 U、W 表示圆弧终点相对于圆弧起点的增量值。

3) 圆心坐标 I、K 为圆弧起点到圆弧中心所作矢量分别在 X、Z 轴方向上的分矢量（矢量方向指向圆心），当分矢量方向与坐标轴的方向一致时为"＋"号，反之为"－"号，圆心坐标 I、K 正负取值如图 6-6 所示。编程时 I0、K0 可以省略不写。

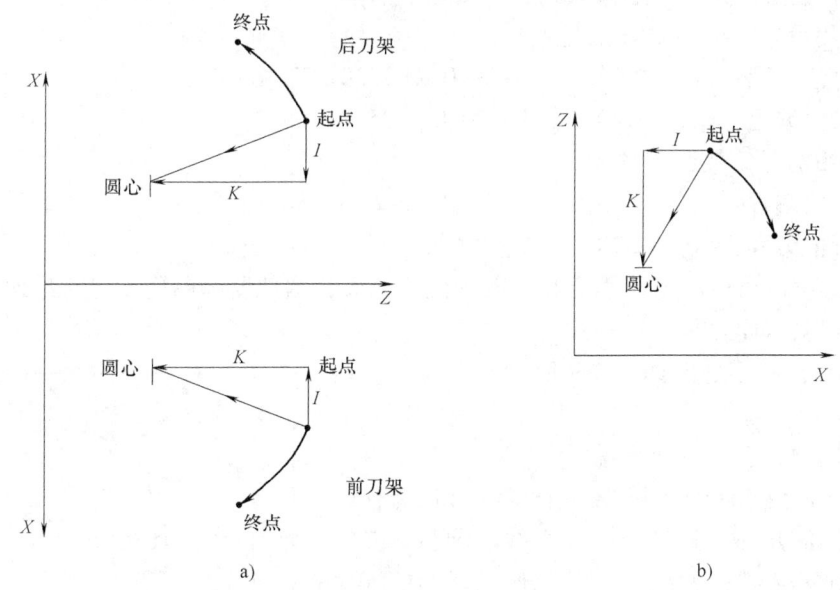

图 6-6 数控车床圆弧插补圆心坐标 I、K 定义图例
a) 卧式车床时 b) 立式车床时

4) 用半径 R 指定圆心位置时，由于在同一半径 R 的情况下，从圆弧的起点到终点有两个圆弧（优弧和劣弧）的可能性，因此，在编程的时候规定圆心角小于或等于 180°时圆弧 R 值为正；圆心角大于 180°时圆弧 R 值为负，如图 6-7 所示。

5）程序段中同时给出I、K和R值时，以R值优先，I、K无效。

6）G02、G03用半径指定圆心位置时，不能描述整圆，如果需要用指令描述整圆时，只能使用分矢量编程，同时终点坐标可以省略不写，如"G02（G03）I __ K __ ;"。但在数控车床上，由于刀具结构的原因，圆弧的圆心角一般不超过180°。

7）F为圆弧切削时的圆弧切线方向进给速度。

3. G02/G03指令应用举例

【示例6-5】 零件图如图6-8所示，编写零件圆弧精加工程序。

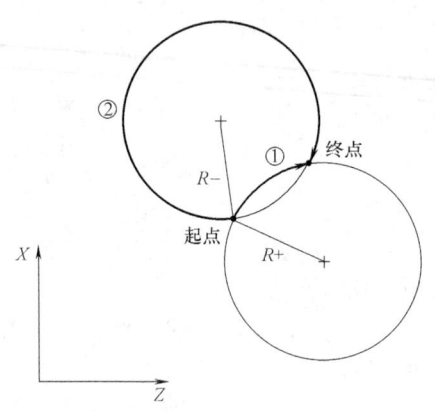

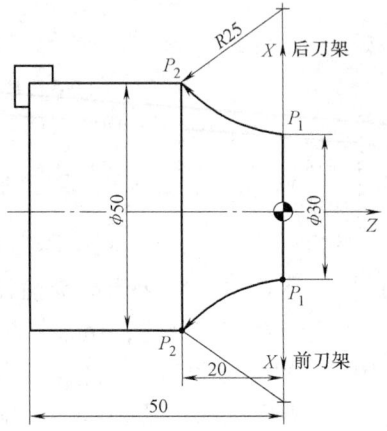

图6-7 圆弧半径R正负判断　　图6-8 圆弧插补指令G02/G03应用举例图例（1）

以工件右端面作为工件坐标系原点，编程如下：

（1）采用后置刀架加工时：

1）绝对值编程：G02　X50.0　Z-20.0　R25.0　F0.3；

2）增量值编程：G02　U20.0　W-20.0　I25.0　F0.3；

（2）采用前置刀架加工时：

1）绝对值编程：G02　X50.0　Z-20.0　R25.0　F0.3；

2）增量值编程：G02　U20.0　W-20.0　I25.0　F0.3；

从上面的程序可以看出，程序与刀架的位置无关，因此所编制的加工程序对前置刀架机床或后置刀架机床而言是一致的。

【示例6-6】 零件图如图6-9所示，编写零件的精加工程序。

关于本例题，有以下几点说明：

1）关于基点坐标的计算：一个零件的轮廓往往由许多不同的几何元素构成，如直线、圆弧、二次曲线以及阿基米德螺旋线等，各几何元素间的连接点称为基点。如两直线间的交点，直线与圆弧的交点或切点，圆弧与圆弧的交点或切点等，编程前需要计算出基点坐标值，因为无论是直线插补指令还是圆弧插补指令都需要用到直线或圆弧基点坐标。简单轮廓的基点坐标可以通过联立方程组求解

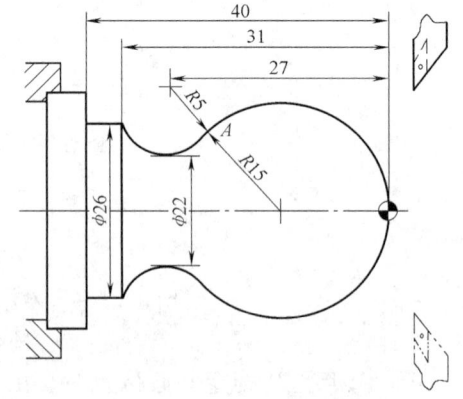

图6-9 圆弧插补指令G02/G03
应用举例图例（2）

或运用三角函数的方法求解，复杂轮廓的基点坐标需要借助计算机计算或通过计算机绘图直接生成。

本例中工件轮廓由两段圆弧和直线构成，需要计算尺寸的基点为两圆弧的切点 A，根据已知尺寸，应用相似三角形比例求法可求出 A 点的 X、Z 坐标尺寸分别为 24、-24。

2) 球形零件精加工时的恒线速控制：由于是精加工，零件的尺寸精度要求以及表面粗糙度要求是精加工必须保证的，因此零件球面加工时应保证整个球面线速度恒定，应使用恒线速指令。

关于恒线速指令和主轴最高转速限制指令，二者应配套使用，并且参数设置应该合理，否则在限制了恒线速，但主轴最高转速给定过低的情况下，在距离回转中心比较远的地方仍无法达到恒线速。

加工程序如下：

O2003；
G50 X100.0 Z50.0；
T0101；
M03 S400；
G50 S1500；
G96 S40；
G00 X0.0 Z5.0；
G01 Z0.0 F60.0；
G03 X24.0 Z-24.0 R15.0；
G02 X26.0 Z-31.0 R5.0；
G97 S400；
G01 Z-40.0；
　　　X40.0；
G00 X100.0 Z50.0；
M30；

【示例 6-7】 零件图如图 6-10 所示，编写零件的精加工程序。

本例题为零件的内孔圆弧加工，注意合理设计走刀路线。

以工件右端面中心作为工件坐标系原点，加工程序如下：

O2004；
T0101；
M03 S400；
G00 X30.0 Z3.0；
G01 Z-20.0 F50.0；
G02 X26.0 Z-22.0 R2.0；
G01 Z-40.0；

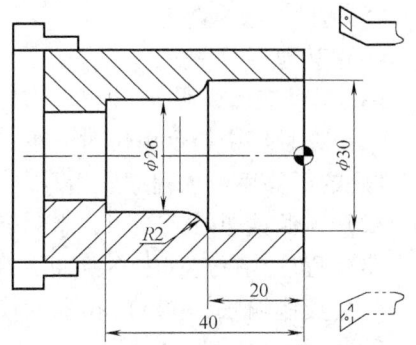

图 6-10　圆弧插补指令 G02/G03
应用举例图例（3）

```
         X24.0;
G00   Z50.0;
         X100.0;
M05;
M30;
```

五、暂停指令编程（G04）

1. 指令格式

暂停指令的指令格式为：

G04　X（U）__或 G04　P__

其中 X、U、P 为暂停时间：P 后面的数值为整数，单位为 ms；X（U）后面为带小数点的数，单位为 s。例如，欲停留 1.5s 的时间，则程序段为：G04　X1.5 或 G04　P1500。

2. 指令应用说明

1）该指令为非模态指令，仅在其规定的程序段中有效。

2）G04 指令可使刀具作短暂的停留，以获得圆整而光滑的表面质量，常用于钻镗孔、车槽等加工时，刀具在很短时间内实现无进给光整加工。

3）G04 指令除了用于切槽、钻镗孔外，还可以用于拐角轨迹的控制，如车台阶轴，以弥补跟随误差。

4）G04 指令可以用于实现暂停，暂停结束后，继续执行下一段程序。

六、单位选择指令编程（G20/G21）

如果一段程序开始用 G20 指令，则表示程序中的相关数据为英制（其长度单位为 in）；如果一段程序开始用 G21，则表示程序中的相关数据为米制（其长度单位为 mm）。

1. 受 G20/G21 影响的参数

1）以 F 表示的进给速度指令值。

2）与位置有关的指令值。

3）偏移量。

4）手摇脉冲发生器 1 个刻度的值：G20 时最小设定单位是 0.0001in，G21 时最小设定单位是 0.001mm。

5）步进的移动量。

6）其他有关参数。

2. 指令应用说明

1）在程序中指令单位时，英制/米制转换指令 G20/G21 代码要在坐标系设定指令之前，在程序的开头用单独程序段指令。

2）电源接通时，英制、米制转换的 G 代码与切断电源前相同。

3）程序执行过程中不要变更 G20、G21 指令。

4）英制输入（G20）和米制输入（G21）相互转换时，为使偏置值符合输入单位，应重新设定。

我国实行单一米制计量单位，机床制造商在机床出厂时均按米制调试设置机床数据，机床用户最好不要轻易改动，若需加工英制单位的工件时，编程员可将英制尺寸转换成米制尺寸后进行编程，这样可避免再配置一套英制量具。

七、直径编程和半径编程

车削类零件横断面一般为圆形，所以尺寸指定有半径指定和直径指定两种方法。

使用直径指定的编程方式称为直径编程；使用半径指定的编程方式称为半径编程。具体到机床，是用直径指定还是用半径指定，要通过机床参数的设定来确定。

当 X 轴用直径指定时，相关参数含义见表6-2。

表 6-2 X 轴直径指定时相关参数含义

序号	项目	相关参数含义
1	Z 轴指令	与直径指定、半径指定无关
2	X 轴指令	用直径指定
3	用地址 U 的增量值指令	用直径指定
4	坐标系设定指令 G50	用直径指定 X 轴坐标值
5	刀具半径补偿量 X 值	用参数设定是直径值还是半径值
6	固定循环指令参数 X 轴切深值 R	用半径值指定
7	圆弧插补的半径指令 R、I、K	用半径指定
8	X 方向进给速度	用半径指定
9	X 轴位置显示	用直径值显示

八、自动返回参考点指令 G28

1. 指令格式

G28　X（U）＿＿Z（W）＿＿；

执行该指令时，刀具先快速移动到指令中 X（U）、Z（W）所确定的中间点坐标位置，然后自动回参考点。到达参考点后，相应的坐标指示灯亮，刀具运行轨迹如图6-11所示。

2. 指令应用说明

1) 绝对编程时，X、Z 表示中间点在工件坐标系中的坐标；增量编程时，U、W 表示中间点相对于起点的位移量。

2) G28 指令用于刀具自动更换或者消除机械误差，在执行该指令之前用 T0000 方式取消刀具位置偏置及刀尖半径补偿。

3) 在 G28 程序段中不仅产生坐标轴移动指令，而且记忆了中间点坐标值，以供 G29 使用。

4) 电源接通后，在没有手动返回参考点的状态下，指定 G28 时，从中间点自动返回参

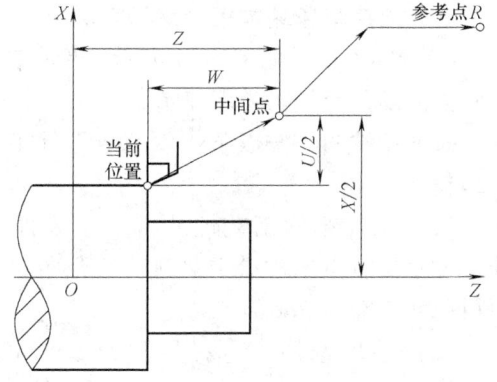

图 6-11　G28 自动返回参考点
刀具运行轨迹图例

考点，与手动返回参考点相同。这时从中间点到参考点的方向就是机床参数"回参考点方向"设定的方向。

5) G28 指令仅在其被规定的程序段中有效。

九、自动从参考点返回指令 G29

1. 指令格式

G29 X（U）__ Z（W）__；

执行该指令后，各轴由中间点移动到指令中所指定的位置处定位。其中 X（U）、Z（W）为返回目标点的绝对坐标或相对于 G28 中间点的增量坐标值。刀具运行轨迹如图 6-12 所示。

2. 指令应用说明

1）G29 指令通常紧跟在 G28 指令之后。

2）G29 指令仅在其被规定的程序段中有效。

3. G28/G29 指令应用举例

【示例 6-8】 用 G28、G29 指令对图 6-13 所示的路径编程，要求刀具由 A 点开始运动，经过中间点 B 并返回参考点，然后从参考点经由中间点 B 运行到 C 点。

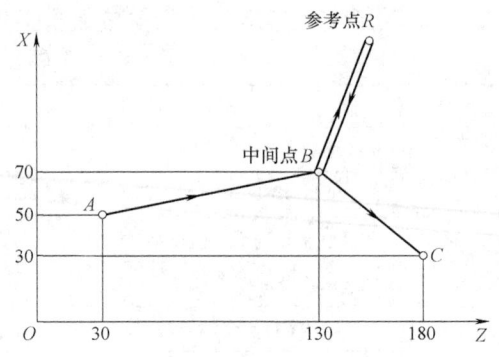

图 6-12 G29 从参考点自动返回刀具运行轨迹图例

程序如下：

O2005；

…

G28 X80.0 Z200.0；

T0202；

G29 X40.0 Z250.0；

…

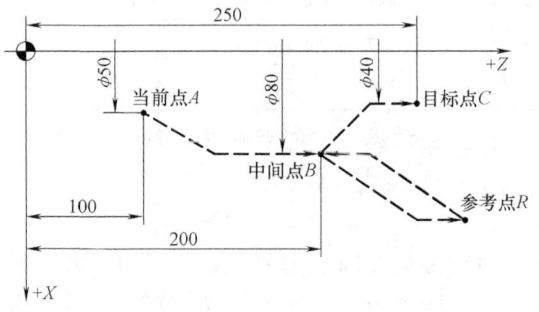

图 6-13 G28、G29 指令编程举例图例

十、数控车床基本指令编程实例

【示例 6-9】 如图 6-14 所示的阶梯轴零件，完成零件工艺设计及加工程序编制。

根据零件图，按以下步骤完成零件工艺设计及程序编制：

（1）零件结构工艺性分析 该零件为简单阶梯轴，尺寸公差按未注公差处理，无形位公差要求，表面粗糙度全部为 $Ra6.3$。

（2）毛坯选择 选择尺寸为 $\phi35mm \times 30mm$ 的 PVC 棒料作为毛坯。

（3）设备选择 选择实训车间现有数控卧式车床。

（4）装夹方式选择 用三爪自定心卡盘装夹及软爪或护套装夹。

（5）刀具选择 外圆端面车刀（T0101）。

（6）切削用量选择 切削用量选择见表 6-3。

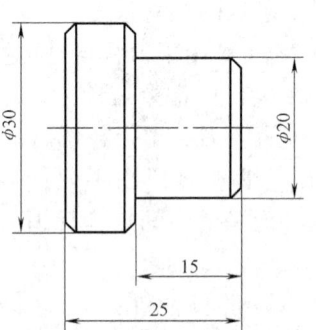

技术要求
1. 端面不允许留有凸台。
2. 台阶平面应与中心线垂直。
3. 未注倒角C1。
4. 未注公差按IT14。

图 6-14 阶梯轴零件

表 6-3 切削用量选择

加工状态 \ 切削用量	背吃刀量/mm	进给速度/mm·min^{-1}	主轴转速/r·min^{-1}
粗加工	≥3	80	400
精加工	0.5	50	600

(7) 加工工艺路线安排 零件加工工艺路线安排如下:

1) 车端面:用三爪自定心卡盘夹持毛坯约 12mm,校正,夹紧,用外圆端面车刀加工零件 φ20mm 侧端面。

2) 粗车外圆:零件 φ20mm 侧外圆表面加工余量为 15mm(直径方向),粗加工分两次进给,每次背吃刀量均为 3.5mm,留 0.5mm 精加工余量。

3) 精加工外圆表面至图样尺寸要求。

4) 工件调头安装:用软爪或护套夹持 φ20mm 加工侧,校正,夹紧。

5) 加工 φ30mm 侧端面,并保证工件全长。

6) 粗加工 φ30mm 侧外圆表面,留 0.5mm 精加工余量。

7) 精加工 φ30mm 侧外圆表面至图样尺寸要求。

(8) 程序编写 阶梯轴零件加工程序编写见表 6-4。

表 6-4 阶梯轴零件加工程序编写

| 三爪自定心卡盘夹持毛坯,加工 φ20mm 侧端面及外圆表面。程序号:O2006 | O2006;
T0101;
M03 S400;
G00 X36.0 Z0.0;
G01 X-1.0 F50.0;
G00 X28.0 Z1.0;
G01 Z-15.0 F80.0;
X36.0;
G00 Z1.0;
X21.0;
G01 Z-15.0 F80.0;
X36.0;
G00 Z1.0;
X16.0;
G01 X20.0 Z-1.0 F50.0 S600;
Z-15.0;
X28.0;
X36.0 Z-19.0;
G00 X100.0;
Z100.0;
M05;
M30; | 工件调头装夹,加工 φ30mm 侧端面及外圆表面。程序号:O2007 | O2007;
T0101;
M03 S400;
G00 X36.0 Z0.0;
G01 X-1.0 F50.0;
G00 X31.0 Z1.0;
G01 Z-12.0 F80.0;
X36.0;
G00 Z1.0;
X26.0;
G01 X30.0 Z-1.0 F50.0 S600;
Z-12.0;
G00 X100.0 Z100.0;
M05;
M30; |

【示例6-10】 如图6-15所示的含圆弧要素阶梯轴零件，完成零件工艺设计及加工程序编制。

根据零件图，按以下步骤完成零件工艺设计及程序编制：

(1) 零件结构工艺性分析 该零件为含圆弧要素阶梯轴，两处圆柱表面尺寸及其极限偏差分别为 $\phi 20_{-0.03}^{0}$ mm、$\phi 30_{-0.03}^{0}$ mm，大圆弧半径为 $R10$ mm，小圆弧半径为 $R5$ mm，除圆柱体外，其余尺寸的公差按未注公差处理，无形位公差要求，表面粗糙度全部为 $Ra3.2\mu m$，未注倒角 $C1$。

(2) 毛坯选择 选择尺寸为 $\phi 35$ mm×37mm 的 PVC 棒料作为毛坯。

(3) 设备选择 选择实训车间现有数控卧式车床。

(4) 装夹方式选择 用三爪自定心卡盘装夹及软爪或护套装夹。

(5) 刀具选择 外圆端面车刀（T0101）。

(6) 切削用量选择 切削用量选择见表6-5。

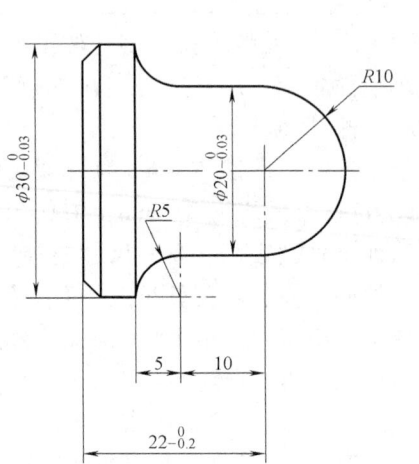

图6-15 含圆弧要素阶梯轴零件

表6-5 切削用量选择

切削用量 加工状态	背吃刀量/mm	进给速度/mm·min^{-1}	主轴转速/r·min^{-1}
粗加工	≥3	80	400
精加工	0.5	50	600

球面精加工时应用恒线速指令，线速度控制为100m/min。

(7) 加工工艺路线安排 零件加工工艺路线安排如下：

1) 车端面：用三爪自定心卡盘夹持毛坯约10mm，校正，夹紧，用外圆端面车刀加工零件 $\phi 20$mm 侧端面。

2) 粗车外圆：零件 $\phi 20$mm 侧球面及外圆表面加工余量为15mm（直径方向），粗加工分两次走刀，每次背吃刀量均为3.5mm，单边留0.5mm精加工余量。

3) 精加工 $\phi 20$mm 侧外圆表面至图样尺寸要求。

4) 工件调头安装：用软爪或护套夹持 $\phi 20$mm 加工侧，校正，夹紧。

5) 加工 $\phi 30$mm 侧端面，分两次走刀，最终保证工件全长。

6) 粗加工 $\phi 30$mm 侧外圆表面，单边留0.5mm精加工余量。

7) 精加工 $\phi 30$mm 侧外圆表面至图样尺寸要求。

(8) 程序编写：工件坐标系建立及程序编写见表6-6。

表 6-6 含圆弧要素阶梯轴零件加工程序编写

三爪自定心卡盘夹持毛坯，加工 φ20mm 侧球面及外圆表面。程序号：O2008	O2008; T0101; M03 S400; G00 X40.0 Z0.0; G01 X-1.0 F50.0; G00 X28.0 Z1.0; G01 Z-20.0 F80.0; G02 X30.0 Z-21.0 R1.0 F80.0; G01 X40.0; G00 Z1.0; X21.0; G01 Z-20.0 F80.0; G02 X30.0 Z-24.5 R4.5; G01 X40.0; G00 Z0.0; G01 X0.0 F80.0; G50 S2000; G96 S100.0; G03 X19.985 Z-9.99 R9.99 F50.0; G97 S600; G01 Z-19.99 F50.0; G02 X29.985 Z-24.99 R5.0; G01 X40.0; G00 X50.0 Z50.0; M05; M30;	工件调头装夹，加工 φ30mm 侧端面及外圆表面。程序号：O2009	O2009; T0101; M03 S400; G00 X36.0 Z0.0; G01 X-1.0 F50.0; G00 X31.0 Z1.0; G01 Z-15.0 F80.0; G00 X40.0 Z1.0; X26.0; G01 X29.985 Z-1.0 F50.0; Z-15.0; G00 X50.0 Z50.0; M05; M30;

项目七　刀具补偿指令编程及刀偏值设定

项目综述

刀具补偿分为刀具位置补偿和刀尖圆弧半径补偿两种方式。虽然加工时使用不同刀具，但仍可按照工件轮廓编写加工程序，只需调用各刀具的补偿值即可。实施本项目所训练的专业技能和应掌握的关联知识见表 7-1。

表 7-1　专业技能与关联知识

专业技能	关联知识
刀具形状补偿设定 刀具磨损补偿设定 刀具半径补偿设定 应用刀具半径补偿指令编写零件精加工程序	刀具位置补偿的类型及补偿方式 刀具位置补偿代码及其含义 刀具半径补偿定义及指令格式 刀尖方位代码 刀具半径补偿编程应用

操作要领及关联知识

一、刀具补偿的意义和类型

刀具补偿功能是用来补偿刀具实际安装位置（或实际刀尖圆弧半径）与理论编程位置（或假想刀尖）之差的一种功能。刀具补偿功能是数控车床的一种主要功能，使用刀具补偿功能后，改变刀具，只需要改变刀具位置补偿值，而不必变更零件加工程序。

刀具补偿功能分为刀具位置补偿（即刀具偏移补偿）和刀尖圆弧半径补偿两种功能。

二、刀具位置补偿

1. 刀具位置补偿值定义

工件坐标系设定是以刀具基准点（以下简称基准点）为依据的，零件加工程序中的指令值是刀位点（刀尖）的位置值。刀位点到基准点的矢量，即为刀具位置补偿值。

2. 刀具位置补偿基准设定与补偿方式

（1）刀具位置补偿基准设定　当系统执行过返回参考点操作后，刀架位于参考点上，此时，刀具基准点与参考点重合。刀具基准点在刀架上的位置，由操作者设定。一般可以设在刀架更换基准位置或基准刀具刀位点上。有的机床刀架上由于没有自动更换刀架装置，此时基准点可以设在刀架边缘上；也有用第一把刀作为基准刀具，此时基准点设在第一把刀具的刀位点上，如图 7-1 所示。

矢量方向是从刀位点指向基准点，车床的刀具位置补偿，用坐标轴上的分量分别表示。当矢量分量与坐标轴正方向一致时，补偿量为正值，反之为负值。

（2）刀具位置补偿方式　刀具位置补偿方式分为绝对补偿和相对补偿两种方式。

1）绝对补偿方式：当机床回到机床零点时，工件坐标系零点相对于刀架工作位上各刀

项目七 刀具补偿指令编程及刀偏值设定

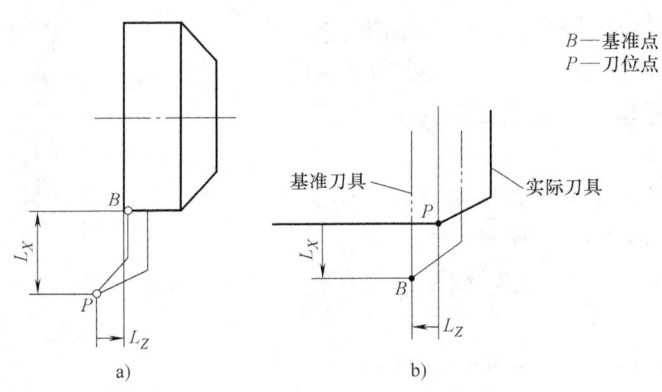

图 7-1 数控车床刀具基准点与刀位点
a) 以刀架边缘作为基准点 b) 以刀具刀位点作为基准点

刀尖位置的有向距离,称为刀具偏置值。当执行刀偏补偿时,各刀以此值设定各自的加工坐标系。如图 7-2 所示。补偿量可以用机外对刀仪测量或试切对刀方式得到。

2)相对补偿方式:如图 7-3 所示,在对刀时,确定一把刀为标准刀具,并以其刀尖位置 A 为依据建立工件坐标系。这样,当其他各刀转到加工位置时,刀尖位置 B 相对标准刀具刀尖位置 A 就会出现偏置,原来建立的坐标系就不再适用,因此应对非标准刀具相对于标准刀具之间的偏置值 Δx、Δz 进行补偿,使刀尖由位置 B 移至位置 A。标准刀具偏置值为机床回到机床零点时,工件坐标系零点相对于工作位上标准刀具刀尖位置的有向距离。

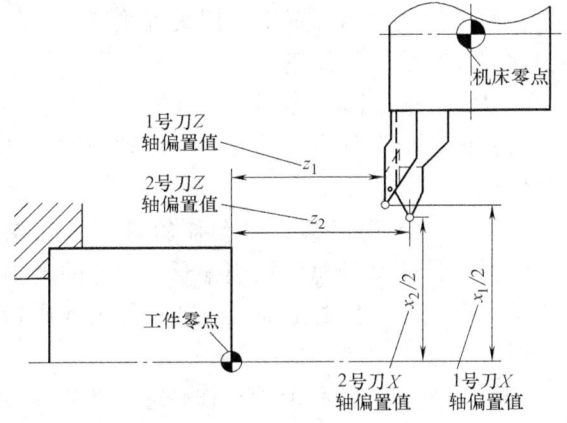

图 7-2 数控车床刀具位置偏置绝对补偿图例

3. 刀具位置补偿类型

刀具位置补偿可分为刀具几何形状补偿(G)和刀具磨损补偿(W)两种,需分别加以设定。刀具几何形状补偿实际上包括刀具形状几何偏移补偿和刀具安装位置几何偏移补偿,而刀具磨损偏移补偿用于补偿刀尖磨损,如图 7-4 所示。

有时把刀具几何形状补偿和刀具磨损补偿合在一起,统称刀具位置补偿,作为刀具磨损补偿量的设定,如图 7-5 所示。则有

$$L_x = G_x + W_x$$
$$L_z = G_z + W_z$$

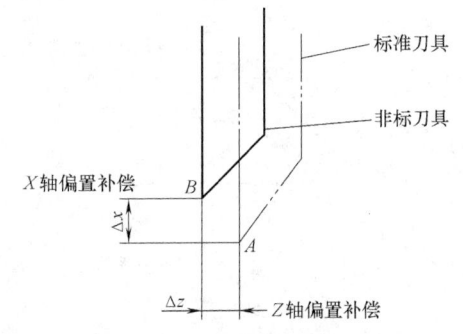

图 7-3 数控车床刀具位置偏置相对补偿图例

4. 刀具位置补偿代码

刀具位置补偿功能是由程序段中的 T 代码来实现的。T 代码后的 4 位数码中,前两位为

刀具号,后两位为刀具补偿号。刀具补偿号实际上是刀具补偿寄存器的地址号,该寄存器中放有刀具的几何偏置量和磨损偏置量(X轴偏置和Z轴偏置)。

刀具补偿号有两种意义,既用来开始补偿功能,又指定与该号对应的补偿距离。当刀具补偿号为00时,表示不进行刀具补偿或取消刀具补偿。

刀具补偿可以根据实际需要分别或同时对刀具轴向和径向的补偿量进行修正。修正的方法是在程序中事先设定各刀具及其刀具补偿号。每个刀具补偿号中的X向刀具补偿值和Z向刀具补偿值,由操作者按实际需要事先输入数控装置,当程序调用某一刀具补偿号时,该刀具补偿值就生效,使刀尖从偏离位置恢复到编程轨迹上,从而实现刀具补偿量的修正。

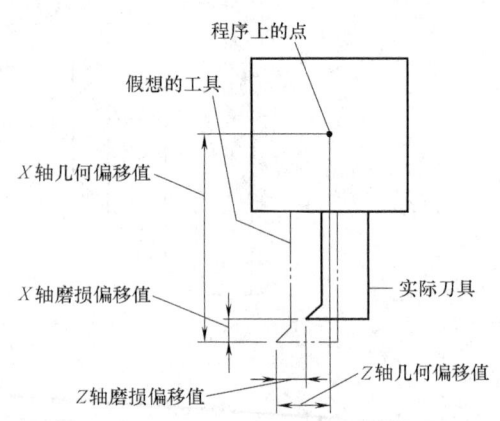

图7-4 刀具几何形状补偿与磨损补偿

5. 刀具磨损偏移动作轨迹

刀具偏移动作分为刀具磨损偏移动作和刀具几何偏移动作。

(1) 刀具磨损偏移建立动作轨迹 刀具磨损偏移指刀具轨迹对编程轨迹偏移X、Z的磨损偏移值,即在当前位置上加上或减去与T代码指定号对应的偏移距离,如图7-6所示。

(2) 刀具磨损偏移取消动作轨迹 当选择T代码偏移号为0或00时为取消偏移。在取消程序段的终点,偏移矢量为0,如图7-7所示。

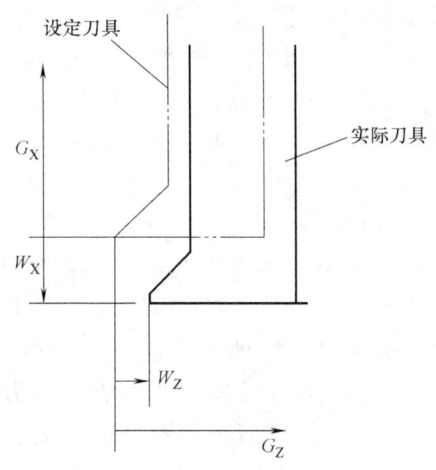

图7-5 刀具几何形状补偿
与磨损补偿计算图例

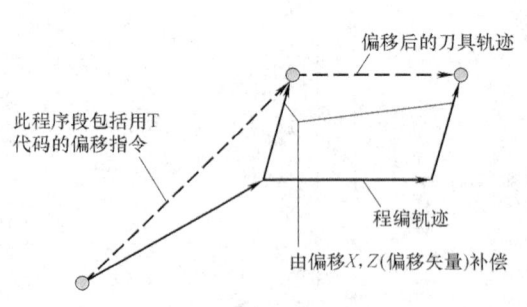

图7-6 刀具磨损偏移建立动作轨迹

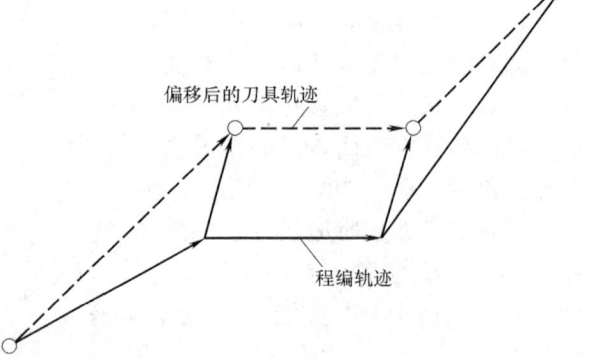

图7-7 刀具磨损偏移取消动作轨迹

如下面程序:

N1　G00　X50.0　Z100.0　T0202;　　//产生与偏移号02对应的偏移矢量

N2　　　　X200.0;
N3　　　　X100.0　Z250.0　T0200;　　//指定偏移号00以取消偏移矢量

(3) 当程序段中只有T代码时的动作　当一个程序段中只指定T代码时,刀具按没有运动指令的磨损偏移值移动。在G00方式时以快速移动速度运动,在其他方式时以进给速度运动。当指定了偏移值为0或00的T代码时,执行取消偏移运动。

(4) 刀具偏移代码与G50一起使用时　当指定"G50　X＿＿　Z＿＿　T＿＿;"时,刀具不动,只设定刀具位置坐标值为(X、Z)的坐标系。刀具位置的坐标值减去T代码指定的磨损偏移值即得到刀具的实际位置。

6. 刀具几何偏移动作轨迹

(1) 刀具几何偏移建立动作轨迹　工件坐标系移动X、Y、Z的几何偏移量,称为刀具的几何偏移,即在当前位置上加上或减去与T代码指定号相对应的偏移量,如图7-8所示。

(2) 刀具几何偏移取消动作轨迹

当选择T代码偏移号为0或00时为取消偏移,刀具运动如图7-9所示。在N1段,指令刀具几何形状偏移时,刀具不移动,刀具位置从基准点B变更到刀位点P_G,刀具从P_G点移到程序段终点。在N2段,P_G点按指令移动位置。在N3段,指令取消刀具几何偏移,在该段指令值终点,偏移一个几何补偿值,刀具按该值运动到终点,在终点处,刀具不移动,仅恢复原坐标位置。

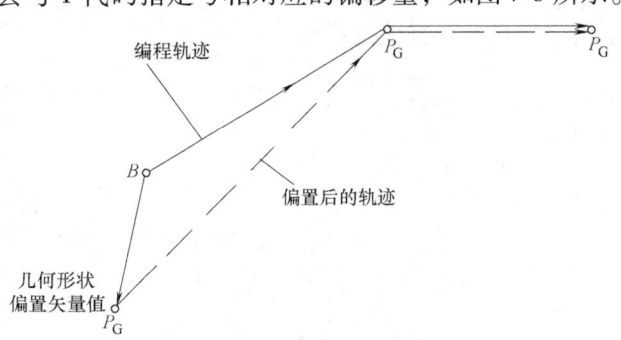

图7-8　刀具几何偏移建立动作轨迹

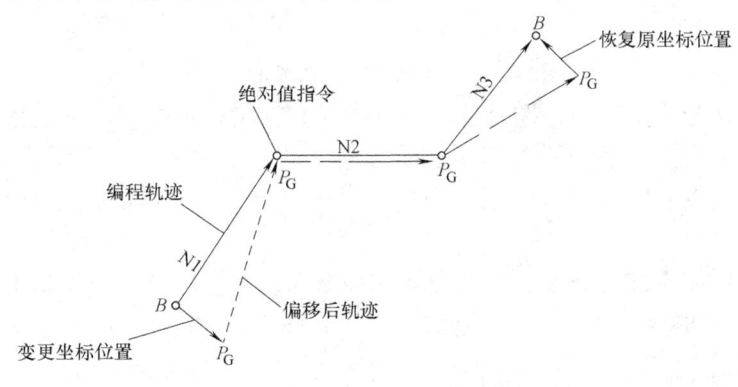

图7-9　刀具几何偏移取消动作轨迹

三、刀尖圆弧半径补偿

1. 理想刀具和实际刀具

如图7-10所示,理想刀具是具有假想刀尖A的刀具。但在实际切削加工中,为了提高刀尖强度,降低加工表面粗糙度,通常在车刀刀尖处制有一圆弧过渡刃。一般的不重磨刀片刀尖处均呈圆弧过渡,且有一定的半径值。即使是专门刃磨的"尖刀",其实际刀尖还是有一定的圆弧倒角,不可能绝对是尖角。因此,实际上真正的刀尖是不存在的,这里所说的刀尖只是"假想刀尖"。

2. 刀具半径补偿的意义

数控程序一般是针对刀具上的刀位点，按工件轮廓尺寸编制的。车刀的刀位点一般为理想状态下的假想刀尖点或刀尖圆弧圆心点。但实际加工中的车刀，由于工艺或其他要求，刀尖往往不是一理想点，而是一段圆弧。当加工与坐标轴平行的圆柱面和端面轮廓时，刀尖圆弧并不影响其尺寸和形状，只是可能在起点与终点处造成欠切，这可采用分别加导入、导出切削段的方法解决。但当加工锥面、圆弧等非坐标方向轮廓时，由于刀具切削点在刀尖圆弧上变动，刀尖圆弧将引起尺寸和形状误差，造成少切或多切，如图 7-11 所示。这种由于刀尖不是一理想点而是一段圆弧造成的加工误差，可用刀具半径补偿功能来消除。

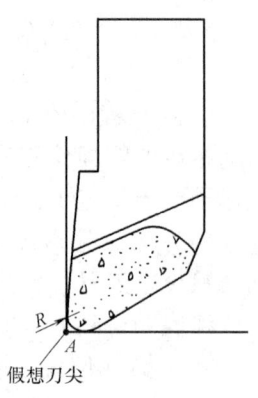

图 7-10 假想刀尖和实际圆弧刀尖图例

3. 刀具半径补偿的类型

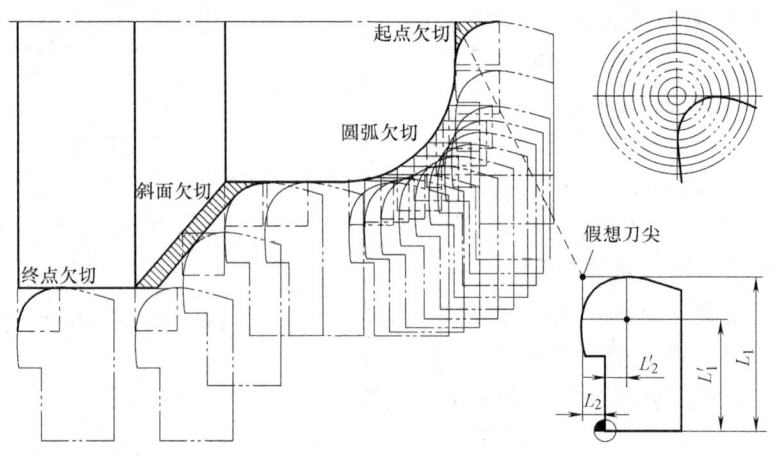

图 7-11 刀尖圆弧半径造成加工误差

刀具半径补偿分为刀具半径左补偿和刀具半径右补偿两种类型。从垂直于加工平面坐标轴的正方向朝负方向看过去，沿着刀具运动方向（假设工件不动）看，刀具位于工件左侧的补偿为刀具半径左补偿，用 G41 指令表示；刀具位于工件右侧的补偿为刀具半径右补偿，用 G42 指令表示。

对于数控车床，有前置刀架和后置刀架两种结构，对应的外圆表面加工和孔加工时刀具半径补偿形式（左补偿、右补偿）分别如图 7-12、图 7-13 所示。

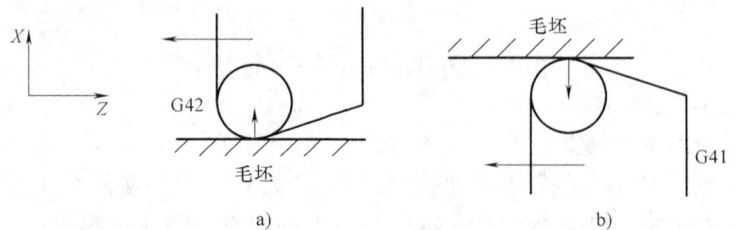

图 7-12 后置刀架刀具半径补偿

4. 刀具半径补偿指令格式

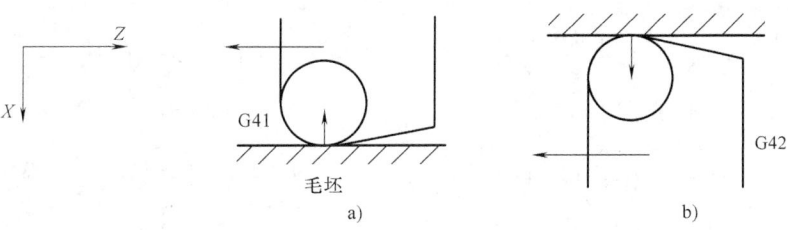

图 7-13 前置刀架刀具半径补偿

刀具半径补偿指令格式如下：

$$\begin{Bmatrix} G40 \\ G41 \\ G42 \end{Bmatrix} \begin{Bmatrix} G00 \\ G01 \end{Bmatrix} X\underline{\quad} Z\underline{\quad} F\underline{\quad} ;$$

其中 G41、G42 分别为刀具半径左补偿和刀具半径右补偿，G40 为取消刀具半径补偿。

5. 刀具半径补偿的执行过程

（1）刀具半径补偿的建立　刀具半径补偿的建立使刀具中心从与编程轨迹重合过渡到与编程轨迹偏离一个刀尖圆弧半径。刀补程序段内必须有 G00 或 G01 功能才有效，偏移量补偿必须在一个程序段的执行过程中完成，并且不能省略。图 7-14 所示为刀具半径补偿的建立与执行过程，若前面没有 G41、G42 指令，则可以不用 G40，直接写入 G41、G42 即可。

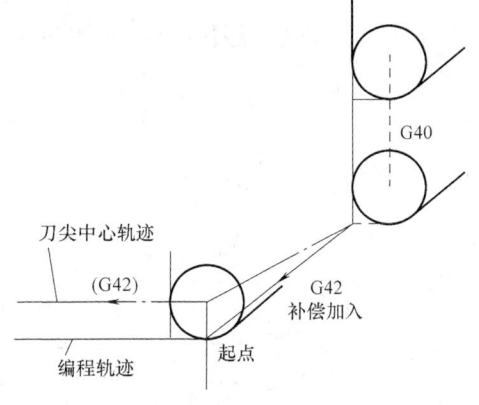

图 7-14 刀具半径补偿的建立与执行过程

（2）刀具半径补偿的执行　执行含 G41、G42 指令的程序段后，刀具中心始终与编程轨迹相距一个偏移量。G41、G42 指令不能重复规定使用，即在前面使用了 G41 或 G42 指令之后，不能再直接使用 G42 或 G41 指令。若想使用，则必须先用 G40 指令解除原补偿状态后，再使用 G42 或 G41，否则补偿就不正常了。

（3）刀具半径补偿的取消　在 G41、G42 程序后面，加入 G40 程序段即可取消刀具半径补偿。图 7-15 所示为取消刀具半径补偿的过程。G40 程序段执行前，刀尖圆弧中心停留在前一程序段终点的垂直位置上，G40 程序段是刀具由终点退出的动作。

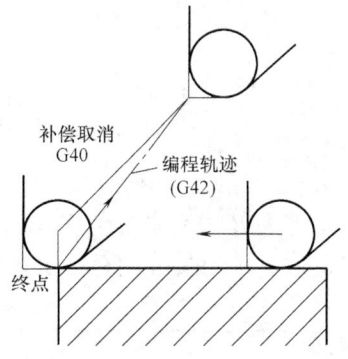

图 7-15 刀具半径补偿的取消过程

6. 车刀假想刀尖方向号

数控车床采用刀尖圆弧半径补偿进行加工时，如果刀具的刀尖形状和切削时所处的位置不同，刀具的补偿量与补偿方向也不同。因此假想刀尖的方位必须同偏置值一起提前设定。车刀假想刀尖的方向是从实际刀尖 R 中心指向假想刀尖的方向，由刀具切削时的方向决定。系统用 T 表示假想刀尖的方向号，假想刀尖的方向与 T 代码之间的关系，如图 7-16 所示，其中"·"代表刀具刀位点 A，"+"代表刀尖圆弧圆心 O。

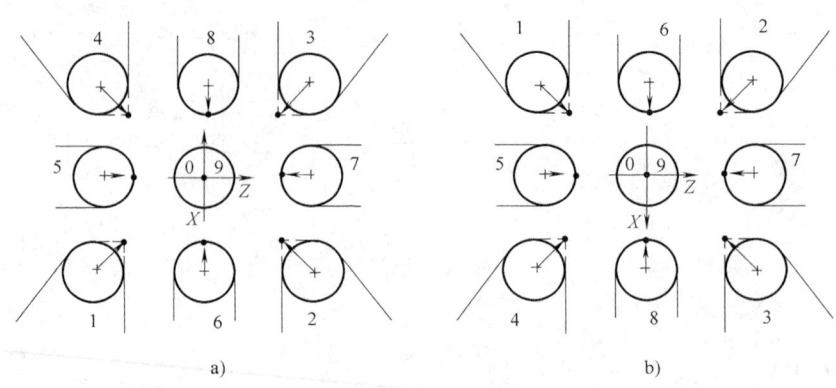

图 7-16　车刀假想刀尖方向号图例
a）后置刀架　b）前置刀架

常见车刀的假想刀尖方向号如图 7-17 所示。

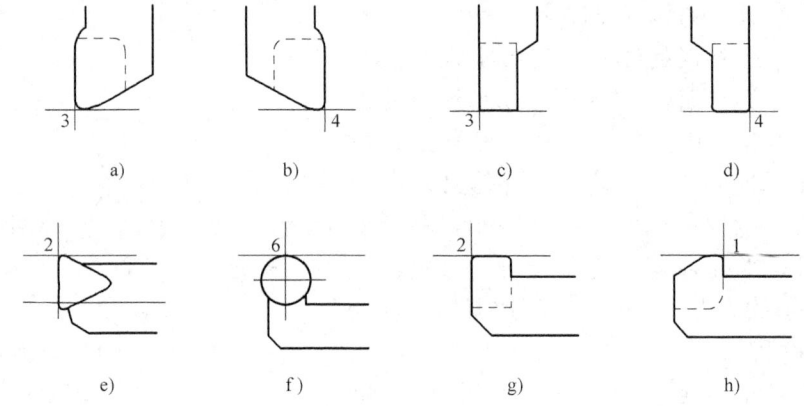

图 7-17　常见车刀与假想刀尖方向号之间关系
a）外圆端面车刀（右偏刀）　b）外圆端面车刀（左偏刀）　c）切槽刀（右偏刀）
d）切槽刀（右偏刀）　e）内孔车刀　f）内孔圆弧车刀　g）内孔切槽车刀
h）内孔车刀（左偏刀）

刀尖 R 中心坐标值 X_C、Z_C 与假想刀尖坐标 X、Z 之间相距一个刀尖圆弧半径 R，R 的正负取决于刀尖方向号，二者之间的关系如表 7-2 所示。

表 7-2　刀尖 R 值正负与刀尖方向号关系

T	0	1	2	3	4	5	6	7	8	9
$X = X_C \pm R$	0	+R	+R	-R	-R	0	+R	0	-R	0
$Z = Z_C \pm R$	0	+R	-R	-R	+R	+R	0	-R	0	0

7．编程举例

【示例 7-1】　编写如图 7-18 所示零件的精加工程序。

图 7-18 所示零件精加工的时候需要加入刀具补偿，以工件右端面中心作为工件坐标系原点，加工程序如下：

O2010；

T0101；
M03　S1000；
G00　X0.0　Z10.0；
G42　G01　Z0.0　F100；
　　　X40.0；
　　　Z-18.0；
　　　X80.0；
G40　G00　X85.0　Z10.0；
M05；
M30；

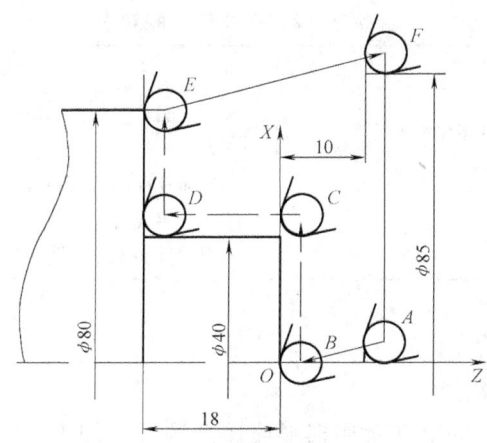

图 7-18　刀具补偿指令应用举例图例

项目八　单一形状固定循环指令编程

项目综述

数控车床配置数控系统通常具备固定循环指令以简化用户程序，简单形状固定循环指令有圆柱及圆锥切削循环指令（G90）、平端面及锥形端面切削循环指令（G94）。实施本项目所训练的专业技能和应掌握的关联知识见表 8-1。

表 8-1　专业技能与关联知识

专业技能	关联知识
应用数控车床单一形状固定循环指令编程 轴类零件、套类零件工艺设计 编制工艺文件 程序编写	圆柱及圆锥切削循环指令（G90）指令格式、走刀路线及应用说明 平端面及锥形端面切削循环指令（G94）指令格式、走刀路线及应用说明 典型零件加工工艺设计及程序编制

操作要领及关联知识

数控车床上被加工工件的毛坯常用棒料或铸、锻件，加工余量大，一般需要多次重复循环加工，才能去除全部余量。为简化编程，数控系统提供了不同形式的固定循环功能，以缩短程序段的长度，减少程序所占内存。

FANUC-0i 系列数控车床固定循环指令分为单一形状固定循环指令和复合形状固定循环指令，分别对应于不同形状和不同类型毛坯的零件加工。

一、圆柱切削循环指令编程（G90）

1. 指令格式

加工如图 8-1 所示的零件，圆柱切削循环指令编程格式为：

G90　X（U）＿Z（W）＿F＿；

其中 X、Z 为绝对值编程时切削终点 C 在工件坐标系下的坐标；U、W 为增量编程时切削终点 C 相对于循环起点 A 的有向距离（有正负号）；F 为切削进给速度。

2. 指令循环路线分析

G90 指令所表示的刀具运动轨迹为：刀具从 A 点出发，第一段沿 X 轴快速移动到 B 点，第二段以 F 指令确定的进给速度切削到达 C 点，第三段切削进给退到 D 点，第四段快速退回到出发点 A 点，完成一个切削循环。

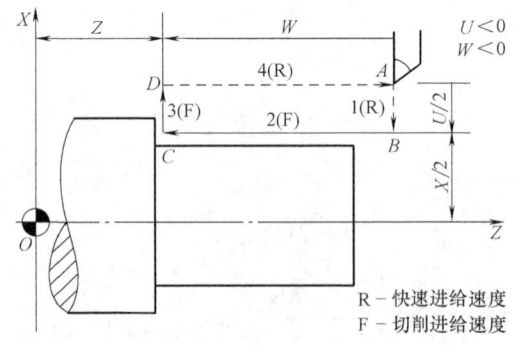

R—快速进给速度
F—切削进给速度

图 8-1　圆柱切削循环指令（G90）图例

3. 编程举例

【示例 8-1】 编写图 8-2 所示零件的加工程序，毛坯棒料尺寸为 $\phi 45mm \times 80mm$。

工件坐标系建立如图 8-2 所示，程序编写如下：
O2011；
T0101；
G98　M03　S800；
G00　X46.0　Z2.0；
G90　X43.0　Z－64.0　F50.0；
　　　X40.0；
　　　X37.0；
　　　X36.0　S1200　F30.0；
G00　X100.0　Z50.0；
M05；
M30；

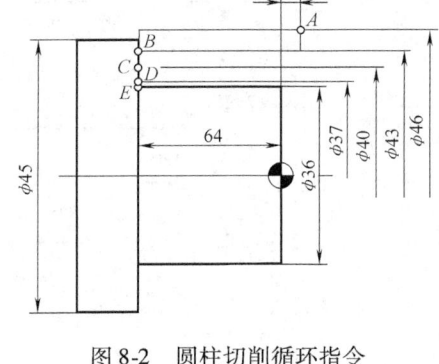

图 8-2　圆柱切削循环指令
（G90）编程举例图例

4. 编程要点

1）选择的循环起点应在毛坯外圆表面与端面交点附近，循环起点离毛坯太远会增加走刀路线，影响加工效率。

2）注意根据粗、精加工的不同加工状态改变切削用量。

二、圆锥切削循环指令编程（G90）

1. 指令格式

加工如图 8-3 所示零件，圆锥切削循环指令编程格式为：

G90　X（U）__ Z（W）__ R__ F__；

其中 X、Z 为绝对值编程时切削终点 C 在工件坐标系下的坐标；U、W 为增量编程时切削终点 C 相对于循环起点 A 的有向距离（有正负号）；R 为切削起点 B 与切削终点 C 的半径差，其符号为差的符号（无论是绝对值编程还是增量值编程）；F 为切削进给速度。

2. 指令循环路线分析

循环起点为 A，刀具从 A 点快速移动到 B 点以接近工件，从 B 点到 C 点、从 C 点到 D 点为切削进给，进行圆锥面和端面的加工，然后从 D 点快速返回到循环起点。

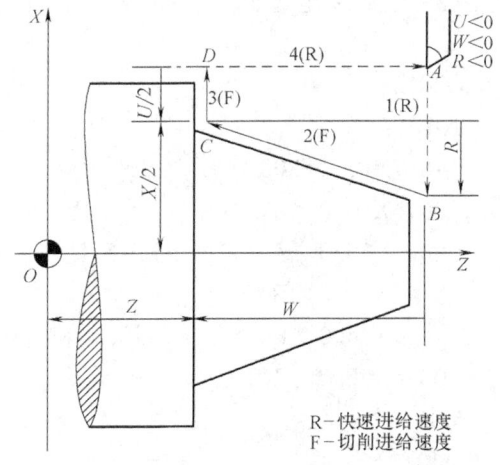

图 8-3　圆锥切削循环指令（G90）图例

循环起点 A 应选择在轴向方向上离开工件的地方，以保证快速进刀时的安全；但 A 点在径向方向上不要离工件太远，以保证加工效率。

3. 指令中参数正负号的确定

圆锥切削循环指令适用于内、外圆锥面的加工，针对外圆锥面、内圆锥面、正锥和倒锥四种加工情形，指令中参数 U、W、R 的正负号如图 8-4 所示。

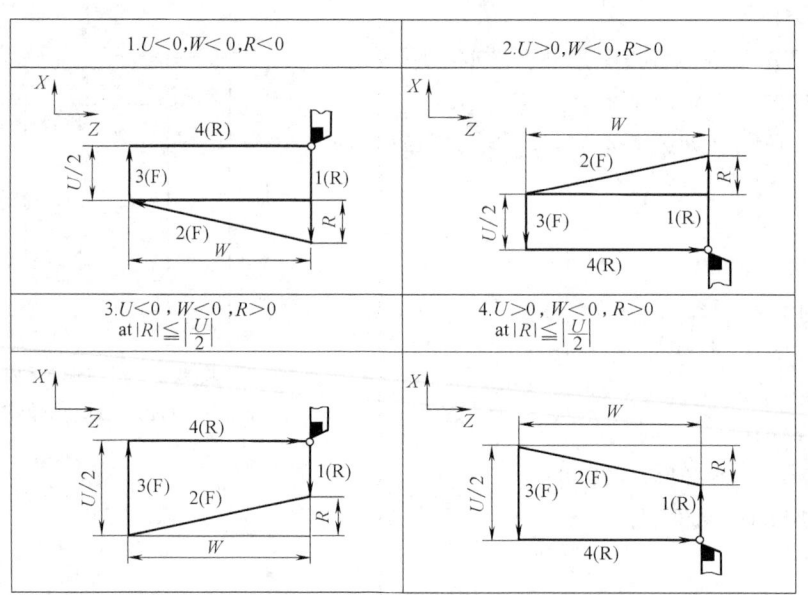

图 8-4 圆锥切削循环指令（G90）参数正负号的确定

4. 编程举例

【示例 8-2】 编写图 8-5 所示零件的加工程序，毛坯棒料直径为 $\phi33\text{mm}$。

工件坐标系建立如图 8-5 所示，程序编写如下：

O2012;
T0101;
G98 M03 S800;
G00 X40.0 Z3.0;
G90 X30.0 Z-30.0 R-5.5 F50.0;
　　　X27.0 R-5.5;
　　　X24.0 R-5.5 S1200 F30.0;
G00 X50.0 Z50.0;
M05;
M30;

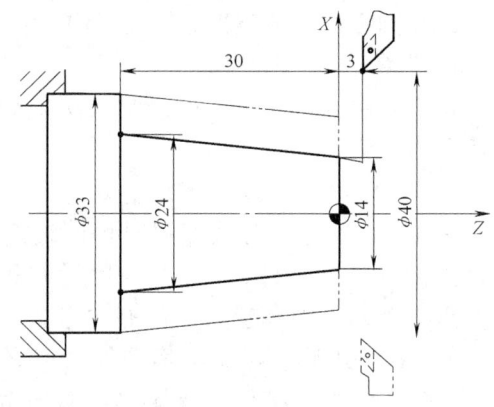

图 8-5 圆锥切削循环指令（G90）编程举例图例（1）

本示例编程时有两点值得注意：

1）当编程起点不在圆锥面小端外圆轮廓上时，注意锥度起点和终点半径差的计算，如本例中锥度差 R 为 -5.5 而不是 -5.0。

2）在对锥面进行粗、精加工时，虽然每次加工时 R 值都一样，但每条语句中 R 值都不能省略，否则系统会按照圆柱面轮廓处理。

【示例 8-3】 编写图 8-6 所示零件的加工程序，毛坯棒料尺寸为 $\phi50\text{mm}\times55\text{mm}$。

工件坐标系建立如图 8-6 所示，程序编写如下：

O2013;
T0101;
G98　M03　S800;
G00　X51.0　Z0.0;
G90　X50.0　Z-40.0　R-2.0　F50.0;
　　　X50.0　Z-40.0　R-4.0;
　　　X50.0　Z-40.0　R-6.0;
　　　X50.0　Z-40.0　R-8.0;
　　　X50.0　Z-40.0　R-10.0　S1200　F30.0;
G00　X100.0　Z50.0;
M05;
M30;

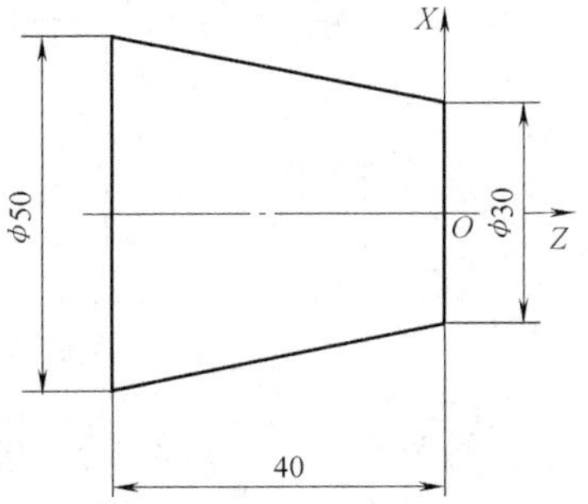

图 8-6　圆锥切削循环指令（G90）编程举例图例（2）

本示例编程时值得注意的是：锥面粗、精加工循环时虽然"X50.0　Z-40.0"尺寸没有变化，变化的是 R 值，但是在 G90 语句的后续程序段中不能只写出 R 值而省略掉"X50.0　Z-40.0"，否则系统将只循环第一句 G90 程序段。将下面的程序段与上面的程序段加工结果进行比较。

O2013;
T0101;
G98　M03　S800;
G00　X51.0　Z0.0;
G90　X50.0　Z-40.0　R-2.0　F50.0;
　　　R-4.0;
　　　R-6.0;
　　　R-8.0;
　　　R-10.0　S1200　F30.0;
G00　X100.0　Z50.0;
M05;
M30;

5. 编程要点

该指令编程要点如下：

1）注意各参数正负号的确定。

2）圆锥切削循环指令编程走刀路线分析：在车床上车削外圆时分为车正锥和车倒锥两种情况。图 8-7 所示为车正锥的三种走刀路线，示例 8-2、示例 8-3 分别对应图 8-7b、c 两种情形。图 8-8 所示为车倒锥的两种走刀路线。

三、平端面切削循环指令编程（G94）

1. 指令格式

加工图 8-9 所示零件，平端面切削循环指令编程格式为：

G94　X（U）__ Z（W）__ F__;

其中 X、Z 为绝对值编程时端面切削终点 C 在工件坐标系下的坐标；U、W 为增量编程

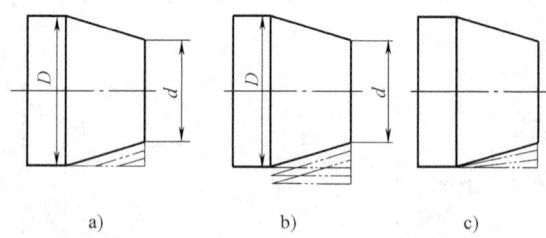

图 8-7 圆锥切削循环指令（G90）车正锥走刀路线图例

时端面切削终点 C 相对于循环起点 A 的有向距离（有正负号）；F 为切削进给速度。

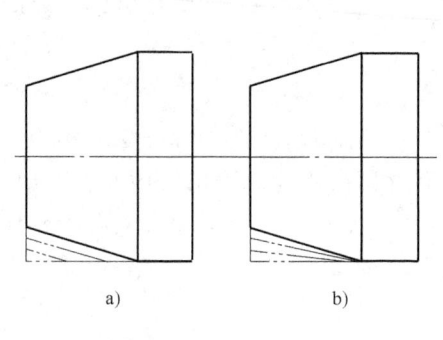

图 8-8 圆锥切削循环指令（G90）车倒锥走刀路线图例

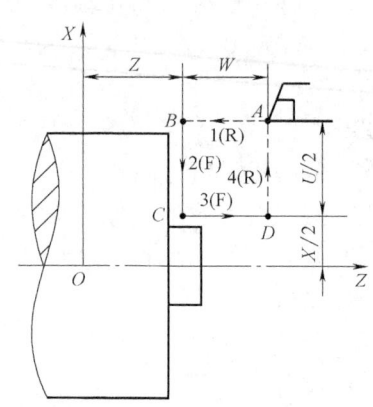

图 8-9 平端面切削循环指令（G94）图例

2. 指令循环路线分析

循环过程由四个步骤组成，刀具从循环起点 A 开始沿逆时针方向运动。其中从 A 点到 B 点为快速移动以接近工件，从 B 点到 C 点、从 C 点到 D 点为切削进给，进行端面和圆柱面的加工，然后从 D 点快速返回到循环起点。

3. 编程举例

【示例 8-4】 编写图 8-10 所示零件的加工程序，毛坯棒料直径为 $\phi60mm$。

工件坐标系建立如图 8-10 所示，程序编写如下：

O2014；
T0101；
G98　M03　S500；
G00　X62.0　Z2.0；
G94　X10.0　Z-3.0　F50.0；
　　　Z-5.0；
　　　X30.0　Z-8.0；
　　　Z-10.0；
G00　X100.0　Z50.0；
M05；
M30；

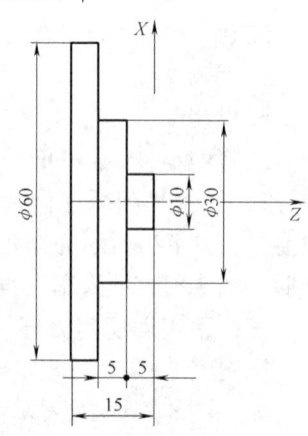

图 8-10 平端面切削循环指令（G94）编程举例图例

四、锥形端面切削循环指令编程（G94）

1. 指令格式

加工图8-11所示零件，锥形端面切削循环指令编程格式为：

G94　X（U）__Z（W）__R__F__；

其中X、Z为绝对值编程时切削终点C在工件坐标系下的坐标；U、W为增量编程时切削终点C相对于循环起点A的有向距离（有正负号）；R为切削起点B到切削终点C的Z轴坐标分量，即B点的Z轴坐标减C点的Z轴坐标；F为切削进给速度。

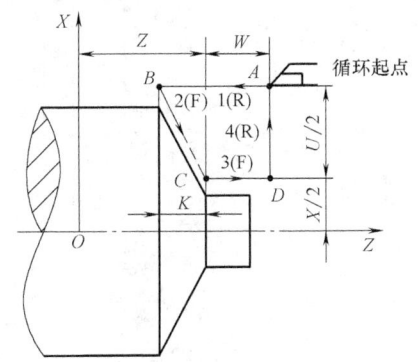

图8-11　锥形端面切削循环指令（G94）图例

2. 指令循环路线分析

锥形端面切削循环轨迹如图8-11所示，刀具从循环起点A开始沿逆时针方向运动，每个循环加工结束后刀具都返回到循环起点。

3. 编程举例

【示例8-5】　编写图8-12所示零件的加工程序，毛坯棒料直径为ϕ60mm。

工件坐标系建立如图8-12所示。在程序编写时，以ϕ62mm，Z=2mm处为锥形端面切削循环起点，以和锥面平行的方向进行进给，根据相似三角形，计算出R=-10.4mm。程序如下：

O2015；
T0101；
G99　M03　S500；
G00　X62.0　Z2.0；
G94　X10.0　Z-2.0　R-10.4　F0.3；
Z-4.0　R-10.4；
Z-6.0　R-10.4；
Z-8.0　R-10.4；
Z-10.0　R-10.4　F0.1　S800
G00　X100.0　Z50.0；
M05；
M30；

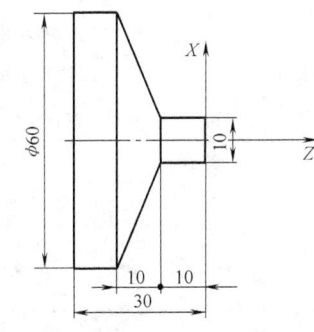

图8-12　锥形端面切削循环指令（G94）编程举例图例

五、综合编程实例

【示例8-6】　某锥弧连接零件的零件图如图8-13所示，对该零件的加工进行工艺设计并编写数控加工程序。

1）零件结构工艺性分析：该零件结构要素包括外圆锥面、外圆柱面、凹凸圆弧面等。外圆柱面处尺寸精度要求为ϕ48±0.03，总长度尺寸精度要求为50±0.1，表面粗糙度要求全部为Ra3.2，无热处理和硬度要求。

2）机床选择：可选择通用卧式数控车床，如选用济南第一机床厂生产的卧式数控车床，配置FANUC 0i Mate TC数控系统。

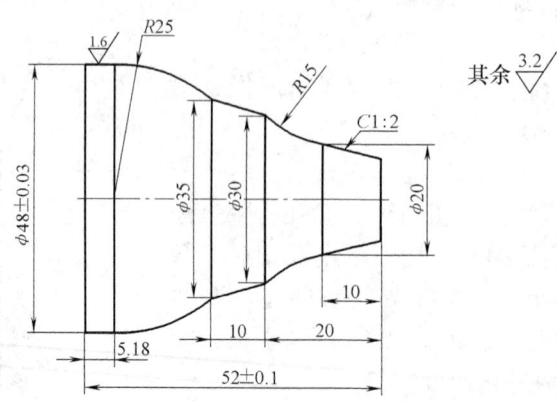

图 8-13 数控车床单一形状固定循环指令综合编程图例

3) 毛坯选择：选择 LY12 硬铝合金材料，并选用 φ50mm×80mm 圆柱棒料。

4) 工件装夹方式确定：由于是回转体零件加工，形状相对于中心线对称，工件可采用三爪自定心卡盘装夹。

5) 刀具选择：根据轮廓形状及零件加工精度要求，选择90°外圆车刀作为粗加工刀具，选择93°外圆车刀作为精加工刀具。锥弧连接零件加工刀具卡见表8-2。

表 8-2 锥弧连接零件加工刀具卡

零件图号	WHCY2016		零件名称		锥弧连接零件	
使用设备名称	数控车床		使用设备型号		MJ-50	
换刀方式	回转刀架换刀		程序编号		O2016	
序号	刀具刀号	刀具名称及规格	刀尖半径及刀柄尺寸/mm	数量	加工表面	
1	T0101	90°外圆车刀	20×20	1	端面及外圆表面	
2	T0202	93°外圆车刀	20×20	1	端面及外圆表面	
备注			日期			
编制		审核		批准	第 页	共 页

6) 零件加工工艺路线设计：用循环指令粗车外圆表面及端面，换刀后精加工各表面。

7) 切削用量选择：粗加工时主轴转速为500r/min，进给量为0.3mm/r，精加工时主轴转速为800r/min，进给量为0.1mm/r。锥弧连接零件加工工序卡见表8-3。

表 8-3 锥弧连接零件加工工序卡

零件图号	WHCY2016		零件名称		锥弧连接零件
使用设备名称	数控车床		使用设备型号		MJ-50
换刀方式	回转刀架换刀		程序编号		O2016
刀具表			量具表		工具表
刀具刀号	刀具名称	序号	量具名称及规格	序号	工具名称及规格
T01	90°外圆车刀	1		1	
T02	93°外圆车刀	2		2	

(续)

序号	工艺内容	切削用量			备注
		a_p/mm	n/r·min^{-1}	f/mm·r^{-1}	
1	粗车外圆柱面至尺寸 ϕ48.5	0.75	500	0.3	
2	粗车长度为30段外圆尺寸至 ϕ35.5	2.0	500	0.3	
3	粗车长度为20段外圆尺寸至 ϕ30.5	2.0	500	0.3	
4	粗车长度为10段外圆尺寸至 ϕ20.5	2.0	500	0.3	
5	精车轮廓至图样尺寸要求	0.5	800	0.1	
编制		审核		批准	
日期				第 页	共 页

8）加工程序编写：以工件右端面中心为工件坐标系原点，编写零件加工程序如下：

O2016；
T0101；//粗加工及半精加工
G99　M03　S500；
G00　X52.0　Z2.0；
G90　X48.5　Z-52.0　F0.3；
　　　X44.0　Z-30.0；
　　　X40.0；
　　　X35.5；
　　　X30.5　Z-20.0；
　　　X26.5　Z-10.0；
　　　X21.5；
G00　X22.0；
G90　X20.5　Z-10.0　R-3.0；
G00　X32.0；
　　　Z-10.0；
G90　X30.5　Z-20.0　R-5.0；
G00　X37.0；
　　　Z-20.0；
G90　X35.5　Z-30.0　R-2.5；
G00　X100.0　Z50.0；
M05；

T0202；//精加工
M03　S800；
G00　X0.0　Z2.0；
G01　Z0.0　F0.1；
　　　X15.0；
　　　X20.0　Z-10.0；
G02　X30.0　Z-20.0　R15.0；
G01　X35.0　Z-30.0；
G03　X48.0　Z-46.82　R25.0；
G01　Z-52.0；
G00　X100.0　Z50.0；
M05；
M30；

项目九　复合形状固定循环指令编程

项目综述

数控车床配置数控系统通常具备复合形状固定循环指令，以简化用户程序。对于复杂形状零件，依据零件形状及毛坯特点，有内、外圆粗车循环指令 G71，端面粗车循环指令 G72，固定形状粗车循环指令 G73，以及配套的精加工循环指令 G70。实施本项目所训练的专业技能和应掌握的关联知识见表 9-1。

表 9-1　专业技能与关联知识

专业技能	关联知识
应用数控车床内、外圆粗车循环指令 G71 编程	内、外圆粗车循环指令 G71 指令格式、走刀路线及应用说明
应用数控车床端面粗车循环指令 G72 编程	端面粗车循环指令 G72 指令格式、走刀路线及应用说明
应用数控车床固定形状粗车循环指令 G73 编程	固定形状粗车循环指令 G73 指令格式、走刀路线及应用说明
轴类零件、套类零件工艺设计	精车循环指令 G70 指令格式、走刀路线及应用说明
工艺文件编制	复合形状固定循环指令应用注意事项
程序编写	典型零件加工工艺设计及程序编制

操作要领及关联知识

FANUC 0i Mate TC 数控系统提供了 G71～G73 内、外圆粗车复合指令以简化 CNC 编程。基本思路是依据精加工进给路线的描述设计刀具粗加工运行轨迹，由系统根据指令类型自动完成工件的粗加工。

一、内、外圆粗车循环指令编程（G71）

该指令适用于需要多次进给才能够完成外圆柱毛坯粗车或内孔粗车的情形。

1. 指令格式

加工图 9-1 所示工件轮廓，应用外圆粗车循环指令 G71 编程，指令格式为：

G71　U（Δd）　R（e）；

G71　P（ns）　Q（nf）　U（Δu）　W（Δw）　F__S__T__；

式中　Δd——每次背吃刀量，半径值给定，不带符号，切削方向决定于 AA' 方向，该值为模态值；

　　　e——退刀量，半径值给定，不带符号，该值为模态值；

　　　ns——指定精加工路线的第一个程序段段号；

　　　nf——指定精加工路线的最后一个程序段段号；

　　　Δu——X 方向上的精加工余量，直径值指定；

　　　Δw——Z 方向上的精加工余量；

　　　F、S、T——粗加工过程中的切削用量及使用刀具。

2. 指令循环路线分析

图 9-1 所示为 G71 粗车外圆加工进给路线。刀具从循环起点 A 开始，快速退至 C 点，退刀量由 Δw 和 $\Delta u/2$ 确定；再快速沿 X 方向进给 Δd 深度，按照 G01 切削加工，然后沿 45°方向快速退刀，X 方向退刀量为 e，再沿 Z 方向快速退刀，第一次切削加工结束；再沿 X 方向进行第二次切削加工，进给量为 $e + \Delta d$，如此循环直至粗车结束；再进行平行于精加工表面的半精加工，刀具沿精加工表面分别留 Δw 和 $\Delta u/2$ 的加工余量。半精加工完成后，刀具快速退至循环起点，结束粗车循环所有动作。

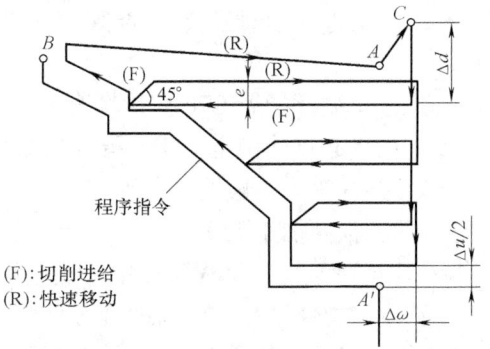

图 9-1 内、外圆粗车循环指令（G71）图例

3. 指令参数正负号确定

上述循环指令应用于工件内径轮廓时，G71 指令就自动成为内径粗车循环指令，此时径向精车余量 Δu 应指定为负值。图 9-2 给出了 4 种切削模式（切削循环都平行于 Z 轴）下 U 和 W 的符号判断。

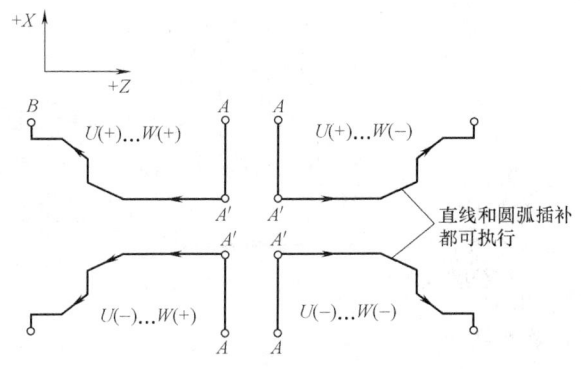

图 9-2 内、外圆粗车循环指令（G71）U、W 符号判断

4. 指令应用说明

1）指令中的 F、S 值是指粗加工中的 F、S 值，该值一经指定，则在程序段段号"ns"、"nf"之间的所有 F、S 值无效；该值在指令中也可以不加以指定，这时就是沿用前面程序段中的 F、S 值，并可沿用至粗、精加工结束后的程序中去。

2）在 FANUC 0i 系统中，粗加工循环有两种类型，即类型Ⅰ和类型Ⅱ，FANUC 0i Mate TB 使用的是类型Ⅰ。通常情况下类型Ⅰ的粗加工循环中，轮廓外形必须采用单调递增或单调递减的形式，否则凹形轮廓不是分层切削，而是在半精车时一次性进行切削加工，导致背吃刀量过大而损坏刀具。图 9-3 所示就是轮廓形状没有单调递增时半精加工一次切削凹坑的情形。

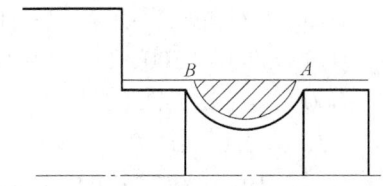

图 9-3 内、外圆粗车循环指令（G71）非单调递增时的轮廓切削情形

3）循环中的第一个程序段即顺序号为"ns"的程序段必须沿着 X 轴方向进刀，且不能

出现 Z 轴方向的运动指令，否则会出现程序报警。如"G00 X10.0;"正确，而"G00 X10.0 Z1.0;"错误。

4）精车循环指令 G70 应用场合：用 G71 指令粗车完毕后，可用 G70 指令进行精加工。

5）循环起点的确定：G71 指令粗车循环起点的确定主要考虑毛坯的加工余量、进刀路线、退刀路线等。一般选择在毛坯轮廓外 1~2mm、距端面 1~2mm 即可，不宜太远，以减少空行程，提高加工效率。

6）"ns"至"nf"程序段中不能调用子程序。

7）G71 指令循环时可以进行刀具位置补偿，但不能进行刀尖半径补偿。因此在 G71 指令前必须用 G40 指令取消原有的刀尖半径补偿。在"ns"至"nf"程序段中可以含有 G41、G42 指令，对工件精车轨迹进行刀尖半径补偿。

5. 编程举例

【示例 9-1】　编写图 9-4 所示零件的加工程序，毛坯棒料直径为 $\phi 45$mm。

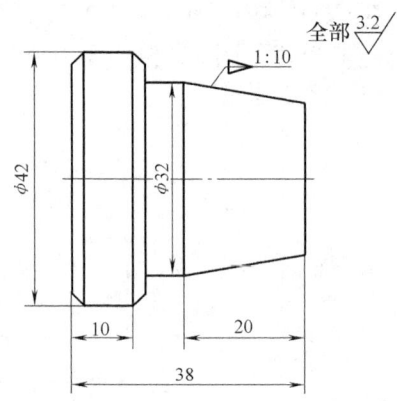

技术要求
1.端面不允许留有凸台。
2.台阶平面应与中心线垂直。
3.未注倒角 C1。
4.未注公差按 IT14。

图 9-4　内、外圆粗车循环指令（G71）编程举例（1）——轴类零件

如图 9-4 所示的零件，表面粗糙度全部为 $Ra3.2$，采用 PVC 棒料，毛坯直径为 $\phi 45$mm。加工时采用外圆端面车刀及切断刀，以工件右端面中心作为工件坐标系原点。程序编制如下：

O2017;
　　T0101;　//外圆表面粗、精加工
　　G98 M03 S500;
　　G00 X45.0 Z2.0;
　　G71 U2.0 R1.0;
　　G71 P10 Q20 U0.5 W0.25 F100;
N10　G00 X30.0;
　　G01 Z0.0 F60.0;
　　　　X32.0 Z-20.0;
　　　　Z-27.0;

S800;
G70 P10 Q20;
M05;
T0202;　//工件切断与倒角
M03 S500;
G00 X46.0 Z-38.0;
G01 X40.0 F20.0;
　　X42.0;
　　W1.0;
　　X40.0; W-1.0;

```
            X40.0;                              X2.0;
            X42.0   W-1.0;                 G00  X100.0;
            Z-45.0;                              X50.0;
    N20     X50.0;                         M05;
                                           M30;
```

本示例程序编制时使用了切断刀,编程时应注意切断刀刀位点的确定以及相应节点尺寸的一致性。

【示例9-2】 编写图9-5所示零件的加工程序,毛坯预先钻 $\phi8mm$ 内孔。

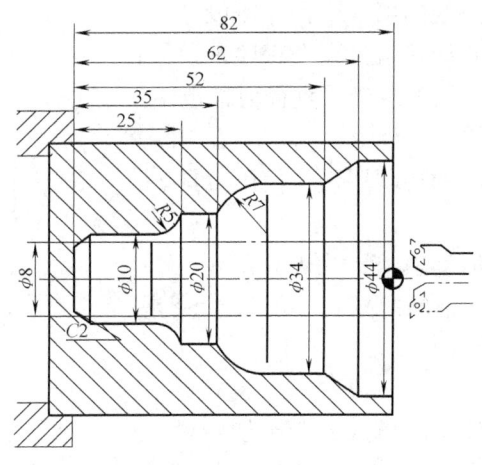

图9-5 内、外圆粗车循环指令(G71)编程举例(2)——套类零件

通过分析零件图,该零件可以用内径粗车循环指令编写加工程序。以工件右端面中心为工件坐标系原点,将循环起点设置在直径为 $\phi6mm$,距离端面为5mm的地方,选择背吃刀量为1.5mm(半径值),退刀量为1mm;X方向精加工余量为0.4mm,Z方向精加工余量为0.1mm。程序编写如下:

```
    O2018;                                     W-10.0;
        T0101;                            G03   X20.0  W-7.0  R7.0;
        G98  M03  S400;                   G01   W-10.0;
        G00  X6.0  Z5.0;                  G02   X10.0  W-5.0  R5.0;
        G71  U1.5  R1.0;                  G01   W-18.0;
        G71  P10  Q20  U-0.4  W0.1  F100;  N20   X6.0  Z-82.0;
    N10 G00  G41  X44.0;                  S1000;
        G01  W-25.0  F60.0;               G70   P10  Q20;
             X34.0   W-10.0;              G00   G40  Z50.0;
                                                X100.0;
                                          M05;
                                          M30;
```

二、端面粗车循环指令编程（G72）

该指令适用于圆柱棒料端面粗车，且 Z 方向加工余量小、X 方向加工余量大，需要多次粗加工的情形。

1. 指令格式

加工图 9-6 所示工件轮廓，应用端面粗车循环指令 G72 编程，指令格式为：

G72　W（Δd）　R（e）；

G72　P（ns）　Q（nf）　U（Δu）　W（Δw）　F__ S__ T__；

式中　Δd——每次背吃刀量，无正负号，切削方向决定于 AA' 方向，该值是模态值；

　　　e——退刀量，无正负号，该值为模态值；

　　　ns——指定精加工路线的第一个程序段段号；

　　　nf——指定精加工路线的最后一个程序段段号；

　　　Δu——X 方向上的精加工余量，直径值指定；

　　　Δw——Z 方向上的精加工余量；

F、S、T——粗加工过程中的切削用量及使用刀具。

2. 指令循环路线分析

G72 指令粗车循环的运动轨迹如图 9-6 所示，与 G71 指令的运动轨迹相似，不同之处在于 G72 指令是沿着 X 轴方向进行切削加工的。

3. 指令参数正负号确定

G72 指令也适合于四种切削模式，所有切削模式都是平行于 X 轴方向的。图 9-7 给出了 4 种切削模式（所有这些切削循环都平行于 X 轴）下 U 和 W 的符号判断。

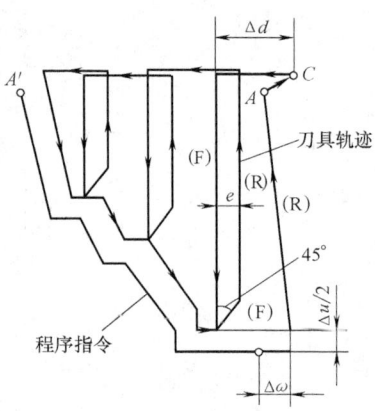

图 9-6　端面粗车循环指令（G72）图例

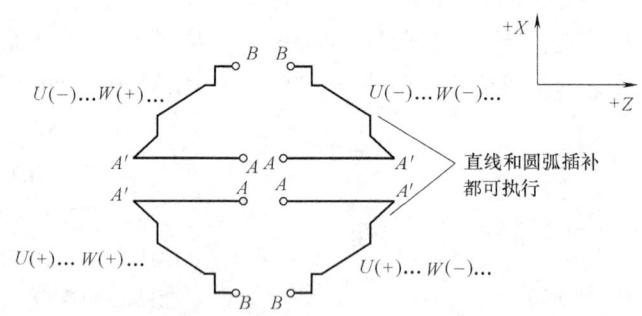

图 9-7　端面粗车循环指令（G72）U、W 符号判断

4. 指令应用说明

1）应用 G72 指令加工的轮廓外形必须是单调递增或单调递减的形式，且"ns"开始的程序段必须以 G00 或 G01 方式沿着 Z 方向进刀，不能有 X 方向运动指令。

2）其他方面与 G71 指令相同。

5. 编程举例

【示例 9-3】　编写图 9-8 所示零件的加工程序，毛坯棒料直径为 $\phi 75$mm。要求切削循环起点在 A（80，1），背吃刀量为 1.2mm，退刀量为 1mm，X 方向精加工余量为 0.2mm，Z

方向精加工余量为 0.5mm。

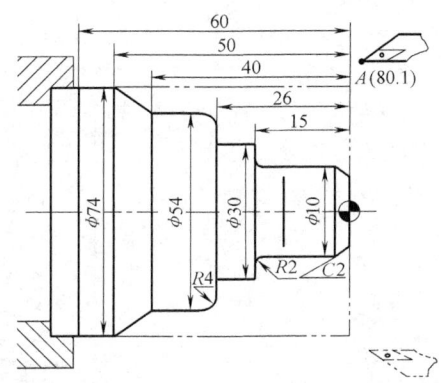

图 9-8　端面粗车循环指令（G72）编程举例（1）——轴类零件

建立如图 9-8 所示的工件坐标系，选择外圆端面车刀，程序编写如下：

O2019；
　　T0101；
　　G98　M03　S400；
　　G00　X80.0　Z1.0；
　　G72　W1.2　R1.0；
　　G72　P10　Q20　U0.2　W0.5　F80.0；
N10　G00　G41　Z-60.0；
　　G01　X74.0　F50.0；
　　　　Z-50.0；
　　　　X54.0　Z-40.0；
　　　　Z-30.0
　　G02　X46.0　Z-26.0　R4.0；
　　G01　X30.0；
　　　　Z-15.0；
　　　　X14.0；
　　G03　X10.0　Z-13.0　R2.0；
　　G01　Z-2.0；
　　　　X6.0　Z0.0；
N20　　　X0.0；
　　S800；
　　G70　P10　Q20；
　　G40　G00　X100.0　Z50.0；
　　M05；
　　M30；

【示例 9-4】　编写图 9-9 所示零件的加工程序。要求切削循环起点在 $A(6,3)$，背吃刀量为 1.2mm，退刀量为 1mm，X 方向精加工余量为 0.2mm，Z 方向精加工余量为 0.5mm。

建立如图 9-9 所示的工件坐标系，在工件毛坯中央预先钻 $\phi 8$mm 通孔，程序编写如下：

O2020；
　　T0101；
　　G98　M03　S400；
　　G00　X6.0　Z3.0；
　　G72　W1.2　R1.0；
　　G72　P10　Q20　U-0.2　W0.5　F50.0；
N10　G00　G42　Z-61.0；
　　G01　X12.0　W3.0　F30.0；
　　　　Z-47.0；

```
         G03   X16.0   Z-45.0   R2.0;
         G01   X30.0;
               Z-34.0;
               X46.0;
         G02   X54.0   W4.0   R4.0;
         G01   Z-20.0;
               X74.0   Z-10.0;
N20            Z0.0;
         S800;
         G70   P10   Q20;
         G40   G00   Z50.0;
               X100.0;
         M05;
         M30;
```

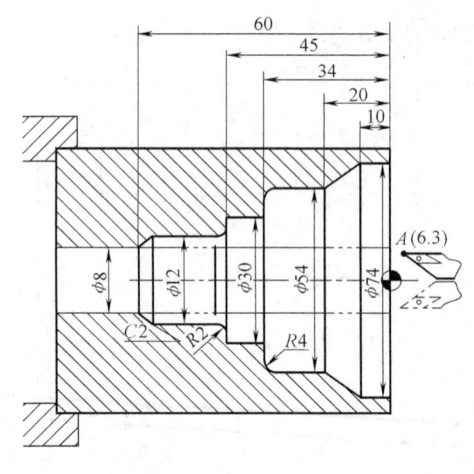

图 9-9　端面粗车循环指令（G72）编程举例
（2）——套类零件

三、固定形状粗车循环指令编程（G73）

该指令适合于轮廓形状与零件轮廓形状基本接近的铸件、锻件毛坯的粗加工。

1. 指令格式

加工图 9-10 所示的工件轮廓，应用固定形状粗车循环指令 G73 编程，指令格式为：

G73　U（Δi）　W（Δk）　R（d）；
G73　P（ns）　Q（nf）　U（Δu）　W（Δw）　F＿S＿T＿；

式中　Δi——X 方向总退刀量，半径值指定，为模态值；

Δk——Z 方向总退刀量，为模态值；

d——分层次数，此值与粗切重复次数相同，为模态值；

ns——指定精加工路线的第一个程序段段号；

nf——指定精加工路线的最后一个程序段段号；

Δu——X 方向上的精加工余量，直径值指定；

Δw——Z 方向上的精加工余量；

F、S、T——粗加工过程中的切削用量及使用刀具。

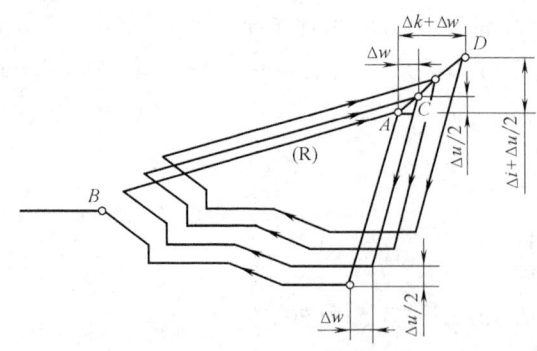

图 9-10　固定形状粗车循环指令（G73）图例

2. 指令循环路线分析

G73 指令走刀路线如图 9-10 所示，执行该指令时每一循环切削路线的轨迹形状是相同的，只是位置不断向工件轮廓推进，这样就可以将成形毛坯（铸件或锻件）待加工表面上的加工余量分层均匀切削掉，留出精加工余量。

3. 指令应用说明

1）G73 指令只适用于已经初步成形的毛坯工件粗加工。对于不具备类似成形条件的工件，如果采用 G73 指令编程加工，则反而会增加刀具切削时的空行程，而且不便于计算粗加工余量。

2）"ns"程序段允许有 X、Z 方向的移动。

4. 编程举例

【示例 9-5】 编写图 9-11 所示零件的加工程序。设切削起点在 A（60，5），X、Z 方向粗加工余量分别为 3mm、0.9mm，粗加工次数为 3，X 方向精加工余量为 0.6mm，Z 方向精加工余量为 0.1mm。其毛坯为锻造毛坯，形状如图 9-11 中双点画线所示。

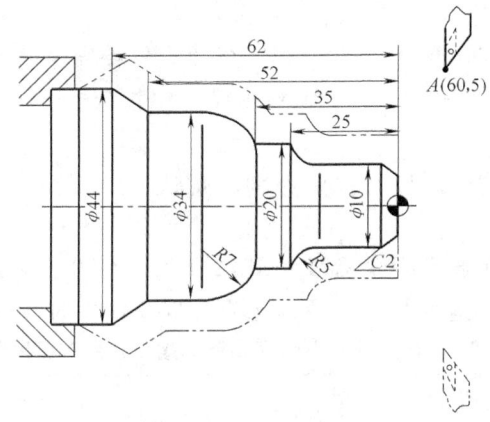

图 9-11　固定形状粗车循环指令（G73）编程举例

O2021;
 T0101;
 G98　M03　S400;
 G00　X60.0　Z5.0;
 G73　U3.0　W0.9　R3;
 G73　P10　Q20　U0.6　W0.1　F80.0;
N10　G00　G42　X4.0　Z1.0;
 G01　X10.0　Z-2.0　F50.0;
   Z-20.0;
 G02　X20.0　Z-25.0　R5.0;
 G01　Z-35.0;
 G03　X34.0　Z-42.0　R7.0;
 G01　Z-52.0
N20　 X44.0　Z-62.0;
 S800;

```
G70  P10  Q20;
G40  G00  X100.0  Z50.0;
M05;
M30;
```

四、精车循环指令编程（G70）

当用 G71、G72、G73 指令粗车工件后，用 G70 指令来指定精加工循环，切除粗加工后留下的精加工余量。

1. 指令格式

精车循环指令 G70 指令格式为：

G70 P(ns) Q(nf);

式中　ns——精车循环中的第一个程序段号；
　　　nf——精车循环中的最后一个程序段号。

2. 指令应用说明

1）在精车循环指令 G70 状态下，"ns"至"nf"程序中指定的 F、S、T 有效；如果"ns"至"nf"程序中不指定 F、S、T，则粗车循环中指定的 F、S、T 有效，其编程方法见上述几例。

2）在使用 G70 指令精车循环时，要特别注意快速退刀路线，防止刀具与工件发生干涉。

五、内、外圆复合固定循环指令 G71、G72、G73、G70 使用注意事项

内、外圆复合固定循环指令 G71、G72、G73、G70 使用时应该注意事项见表 9-2。

表 9-2　内、外圆复合固定循环指令使用注意事项

循环指令 比较项目	内、外圆粗车 循环指令 G71	端面粗车循环指令 G72	固定形状粗车 循环指令 G73	精车循环 指令 G70
关于指令选用	用于对轴向切削尺寸大于径向切削尺寸的毛坯工件进行粗车循环	用于对径向切削尺寸大于轴向切削尺寸的毛坯工件进行粗车循环	用于已成形毛坯工件的粗车循环	用于零件轮廓的精加工
关于精加工程序段中（ns~nf 之间）不能含有的指令	除 G04（暂停）以外的 00 组的非模态 G 代码（如参考点返回和 G71~G76 固定循环指令等） 除 G00、G01、G02 和 G03 以外的所有 01 组 G 代码（如 G90、G92、G94 等切削指令） 06 组 G 代码 宏程序调用或子程序调用指令			
关于 F、S、T 执行情况	执行 G71~G73 循环时，只有在 G71~G73 指令的程序段中 F、S、T 是有效的，在调用的程序段 ns~nf 之间编入的 F、S、T 将被全部忽略			在执行 G70 精车循环时，G71~G73 程序段中指定的 F、S、T 无效，F、S、T 值决定于程序段 ns~nf 之间编入的 F、S、T

项目九 复合形状固定循环指令编程

(续)

循环指令 比较项目	内、外圆粗车 循环指令 G71	端面粗车循环指令 G72	固定形状粗车 循环指令 G73	精车循环 指令 G70
指令禁用场合	在 MDI 方式下不能使用指令 G70、G71、G72 或 G73，否则产生 67 号 P/S 报警			
关于精加工程序段地址号使用	当执行 G70、G71、G72 或 G73 时，用地址 P 和 Q 指定的顺序号不应当在同一程序中指定两次以上			
关于精加工余量符号确定	G71～G73 程序段中的 Δw、Δu 是指精加工余量值，该值按其余量的方向有正、负之分，其正、负符号是根据刀具位置和进、退刀方式来进行判定			

六、综合编程实例

【示例 9-6】 零件图如图 9-12 所示，毛坯棒料尺寸为 $\phi 25mm \times 65mm$，对该零件加工进行工艺设计并编写数控加工程序。

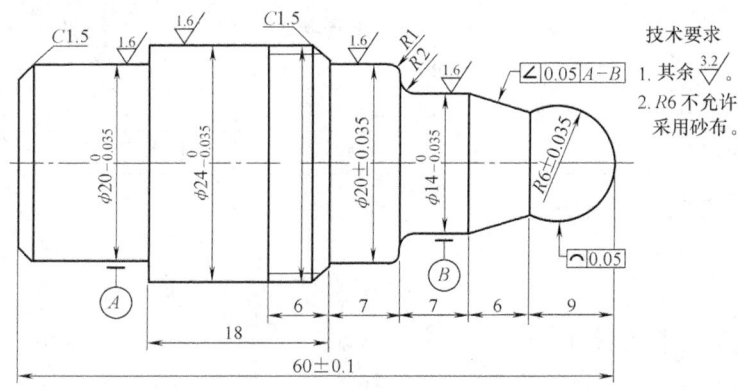

图 9-12 数控车床内、外圆复合固定循环指令综合编程举例图例

(1) 零件结构工艺性分析　该零件为轴类零件，由圆柱体、圆锥体、球体和圆弧倒角等结构构成。工件需要采用两次装夹，左右两端形状沿 Z 轴方向径向尺寸逐渐增大。

工件右侧有形位公差要求，锥体的锥度公差为 0.05mm，球体的圆弧度公差为 0.05mm，工件外圆柱面有尺寸公差要求，为了保证零件尺寸精度要求，对带有尺寸公差的尺寸，在编程时宜采用中间值编程。

外圆柱面表面粗糙度均为 $Ra1.6\mu m$，圆弧面和锥面表面粗糙度为 $Ra3.2\mu m$，为了满足端面和球面表面粗糙度要求，编程时应采用恒线速切削。

工件总长度要求为 $60 \pm 0.1mm$，无热处理和硬度要求。

(2) 机床选择　可选择通用卧式数控车床，如选用济南第一机床厂生产卧式数控车床，配置 FANUC 0i Mate TC 数控系统。

(3) 毛坯选择　选择 $\phi 25mm \times 65mm$ 圆柱棒料，材料为 45 钢。

(4) 工件装夹方式确定　先选用三爪自定心卡盘夹持棒料，加工出工件左端面，然后工件调头，用软卡爪夹持已加工表面并加工出工件球头端形状。

(5) 刀具选择　根据轮廓形状及零件加工精度要求，选择 90°外圆车刀作为粗加工刀具

(T0101），选择93°外圆车刀作为精加工刀具（T0202）。

（6）零件加工工艺路线设计　用端面切削循环指令 G94 进行零件端面加工（平端面），用 G71 指令进行零件左端形状的粗、精加工，并达到图样尺寸要求；工件调头，用端面切削循环指令 G94 加工工件右端面，并保证工件全长；用 G71 指令进行工件球头端的粗、精加工，并达到图样尺寸要求。

（7）切削用量选择　粗加工时主轴转速为400r/min，进给量为80mm/min，精加工时主轴转速为800r/min，进给量为40mm/min。恒线速加工时限定主轴最高转速为2000r/min，保持恒线速为100m/min。

内、外圆复合固定循环指令综合编程举例工序卡见表9-3。

表9-3　内、外圆复合固定循环指令综合编程举例工序卡

零件图号	WHCY2022-23	零件名称	内、外圆复合固定循环指令综合编程工件		
使用设备名称	数控车床	使用设备型号	MJ-50		
换刀方式	回转刀架换刀	程序编号	O2022、O2023		
刀具表		量具表		工具表	
刀具刀号	刀具名称	序号	量具名称及规格	序号	工具名称及规格
T01	90°外圆车刀	1		1	
T02	93°外圆车刀	2		2	
序号	工艺内容	切削用量			备注
		a_p/mm	n/r·min^{-1}	f/mm·r^{-1}	
1	加工工件端面，平端面并见光	0.5	1200	0.2	
2	粗加工 ϕ20 圆柱体、ϕ24 圆柱体，并留出精加工余量	1.5	400	0.5	
3	精加工 ϕ20 圆柱体、ϕ24 圆柱体至图样尺寸要求，倒角	0.25	800	0.3	
4	工件调头并装夹				
5	加工工件球头端端面，并保证工件全长	2	400	0.2	
6	粗加工球头、圆锥体、ϕ14 圆柱体、ϕ20 圆柱体，并留出精加工余量	1.5	400	0.5	
7	精加工球头、圆锥体、ϕ14 圆柱体、ϕ20 圆柱体至图样尺寸要求并倒角倒圆	0.25	800	0.3	
编制		审核		批准	
日期				第　页	共　页

（8）加工程序编制　加工工件左端面（直径 ϕ20 侧）时，以工件左端面中心为工件坐标系原点；加工球头端工件时以球头最右端中心处为工件坐标系原点。加工程序如下：

O2022;
　　T0101;
　　G99　M03　S400;
　　G00　X26.0　Z2.0;
　　G94　X-1.0　Z0.0　F0.2;
　　G71　U1.5　R0.5;
　　G71　P10　Q20　U0.5　W0.1
　　F0.5;
N10　G00　G42　X12.983;
　　G01　X19.983　Z-1.5　F0.3;
　　　　Z-13.0;
　　　　X23.983;
N20　　Z-32.0;
　　S800;
　　T0202;
　　G70　P10　Q20;
　　G40　G00　X100.0　Z100.0;
　　M05;
　　M30;

O2023;
　　T0101;
　　G99　M03　S400;
　　G00　X26.0　Z5.0;
　　G94　X-1.0　Z3.0　F0.2;
　　　　Z1.0;
　　　　Z0.0;
　　G71　U1.5　R0.5;
　　G71　P10　Q20　U0.5　W0.1　F0.5;
N10　G00　G42　X0.0;
　　G01　Z0.0　F0.3;
　　G03　X10.393　Z-9.0　R6.0;
　　G01　X13.983　Z-15.0;
　　　　Z-20.0;
　　G02　X17.983　Z-22.0　R2.0;
　　G01　X18.0;
　　G03　X20.0　Z-23.0　R1.0;
　　G01　Z-29.0;
　　　　X20.983;
N20　　X27.983　Z-32.5;
　　T0202;
　　G70　P10　Q20;
　　G00　G40　X100.0　Z100.0;
　　M05;
　　M30;

项目十 切槽（钻孔）循环指令编程及工件切断编程

项目综述

数控车床配置数控系统还具备端面切槽（钻孔）循环指令 G74、径向切槽（钻孔）循环指令 G75 等，实施本项目所训练的专业技能和应掌握的关联知识见表 10-1。

表 10-1 专业能力与关联知识

专业能力	关联知识
熟练应用端面切槽（钻孔）循环指令 G74 编程 熟练应用径向切槽（钻孔）循环指令 G75 编程 编写工件切断及倒角程序 合理选用切槽刀、切断刀 切槽刀、切断刀刀位点确定及节点尺寸计算 设计含槽类回转工件粗、精加工工艺路线 针对槽类要素加工正确选用切削用量	端面切槽（钻孔）循环指令格式、走刀路线及应用说明 径向切槽（钻孔）循环指令格式、走刀路线及应用说明 切槽刀、切断刀类型及选用 切槽刀、切断刀刀位点确定、刀具移动尺寸计算 切槽、切断加工工艺路线设计 切槽、切断切削用量特点及选用

操作要领及关联知识

一、端面切槽（钻孔）循环指令编程（G74）

该指令应用于在工件端面加工环槽或在端面钻中心孔的情形。

1. 指令格式

端面切槽（钻孔）循环指令格式为：

G74　R（e）；
G74　X（U）__Z（W）__P（Δi）__Q（Δk）　R（Δd）　F__；

式中　　　　e——退刀量，该值是模态值；

　X（U）、Z（W）——切槽终点处坐标值；

　　　　　　Δi——刀具完成一次轴向切削后，在 X 方向的移动量（该值用不带符号的半径值表示）；

　　　　　　Δk——Z 方向每次背吃刀量（该值用不带符号的值表示）；

　　　　　　Δd——刀具在切削底部的退刀量，Δd 的符号总是"＋"，但是如果地址 X（U）和 Δi 被省略，退刀量可以指定为所需的符号；

　　　　　　F——切槽进给速度。

该循环可实现断屑加工，如果 X（U）和 P（Δi）都被省略，则是进行中心孔加工。

2. 走刀路线分析

端面切槽（钻孔）循环指令进给路线如图 10-1 所示。

刀具进行端面切槽时，以背吃刀量 Δk 进行轴向切削，然后回退距离 e，方便断屑，再以背吃刀量 Δk 进行轴向切削，再回退距离 e，如此往复，直至到达指定的槽深；刀具逆槽宽加工方向移动一个退刀距离 Δd，并沿轴向回到初始加工时的 Z 方向坐标位置，然后刀具沿槽宽加工方向移动一个距离 Δi，进行第二次槽深方向加工，如此往复，直至达到槽终点坐标。

3. 指令应用相关工艺问题说明

应用 G74 指令进行端面钻孔加工时相关工艺问题说明如下：

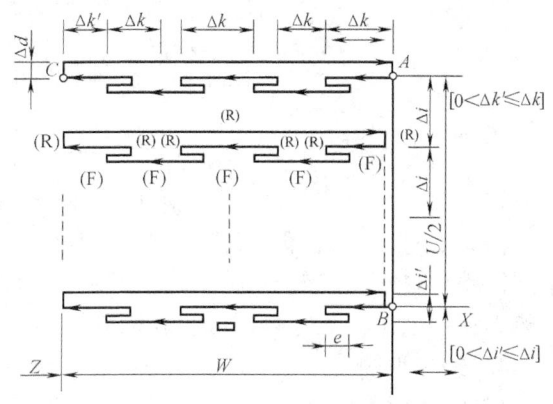

图 10-1　端面切槽（钻孔）循环指令进给路线

（1）钻头的装夹方法　麻花钻的柄部分为直柄和锥柄两种。直柄麻花钻可用钻夹头装夹，再利用钻夹头的锥柄插入车床尾座套筒内使用，锥柄麻花钻可直接插入车床尾座套筒内或用锥形套过渡使用。如需通过编程进行自动钻孔加工时，可将钻头装在刀架上，用钻尖和横刃处轴心线对刀并建立工件坐标系。钻头在刀架上的安装方式如图 10-2 所示。

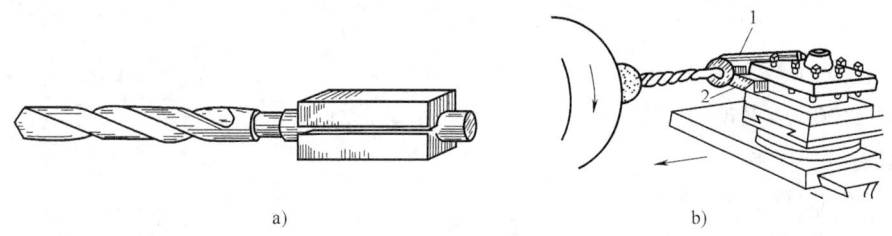

图 10-2　钻头在刀架上的装夹方式
a）用开缝套装夹　b）用专用工具装夹

（2）钻孔加工注意事项　钻孔时，必须注意下面几点：

1）在钻孔前，先把工件端面车平，中心处不要留有凸头，否则很容易使钻头歪斜，影响准确定心。

2）钻头装入尾座套筒后，必须校正钻头轴心线，使其与工件回转中心线重合，以防孔径扩大和钻头折断。

3）把钻头引向工件端面时，不可用力过大，以防止损坏工件和折断钻头。

4）用较长钻头钻孔时，为了防止钻头跳动，可以在刀架上夹一铜棒或挡铁支住钻头头部（不能用力太大），使它对准工件的回转中心，如图 10-3 所示。然后缓慢进给，当钻头在工件上已准确定心，并钻出一段台阶孔后，把铜棒退出。

5）加工孔时，可先用中心钻定心，再用麻花钻钻孔，使加工出的孔内外同轴，当钻一段孔后，应把钻头退出，停车测量孔径，以防孔径扩大而导致工件报废。

6）钻较深孔时，切屑不易排出，必须经常退出钻头，清除切屑，G74 指令具备这个功能。

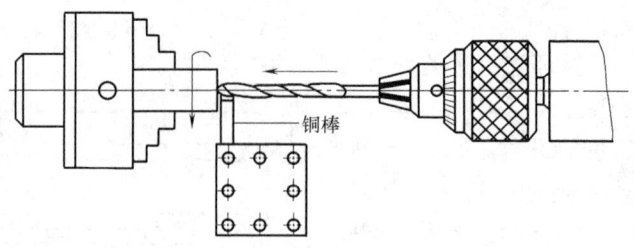

图 10-3 防止长钻头跳动的方法

（3）钻孔加工冷却　钻削钢材料时，为了不使钻头发热，必须加充足的冷却润滑液。钻削铸铁材料时，一般不加冷却润滑液；钻削铝材料时，可以加煤油；钻削黄铜、青铜时，一般不加切削液，如需要，可加乳化液。

4．编程举例

【示例 10-1】　加工图 10-4 所示的端面环形槽及中心孔零件，编写加工程序。

以工件右端面中心为坐标原点，切槽刀刀宽为 3mm，以左刀尖为刀位点；选择 $\phi 10$mm 钻头进行中心孔加工，加工程序如下：

O2024;
T0101;
G99　M03　S600;
G00　X24.0　Z2.0;
G74　R0.3;
G74　X20.0　Z-5.0　P2000　Q2000　F0.1;
G00　X100.0　Z50.0;
T0202;
G00　X0.0　Z2.0;
G74　R0.3;
G74　Z-28.0　Q2000　F0.08;
G00　X100.0　Z50.0;
M05;
M30;

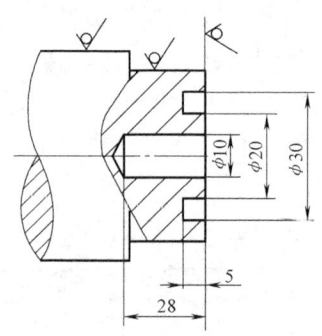

图 10-4　端面切槽（钻孔）循环指令 G74 编程举例图例

编程时一定要注意刀位点的确定以及切削用量的正确选用。

二、径向切槽（钻孔）循环指令编程（G75）

径向切槽（钻孔）循环指令适合于对工件进行径向切槽或径向排屑钻孔。

1．指令格式

径向切槽（钻孔）循环指令格式为：

G75　R（e）；
G75　X（U）＿Z（W）＿P（Δi）　Q（Δk）　R（Δd）　F＿；

式中　　　　e——退刀量，该值是模态值；

X（U）、Z（W）——切槽终点处坐标值；

Δi——X 方向每次背吃刀量（该值用不带符号的值表示）；

Δk——刀具完成一次径向切削后，在 Z 方向的移动量；

Δd——刀具在切削底部的退刀量，Δd 的符号总是"＋"，但是如果地址 Z（W）和 Δk 省略，退刀量可以指定为所需的符号；

F——切槽进给速度。

2. 走刀路线分析

径向切槽（钻孔）循环指令进给路线如图 10-5 所示。

G75 指令走刀路线与 G74 指令类似，只是方向不同，另外，在 G75 指令中刀具经过切槽循环后又回到了循环起点 A。

3. 指令应用相关工艺问题说明

（1）关于槽的种类　在轴类零件上通常会有沟槽结构，其主要功用如下：

1）使装配在轴上的零件有正确的轴向位置。

2）作为螺纹加工、插齿加工时的退刀槽或磨削加工时的砂轮越程槽。

3）在内沟槽内嵌入油毛毡等软介质起密封作用。

4）用作油液或气体的通道。

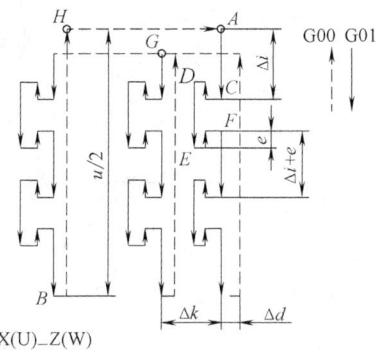

图 10-5　径向切槽（钻孔）循环指令进给路线

（2）关于槽加工刀具的选择　切矩形外圆沟槽的切槽刀和切断刀的形状基本相同，只是刀头部分的宽度和长度有些区别。具体如下：

1）切断刀宽度确定。切断刀的刀头宽度经验计算公式为：

$$a \approx (0.5 \sim 0.6)\sqrt{D}$$

式中　d——主切削刃宽度；

D——被切断工件的直径。

2）切断刀刀头部分长度确定。刀头部分长度 L 的确定公式为：

切断实心材料：L = D/2 +（2～3）mm。

切断空心材料：L = h +（2～3）mm。

式中　h——被切工件的壁厚。

3）切槽刀刀头宽度确定。切槽刀的刀头宽度一般根据工件的槽宽、机床功率和刀具的强度综合考虑确定。

4）切槽刀的长度确定。切槽刀长度为 L = 槽深 +（2～3）mm。

（3）关于沟槽加工路线设计　不同宽度、不同精度要求的沟槽加工工艺路线设计是不同的，具体如下：

1）对较窄的沟槽进行加工且精度要求不高时，可以选择刀头宽度等于槽宽的刀具采用横向直进切削而成，如图 10-6 所示。

2）槽宽精度要求较高时可采用粗车、精车二次进给完成，即第一次进给车沟槽时沟槽两壁留有余量；第二次用等宽刀修整，并采用 G04 指令使刀具在槽底暂停几秒钟进行无进给光整加工，以提高槽底的表面质量，如图 10-7 所示。

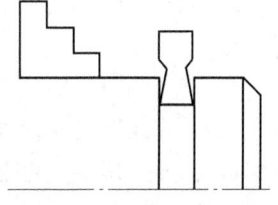

图 10-6　精度要求不高的沟槽加工

3）精度要求较高的宽沟槽加工则可以分几次进给，要求每次切削时刀具轨迹要有重叠的部分，并在沟槽两侧和底面留一定的精车余量，宽沟槽加工工艺路线设计如图 10-8 所示。

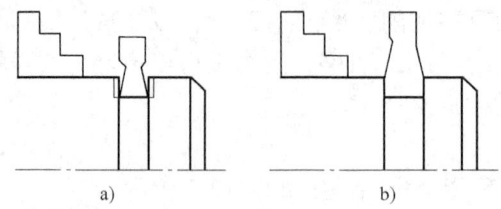

图 10-7 精度要求较高的沟槽加工
a）沟槽的粗加工　b）沟槽的精加工

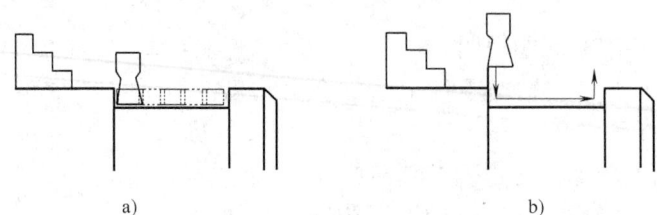

图 10-8 精度要求较高的宽沟槽加工
a）宽沟槽的粗加工　b）宽沟槽的精加工

宽沟槽加工无论是用 G00、G01 指令编制循环程序或子程序，还是用 G75 指令编制槽加工程序，都需要计算循环次数以及刀具每次移动距离，可用下式进行估算：

$$L = a + (n-1) \times \Delta$$

式中　L——沟槽宽度；

　　　a——刀具宽度；

　　　n——循环加工次数，可以采用试凑法确定；

　　　Δ——刀具每次移动距离，可以采用试凑法确定。

（4）关于退刀路线　切槽刀或切断刀退刀时要注意合理安排退刀的路线：一般应先退 X 方向，再退 Z 方向，应避免与工件外阶台发生碰撞，否则将造成车刀损坏甚至是机床损坏。

（5）关于刀位点确定　切槽刀和切断刀都有左右两个刀尖，两个刀尖及切削刃中心都可以成为刀位点，编程时应该根据图样尺寸标注以及对刀的难易程度确定具体的刀位点。一定要避免编程和实际对刀选用的刀位点不一致。

（6）关于切削用量的选用　切槽和切断工件时切削用量的选用具有其特殊性，具体如下：

1）背吃刀量 a_p：横向切削时，切槽刀、切断刀的背吃刀量等于刀的主切削刃宽度，即 $a_p = a$。

2）进给量 f：由于切槽刀、切断刀的刚性、强度及散热条件较差，所以应适当地减小进给量。若进给量太大，容易使刀折断；若进给量太小，后刀面与工件产生强烈摩擦会引起振动。其具体数值要根据工件和刀具材料来决定。切槽或切断时常用材料进给量选择见表 10-2。

表 10-2　切槽或切断时常用材料进给量选择

切槽（切断）加工条件	进给量 $f/\text{mm} \cdot \text{r}^{-1}$
用高速钢切刀车钢料	0.05 ~ 0.1
用高速钢车铸铁	0.1 ~ 0.2

(续)

切槽（切断）加工条件	进给量 $f/\text{mm} \cdot \text{r}^{-1}$
用硬质合金刀加工钢料	0.1~0.2
用硬质合金刀车铸铁	0.15~0.25

3) 切削速度 v：切断时的实际切削速度会随着刀具的切入而越来越低，因此，切断时的切削速度可选得高些，具体数值根据工件和刀具材料来决定。切槽或切断时常用材料切削速度选择见表 10-3。

表 10-3 切槽或切断时常用材料切削速度选择

切槽（切断）加工条件	进给量 $v/\text{mm} \cdot \text{min}^{-1}$
用高速钢切刀车钢料	30~40
用高速钢车铸铁	15~25
用硬质合金刀加工钢料	80~120
用硬质合金刀车铸铁	60~100

4. 编程举例

【示例 10-2】 加工图 10-9 所示工件，编写加工程序。

选择直径为 φ36mm 的毛坯棒料，以工件右端面中心为工件坐标系原点，选用外圆端面车刀（T0101）及切槽刀（T0202，刀宽为 4mm），切槽刀以左刀尖为刀位点，加工程序如下：

O2025;
    T0101; //外圆表面加工
    G99 M03 S600;
    G00 X38.0 Z2.0;
    G71 U1.5 R0.5;
    G71 P10 Q20 U0.5 W0.1 F0.5;
N10 G00 G42 X22.0;
    G01 X30.0 Z-2.0 F0.2;
    Z-30.0;
N20 X38.0;
    S1000;
    G70 P10 Q20;
    G40 G00 X100.0 Z50.0;
    M05;
    T0202; //4mm 宽切槽刀沟槽加工
    G99 M03 S1000;
    G00 X32.0 Z-21.0;
    G75 R0.5;
    G75 X27.0 Z-21.0 P1000 F0.1;

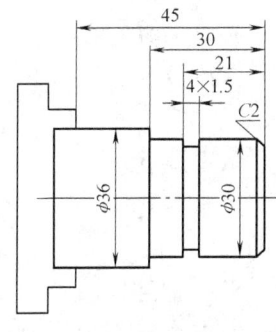

图 10-9 径向切槽（钻孔）循环指令 G75 编程举例——精度要求一般的槽的加工

```
      G00  X100.0  Z50.0;
      M05;
      M30;
```

【示例 10-3】 加工图 10-10 所示工件,编写加工程序。

选择尺寸为 φ40mm×100mm 的毛坯棒料,夹持毛坯完成工件外圆、端面、沟槽以及切断加工。以工件右端面中心为工件坐标系原点,选用外圆端面车刀(T0101)及切槽刀(T0202,刀宽为4mm),切槽刀以左刀尖为刀位点,加工程序如下:

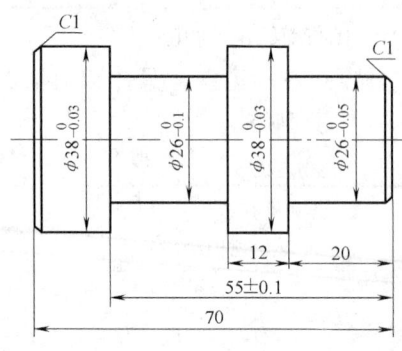

图 10-10 径向切槽(钻孔)循环指令(G75)编程举例——精度要求较高的槽的加工

```
O2026;
      T0101;    //外圆表面加工
      G98  M03  S600;
      G00  X41.0  Z2.0;
      G71  U2.0  R0.5;
      G71  P10  Q20  U0.5  W0.1  F80.0;
N10   G00  G42  X19.975;
      G01  X25.975  Z-1.0  F40.0;
           Z-20.0;
           X37.985;
N20        Z-75.0;
      S800;
      G70  P10  Q20;
      G40  G00  X100.0  Z50.0;
      M05;
      T0202;    //切槽加工
      M03  S800;
      G00  X40.0  Z-36.1;
      G75  R0.5;
      G75  X26.5  Z-54.9  P2000  Q3800  F0.1;
      G00  Z-36.0;
      G01  X25.95  F40.0;
           Z-55.0;
           X39.0;
           Z-74.5;
           X15.0;
      G00  X37.985;
           Z-73.0;
      G01  X35.985  Z-74.0;
```

```
             X2.0;
    G00      X100.0;
             Z50.0;
    M05;
    M30;
```
宽槽加工时注意刀具移动距离的计算以确保能准确加工出槽宽。

三、综合编程实例

【**示例 10-4**】 零件图如图 10-11 所示，毛坯棒料尺寸为 $\phi 45\text{mm} \times 100\text{mm}$，对该零件加工进行工艺设计并编写数控加工程序。

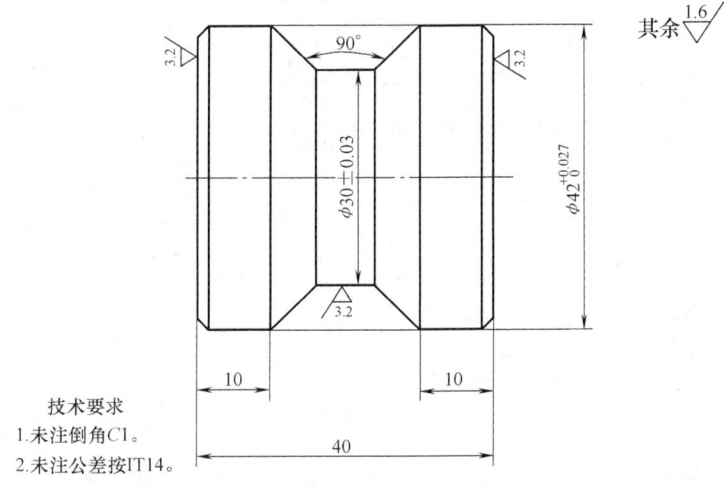

图 10-11 数控车床径向切槽循环指令综合编程图例

（1）零件结构工艺性分析 该零件为轴类零件，由圆柱体、圆锥体等结构构成，两头直径尺寸大，中间带有凹槽结构。

该零件直径 $\phi 30\text{mm}$、$\phi 42\text{mm}$ 处均有尺寸精度要求；整个零件无形位公差要求；除两端及凹槽处表面粗糙度要求为 $Ra3.2\mu m$ 外，其余表面的表面粗糙度要求为 $Ra1.6\mu m$；零件未注倒角 $C1$，无热处理要求。

（2）机床选择 可选用通用卧式数控车床，如选用济南第一机床厂生产卧式数控车床，配置 FANUC 0i Mate TC 数控系统。

（3）毛坯选择 选择尺寸为 $\phi 45\text{mm} \times 100\text{mm}$ 的圆柱棒料，材料为 45 钢。

（4）工件装夹方式确定 选用三爪自定心卡盘夹持棒料，夹持长度约 20mm。

（5）刀具选择 根据轮廓形状及零件加工精度要求，选择 90°外圆车刀（T0101）以及刀宽为 4mm 的切槽刀（T0202）。

（6）零件加工工艺路线设计 以工件右端面中心作为工件坐标系原点，通过对刀方式建立工件坐标系。采用外圆粗车循环指令 G90 对外圆表面进行粗加工，留 0.5mm 加工余量，对外圆表面进行精加工至尺寸 $\phi 42^{+0.027}_{0}\text{mm}$；用切槽刀进行锥面及凹槽加工并达到图样尺寸要求；对工件左端进行倒角并切断工件，保证加工零件全长。

（7）切削用量选择 粗加工时主轴转速为 400r/min，进给量为 80mm/min，精加工主轴转速为 800r/min，进给量为 40mm/min。切槽时主轴转速 800r/min，进给量为 20mm/min。

径向切槽循环指令综合编程举例工序卡见表10-4。

表10-4 径向切槽循环指令综合编程举例工序卡

零件图号	WHCY2027		零件名称		径向切槽循环指令综合编程工件	
使用设备名称	数控车床		使用设备型号		MJ-50	
换刀方式	回转刀架换刀		程序编号		O2027	
刀具表			量具表		工具表	
刀具刀号	刀具名称	序号	量具名称及规格	序号	工具名称及规格	
T01	90°外圆车刀	1		1		
T02	4mm宽切槽刀	2		2		
序号	工艺内容		切削用量			备注
			a_p/mm	$n/\text{r}\cdot\text{min}^{-1}$	$f/\text{mm}\cdot\text{min}^{-1}$	
1	外圆表面粗加工		2.5	400	80	
2	外圆表面精加工并倒角		0.5	800	40	
3	切槽粗加工		2.0	800	20	
4	锥面及切槽精加工		0.25	800	20	
5	端面倒角及工件切断		—	800	20	
编制		审核		批准		
日期				第 页	共 页	

（8）加工程序编制　加工程序如下：

O2027；
　T0101；//外圆表面加工
　G98　M03　S600；
　G00　X45.0　Z2.0；
　G90　X42.5　Z-45.0　F80.0；
　G00　G42　X36.014　S800；
　G01　X42.014　Z-1.0　F40.0；
　　　Z-45.0；
　G00　G40 X100.0　Z50.0；
　M05；
　T0202；//4mm宽切槽刀沟槽加工并倒角
　M03　S800；
　G00　X45.0　Z-20.0；
　G75　R0.5；
　G75　X30.5　Z-24.0　P2000　Q2000　F20.0；
　G00　X44.5　Z-14.0；
　G01　X30.5　Z-21.0；
　　　Z-23.0；
　　　X44.5　Z-30.0；
　G00　X42.014　Z-14.0；
　G01　X30.0　Z-20.0；
　　　Z-24.0；
　　　X44.014　Z-31.0；
　　　Z-44.5；
　　　X15.0；
　　　X42.014；
　　　Z-43.0；
　　　X40.014　Z-44.0；
　　　X2.0；
　G00　X100.0；
　　　Z50.0；
　M05；
　M30；

由于加工余量较大，无论是切槽还是加工夹角为90°的两个锥面，都要进行粗加工和精加工，编程时应该设计好走刀路线并计算出粗、精加工起始点和终点坐标。

项目十一　螺纹切削循环指令编程

项目综述

数控车床配置数控系统具备单行程螺纹切削指令 G32、螺纹切削单一固定循环指令 G92，螺纹切削复合循环指令 G76 等。实施本项目所训练的专业技能和应掌握的关联知识见表 11-1。

表 11-1　专业技能与关联知识

专业技能	关联知识
熟练应用单行程螺纹切削指令 G32	螺纹类型及基本尺寸计算
熟练应用螺纹切削单一固定循环指令 G92	螺纹公差等级及尺寸偏差计算
熟练应用螺纹切削复合循环指令 G76	螺纹加工走刀路线设计
螺纹尺寸及其公差计算	螺纹加工切削用量选择
螺纹加工刀具选用及正确安装	螺纹车刀的安装与找正
含螺纹要素工件加工工艺设计	螺纹旋向与机床配置关系
含螺纹要素零件加工切削用量选用	单行程螺纹切削指令 G32 格式及应用
	螺纹切削单一固定循环指令 G92 格式及应用
	螺纹切削复合循环指令 G76 格式及应用
	螺纹切削加工综合编程方法

操作要领及关联知识

一、螺纹基础知识

1. 常见螺纹类型

（1）按照用途分类　螺纹按用途不同可分为联接螺纹和传动螺纹，如图 11-1 所示。

（2）按照牙型分类　螺纹按牙型不同分为三角形螺纹、管螺纹圆形螺纹、矩形螺纹、梯形螺纹、锯齿形螺纹。

（3）按照螺旋线旋向分类　螺纹按螺旋线方向不同分为右旋螺纹和左旋螺纹。

（4）按照螺旋线数分类　螺纹按螺旋线数多少分为单线螺纹和多线螺纹。

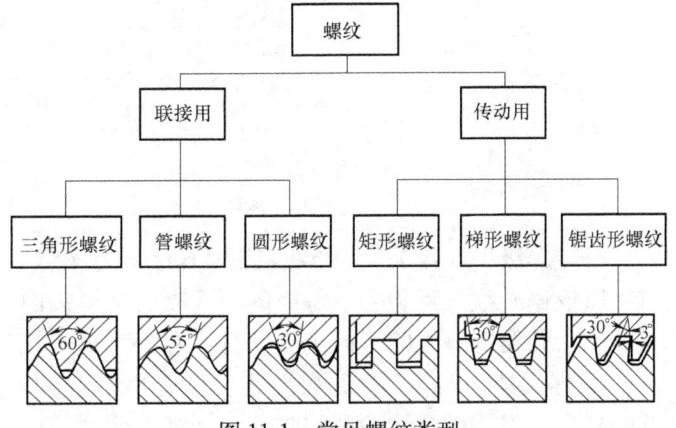

图 11-1　常见螺纹类型

（5）按照母体形状分类 螺纹按母体形状不同分为圆柱螺纹和圆锥螺纹。

2. 普通螺纹尺寸计算

普通螺纹是我国应用最广泛的一种三角形螺纹，牙型角为60°。普通螺纹各基本尺寸在牙型上的标注如图11-2所示。

（1）螺纹的公称直径 就是螺纹大径的基本尺寸（D 或 d）。

（2）原始三角形高度 H 原始三角形高度 H 表达式为：

$$H = \frac{\sqrt{3}}{2}P = 0.866P \quad (P \text{ 为螺纹螺距})$$

（3）螺纹中径（d_2、D_2） 螺纹中径表达式为：

$$d_2 = D_2 = d - 0.6495P$$

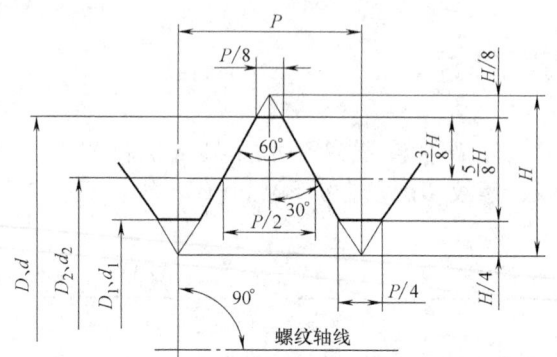

图11-2 常见螺纹基本尺寸

（4）削平高度 外螺纹牙顶和内螺纹牙底均在 $H/8$ 处削平；外螺纹牙底和内螺纹牙顶均在 $H/4$ 处削平。

（5）牙型高度 h_1 牙型高度表达式为：

$$h_1 = \frac{5}{8}H = 0.5143P$$

（6）外螺纹小径 d_1 外螺纹小径表达式为：

$$d_1 = d - 1.0825P$$

（7）内螺纹小径 D_1 内螺纹小径的基本尺寸与外螺纹小径相同（$D_1 = d_1$）。

3. 螺纹公差等级及尺寸偏差计算

（1）螺纹公差等级 由于普通螺纹中径（D_2、d_2）是决定配合性质的主要尺寸，按照GB 197—2003《普通螺纹 公差》规定，普通螺纹公差规定有内、外螺纹中径公差（T_{D_2}、T_{d_2}）、内螺纹小径公差（T_{D_1}）和外螺纹大径公差（T_d）。内、外螺纹中径公差和顶径公差等级见表11-2。

表11-2 螺纹公差等级

	螺纹直径		公差等级
内螺纹	中径	D_2	4、5、6、7、8
	小径（顶径）	D_1	
外螺纹	中径	d_2	3、4、5、6、7、8、9
	大径（顶径）	d	4、6、8

各公差等级中3级最高，9级最低，6级为基本级。内螺纹小径公差值和外螺纹大径公差值可以依据螺纹螺距和公差等级的不同查表获得；内、外螺纹中径公差值可以依据螺纹公称直径大小和精度等级的不同查表获得（相关手册或国家标准包含有螺纹公差表）。

（2）螺纹基本偏差 螺纹公差带位置是由基本偏差确定的，螺纹基本牙型是计算螺纹偏差的基准。内、外螺纹的公差带相对于基本牙型的位置由基本偏差确定。对于外螺纹，基本偏差是上偏差（es）；对于内螺纹，基本偏差是下偏差（EI）。

在普通螺纹标准中，对于内螺纹规定了代号为 G、H 的两种基本偏差；对于外螺纹规定了代号为 e、f、g、h 的四种基本偏差，如图 11-3 所示。

其中 H、h 的基本偏差为零，G 的基本偏差为正值，e、f、g 的基本偏差为负值，内、外螺纹基本偏差数值可以通过查表获得。

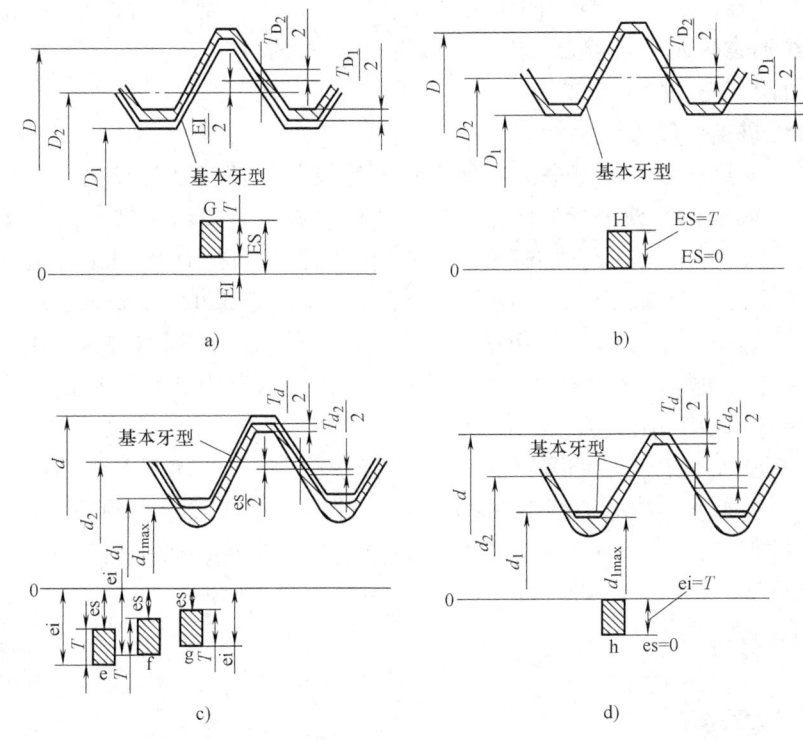

图 11-3 普通螺纹基本偏差
a）内螺纹公差带位置 G　b）内螺纹公差带位置 H
c）外螺纹公差带位置 e、f、g　d）外螺纹公差带位置 h

4. 螺纹标记含义

完整的螺纹标记由螺纹代号、螺纹公差带代号和螺纹旋合长度代号三部分组成，中间用"-"隔开。

（1）外螺纹标记　外螺纹标记如图 11-4 所示。

（2）内螺纹标记　内螺纹标记如图 11-5 所示。

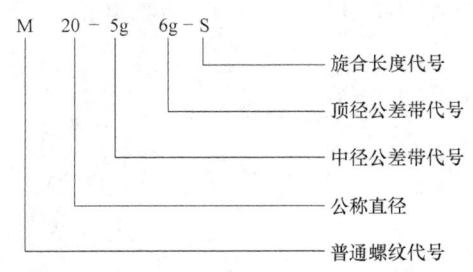

图 11-4 外螺纹标记

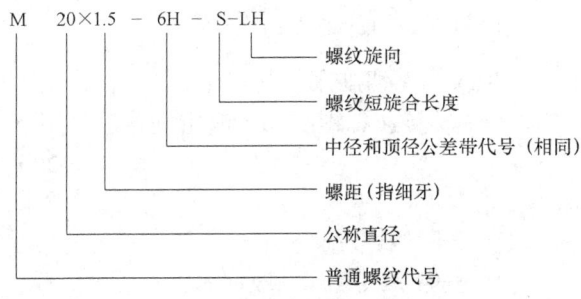

图 11-5 内螺纹标记

(3) 关于螺纹标记的几点说明：

1) 对于粗牙螺纹螺距，可以省略标注其螺距项，而细牙螺纹则必须标注。

2) 对于多线螺纹，采用"公称直径×P_h导程P螺距"方式标注，或者在后面增加括号用英文进行说明，如两线为"two starts"，三线为"three starts"。

3) 对于左旋螺纹，应在旋合长度之后标注"LH"代号，右旋螺纹不需要标注。

4) 螺纹旋合长度分为三组，即短旋合长度（S）、中等旋合长度（N）和长旋合长度（L），一般螺纹通常采用中等旋合长度。

二、螺纹加工工艺设计

1. 螺纹加工进给路线设计

（1）直进法螺纹加工　用直进法车削三角形螺纹是低速车削螺纹的一种常用方法，如图 11-6 所示。用高速钢车刀进行粗、精车削，车削过程是在每次往复行程后车刀沿横向进给，通过多次行程把螺纹车削好。这种加工方法由于刀具两侧刃同时工作，切削力较大，牙型准确，但排屑困难，容易产生扎刀现象，一般用于车削螺距小于 3mm 的螺纹。

（2）斜进法螺纹加工　如图 11-7 所示，刀具沿着螺纹一侧顺次进给。由于是单侧刃加工，切削容易损伤和磨损，使加工的螺纹面不直，刀尖角发生变化，从而造成牙型精度较差。同时由于是单侧刃切削，刀具负载较小，排屑容易，并且切削深度为自动递减式，因此这种加工方法一般适用于大螺距螺纹加工，在螺纹精度要求不是很高的情况下加工更为方便，可以做到一次成形。在加工有较高精度要求的螺纹时，可以先采用斜进法进行粗加工，然后用直进法进行精加工。但要注意刀具起始点定位要准确，否则会产生"乱牙"现象，造成零件报废。

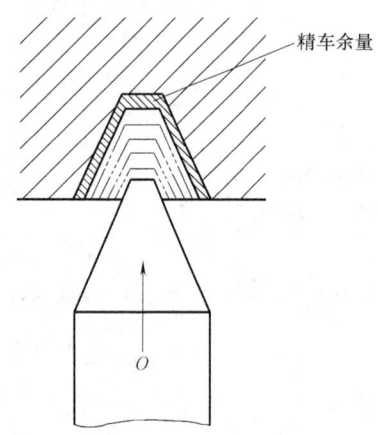

图 11-6　用直进法车削三角形螺纹

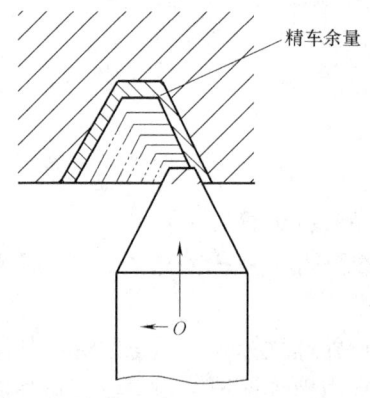

图 11-7　用斜进法车削三角形螺纹

2. 螺纹加工切削用量的选用

（1）主轴转速　螺纹加工时主轴转速可用下面的经验公式进行计算：

$$n \leq \frac{1200}{P} - K$$

式中　P——工作螺距；

K——保险系数，一般取 80。

如果数控系统能够支持高速螺纹加工，则可采用相应螺纹加工刀具，主轴转速按照线速度 200m/min 选取；而经济性数控车床如果采用高主轴转速加工螺纹则会出现乱牙现象。

（2）进给速度　螺纹加工时数控车床主轴转速和工作台纵向进给量存在严格数量关系，即主轴旋转 1 转，工作台移动一个待加工工件螺纹导程距离。因此在加工程序中只要给出主轴转速和螺纹导程，数控系统会自动运算并控制工作台纵向进给速度。

（3）背吃刀量　如果螺纹牙型较深、螺距较大，则可采用分次进给方式进行加工。每次进给的背吃刀量用螺纹深度减去精加工背吃刀量所得的差按递减规律分配。常用螺纹切削进给次数与背吃刀量数值见表 11-3。

表 11-3　常用螺纹切削进给次数与背吃刀量数值

公制螺纹							
螺距/mm	1.0	1.5	2.0	2.5	3.0	3.5	4.0
牙深/mm	0.649	0.974	1.299	1.624	1.949	2.273	2.598
切削进给次数及对应背吃刀量/mm　1 次	0.7	0.8	0.9	1.0	1.2	1.5	1.5
2 次	0.4	0.6	0.6	0.7	0.7	0.7	0.8
3 次	0.2	0.4	0.6	0.6	0.6	0.6	0.6
4 次		0.16	0.4	0.4	0.4	0.6	0.6
5 次			0.1	0.4	0.4	0.4	0.4
6 次				0.15	0.4	0.4	0.4
7 次					0.2	0.2	0.4
8 次						0.15	0.3
9 次							0.2

3. 车削螺纹前圆柱体（孔）预加工尺寸控制

（1）外螺纹加工前圆柱体直径尺寸控制　车削螺纹时因工件材料受车刀挤压影响，会导致螺纹大径变大，因此车削螺纹前大径尺寸应控制在比基本尺寸小 0.2~0.4mm；如果是用板牙套加工不大于 M16 的螺纹，同样是考虑加工变形的原因，螺纹大径应车到螺纹大径下偏差。

（2）内螺纹加工前圆柱体直径尺寸控制　在车床上用丝锥攻内螺纹前，应先进行钻孔，孔口倒角要大于内螺纹大径尺寸，攻螺纹前钻底孔所选用钻头的直径依据工件材料和导程不同分别选用下面公式进行计算：

$P \leq 1\text{mm}$ 时　　　　　　　　　　$d_z = d - P$

$P \geq 1\text{mm}$ 时，钢等韧性材料　　　$d_z = d - P$

$P \geq 1\text{mm}$ 时，铸铁等脆性材料　　$d_z = d - (1.05 \sim 1.1)P$

式中　P——螺纹螺距；

d_z——攻螺纹前钻头直径；

d——螺纹公称直径。

4. 螺纹车刀的安装与找正

车螺纹时，为了保证牙型正确，对对刀提出了较严格的要求。对刀时刀尖应对准工件轴线，并且车刀刀尖角的中心线必须与工件轴线严格保持垂直，这样车出的螺纹，其两牙型半角才会相等，如图11-8a所示；如果把车刀装歪，就会产生牙型歪斜，如图11-8b所示。

为了保证上面的对刀要求，在安装外螺纹车刀时常采用角度样板找正螺纹刀尖角度，如图11-9所示，将样板靠在工件直径最大的素线上，以此为基准找正刀具角度。

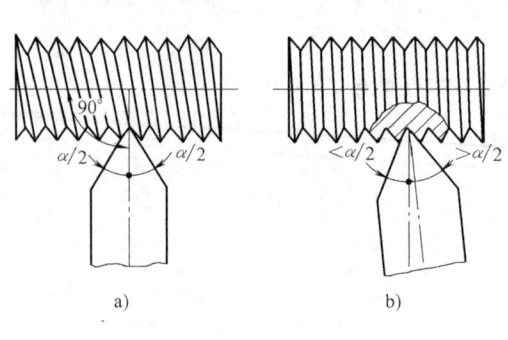

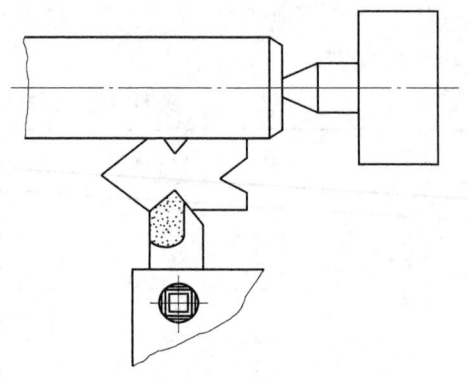

图11-8 加工普通螺纹时的对刀要求
a) 正确对刀时两牙型半角相等 b) 错误对刀时牙型歪斜

图11-9 外螺纹车刀安装与找正

安装、找正内螺纹车刀时，左手拿着内螺纹角度样板，使其一个侧面靠在工件端面上，让内螺纹车刀的左侧主切削刃与样板右侧斜边靠平，然后装夹、紧固刀杆，如图11-10所示。

5. 螺纹车刀安装方向与主轴旋转方向的确定

在加工螺纹时，应该特别注意螺纹车刀安装方向（正向、反向）、主轴旋转方向（M03、M04）、刀架配置方式（前置刀架、后置刀架）、螺纹旋向（左旋、右旋）和进给方向（从右至左、从左至右）之间的关系。如图11-11所示，用后置刀架车削右旋螺纹时，如果螺纹车刀反向安装，即刀具前刀面朝下，车床主轴旋转采用M03指令，刀具从右至左进给即可；如果螺纹车刀正向安装，车床主轴旋转采用M04指令，则起刀点应该在图11-11中所示的D点才能加工出所要求的螺纹。

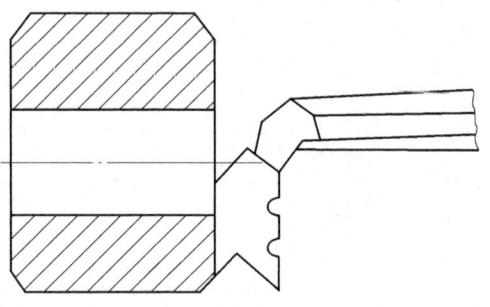

图11-10 内螺纹车刀安装与找正

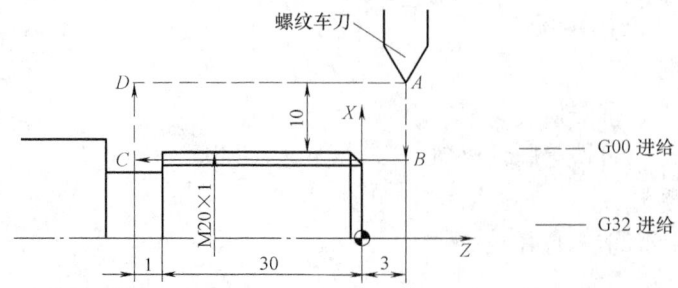

图11-11 车刀安装方向、主轴旋转方向与螺纹旋向关系

外螺纹加工机床各要素配置关系见表11-4。

表11-4 外螺纹加工机床各要素配置关系

刀架配置 工件螺纹旋向	后置刀架	前置刀架
右旋螺纹	刀具正向安装，主轴 M04，刀具从左至右进给 刀具反向安装，主轴 M03，刀具从右至左进给	刀具正向安装，主轴 M03，刀具从右至左进给 刀具反向安装，主轴 M04，刀具从左至右进给
左旋螺纹	刀具正向安装，主轴 M04，刀具从右至左进给 刀具反向安装，主轴 M03，刀具从左至右进给	刀具正向安装，主轴 M03，刀具从左至右进给 刀具反向安装，主轴 M04，刀具从右至左进给

注：左右走刀是相对操作者工作位置而言。

6. 螺纹车削刀具切入与切出空行程量的确定

在数控车床上加工螺纹时，螺距是通过伺服系统检测装在主轴上的位置编码器实时地读取主轴速度并转换为刀具的每分钟进给量来保证的。由于数控车床伺服系统本身具有滞后特性，会在螺纹起始段和停止段发生螺距不规则现象，所以实际加工螺纹的长度 W 应包括切入与切出的空行程量，如图 11-12 所示。L_1 为切入空行程量，一般取 2～5mm；L_2 为切出空行程量，一般取 2～3mm。

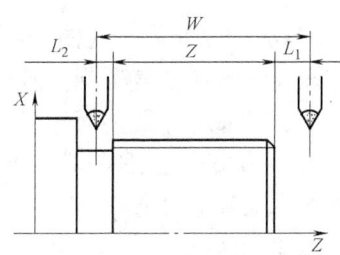

图 11-12 螺纹加工中切入与切出空行程量的确定

三、单行程螺纹切削指令编程（G32）

G32 指令适用于完成圆柱螺纹、圆锥螺纹以及端面螺纹等单行程螺纹切削，如图 11-13 所示。

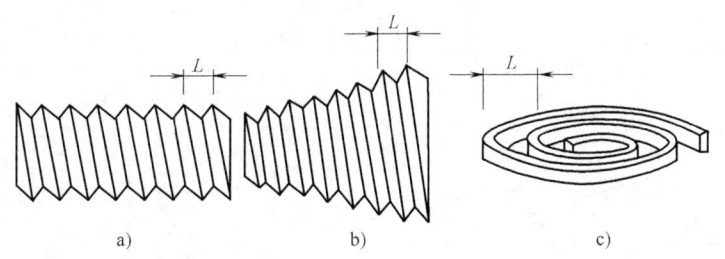

图 11-13 G32 指令适用范围
a）圆柱螺纹 b）圆锥螺纹 c）端面螺纹

1. 指令格式

如图 11-14 所示，单行程螺纹切削指令格式为：
G32 X（U）__ Z（W）__ F __；

式中 X（U）、Z（W）——螺纹终点坐标，切削圆柱螺纹时，X（U）可省略；
　　　　　F ——螺纹导程，对于锥螺纹，角 α 在 45°以下时，螺纹导程由 Z 轴方向指定；角 α 在 45°~90°时，螺纹导程由 X 轴方向指定。

2. 刀具进给路线分析

刀具从 A 点出发，以每转一个螺纹导程的速度切削至 B 点，其切削前的进给和切削后的退刀都要通过其他的程序段来实现。

3. 指令应用说明

使用 G32 指令时，有以下事项需要注意：

1）在车螺纹期间进给速度倍率、主轴速度倍率均无效，始终固定在 100%。
2）车螺纹期间不要使用恒表面切削速度控制，而要使用 G97 指令指定主轴转速。
3）车螺纹时，必须设置螺纹加工升速段 L_1 和降速段 L_2，这样可避免因车刀升速、降速而影响螺距的稳定。
4）螺纹加工时如果牙型深度较深、螺距较大，则应采用分次进给，每次进给的背吃刀量用螺纹深度减去精加工背吃刀量所得的差按递减规律分配。
5）受机床结构及数控系统的影响，车螺纹时主轴的转速有一定的限制。

4. 编程举例

【示例 11-1】 编写图 11-15 所示工件的加工程序，工件毛坯直径为 φ32。

该零件形状虽然简单，但牵涉到外圆柱面的粗、精加工，径向槽的切削加工和螺纹加工。加工时采用外圆端面车刀（T0101）、切槽刀（T0202，刀具宽度 3mm）和普通螺纹切削刀具（T0303）三种刀具。加工前应该计算螺纹的大径和小径尺寸，以控制粗加工的加工次数和每次背吃刀量。

尺寸计算：

1）考虑螺纹加工时的挤压变形，螺纹大径尺寸应为：$d = 30\text{mm} - 0.2\text{mm} = 29.8\text{mm}$。
2）螺纹小径尺寸计算：$d_1 = d - 1.0825P = 30\text{mm} - 1.0825 \times 2\text{mm} = 27.835\text{mm}$
3）根据这两个尺寸进行进给次数和背吃刀量分配：共进行五次螺纹切削，每次背吃刀量分别为 0.9mm、0.6mm、0.6mm、0.065mm。

零件加工工艺路线为：外圆柱表面的粗加工与精加工，车削加工螺纹退刀槽，最后进行螺纹切削加工。

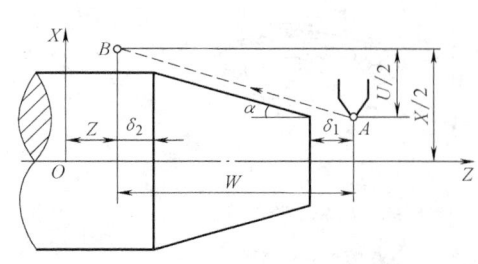

图 11-14　单行程螺纹切削
指令 G32 图例

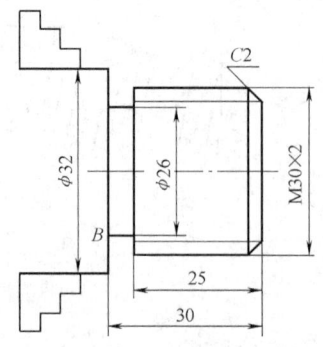

图 11-15　单行程螺纹切削
指令 G32 编程图例

程序编制如下：
O2028；
T0101；//外圆表面加工
G98 M03 S400；
G00 X35.0 Z2.0；
G71 U1.0 R0.5；
G71 P10 Q20 U0.5 W0.1 F80.0；
N10 G00 X21.8；
G01 G42 X29.8 Z-2.0 F40.0；
Z-30.0；
N20 X35.0；
S800；
G70 P10 Q20；
G00 G40 X100.0 Z50.0；
T0202；//退刀槽加工
G00 X33.0 Z-28.0；
G75 R0.5；
G75 X26.0 Z-30.0 P1000 Q2000 F20.0；

G00 X100.0 Z50.0；
M05；
T0303；//螺纹加工
M03 S600；
G00 X29.1 Z5.0；
G32 Z-28.0 F2.0；
G00 X31.0；
Z5.0；
X28.5；
G32 Z-28.0 F2.0；
G00 X31.0；
Z5.0；
X27.9；
G32 Z-28.0 F2.0；
G00 X31.0；
Z5.0；
X27.835；
G32 Z-28.0 F2.0；
G00 X100.0；
Z50.0；
M05；
M30；

四、螺纹切削单一固定循环指令编程（G92）

用 G32 指令编制螺纹切削加工程序，刀具的切入和切出都需要单独编制语句，程序段数较多，较为繁琐。而应用 G92 指令则可简化螺纹切削加工程序。

1. 指令格式

如图 11-16 所示，车削加工圆柱螺纹时，指令格式为：

G92 X(U)__ Z(W)__ F__；

式中 X(U)、Z(W)——螺纹终点坐标；
　　　　　　F——螺纹导程。

如图 11-17 所示，车削加工圆锥螺纹时，指令格式为：

G92 X(U)__ Z(W)__ R__ F__；

式中 X(U)、Z(W)——螺纹终点坐标；
　　　　　　R——圆锥螺纹起点、终点的半径差值，当起点尺寸小于终点尺寸时，R 为负值；
　　　　　　F——螺纹导程。

2. 刀具进给路线分析

G92 指令的进给路线与 G90 指令相似,其运动轨迹也是一个矩形。刀具从循环起点 A 沿 X 方向快速移动至 B 点,然后以每转一周进给一个导程的速度沿 Z 方向切削进给至 C 点,再从 X 方向快速退刀至 D 点,最后返回到循环起点 A,完成一个螺纹加工循环动作。要完成整个螺纹加工,需要经过粗加工、精加工多次循环。

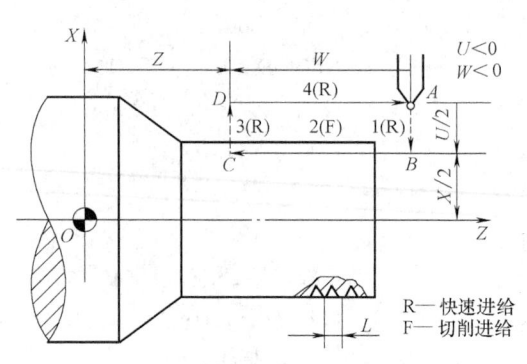

图 11-16 圆柱螺纹切削单一固定循环指令 G92 图例

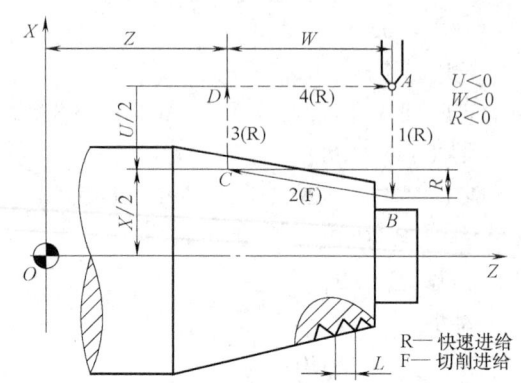

图 11-17 圆锥螺纹切削单一固定循环指令 G92 图例

3. 指令应用说明

使用 G92 指令时,有以下事项需要注意:

1) 在螺纹切削过程中,按下循环暂停键时,刀具立即按斜线回退,先回到 X 轴起点,再回到 Z 轴起点。在回退过程中,不能进行另外的暂停。

2) 如果在单段方式下执行 G92 循环,则每执行一次循环必须按 4 次循环启动按钮。

3) G92 指令是模态指令,当 Z 轴移动量没有变化时,只需对 X 轴指定其移动指令即可重复执行固定循环动作。

4) 在 G92 指令执行过程中,进给速度倍率和主轴速度倍率均无效。

5) 执行 G92 循环指令时,在螺纹切削的收尾处,刀具沿接近 45°的方向斜向退刀,Z 方向退刀距离由系统参数设定。

4. 编程举例

【示例 11-2】 编写图 11-18 所示工件的加工程序,工件毛坯直径为 $\phi32$。

该零件形状比较简单,工件毛坯直径为 $\phi32$。零件加工工艺路线设计为:工件外圆表面的粗、精加工与倒角;螺纹退刀槽加工;螺纹的粗、精加工。所采用的刀具有外圆端面车刀(T0101)、切槽刀(T0202,刀宽 3mm)以及 60°螺纹车刀(T0303)。

螺纹加工前,外圆柱表面应加工至尺寸 $\phi19.8$mm,螺纹小径应为:

$d_1 = d - 1.0825P = 20\text{mm} - 1.0825 \times 1.5\text{mm} = 18.376\text{mm}$

据此确定螺纹精加工过程所需的走刀次数和

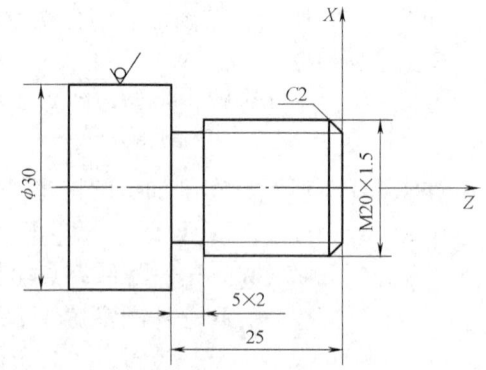

图 11-18 圆柱螺纹切削单一固定循环指令 G92 编程图例

背吃刀量。每次走刀的背吃刀量及对应工件直径见表 11-5。

表 11-5 每次走刀的背吃刀量及对应工件直径

走刀次数	背吃刀量/mm	对应工件直径/mm
1	0.8	19.2
2	0.6	18.6
3	0.224	18.376

以工件右端面中心点为坐标原点，程序编写如下：

O2029；
 T0101；//圆柱外表面加工
 G98 M03 S400；
 G00 X32.0 Z2.0；
 G71 U1.0 R0.5；
 G71 P10 Q20 U0.5 W0.1 F80.0；
N10 G00 G42 X11.8；
 G01 X19.8 Z-2.0 F40.0；
   Z-25.0；
N20 X32.0；
 S800；
 G70 P10 Q20；
 G00 G40 X100.0 Z50.0；
 T0202 S400；//退刀槽加工
 G00 X31.0 Z-23.0；
 G75 R0.5；
 G75 X16.0 Z-25.0 P1000 Q2000 F20.0；
 M05；
 G00 X100.0 Z50.0；
 T0303；//螺纹加工
 M03 S600；
 G00 X22.0 Z2.0；
 G92 X19.2 Z-24.0 F1.5；
   X18.6；
   X18.376；
 G00 X100.0 Z50.0；
 M05；
 M30；

【示例 11-3】 编写图 11-19 所示圆锥螺纹的加工程序，锥螺纹导程为 2mm。

本示例仅涉及圆锥螺纹加工，编程时要确定好循环起点位置，并进行每次进给的背吃刀量计算。

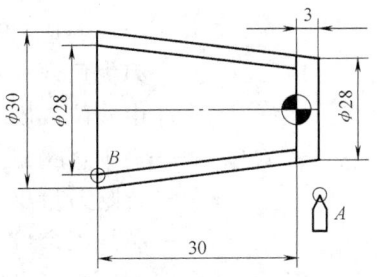

图 11-19 圆锥螺纹切削单一固定循环指令 G92 编程图例

锥形螺纹大端大径为30mm，大端小径尺寸为：
$$d_1 = d - 1.0825P = 30\text{mm} - 1.0825 \times 2\text{mm} = 27.8\text{mm}$$
每次进给的背吃刀量及对应工件直径见表11-16

表11-6 每次进给的背吃刀量及对应工件直径

进给次数	背吃刀量/mm	对应大端工件直径/mm
1	0.9	29.1
2	0.6	28.5
3	0.6	27.9
4	0.1	27.8

以工件右端面中心点为坐标原点，程序编写如下：

O2030；
 T0101； //外圆表面加工
 M03 S400；
 G00 X34.0 Z3.0；
 G90 X30.0 Z-30.0 I-1.0 F80.0；
 G00 X100.0 Z50.0；
 T0202； //退刀槽加工
 G00 X34.0 Z-33.0；
 G75 R0.5；
 G75 X27.0 Z-35.0 P1000 Q2000
F20.0；
 G00 X100.0 Z50.0；

 T0303； //螺纹加工
 M03 S240；
 G00 X32.0 Z3.0；
 G92 X29.1 Z-30.0 R-1.0
 F2.0；
 X28.5；
 X27.9；
 X27.8；
 G00 X100.0 Z50.0；
 M05；
 M30；

五、螺纹切削复合循环指令编程（G76）

1. 指令格式

螺纹切削复合循环指令格式为：

G76 P（m）（r）（a） Q（Δd_{min}） R（d）；
G76 X（u） Z（w） R（i） P（k） Q（Δd） F___；

式中 m——精加工重复次数（取值范围：01~99）；

   r——倒角量，即螺纹切削退尾处（45°方向退刀）的Z方向退刀距离。当螺距由P表示时，可以从0.1P到9.9P设定，单位为0.1P（表达时用两位数表达：00到99）；

   a——刀尖角度，可以选择的刀尖角度有：80°、60°、55°、30°、29°和0°，由两位数规定。如当$m=2$，$r=1.2P$，$a=60°$时，则表达为P021260；

   Δd_{min}——最小背吃刀量（该值用不带小数点的半径值表示），当一次循环运行的背吃刀量小于此值时，背吃刀量自动修改为等于此值；

   d——精加工余量（该值用不带小数点的半径值表示）；

X（u）、Z（w）——螺纹终点坐标值；

   i——圆锥螺纹起点与终点的半径差，i为零时表示加工圆柱螺纹；

   k——螺纹牙型高度（该值用不带小数点的半径值表示），始终为正值；

Δd——第一刀背吃刀量（该值用不带小数点的半径值表示），始终为正值；

F——进给速度。

2. 刀具进给路线分析

图 11-20 所示为螺纹切削复合循环指令的刀具运动轨迹及进给轨迹。以加工圆锥外螺纹为例，刀具从循环起点 A 出发，以 G00 方式沿 X 方向进给至螺纹牙顶 X 坐标处（即 B 点，该点的 X 坐标值＝小径＋$2k$），然后沿基本牙型一侧平行的方向进给，X 方向背吃刀量为 Δd；再以螺纹切削方式切削至离 Z 方向终点距离为 r 处，倒角退刀至 D 点，再沿 X 方向退刀至 E 点，最后返回 A 点，准备第二刀切削循环。如此分多刀切削循环，直至循环结束。

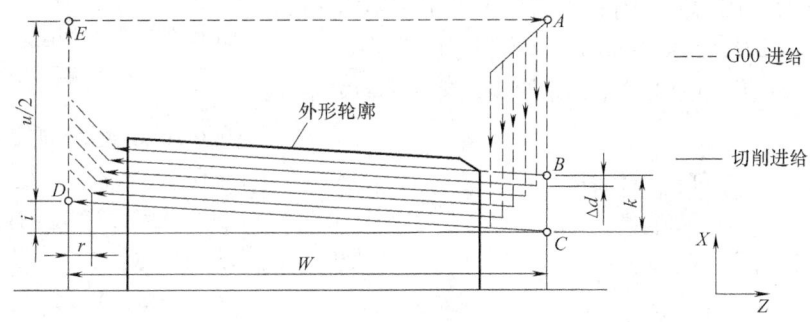

图 11-20　螺纹切削复合循环指令 G76 图例

执行螺纹切削复合循环指令加工时，螺纹车刀向深度方向并沿基本牙型一侧的平行方向进给，即斜进法进给，从而保证了螺纹粗车过程中始终用一个切削刃进行切削，减小了切削阻力，提高了刀具寿命，为螺纹的精车质量提供了保证。螺纹切削复合循环指令 G76 斜进法进给方式、进给次数及背吃刀量如图 11-21 所示。第一刀切削循环时，背吃刀量为 Δd，第二刀的背吃刀量为 $(\sqrt{2}-1)\Delta d$，第 n 刀的背吃刀量为 $(\sqrt{n}-\sqrt{n-1})\Delta d$。因此，执行 G76 循环的背吃刀量是逐步递减的。

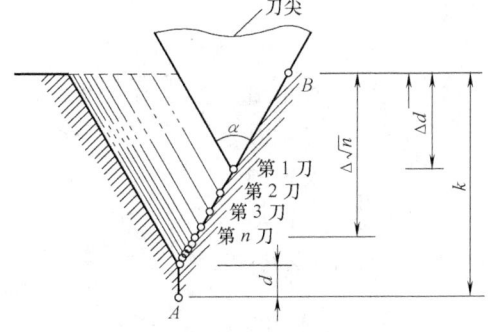

图 11-21　螺纹切削复合循环指令 G76 斜进法进给方式、进给次数及背吃刀量

3. 指令应用说明

使用螺纹切削复合循环指令编程时，应注意以下事项：

1）G76 可以在 MDI 方式下使用。

2）在执行 G76 循环时，如按下循环暂停键，则刀具在螺纹切削后的程序段暂停。

3）G76 指令为非模态指令，所以必须每次指定。

4）在执行 G76 时，如要进行手动操作，刀具应返回到循环操作停止的位置。如果没有返回到循环停止位置就重新启动循环操作，手动操作的位移将叠加在该条程序段停止时的位置上，刀具轨迹就多移动了一个手动操作的位移量。

4. 编程举例

【示例 11-4】　加工图 11-22 所示的零件。对于螺纹部分，取精加工次数为 3 次，由于有退刀槽，螺纹收尾长度为0mm，螺纹车刀刀尖角度为60°，最小背吃刀量取0.1mm，精加工余量取0.3mm，螺纹牙型高度为1.624mm，第一次背吃刀量半径值取0.5mm，通过计算可得螺纹小径为16.75mm。毛坯尺寸为φ40mm×80mm，对零件进行工艺设计并编制加工程序。

零件加工工艺路线分析：对零件端面、外圆表面进行粗、精加工并倒角达到图样尺寸要求；螺纹退刀槽加工；M20×2.5 螺纹粗、精加工；切断零件并保证全长。

加工零件所使用的刀具有：外圆端面车刀（T0101），切槽切断刀（T0202，刀宽3mm），60°螺纹车刀。

以工件右端面中心为工件坐标系原点，程序编写如下：

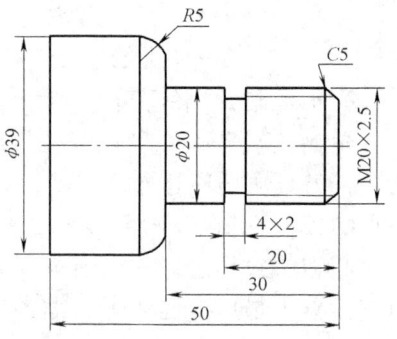

图 11-22　螺纹切削复合循环指令 G76 编程图例

```
O2031
  T0101；  //外圆表面加工
  G98  M03  S400；
  G00  X42.0  Z2.0；
  G71  U2.0  R0.5；
  G71  P10  Q20  U0.5  W0.1  F80.0；
N10  G00  G42  X12.0；
  G01  X20.0  Z-2.0  F40.0；
       Z-30.0；
       X29.0；
  G03  X39.0  Z-35.0  R5.0；
N20  G01  Z-55.0；
  S800；
  G70  P10  Q20；
  G40  G00  X100.0  Z50.0；
  T0202；  //退刀槽加工
  S400；
  G00  X22.0  Z-19.0；
  G75  R0.5；
  G75  X16.0  Z-20.0  P1000  Q1000  F20.0；
  G00  X100.0  Z50.0；
  T0303；  //螺纹加工
  G00  X22.0  Z2.0；
  G76  P020060  Q100  R300；
  G76  X16.75  Z-18.0  P1624  Q500  F2.5；
  G00  X100.0  Z50.0；
  T0202  //切断零件
  S200；
  G00  X40.0  Z-53.0；
  G01  X2.0  F20.0；
       X40.0；
  G00  X100.0  Z50.0；
  M05；
  M30；
```

六、综合编程实例

【示例 11-5】　零件图如图 11-23 所示，毛坯棒料尺寸为 φ50mm×85mm，毛坯材料为 45 钢，对该零件的加工进行工艺设计并编写数控加工程序。

（1）零件结构工艺性分析　该零件为轴类零件，外表面为阶梯轴，并有梯形螺纹要素；内表面有普通螺纹要素。为了方便内、外螺纹加工，设计有螺纹退刀槽结构。

工件左端外圆柱直径尺寸及其精度为 $\phi40^{0}_{-0.021}$ mm，并有长度尺寸精度要求 $20^{+0.10}_{0}$ mm，内螺纹 M24 螺距为 2mm，中径和顶径精度等级均为 7 级，螺纹基本偏差为 H。

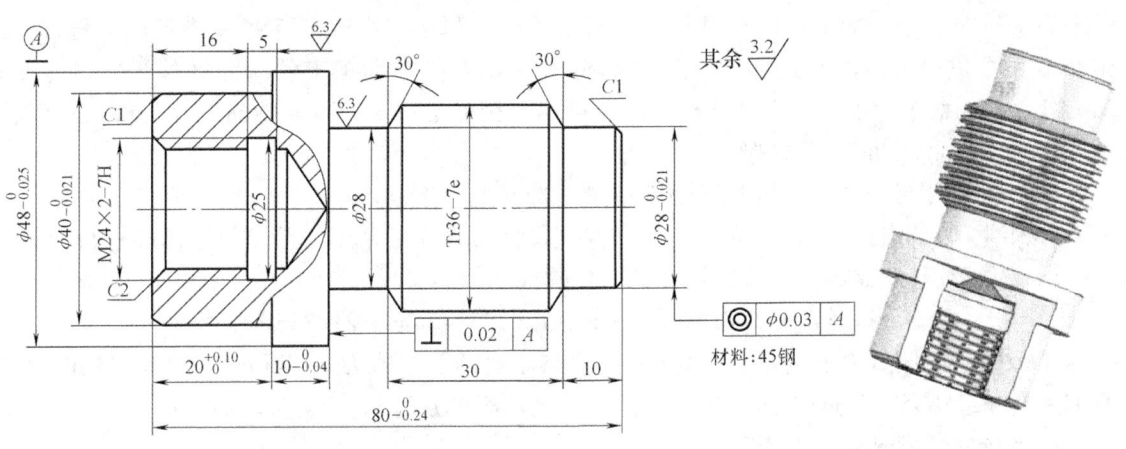

图 11-23　数控车床螺纹车削加工综合编程图例

工件右端有 $\phi 28_{-0.021}^{0}$ mm 圆柱体、$\phi 48_{-0.025}^{0}$ mm 圆柱体，Tr36 梯形螺纹螺距为 3mm，中径和顶径精度等级均为 7 级，螺纹基本偏差为 e，梯形螺纹左端有直径为 $\phi 28$ mm 的宽槽。

工件全长为 $80_{-0.24}^{0}$ mm。除了内、外螺纹退刀槽处表面粗糙度为 $Ra6.3\mu m$ 外，其余所有加工面的表面粗糙度均为 $Ra3.2\mu m$。

图样上标注有垂直度要求和同轴度要求，无热处理和硬度要求。

（2）机床选择　可选用通用卧式数控车床，如选用济南第一机床厂生产的卧式数控车床，配置 FANUC 0i Mate TC 数控系统。

（3）毛坯选择　选择 $\phi 50$ mm×85mm 圆柱棒料，材料为 45 钢。

（4）工件装夹方式确定　先选用三爪自定心卡盘夹持棒料，加工出工件左端内、外圆柱面形状，然后工件调头，用软卡爪夹持工件已加工表面并加工出工件右端形状。

（5）刀具选择　根据工件轮廓形状及零件加工精度要求选择刀具，螺纹车削加工综合编程刀具卡见表 11-7。

表 11-7　螺纹车削加工综合编程刀具卡

零件图号	WHCY2032-2033	零件名称	螺纹车削加工综合编程举例零件
使用设备名称	数控车床	使用设备型号	MJ-50
换刀方式	回转刀架换刀	程序编号	O2032、O2033
序号	刀具刀号	刀具名称及规格	刀尖半径及刀柄尺寸/mm	数量	加工表面
1	T0101	90°外圆车刀	20×20	1	端面及外圆表面
2	T0202	内孔车刀	20×20	1	内圆柱表面
3	T0303	内切槽刀（3mm 宽）	20×20	1	内槽
4	T0404	内螺纹车刀	20×20	1	内螺纹
5	T0505	外切槽刀（3mm 宽）	20×20	1	外槽
6	T0606	梯形螺纹车刀	20×20	1	外螺纹
备注		日期			
编制		审核		批准	第　页　共　页

（6）零件加工工艺路线设计　用外圆表面粗、精车循环指令 G71、G70 对工件左阶梯圆

柱表面进行粗、精车加工；用 G90 指令进行工件内孔预加工；用 G75 指令进行内沟槽加工；用 G76 指令进行工件内螺纹加工。工件调头，用 G94 指令加工工件端面并保证工件全长；用 G71、G70 指令对工件右端外圆柱表面进行粗、精加工；用 G75 指令进行梯形螺纹退刀槽加工；用 G76 指令进行梯形螺纹加工。

(7) 切削用量选择　各种加工切削用量的选择见表 11-8。

(8) 主要尺寸计算　为了便于编程和保证零件尺寸加工精度，部分尺寸需要进行计算。

1) 内螺纹尺寸 M24×2-7H 尺寸计算：螺纹小径名义尺寸为：

$$D_1 = D - 1.0825P = 24mm - 1.0825 \times 2mm = 21.835mm$$

小径的基本偏差为下偏差，值为 0；查表得小径的公差值为 0.475mm，所以小径的尺寸及偏差为 $\phi 21.835^{+0.475}_{0}$ mm，据此按照中间值确定小径的加工尺寸为 $\phi 22.073$ mm。

内螺纹的牙型高度为 1.299mm。

2) 梯形螺纹 Tr36×3-7e 尺寸计算：图 11-23 中所示的梯形螺纹为外螺纹，大径名义尺寸 $d = 36$ mm，大径的基本偏差为上偏差 es，查表得 es = 0.085mm，大径公差值为 $T_d = 487.5 \mu$m，所以大径的尺寸及偏差为 $\phi 36^{-0.085}_{-0.573}$ mm，加工时取中间值，大径加工尺寸为 $\phi 35.67$ mm。

梯形螺纹的牙型高度为：

$$h_3 = 0.5P + a_c = 0.5 \times 3mm + 0.25mm = 1.75mm$$

梯形螺纹小径尺寸为：

$$d_3 = d - 2h_3 = 36mm - 2 \times 1.75mm = 32.5mm$$

螺纹车削加工综合编程工序卡见表 11-8。

表 11-8　螺纹车削加工综合编程工序卡

零件图号	WHCY2032-2033		零件名称		螺纹车削加工综合编程举例零件
使用设备名称	数控车床		使用设备型号		MJ-50
换刀方式	回转刀架换刀		程序编号		O2032、O2033
	刀具表		量具表		工具表
刀具刀号	刀具名称	序号	量具名称及规格	序号	工具名称及规格
T01	90°外圆车刀	1		1	
T02	内孔车刀	2		2	
T03	内切槽刀（3mm 宽）	3		3	
T04	内螺纹车刀	4		4	
T05	外切槽刀（3mm 宽）	5		5	
T06	梯形螺纹车刀	6		6	

序号	工艺内容	切削用量			备注
		a_p/mm	n/r·min^{-1}	f	
1	工件端面加工，平端面并见光				
2	预钻工件内孔，直径 $\phi 20$mm，深 23mm				
3	工件左端外圆表面及台阶面粗加工	1.5	600	100mm/min	

(续)

序号	工艺内容	切削用量			备注
		a_p/mm	n/r·min^{-1}	f	
4	工件左端外圆表面及台阶面精加工	0.5	1000	60mm/min	
5	工件左端内孔粗加工	1.7	800	50mm/min	
6	工件左端内孔精加工	0.4	800	50mm/min	
7	内螺纹退刀槽加工	1.5	400	50mm/min	
8	内螺纹粗精加工	递减	500	2mm/r	
9	工件调头				
10	端面加工并保证全长	2、2、1	600	100mm/min	
11	工件右端外圆表面及台阶面粗加工	1.5	600	100mm/min	
12	工件右端外圆表面及台阶面精加工	0.5	1000	60mm/min	
13	梯形螺纹退刀槽加工	1.5	400	50mm/min	
14	梯形螺纹加工	递减	500	3mm/r	
编制		审核		批准	
日期				第　页	共　页

（8）加工程序编制：加工工件时，分别以工件左、右端面中心为工件坐标系原点，加工程序如下：

O2032；//工件左端加工
　T0101；//外圆柱表面加工
　G98　M03　S600；
　G00　X52.0　Z2.0；
　G71　U1.5　R0.5；
　G71　P10　Q20　U0.5　W0.1
F100.0；
N10　G00　G42　X33.98；
　G01　X39.98　Z-1.0　F60.0；
　　　Z-20.05；
N20　　　X52.0；
　S1000；
　G70　P10　Q20；
　G00　G40　X100.0　Z50.0；
　T0202；//螺纹顶径加工
　M03　S800；
　G00　X19.0　Z2.0；
　G90　X21.7　Z-22.0　F50.0；
　　　X22.07；

G00　X100.0　Z80.0；
T0303；//内沟槽加工
M03　S400；
G00　X21.0　Z2.0；
　　　Z-19.0；
G75　R0.5；
G75　X25.0　Z-21.0　P1500
Q2000　F50.0；
G00　Z2.0；
G00　X100.0　Z50.0；
T0404；//内螺纹加工
M03　S500；
G00　X21.0　Z2.0；
G76　P020060　Q100　R200；
G76　X24.0　Z-19.0　P1299　Q450
F2.0；
G00　X100.0　Z50.0；
M05；
M30；

O2033； //工件右端加工
 T0101； //端面及外圆柱表面加工
 G98　M03　S600；
 G00　X52.0　Z7.0；
 G94　X-1.0　Z3.0　F100.0；
  Z1.0；
  Z0.0；
 G00　Z2.0；
 G71　U2.0　R0.5；
 G71　P10　Q20　U0.5　W0.1　F100；
N10　G00　G42　X21.989；
 G01　X27.989　Z-1.0　F60.0；
  Z-10.0；
  X35.67　Z-12.27；
  Z-50.0；
  X47.978；
N20　 Z-65.0；
 S1000；
 G70　P10　Q20；
 G00　G40　X100.0　Z50.0；

T0202； //外螺纹退刀槽加工
 M03　S400；
 G00　X38.0　Z-43.0；
 G75　R0.5；
 G75　X28.0　Z-50.0　P1500　Q1750　F50.0；
 G00　X35.67　Z-37.7；
 G01　X28.0　Z-40.0；
  Z-50.0；
  X50.0；
 G00　X100.0　Z50.0；
T0303； //梯形螺纹加工
 M03　S500；
 G00　X38.0　Z-8.0；
 G76　P020030　Q100　R200；
 G76　X32.5　Z-44.0　P1750　Q500　F3.0；
 G00　X100.0　Z50.0；
M05；
M30；

项目十二 孔加工固定循环指令编程

项目综述

数控车削加工中心配置有刀库和动力头,可以对回转体类工件进行端面和径向面的钻孔、扩孔、铰孔、攻螺纹和镗孔加工,相应的数控系统具备钻孔固定循环指令 G83/G87、攻螺纹固定循环指令 G84/G88、镗孔固定循环指令 G85/G89,这些指令的应用可以极大地简化程序结构。实施本项目所训练的专业技能和应掌握的关联知识见表 12-1。

表 12-1 专业技能和关联知识

专业技能	关联知识
熟练应用正面/侧面钻孔固定循环指令 G83/G87	孔加工工艺设计
熟练应用正面/侧面攻螺纹固定循环指令 G84/G88	钻孔固定循环指令 G83/G87 格式与应用
熟练应用正面/侧面镗孔固定循环指令 G85/G89	攻螺纹固定循环指令 G84/G88 格式与应用
各种孔加工方式(钻、扩、铰、镗、攻螺纹)刀具选用	镗孔固定循环指令 G85/G89 格式与应用
各种孔加工方式切削用量选用	编程注意事项
	孔加工刀具选用
	孔加工切削用量选用

操作要领及关联知识

针对数控车削加工中心,配置有刀库及动力头,常用到孔加工固定循环指令。

一、孔加工固定循环指令类型

1. 常用孔加工固定循环指令

常用孔加工固定循环指令见表 12-2。

表 12-2 常用孔加工固定循环指令

G 代码	钻孔轴	切入动作	孔底动作	回退动作(正向)	应用
G80					取消固定循环
G83	Z 轴	切削进给/断续	暂停	快速移动	端面(正)钻孔循环
G84	Z 轴	切削进给	暂停→主轴反转	切削进给	端面(正)攻螺纹循环
G85	Z 轴	切削进给	—	切削进给	端面(正)镗孔循环
G87	X 轴	切削进给/断续	暂停	快速移动	外圆(侧)钻孔循环
G99	X 轴	切削进给	暂停→主轴反转	切削进给	外圆(侧)攻螺纹循环
G89	X 轴	切削进给	暂停	切削进给	外圆(侧)镗孔循环

2. 孔加工固定循环指令类型

孔加工固定循环指令按照用途分为三类,分别是:

1) 钻、铰循环指令分别是端面钻孔循环指令 G83,外圆钻孔循环指令 G87。

2) 攻螺纹循环指令分别是端面攻螺纹循环指令 G84，外圆攻螺纹循环指令 G88。

3) 镗孔循环指令分别是端面镗孔循环指令 G85，外圆镗孔循环指令 G89。

二、孔加工固定循环指令基本动作分析

如图 12-1 所示，孔加工固定循环指令通常包含以下六个操作步骤：

(1) 孔中心定位　刀具快速进给定位到孔中心，孔中心定位尺寸由参数 X、C 或 Z、C 指定。

(2) 操作 2　刀具快速移动至 R 平面。R 平面又称为参考平面，是刀具由快进改为工进的平面。该平面一般距离工件表面有一个距离，这个距离叫引入距离。引入距离的选取，随加工方式和所用刀具而不同，应以保证加工的安全为前提。具体选择方法如下：

1) 在已加工表面上钻孔、镗孔、铰孔时，引入距离一般为 1~3mm（或 2~5mm）。

2) 攻螺纹时，引入距离一般为 5~10mm。

3) 编程时，根据零件、机床的具体情况选取。

(3) 操作 3　切削进给加工到孔底。根据指令中给定的孔深度，可以一次加工到孔底，或分段加工到孔底（间歇进给）。加工到孔底后，根据情况还要考虑超越一段距离。例如，钻头顶角为 118°，钻孔时轴向超越距离约为 $0.3d + (1~2)$ mm，如图 12-2 所示。至于丝锥、镗刀等，也应根据刀具情况决定超越距离。

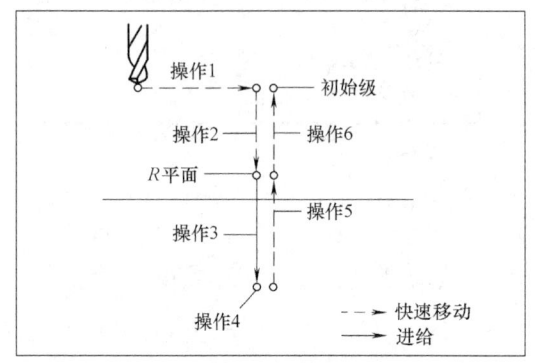

图 12-1　孔加工固定循环指令操作顺序

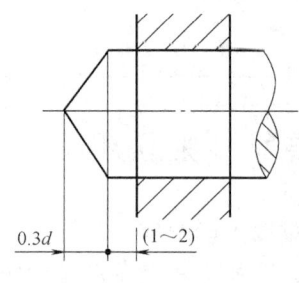

图 12-2　钻头钻孔时的超越距离

(4) 操作 4　孔底动作。根据孔的不同，孔底动作也不同。有的孔不需孔底动作；有的孔需要钻头暂停动作，以保证孔底光滑；有的孔需要钻头主轴在孔底反向旋转。

(5) 操作 5　返回到 R 平面。刀具从孔中退出的方式有快速移动退出和切削进给退出。

(6) 操作 6　从 R 平面到初始平面。这部分动作在工件之外，为刀具快速移动。初始平面是开始执行固定循环时，刀位点的轴向位置。初始平面到工件表面的距离可以任意设定。

三、孔加工固定循环指令格式

1. 指令格式

孔加工固定循环指令格式为：

$$\begin{Bmatrix} G83 \\ \cdots \\ G89 \end{Bmatrix} \begin{Bmatrix} G98 \\ G99 \end{Bmatrix} \begin{Bmatrix} X(U)\_C(H)\_ \\ Z(W)\_C(H)\_ \end{Bmatrix} \begin{Bmatrix} Z(W)\_ \\ X(U)\_ \end{Bmatrix} R\_ [Q\_P\_] F\_ [K\_] M\_;$$

2. 指令格式说明

编程指令由以下六部分组成：

(1) 孔加工方式选择指令 G83~G89 该指令作用为选择孔加工循环方式，各指令应用场合见表 12-2，这些指令均为模态指令，同组代码可以替换。

(2) 刀具返回方式选择指令 G98、G99 G98 指令使刀具从孔底返回到初始平面，G99 指令使刀具从孔底返回到 R 平面，如图 12-3 所示。通常 G99 指令用于第一次及中间次钻孔操作，G98 指令用于最后一次钻孔操作。

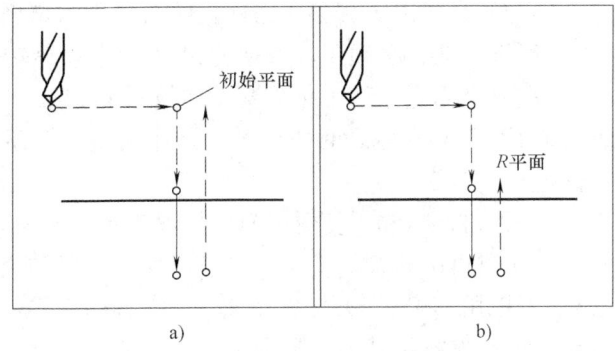

图 12-3 刀具返回平面的方式选择
a) 返回初始平面 b) 返回 R 平面

(3) 孔位数据 用坐标值指令孔在定位平面内的位置，其中 X（U）__ C（H）__为孔在端面的定位；Z（W）__ C（H）__为孔在外圆的定位。在指定的孔位执行孔加工固定循环时，可用绝对值（G90）编程，也可以用相对值（G91）编程。

(4) 孔底数据 指定加工轴数据，可用绝对值（G90）或增量值（G91）指定。端面加工时指定 Z 轴，外圆加工时指定 X 轴。若为增量值指定，则是指从 R 平面到孔底的距离。X（U）参数可半径值或直径值指定。

(5) R 平面数据 采用增量值指定，指从初始平面到 R 平面的距离，且总是作为半径值处理。孔加工时，从初始点平面到 R 平面，或者从 R 平面到初始平面，移动方式均为快速移动。

(6) Q 值 为每次切削的背吃刀量，为无符号增量值。

(7) P 值 为暂停时间，设定方法与 G04 指令相同。

(8) F 值 指定切削进给速度（mm/min），若为攻螺纹方式，切削进给速度 = 主轴转速 × 螺距。

孔加工数据为模态值，不变的数据不必重复指定，一旦指定，不受 G90/G91 指令和孔加工循环方式改变的影响，只有在执行 G80 指令或 01 组 G 代码指令时，才清除 F 以外的所有加工数据。

(9) 重复次数 K 值 指定固定循环从动作 1 到动作 6 的重复次数，K 的最大值为 9999 次，默认值为 1 次。只有在被指定的程序段有效。如果 K 值指定为零，只存储加工数据，不加工孔。如果孔位数据为增量值指定时，则加工出等距孔。若用绝对值指定时，则在同一个位置重复进行孔加工。

(10) M 代码 C 轴夹紧/松开用的 M 代码。当程序中指令了 C 轴夹紧/松开的 M 代码时，在刀具定位后以快速移动速度移动到 R 平面之前，CNC 送出使 C 轴夹紧的 M 代码。在刀具退到 R 平面之后，CNC 发出使 C 轴松开的 M 代码（夹紧代码 +1），刀具作停顿之后，继续执行后面的程序。

四、孔加工固定循环指令应用说明

1) G83、G85、G87 和 G89 指令是模态 G 代码，能够保持有效直至其被取消。在指令有效时，其状态是钻孔方式。在钻孔方式下钻孔数据一旦指定就保持不变直至修改或取消。在固定循环开始时指定所有必须的钻孔数据，当固定循环执行时，只指定修改数据即可。

2）循环之前，必须用辅助功能 M03 使主轴旋转。

3）在每个固定循环中，R 值（初始平面和 R 平面之间的距离）总是作为半径值处理。Z 或 X（R 平面和孔底之间的距离）是作为直径值还是半径值处理，取决于数控机床的规格及参数设定。

4）操作时，若利用复位或急停按钮使数控装置停止，固定循环加工和加工数据仍然被存储着，所以再次开始加工时，应该使固定循环剩余动作运行结束。

5）可以用 G80 指令取消孔加工固定循环，若程序中使用代码 G00、G01、G02、G03 时，循环加工方式及其加工数据也全部取消。

五、程序应用及编程实例

1. 钻孔固定循环指令编程（G83/G87）

该指令是用于深孔钻循环还是用高速深孔钻循环取决于系统 5101 号参数的第 2 位 RTR 的设定，如果不指定每次钻孔的背吃刀量就默认为用于普通钻孔循环。

（1）高速深孔钻循环指令（G83/G87）如果钻孔固定循环指令用于高速深孔钻循环，则参数 RTR（NO.5101#2）=0。执行高速深孔钻循环时，以切削进给速度钻孔，以指定的回退距离回退，周期性地重复进行这样的循环直至孔底，在回退时把切屑排出孔外，刀具进给路线如图 12-4 所示。

（2）深孔钻循环指令（G83/G87）如果钻孔固定循环指令用于深孔钻循环，则参数 RTR（NO.5101#2）=1。刀具进给路线如图 12-5 所示。

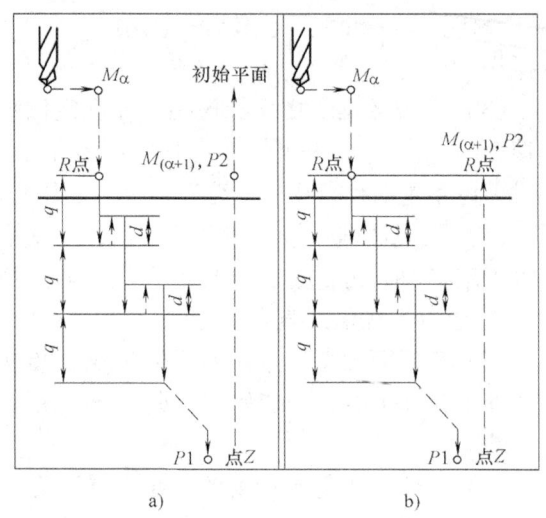

图 12-4 高速深孔钻循环指令 G83/G87 进给路线
a）返回初始平面 b）返回 R 平面

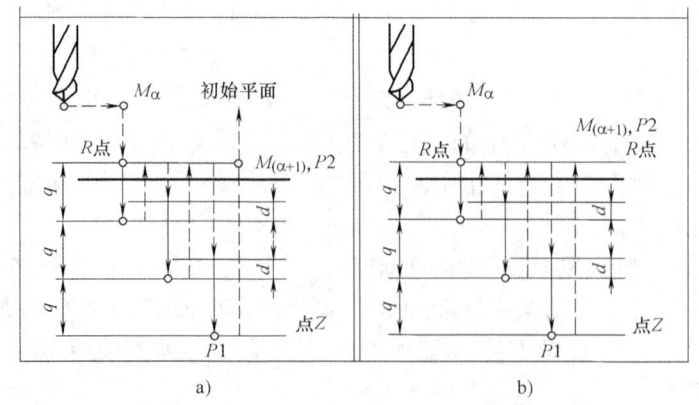

图 12-5 深孔钻循环指令 G83/G87 进给路线
a）返回初始平面 b）返回 R 平面

2. 攻螺纹固定循环指令编程（G84/G88）

该指令用于攻螺纹，且当刀具到达孔底时主轴反转退回。刀具进给路线如图 12-6 所示，主轴顺时针方向旋转执行攻螺纹，到达孔底时主轴反向旋转退回，这样运行就形成螺纹。在攻螺纹期间进给速度倍率被忽略，进给暂停时不停止加工，直到完成返回操作。

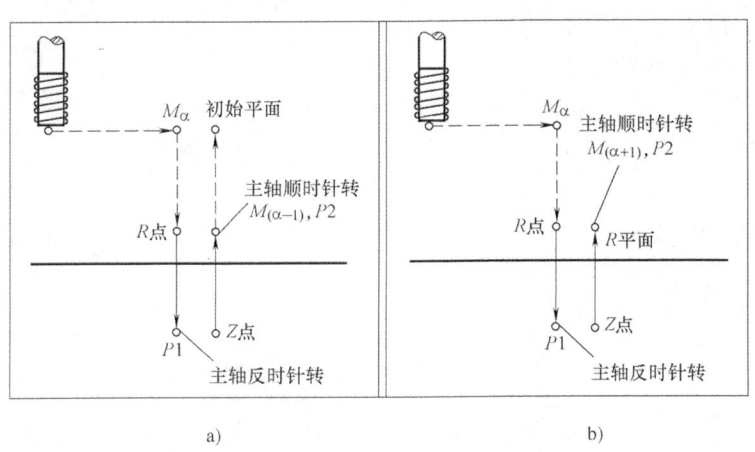

图 12-6　攻螺纹固定循环指令 G84/G88 进给路线
a）返回初始平面　b）返回 R 平面

3. 镗孔固定循环指令编程（G85/G89）

应用镗孔循环指令，刀具在定位后快速移动到 R 平面，从 R 平面到 Z 点执行钻孔。在刀具到达 Z 点后，以切削进给速度的二倍速度返回到 R 平面，刀具进给路线如图 12-7 所示。

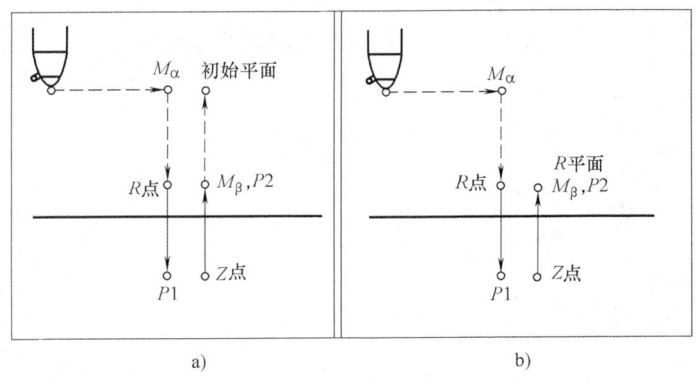

图 12-7　镗孔固定循环指令 G85/G89 走刀路线
a）返回初始平面　b）返回 R 平面

4. 取消钻孔固定循环指令编程（G80）

指令 G80 用于取消钻孔固定循环。在钻孔固定循环取消后执行正常操作，清除 R 和 Z 参数，其他钻孔数据也被取消。

5. 编程实例

【示例 12-1】　零件图如图 12-8 所示，编写端面孔加工程序。

工件坐标系建立如图 12-8 所示，程序编写如下：

O2034;
T0101;
M03　S1000;
G00　X50.0　C0.0;
G83　Z-40.0　R-5.0　Q5000　F5.0;
　　　C90.0　Q5000;
　　　C180.0　Q5000;
　　　C270.0　Q5000.0;
G80;
G00　X100.0　Z50.0;
M05;
M30;

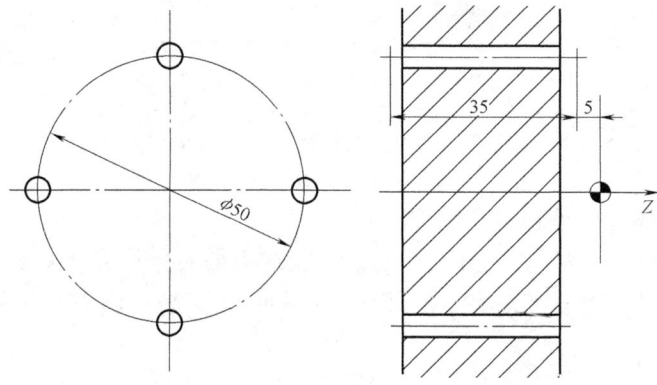

图 12-8　孔加工固定循环指令编程举例图例

项目十三　子程序的编写与调用

项目综述

数控车床零件加工时对于某一固定的加工顺序或重复出现的结构可以采用子程序调用方式，以简化程序结构。实施本项目所训练的专业技能和应掌握的关联知识见表 13-1。

表 13-1　专业技能和关联知识

专业技能	关联知识
零件结构特点分析	零件结构工艺性分析
子程序应用场合分析	子程序编写格式
子程序编写	子程序调用格式
子程序调用	子程序应用注意事项

操作要领及关联知识

一、主程序和子程序的认知

1. 主程序

数控车床的加工程序可以分为主程序和子程序两种。主程序是一个完整的零件加工程序，或是零件加工程序的主体部分。它与被加工零件或加工要求一一对应，不同的零件或不同的加工要求，都有唯一的主程序与之对应。

2. 子程序

在编制加工程序时，如果一个程序中包含固定加工顺序或频繁重复图形，则会有一个程序段在一个程序中多次出现，或者在几个程序中都要使用该程序段。这个典型的程序段可以做成固定程序存放在存储器中，并单独加以命名，这个程序段就称为子程序。

子程序一般都不可以作为独立的加工程序使用，它只能通过主程序进行调用，实现加工中的局部动作。子程序执行结束后，能自动返回到相应的主程序中。

二、子程序的嵌套功能

为了进一步简化加工程序，可以允许其子程序再调用另一个子程序，这一功能称为子程序的嵌套。

当主程序调用子程序时，该子程序被认为是一级子程序，FANUC 0i Mate TC 系统中的子程序允许 4 级嵌套，如图 13-1 所示。

三、子程序的编写与调用

1. 子程序编写

在大多数数控系统中，子程序和主程序并无本质区别。子程序和主程序在程序号及程序内容方面基本相同，仅结束标记不同。主程序用 M02 或 M30 表示结束，而在 FANUC 0i 系统中则用 M99 表示子程序结束，并实现自动返回主程序功能。子程序格式如图 13-2 所示。

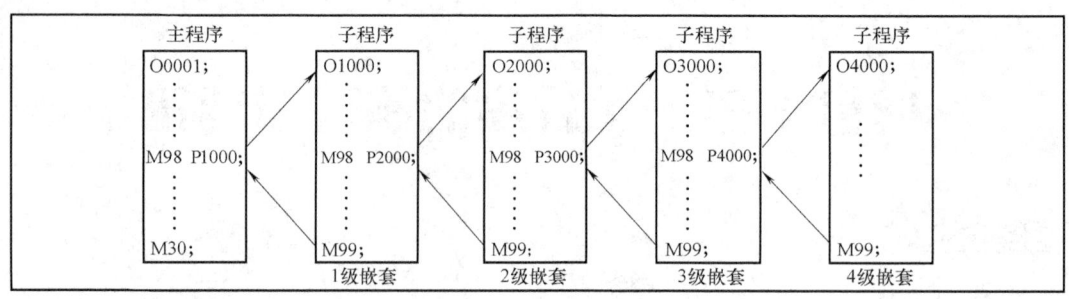

图 13-1 子程序的 4 级嵌套

如编写下面子程序：

O2035；
G01　U-1.0　W0.0；
……
G28　U0.0　W0.0；
M99；

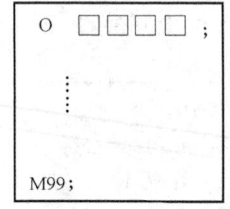

图 13-2 子程序格式

对于子程序结束指令 M99，不一定要单独书写一行，如上面子程序中最后两段可写成"G28　U0.0　W0.0　M99；"。

2. 子程序调用

在 FANUC 0i 数控系统中，子程序的调用可以通过辅助功能指令 M98 进行，同时在调用格式中将子程序号地址改为"P"。子程序调用格式有两种，分别如下：

（1）格式一　将子程序号与调用次数分别用不同字母引领：

$$M98\quad P××××\quad L××××;$$

其中，地址符 P 后面的四位数字为子程序号，地址符 L 后面的数字表示重复调用次数。子程序号及调用次数前面的 0 可以省略不写；如果只调用子程序一次，则地址 L 及其后面的数字均可省略不写。

（2）格式二　将子程序号与调用次数用同一个字母引领：

$$M98\quad P××××××××;$$

其中地址符 P 后面的 8 位数字中，前 4 位表示调用次数，后 4 位表示子程序号，采用这种调用格式时，调用次数前的 0 可以省略不写，但子程序号前的 0 不可以省略。

（3）编程举例　子程序编写及调用举例如下：

主程序：　　　　　　　　　　　　　　　子程序：

O2036；　　　　　　　　　　　　　　　O0201；
N10　……；　　　　　　　　　　　　　……
N20　M98　P0201；　　　　　　　　　　M99；
N30　……；
……
……
N60　M98　P20202；　　　　　　　　　O0202；
……　　　　　　　　　　　　　　　　　……
N100　M30；　　　　　　　　　　　　　M99；

四、子程序的编写注意事项

1）在编写子程序时，最好采用增量坐标编程方式。

2）刀尖圆弧半径补偿模式中的程序不能被分隔指令。

五、编程实例

【示例 13-1】 零件图如图 13-3 所示。已知毛坯直径为 φ32mm，长度为 100mm，编写零件加工程序。

以工件右端面中心为工件坐标系原点，选用 T0101（外圆端面车刀）、T0202（切槽刀，刀宽 2mm）作为加工刀具，根据零件特点，槽加工采用子程序编写。程序编写如下：

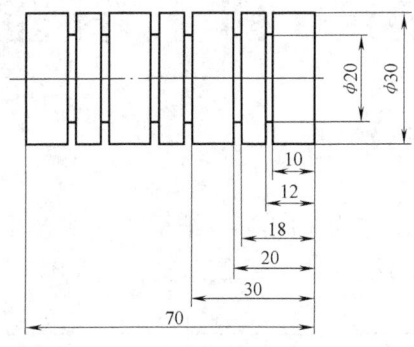

图 13-3 子程序编程与调用编程举例图例

O2037；
T0101；
M03 S1000；
G00 X35.0 Z2.0；
G90 X30.0 Z-75.0 F80.0；
G00 X100.0 Z50.0；
T0202；
G00 X32.0 Z0.0；
M98 P0203 L3；
G00 W-12.0；
G01 X2.0 F20.0；
G00 X100.0
     Z50.0；
M05；
M30；

O0203；
G00 W-12.0；
G01 U-12.0 F20.0；
G04 X1.0；
G00 U12.0；
W-8.0；
G01 U-12.0 F20.0；
G04 X1.0；
G00 U12.0；
M99；

项目十四　非圆曲线用户宏程序编程与调用

项目综述

对于结构相近、结构相同或含非圆曲线要素（椭圆、双曲线等）零件的粗、精加工，可以通过宏程序编制来实现。实施本项目所训练的专业技能和应掌握的关联知识如表 14-1。

表 14-1　专业技能和关联知识

专业技能	关联知识
熟练使用宏变量及宏程序语句 编写零件粗、精加工宏程序 编写具有相同轮廓要素宏程序 编写含椭圆要素宏程序 编写含双曲线要素宏程序 编写含抛物线要素宏程序	宏变量类型、宏变量运算、宏变量语句 非圆曲线拟合类型 变量运算 宏程序语句及宏程序控制语句格式与应用 宏程序调用 非圆曲线方程 应用宏程序对典型零件编程技巧

操作要领及关联知识

一、非圆曲线轮廓加工特点

1. 非圆曲线轮廓定义

数控加工中把除直线与圆弧之外可以用数学方程式表达的平面廓形曲线，称为非圆曲线，其数学表达式形式可以用 $y=f(x)$ 直角坐标的形式给出，也可以用极坐标形式或参数方程形式给出。通过坐标变换，后两种形式的数学表达式，可以转换为直角坐标表达式。数控车床上加工的非圆曲线轮廓零件，主要是各种以非圆曲线为母线的回转体零件为主。图 14-1 所示为具有非圆曲线轮廓的回转体零件，零件右部含有椭圆轮廓。

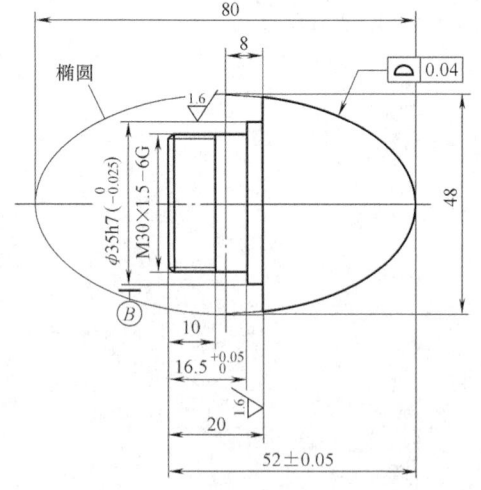

图 14-1　零件非圆曲线轮廓图例

2. 非圆曲线轮廓拟合类型

目前绝大部分数控系统都没有提供完善的非圆曲线插补功能。因此非圆曲线的加工主要用直线段或圆弧段去逼近非圆曲线，这种处理方法称拟合处理。拟合线段与轮廓曲线的交点或切点称为节点。

对于非圆曲线轮廓拟合，常见的有直线段拟合和圆弧段拟合两种方法。

（1）采用直线段拟合非圆曲线　这种拟合方法数学处理一般较简单，但计算的坐标数据较多，且各直线段间连接处存在尖角。由于在尖角处，刀具不能连续地对零件进行切削，零件表面会出现硬点或切痕，使加工表面质量变差。

（2）采用圆弧段拟合非圆曲线　这种拟合方法可以大大减少程序段的数量，其数值计算分为两种情况，一种为相邻两圆弧段间彼此相交；另一种则采用彼此相切的圆弧段来逼近非圆曲线。由于后一种方法相邻圆弧段彼此相切，一阶导数连续，工件表面整体光滑，从而有利于加工表面质量的提高。但是圆弧段拟合的数学处理过程比直线段拟合要复杂一些。

3. 非圆曲线轮廓拟合数学处理方法

（1）常见数学处理方法　非圆曲线的节点计算过程一般比较复杂。目前生产中采用的数学处理方法也较多。采用直线段拟合时常见的处理方法有等步距法、等误差法、等程序段法等；采用圆弧段拟合时常见的处理方法有曲率圆法、三点圆法、相切圆法等。其中等步距法直线段拟合非圆曲线由于计算、编程均相对简单，因此应用广泛。

（2）等步距法　等步距法是指在一个坐标轴方向上，将拟合总增量（直角坐标系中指某方向尺寸总量，极坐标系中指转角或径向坐标的总增量）等分后，对设定节点进行坐标值计算，如图14-2所示。图14-2a所示为将工件轮廓坐标轴方向总长按照精度要求等分后，以每个等分作为步距进行拟合；图14-2b所示为将工件轮廓包含总角度等分后，以角度单位作为步距进行拟合。步距越小，拟合精度越高。

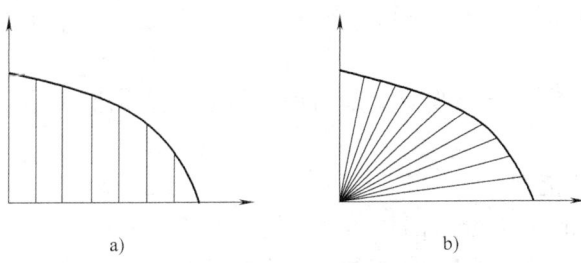

图14-2　非圆曲线轮廓等步距拟合
a）长度等步距拟合　b）角度等步距拟合

二、用户宏程序初识

1. 用户宏程序

用户宏程序是指一组带有变量的以子程序形式存储并能实现某种功能的程序。宏程序的主要特征是在宏程序主体中使用了变量，可以进行变量之间的运算以及用宏程序指令对变量进行赋值。

2. 宏程序指令

调用宏程序的指令称为宏程序指令，或宏程序调用指令。

3. 宏程序与普通程序相比较

普通程序的程序字为常量，一个程序只能描述一个几何形状，缺乏灵活性和适用性；用户宏程序由于允许使用变量、算术和逻辑运算及条件转移等，使用户能编制各种复杂零件（如含非圆曲线轮廓的零件）的加工程序，同时对于不同零件或同一零件的不同部分但具有相似形状的轮廓也可以通过宏程序来编程。

三、宏程序编程适用范围

1) 宏程序编程适用于手工编制抛物线、椭圆、双曲线等没有插补指令的数控加工程序。
2) 宏程序编程适用于编制工艺路线相同、但位置参数不同的系列零件的加工程序。
3) 宏程序编程适用于编制形状相似、但尺寸不同的系列零件的加工程序。
4) 宏程序编程能扩大数控车床的编程范围，简化零件加工程序。

四、用户宏程序编程基础

1. 变量形式

变量由变量符号和变量序号组成，不同数控系统的变量符号是不同的。FANUC 0i 数控系统的变量符号均用"#"表示，如：#i（i = 1，2，3，…）；变量还可以用表达式来表示，此时表达式必须封闭在括号内，如：#［#1 + #2 − 12］。

2. 变量引用与赋值

将跟随在地址符后的数值用变量来代替的过程称为变量的引用或引用变量。同样，引用变量也可以采用表达式。

例如直线插补指令：G01 X［#5 + #4 + #8］ Z#25 F［3 × #9］；

如果对变量进行赋值：#5 = 60.0，#4 = 20.0，#8 = 10.0，#25 = 35.0，#9 = 40.0；则程序段表示为："G01 X90.0 Z35.0 F120.0；"。

（1）变量引用精确位数 变量被引用时，其值根据地址的最小设定单位自动舍入。如以 0.001mm 为单位执行时，若执行指令"G01 X#1；"且赋值#1 = 9.3487，实际执行指令为"G01 X9.349；"。

（2）变量引用值变号 若要改变变量引用值符号，应该把负号"−"放在"#"前面，如"G00 X − #3；"。

3. 变量类型及取值范围

变量根据变量号范围可以分成四种类型，见表 14-2。

表 14-2 FANUC 0i 数控系统变量类型

变量号	变量类型	功　　能
#0	空变量	该变量总是空，没有值能赋给该变量
#1 ~ #33	局部变量	局部变量只能用在宏程序中储存数据，例如运算结果。当断电时，局部变量被初始化为空。调用宏程序时，自变量对局部变量赋值
#100 ~ #199 #500 ~ #999	公共变量	公共变量在不同的宏程序中意义相同。当断电时，变量#100 ~ #199 初始化为空；变量#500 ~ #999 数据保存，即使断电也不丢失数据
#1000 ~	系统变量	系统变量用于读和写 CNC 运行时的各种数据，例如刀具的当前位置和补偿值

其中局部变量和公共变量可以取 0 值或下面范围中的值：-10^{47} ~ -10^{-29} 或 10^{-29} ~ 10^{47}，如果计算结果超出有效范围，则发出 P/S 报警 NO.111。

4. 变量运算

（1）宏程序运算指令 宏程序的运算包括算术运算、函数运算、数据处理运算、逻辑运算以及代码转换运算等，见表 14-3。

表 14-3　宏程序常见运算指令

功能		格式	备注
定义	变量定义	#i = #j	
算术运算	加法	#i = #j + #k;	
	减法	#i = #j – #k;	
	乘法	#i = #j * #k;	
	除法	#i = #j/#k;	
函数运算	正弦	#i = SIN [#j];	函数运算时角度以度（°）为单位进行指定，如 90°30′运算时应表示为 90.5°
	反正弦	#i = ASIN [#j];	
	余弦	#i = COS [#j];	
	反余弦	#i = ACOS [#j];	
	正切	#i = TAN [#j];	
	反正切	#i = ATAN [#j] / [#k];	
数据处理运算	平方根	#i = SQRT [#j];	
	绝对值	#i = ABS [#j];	
	舍入	#i = ROUND [#j];	
	上取整	#i = FIX [#j];	
	下取整	#i = FUP [#j];	
	自然对数	#i = LN [#j];	
	指数函数	#i = EXP [#j];	
逻辑运算	或	#i = #jOR#k;	逻辑运算一位一位地按照二进制数执行
	异或	#i = #jXOR#k;	
	与	#i = #jAND#k;	
代码转换运算	从 BCD 转换为 BIN	#i = BIN [#j];	用于与 PMC 的信号交换
	从 BIN 转换为 BCD	#i = BCD [#j];	

（2）宏程序运算指令说明　宏程序运算指令使用有以下几点注意事项：

1）宏程序指令进行三角函数运算时，角度单位为"°"；

2）宏程序数学运算的优先次序为：函数运算（SIN、COS、ATAN 等）、乘法除法类运算（*、/、AND 等）、加法减法类运算（+、-、OR、XOR 等）。

例如"#1 = #2 + #3 * SIN [#4];"，运算次序为：函数 SIN [#4] →乘法运算#3 * SIN [#4] →加法运算#2 + #3 * SIN [#4]。

3）宏程序运算次序的改变　通过使用方括号可以改变宏程序运算次序，函数中的括号允许嵌套使用，但括号最多只允许嵌套 5 级，超过 5 级时会出现报警。

例如括号的嵌套使用："#i = COS [[[#2 + #3] * #4 + #5] /#6];"运算次序为：加法运算#2 + #3→乘法运算 [#2 + #3] * #4→加法运算 [#2 + #3] * #4 + #5→除法运算→[[#2 + #3] * #4 + #5] /#6。

4）宏程序的上、下取整运算的含义是：若操作产生的数值大于原数时为上取整，反之为下取整。

例如#1 = 1.2，#2 = -1.2，则执行"#3 = FIX [#1];"时，则#3 = 2.0；执行"#3 = FUP [#1];"时，则#3 = 1.0；执行"#3 = FIX [#2];"时，则#3 = -1.0；执行"#3 =

FUP［#2］;"时，则#3 = -2.0;

5. 宏程序语句定义及特点

（1）宏程序语句　下面的程序段为宏程序语句：

1) 包含算术或逻辑运算的程序段。

2) 包含控制语句（如 GOTO、DO、END）的程序段。

3) 包含宏程序调用指令（如 G65、G66、G67 或其他 G 代码、M 代码调用宏程序）的程序段。

除了宏程序语句外的任何程序段都为 NC 语句。

（2）宏程序语句特点　宏程序语句与 NC 语句有以下不同：

1) 宏程序即使置于单程序段运行方式中，机床也不停止。但是当参数 NO.6000#5SBM 设定为 1 时，在单程序段运行方式中，机床停止。

2) 在刀具半径补偿方式中，宏程序语句段不作为不移动程序段处理。

6. 宏程序控制语句

（1）宏程序条件表达式　在应用宏程序语句时，有时需要进行条件判断，宏程序常用的条件运算符见表 14-4。

表 14-4　宏程序条件运算符

运算符	含义	运算符	含义
EQ	等于（=）	NE	不等于（≠）
GT	大于（>）	GE	大于等于（≥）
LT	小于（<）	LE	小于等于（≤）

（2）无条件转移语句（GOTO 语句）　该语句转移到标有顺序号 n 的程序段。当指定从 1 到 99999 以外的顺序号时，出现 P/S 报警，可用表达式指定顺序号。

其语句格式及举例如下：

GOTO n;　　　//n 为顺序号（1~99999）

例如：GOTO 10;　　//转移到顺序号为 N10 的程序段

　　　#100 = 50;

　　　GOTO #100;　　//转移到由变量#100 指定的顺序号为 N50 的程序段

（3）条件转移语句（IF 语句）　条件转移语句中，IF 之后指定条件表达式，可有下面两种表达方式：

1) 表达式 1 格式为"IF［<条件表达式>］GOTO n;"。表明如果指定的条件满足，则转移到标有顺序号 n 的程序段中；如果指定的条件不满足，则执行下个程序段，如图 14-3 所示。

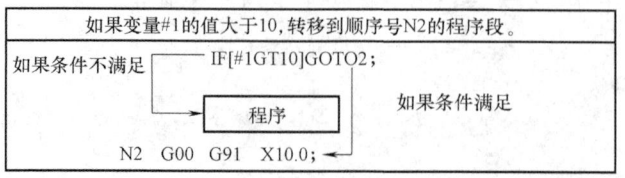

图 14-3　条件转移语句（IF GOTO）格式 1

2) 表达式 2 格式为 "IF [<条件表达式>] THEN；"。表明如果条件表达式满足，则执行预先决定的宏程序语句，如图 14-4 所示。

```
如果#1和#2的值相同，0赋给#3。
IF[#1EQ#2]THEN#3=0；
```

图 14-4　条件转移语句（IF THEN）格式 2

（4）循环语句（WHILE 语句）　用 WHILE 引导的循环语句，在其后指定一个条件表达式，当指定条件满足时，执行从 DO 到 END 之间的程序，否则转到 END 后的程序段。其一般格式及其含义如图 14-5 所示。

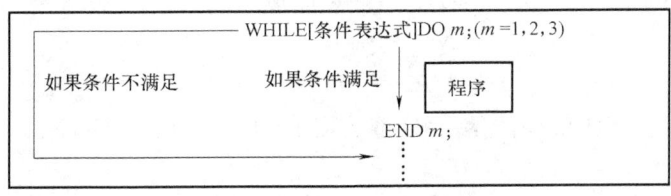

图 14-5　循环语句（WHILE DO）格式

可以用 IF 表达的语句一般也可以用 WHILE 语句表达。DO 后面的号和 END 后面的号是指定程序执行范围的标号，其值为 1、2、3。若用 1、2、3 以外的值会产生 P/S 报警。在 DO～END 循环中的标号（1～3）可根据需要多次使用，又称为嵌套，如图 14-6 所示。但是，当程序有交叉重复循环（DO 范围的重叠）时会出现 P/S 报警。

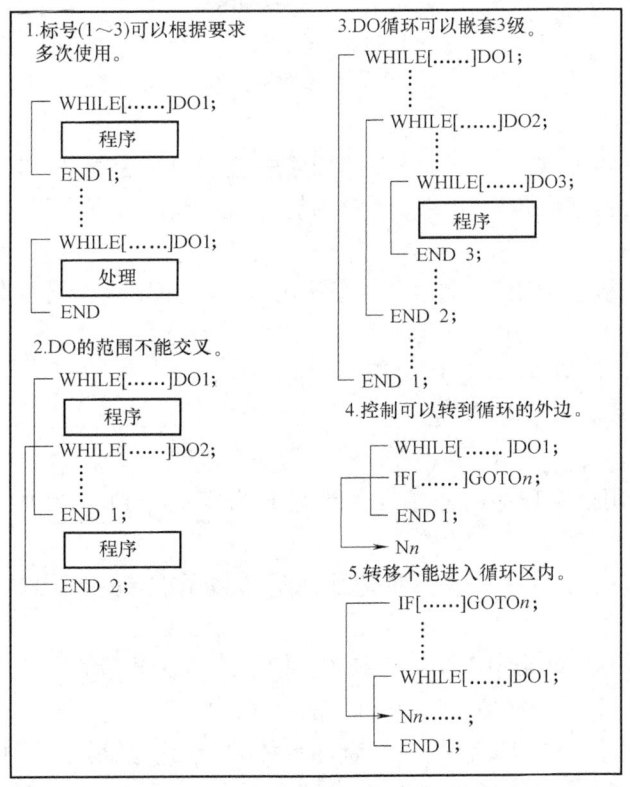

图 14-6　循环语句的嵌套

(5) 编程举例　按要求编写下面程序。

【示例 14-1】　用 IF 语句编写计算数值 1~10 总和的程序。

程序如下：

O2038；

　　　#1 = 0；　　　　　　　　　//用 #1 表示总和，对变量赋初值为 0

　　　#2 = 1；　　　　　　　　　//用 #2 表示被加数，对变量赋初值为 1

N1　IF［#2 GT 10］GOTO 2；　　//当被加数大于 10 时，程序转移到 N2

　　　#1 = #1 + #2；　　　　　　//求和

　　　#2 = #2 + 1；　　　　　　 //下一个被加数

　　　GOTO 1；　　　　　　　　　//转移到 N1

N2　M30；　　　　　　　　　　　//程序结束

【示例 14-2】　用 WHILE 语句编写计算数值 1~10 总和的程序。

程序如下：

　　O2039；

　　#1 = 0；　　　　　　　　　　//用 #1 表示总和，对变量赋初值为 0

　　#2 = 1；　　　　　　　　　　//用 #2 表示被加数，对变量赋初值为 1

　　WHILE［#2 LE 10］DO 1；　　 //当被加数大于 10 时，程序转移到 N2

　　#1 = #1 + #2；　　　　　　　//求和

　　#2 = #2 + 1；　　　　　　　 //下一个被加数

　　END1；　　　　　　　　　　　//循环结束

　　M30；　　　　　　　　　　　 //程序结束

7. 宏程序调用

宏程序的使用有两种方式，一种是在主程序中直接使用宏程序语句构成宏程序，另一种是在子程序中使用宏程序语句，在主程序中用规定指令调用含有宏程序语句的子程序，这种方式称为宏程序调用。

宏程序调用有非模态调用（G65）、模态调用（G66、G67）、用 G 代码调用、用 M 代码调用几种方式。

(1) 非模态调用指令 G65　程序调用格式为：

G65　Pp　Ll　〈自变量指定〉；

指令使用说明如下：

1) 地址 P 指定用户宏程序的程序号，地址 L 指定从 1 到 9999 的重复次数。省略 L 值时，默认 L 等于 1。

2) G65 调用用户宏程序时，自变量地址指定的数据能传递到用户宏程序体中，被赋值到相应的局部变量。

例如："G65 P1000 X100.0 Y30.0 Z20.0 F100.0；"为宏程序调用语句，表明调用程序号为 1000 的子程序，调用次数为 1，语句中的"X、Y、Z、F"不代表坐标字和进给速度，而是表示对应于宏程序中的自变量号，变量的具体数值由引数后的数值决定。

自变量可用两种形式来指定：自变量指定 I 使用除了 G、L、O、N 和 P 以外的字母，每个字母指定一次；自变量指定 II 使用 A、B、C 和 Ii、Ji、Ki（i 为 1~10），根据指定的字母自动决定自变量指定的类型。

自变量指定Ⅰ的类型见表 14-5。

表 14-5 自变量指定Ⅰ的类型

地址	变量号	地址	变量号	地址	变量号
A	#1	I	#4	T	#20
B	#2	J	#5	U	#21
C	#3	K	#6	V	#22
D	#7	M	#13	W	#23
E	#8	Q	#17	X	#24
F	#9	R	#18	Y	#25
H	#11	S	#19	Z	#26

关于自变量指定Ⅰ类型应用说明：

1）地址 G、L、N、O、P 不能在自变量中使用。

2）不需要指定的地址可以省略，对应于省略地址的局部变量为空。

3）地址不需要按照字母顺序指定，但应符合字母地址的格式。I、J、K 需要按字母的顺序指定。

例如：B_ A_ D_…J_ K_；正确。

　　　B_ A_ D_…J_ I_；不正确。

自变量指定Ⅱ的类型见表 14-6。

表 14-6 自变量指定Ⅱ的类型

地址	变量号	地址	变量号	地址	变量号
A	#1	K3	#12	J7	#23
B	#2	I4	#13	K7	#24
C	#3	J4	#14	I8	#25
I1	#4	K4	#15	J8	#26
J1	#5	I5	#16	K8	#27
K1	#6	J5	#17	I9	#28
I2	#7	K5	#18	J9	#29
J2	#8	I6	#19	K9	#30
K2	#9	J6	#20	I10	#31
I3	#10	K6	#21	J10	#32
J3	#11	I7	#22	K10	#33

关于自变量指定Ⅱ类型应用说明：

1）自变量指定Ⅱ类型使用 A、B、C 各 1 次，I、J、K 各 10 次。

2）自变量指定Ⅱ用于传递诸如三维坐标值。I、J、K 的下标用于确定自变量指定的顺序，在实际编程中不写。

无论采用哪种自变量指定方式，使用时都应注意：

1）任何自变量前必须指定指令 G65。

2）两种自变量指定方式可以混合使用，CNC 内部自动识别自变量Ⅰ类型和自变量Ⅱ类型。如果两种类型混合使用，后指定的自变量类型有效。

例如："G65　A1.0　B2.0　I-3.0　I4.0　D5.0　P1000；"，最终对应的变量分别是：#1＝1.0，#2＝2.0，#4＝－3.0，#7＝5.0。对于"I4.0"和"D5.0"，都对应于#7 变量，后一个变量有效。

（2）模态调用指令 G66　程序调用格式为：

G66　P*p*　L*l*　〈自变量指定〉；

其中，P 指定的是要调用的程序号；L 指定重复调用的次数（默认值为 1）；自变量指定传递到宏程序中的数据。

一旦发出 G66 宏程序调用指令，则指定模态调用，即指定沿移动轴移动的程序段后调用宏程序。G67 取消模态调用，当指定 G67 代码时，其后面的程序段不再执行模态宏程序调用。调用可以嵌套 4 级，包括非模态调用（G65）和模态调用（G66），但不包括子程序调用（M98）。

关于模态指令 G66 的调用如图 14-7 所示。

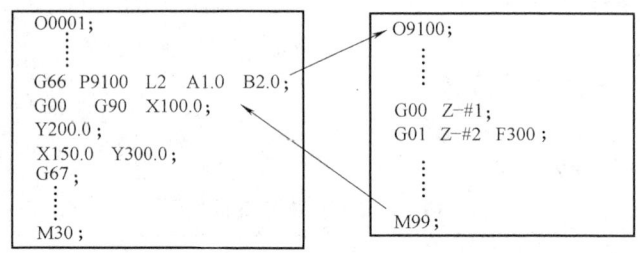

图 14-7　模态指令 G66 的调用

模态指令 G66 使用注意事项：

1）在 G66 程序段中，不能调用多个宏程序。

2）G66 必须在自变量之前指定。

3）在只有诸如辅助功能但无移动指令的程序段中不能调用宏程序。

4）局部变量（自变量）只能在 G66 程序段中指定。注意，每次执行模态调用时，不再设定局部变量。

8. 常用非圆曲线标准方程

（1）椭圆标准方程　在图 14-8 所示的坐标系中，F_1、F_2 为椭圆的焦点，a、b 分别为椭圆的长半轴和短半轴，则椭圆的标准方程为：

$$\frac{x^2}{a^2} + \frac{y^2}{b^2} = 1 \quad (a > b > 0)$$

（2）双曲线标准方程　在图 14-9 所示的坐标系中，a 为双曲线实半轴长度，b 为双曲线虚半轴长度，则双曲线标准方程为：

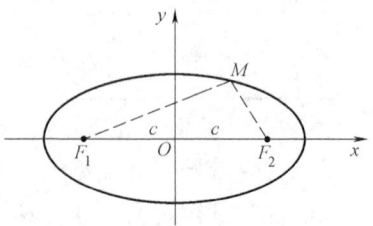

图 14-8　椭圆标准方程图例

$$\frac{x^2}{a^2} - \frac{y^2}{b^2} = 1 \quad (a>0,\ b>0)$$

(3) 抛物线标准方程　在图 14-10 所示的坐标系中，F 为抛物线的焦点，焦点坐标为 $(\frac{p}{2}, 0)$ 则抛物线标准方程为：

$$y^2 = 2px \quad (p>0)$$

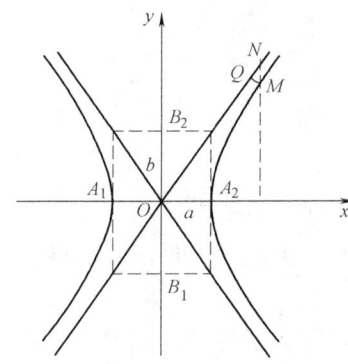

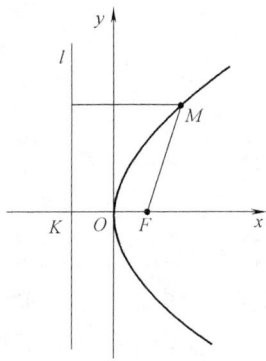

图 14-9　双曲线标准方程图例

图 14-10　抛物线标准方程图例

五、宏程序编程应用实例

1. 轮廓粗、精加工宏程序编制

【示例 14-3】　如图 14-11 所示，用宏程序编写该零件的加工程序。

分析：如图 14-11 所示，对于弧形轮廓，为了保证精加工余量均衡，需要对零件进行多次粗加工，粗加工时走弧形轨迹，每次进给轨迹相同，但位置不同，对于相同轨迹部分，可以通过宏程序编写，然后在主程序中调用。

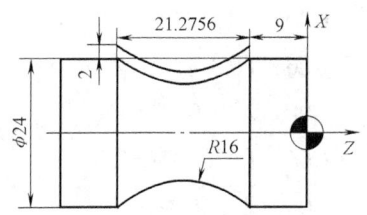

图 14-11　宏程序编程实例 1
——形状相近轮廓编程

程序编写如下：

```
O2040；
T0101；
G98  M03  S400；
G00  X28.0  Z-9.0  F80.0；
G65  P0204  Z-9.0  R16.0  F60.0；
U-4.0；
G65  P0204  Z-9.0  R16.0  F60.0；
G00  X100.0  Z50.0；
M05；
M30；
```

```
O0204；
G02  Z[-#26-21.276]  R#18  F#9；
G01  Z-#26  F0.5；
M99；
```

2. 相同轮廓宏程序编制

【示例14-4】 如图14-12所示，用宏程序编写零件加工程序。

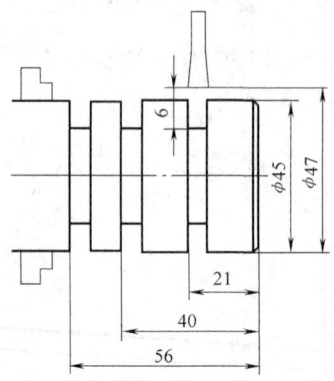

图14-12 宏程序编程实例2——形状相同轮廓编程

分析：如图14-12所示，工件中槽形轮廓形状和尺寸要素完全相同，可以将这部分轮廓用宏程序编程，然后每当加工槽时就调用宏程序。

以工件右端面为工件坐标系原点，工件外圆柱表面已经加工完毕，切槽加工程序如下：

O2041；
T0101；
M03　S800；
G00　X47.0　Z-21.0；
G66　P0205　U12.0　F0.5；
G00　Z-40.0；
G66　P0205　U12.0　F0.5；
G00　Z-56.0；
G66　P0205　U12.0　F0.5；
G67；
G00　X100.0　Z50.0；
M05；

O0205；
G01 U-#21 F#9；
G00 U#21；
M99；

3. 椭圆轮廓宏程序编制

【示例14-5】 如图14-13所示，用宏程序编写零件右边部分的精加工程序。

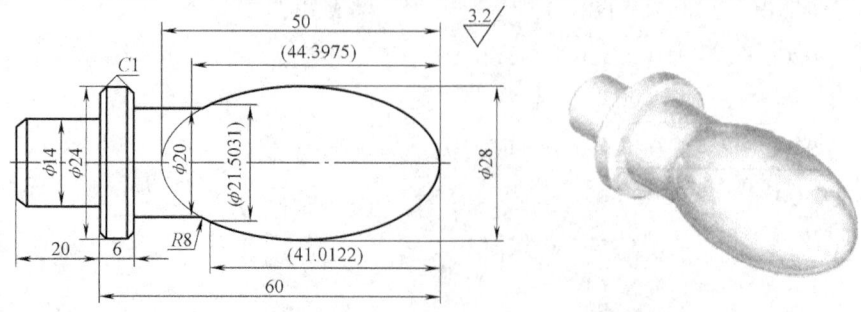

图14-13 宏程序编程实例3——椭圆轮廓编程

1) 对于含有椭圆轮廓的工件，一般采用直线段拟合法。即在 Z 方向分段，步距通常为 0.2~0.5mm，步距越小，形状加工精度越高。并将 Z 作为自变量，X 作为 Z 的函数。

2) 椭圆的标准方程为 $\dfrac{X^2}{a^2}+\dfrac{Z^2}{b^2}=1$，如果将 Z 作为自变量，则得关于 Z 的方程为：

在第一、二象限 X 的表达式为 $X=a\sqrt{1-\dfrac{Z^2}{b^2}}$（本例属于这种情形）。

在第三、四象限 X 的表达式为 $X=-a\sqrt{1-\dfrac{Z^2}{b^2}}$。

3) 椭圆轮廓编程自变量定义见表 14-7。

表 14-7 椭圆轮廓编程自变量定义表

自变量定义	自变量说明
#24 = X_0	椭圆对称中心 X 坐标值（半径值）
#26 = Z_0	椭圆对称中心 Z 坐标值
#1 = a	X 方向椭圆短半轴长度
#2 = b	Z 方向椭圆长半轴长度
#19 = S	椭圆轮廓起点 X 坐标（半径值）
#20 = T	椭圆轮廓起点 Z 坐标
#21 = U	椭圆轮廓终点 Z 坐标
#6 = K	Z 方向步距
#9 = F	切削速度

4) 椭圆上点 X 坐标的变量表达式为 #19 = #1 * SQRT [1 - [#20 * #20] / [#2 * #2]]。

5) 应用局部坐标系设定指令"G52 X_Z_;"建立以椭圆对称中心（X_0，Z_0）为原点的局部坐标系，用"G52 X0 Z0;"取消局部坐标系。

6) 以工件右端面中心为工件坐标系原点，程序编写如下：

```
O2042;
T0101;
M03   S800;
G00   G42   X0.0   Z1.0;
G01   Z0.0   F80.0;
G65   P0206   A14.0   B25.0   X0.0   Z-25.0
S0.0   T0.0   K0.5   F0.35;
G02   X20.0   Z-44.397   R8.0   F0.35;
G01   Z-54.0;
      X22.0;
      X26.0   Z-56.0;
G00   G40   X100.0;
      Z50.0;
M05;
M30;
```

```
O0206;
G52   X#24   Z#26;
N10 #19 = #1 * SQRT [1 - [#20
* #20] / [#2 * #2]]
G01   X [2 * #19]   Z#20   F#9;
#20 = #20 - #6;
 IF [#20  GE  -41.012]  GOTO10
G52   X0.0   Z0.0;
M99;
```

7) 椭圆轮廓宏程序编制流程如图 14-14 所示。

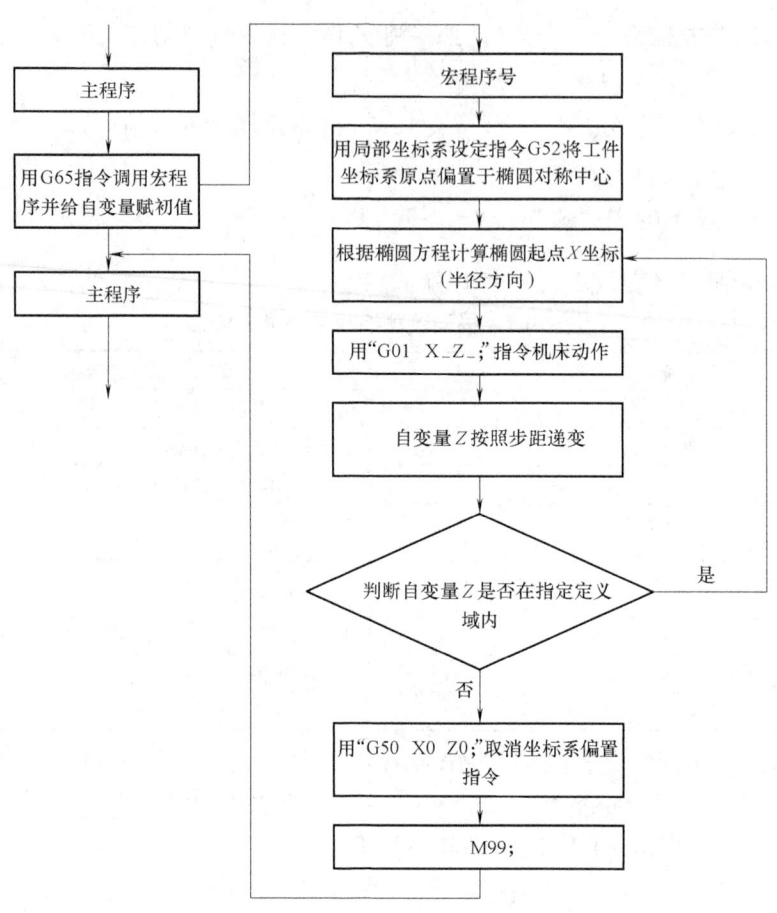

图 14-14 椭圆轮廓宏程序编制流程

4. 双曲线轮廓宏程序编制

【示例 14-6】 如图 14-15 所示，零件含有双曲线轮廓，毛坯尺寸为 $\phi 40\text{mm} \times 80\text{mm}$，编写零件的粗、精加工程序。

分析：

1）对于含有双曲线轮廓的工件，一般采用直线段拟合法。即在 Z 方向分段，步距通常为 $0.2 \sim 0.5\text{mm}$，步距越小，形状加工精度越高。并将 Z 作为自变量，X 作为 Z 的函数。

2）双曲线的标准方程为 $\dfrac{X^2}{a^2} - \dfrac{Z^2}{b^2} = 1$，如果将 Z 作为自变量，则得关于 Z 的方程为：

在第一、四象限 X 的表达式为 $X = a\sqrt{1 + \dfrac{Z^2}{b^2}}$（本例属于这种情形）。

在第二、三象限 X 的表达式为 $X = -a\sqrt{1 + \dfrac{Z^2}{b^2}}$。

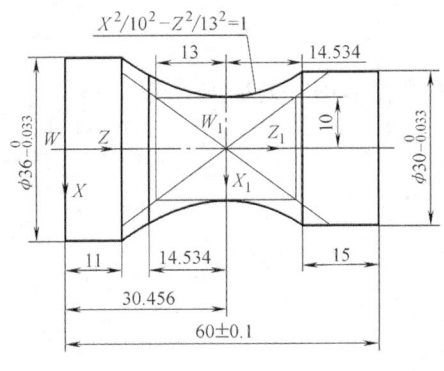
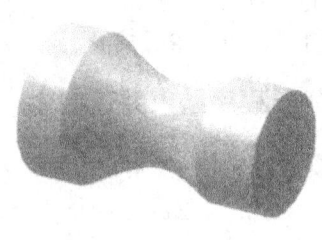

图 14-15 宏程序编程实例 4——双曲线轮廓编程

3) 双曲线轮廓编程自变量定义见表 14-8。

表 14-8 双曲线轮廓编程自变量定义

自变量定义	自变量说明
#24 = X_0	双曲线对称中心 X 坐标值（半径值）
#26 = Z_0	双曲线对称中心 Z 坐标值
#1 = a	双曲线实半轴长度（X 方向）
#2 = b	双曲线虚半轴长度（Z 方向）
#19 = S	双曲线轮廓起点离开对称中心的 Z 向距离
#20 = T	双曲线轮廓终点离开对称中心的 Z 向距离
#21 = U	双曲线起点的 X 向半径坐标值
#6 = K	Z 向递变步距
#9 = F	切削速度

4) 双曲线上点 X 坐标的变量表达式为 #21 = #1 * SQRT [1 + [#19 * #19] / [#2 * #2]]。

5) 应用局部坐标系设定指令"G52 X __ Z __;"建立以双曲线对称中心（X_0，Z_0）为原点的局部坐标系，用"G52 X0 Z0;"取消局部坐标系。

6) 零件加工工艺路线分析：应用 G71 外圆粗车循环指令对毛坯进行粗加工，两端圆柱体分别留 0.5mm 精加工余量→调用宏程序对双曲线轮廓粗加工→对整个轮廓精加工，其中双曲线部分再次调用宏程序。

在进行双曲线粗、精加工宏程序调用时，要注意实半轴 a、虚半轴 b 长度发生了变化，注意根据图形尺寸特征和粗、精加工图形平移性质进行计算。

7) 工件坐标系建立如图 14-15 所示，程序编写如下：

O2043;
　　T0101;
　　M03　S600;
　　G00　X42.0　Z65.0;　　　　　　　//对圆柱体进行粗加工，留0.5mm精加工余量
　　G71　U2.0　R0.5;
　　G71　P10　Q20　U0.5　W0.1　F0.5;
N10　G00　X30.5;
　　G01　Z15.922　F0.2;
　　　X36.5　Z11.0;
N20　　Z-1.0;
　　G70　P10　Q20;
　　G00　Z45.0;
　　　X32.0;
　　G65　P0207　X0.0　Z30.456　A11.0　B13.4
　　　S14.534　T-14.534　U16.0　K0.2　F0.35;　　//对椭圆进行精加工，留2mm
　　　　　　　　　　　　　　　　　　　　　　　　精加工余量
　　G00　X32.0;
　　　Z62.0;
　　G01　X30.0　F0.2;　　　　　　　　　　　　//对工件整体进行精加工
　　　Z45.0;
　　G65　P0207　X0.0　Z30.456　A10.0　B13.0
　　　S14.534　T-143534　U15.0　K0.2　F0.35;
　　G01　X36.0　Z11.0;
　　　Z-1.0;
　　G00　X100.0;
　　　Z100.0;
　　M05;
　　M30;
O0207;
G52　X#24　Z#26;
N30　#21=#1*SQRT［1+［#19*#19］/［#2*#2］］;
G01　X［2*#21］Z#19　F#9;
#19=#19-#6;
IF［#19　GE　#20］GOTO　30;
G52　X0.0　Z0.0;
M99;

8）双曲线轮廓宏程序编制流程如图14-16所示。

5. 抛物线轮廓宏程序编制

【示例14-7】 如图14-17所示，零件含有抛物线轮廓，毛坯直径为 $\phi70$mm，编写零件

项目十四 非圆曲线用户宏程序编程与调用

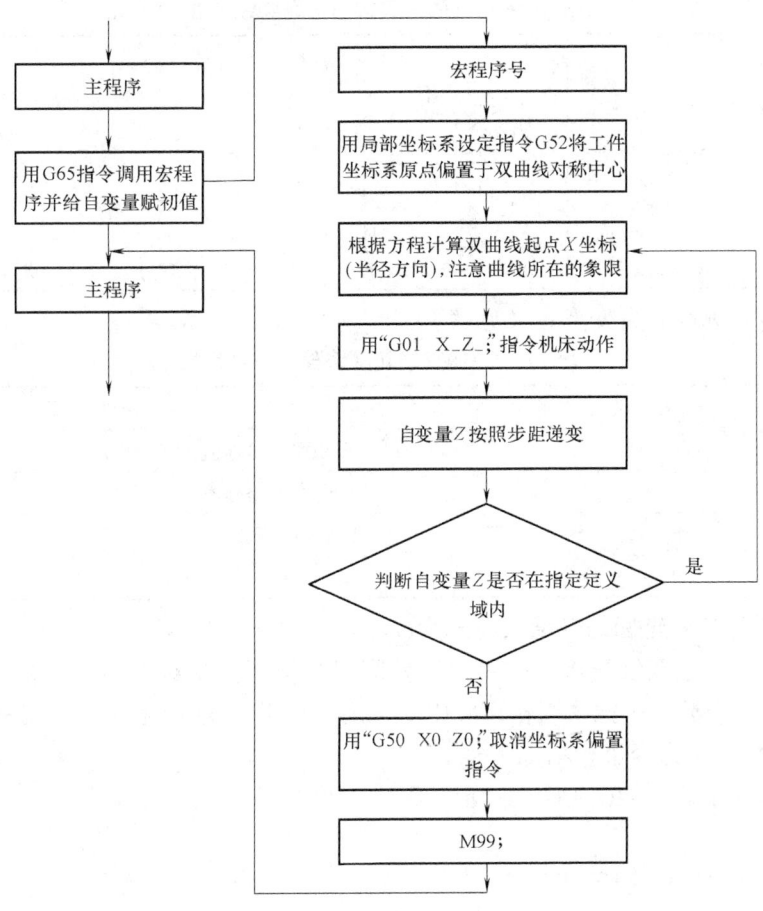

图 14-16 双曲线轮廓宏程序编制流程

的粗、精加工程序。

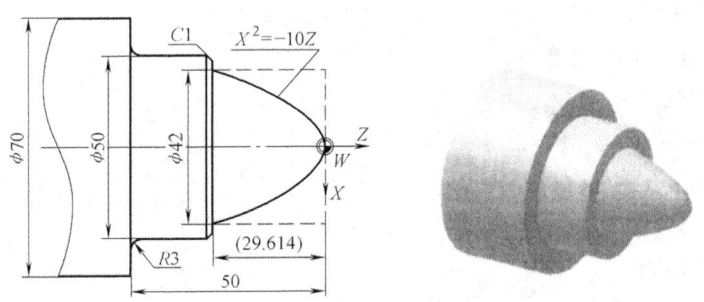

图 14-17 宏程序编程实例 5——抛物线轮廓编程

分析：

1）对于含有双曲线轮廓的工件，也是采用直线段拟合法。即在 X 方向分段，粗加工步距可以选择大些，精加工步距通常为 $0.2\sim0.5$mm，步距越小，形状加工精度越高。并将 X 作为自变量，Z 作为 X 的函数。

2）抛物线开口方向不同，抛物线方程也不同（见表 14-9）。

表 14-9　不同开口方向的抛物线方程

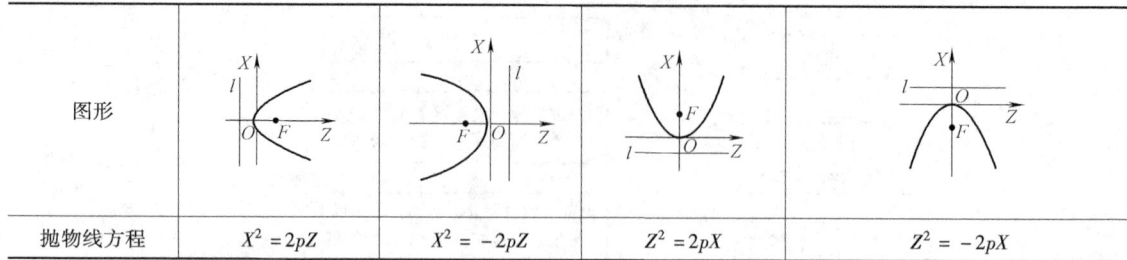

图形				
抛物线方程	$X^2 = 2pZ$	$X^2 = -2pZ$	$Z^2 = 2pX$	$Z^2 = -2pX$

3）抛物线轮廓编程自变量定义见表 14-10。

表 14-10　抛物线轮廓编程自变量定义

自变量定义	自变量说明
#24 = X_0	抛物线 X 坐标值（半径值）
#26 = Z_0	抛物线 Z 坐标值
#6 = K	X 向递变步距
#9 = F	切削速度

4）抛物线上点 Z 坐标的变量表达式为 #26 = ［#24 * #24］/ ［-2 * p］。

5）零件加工工艺路线分析：应用 G71 外圆粗车循环指令对毛坯进行粗加工，直径方向留 0.5mm 精加工余量→对抛物线轮廓应用变量及 G90 指令进行粗加工→对抛物线轮廓应用直线段拟合法及 G01 指令进行精加工。

6）工件坐标系建立如图 14-17 所示，程序编写如下：

```
O2044;
    G50   X100.0   Z100.0;
    T0101;
    M03   S600;
    G00   X72.0   Z2.0;
    G71   U2.0   R0.5;              //外圆柱表面粗加工
    G71   P10   Q20   U0.5   W0.0   F0.5;
N10 G00   X42.5;
    G01   Z-29.614   F0.2;
    X50.5;
    Z-50.0;
N20 X75.0;
    G70   P10   Q20;
    G00   Z2.0;                     //抛物线轮廓粗加工
    X43.0;
    #24 = 42.5;
N30 #26 = ［#24 * #24］/10
    G90   X［2 * #24］Z［-#26］F0.5;
    #24 = #24 - 2;
```

```
    IF［#24 LG 0］GOTO  30；
    G00   X0.0   Z1.0；           //抛物线轮廓及其他轮廓精加工
    G01   Z0.0   F0.2；
    #24 = 0.0；
N40 #26 =［#24 * #24］/10
    G01   X［2 * #24］Z［-#26］F0.2；
    #24 = #24 + 0.2；
    IF［#24 LT 42］GOTO 40；
    G01   X42.0   Z - 29.614；
          X48.0；
          X50.0   Z - 30.614；
          Z - 47.0；
    G02   X56.0   Z - 50.0   R3.0；
    G01   X75.0；
    G00   X100.0   Z100.0；
    M05；
    M30；
```

7）抛物线轮廓宏程序编制流程如图 14-18 所示。

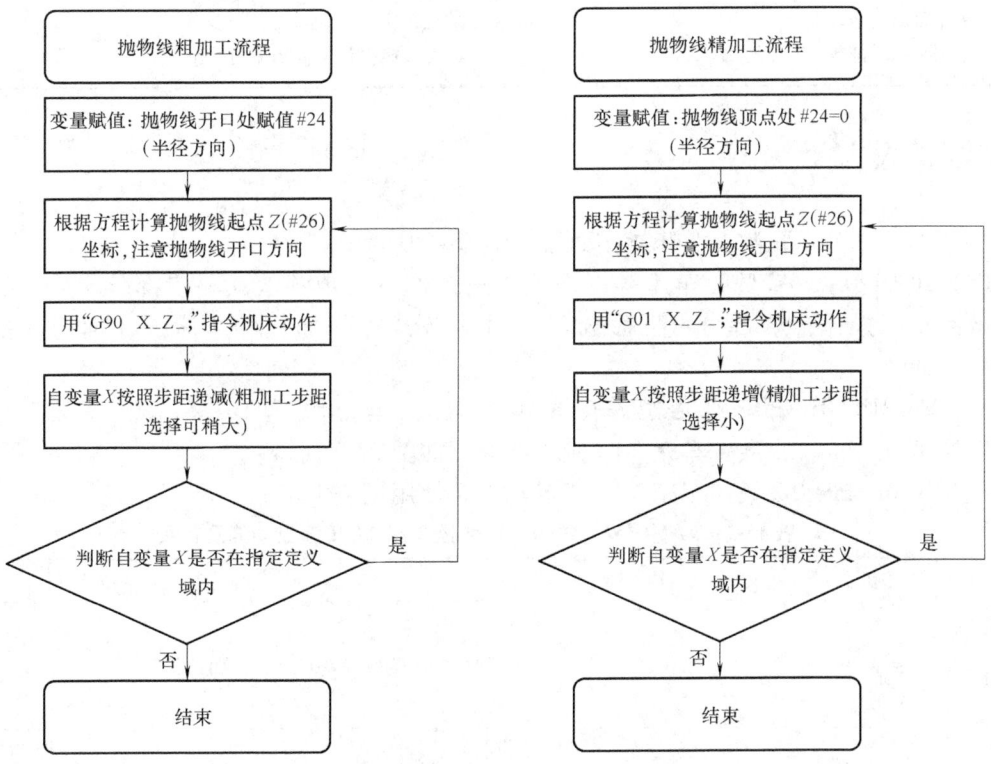

图 14-18　抛物线轮廓宏程序编制流程

模块三 数控车床基本操作（FANUC 0i Mate TC）

项目十五 数控车床操作面板认识与操作

项目综述

数控车床操作面板是人机界面接口，可以通过车床操作面板对车床发出操作指令，也可以通过车床显示屏、指示灯等获取车床工作状态信息，因此必须熟练掌握数控车床操作面板的使用。实施本项目所训练的专业技能和应掌握的关联知识见表15-1。

表15-1 专业技能和关联知识

专业技能	关联知识
数控车床MDI方式数据输入、编辑及程序调用	数控车床操作规程
数控车床工作画面切换	数控车床开关机顺序
数控车床刀偏数据设置	数控车床MDI键盘作用与操作
数控车床手动、自动、手轮操作	数控车床操作面板功能与操作

操作要领及关联知识

FANUC 0i Mate TC 数控车床操作面板如图15-1所示。

FANUC 0i Mate TC 数控车床操作面板由三个部分构成：液晶显示部分，MDI操作面板部分和车床操作面板部分。下面分别介绍其MDI操作面板和车床操作面板功能与操作。

一、FANUC 0i Mate TC 数控车床MDI键盘认识与操作

FANUC 0i Mate TC 数控车床MDI键盘布局图如图15-2所示。

FANUC 0i Mate TC 数控车床MDI键盘功能及使用见表15-2。

表15-2 FANUC 0i Mate TC 数控车床MDI键盘功能及使用

序号	按钮	名称	功能说明
1	RESET	复位键	按下此键可以使CNC复位或者取消报警等
2	HELP	帮助键	当对MDI键的操作不明白或需要获得报警号信息时，按下此键可以获得相关帮助

（续）

序号	按钮	名称	功能说明
3		软键	根据不同的画面，软键有不同的功能。软键功能显示在屏幕的底端
4	N_Q 4	地址和数字键	按下此键可以输入字母、数字或者其他字符
5	SHIFT	换档键	在 MDI 键盘上，有些键具有两个功能。按下 <SHIFT> 键可以在这两个功能之间进行切换
6	INPUT	输入键	当按下一个字母键或数字键时，数据被输入到缓存区，并且显示在屏幕上。要将输入缓存区的数据拷贝到寄存器中，按下该键即可。该键与软键上的〈INPUT〉键是等效的
7	CAN	取消键	按下该键删除最后一个进入输入缓存区的字符或符号。例如：>N001X100Z_，按下 <CAN> 键时，Z 被取消且显示为：>N001X100_
8	DELTE INS ALTER	程序编辑键	按下这些键进行程序编辑，<DELTE> 删除，<INS> 插入，<ALTER> 替换
9	POS	功能键	按下该键以显示位置画面
	PROG		按下该键以显示程序画面
	OFFST SET		按下该键以显示偏置/设置画面
	SYSTM		按下该键以显示系统画面
	MESGE		按下该键以显示用户宏画面
	GRAPH		按下该键以显示图形显示画面
10	→	光标移动键	该键用于将光标向右或向前移动，向前移动时光标以小的单位移动
	←		该键用于将光标向左或向后移动，向后移动时光标以小的单位移动
	↓		该键用于将光标向下或向前移动，向前移动时光标以大的单位移动
	↑		该键用于将光标向上或向后移动，向后移动时光标以大的单位移动
11	↑PAGE	换页键	该键用于将屏幕显示的页面向前翻页
	PAGE↓		该键用于将屏幕显示的页面向后翻页

模块三 数控车床基本操作（FANUC 0i Mate TC）

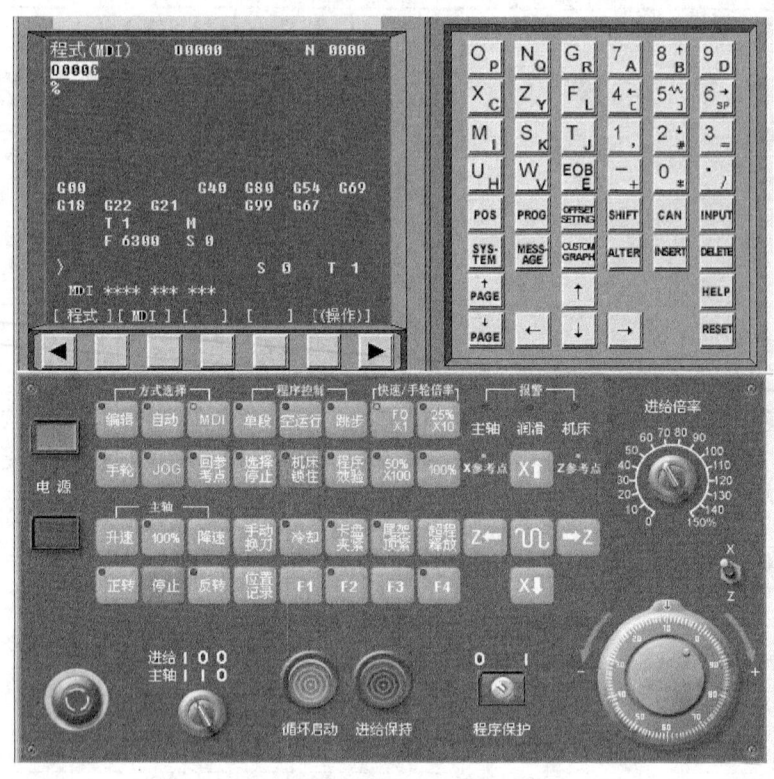

图 15-1 FANUC 0i Mate TC 数控车床操作面板

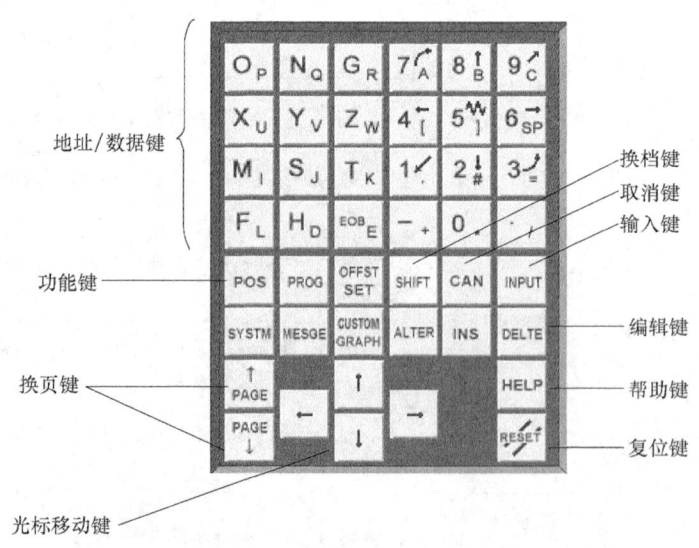

图 15-2 FANUC 0i Mate TC 数控车床 MDI 键盘布局图

二、FANUC 0i Mate TC 数控车床操作面板认识与操作

FANUC 0i Mate TC 数控车床操作面板按钮功能见表15-3。

表15-3　FANUC 0i Mate TC 数控车床操作面板按钮功能

序号	类别	按钮	名称	功能说明
1	电源开关	（OFF/ON图标）	车床总电源开关	车床总电源开关一般位于车床的背面，在使用时必须先将主电源开关置于"ON"
		（电源按钮上）	车床电源开	绿色按钮，按下按钮"电源开"，车床处于自检状态，并向车床润滑、冷却等部分及系统供电
		（电源按钮下）	车床电源关	红色按钮，按钮"电源关"为关闭系统电源的开关
2	紧急按钮	（急停图标）	紧急停止按钮	当出现紧急情况而按下该按钮时，车床及CNC装置随即处于急停状态。这时屏幕下方出现"NOT READY"字样。要消除急停状态，可顺时针转动急停按钮，使按钮向上弹起，并按下复位键"RESET"即可
3	模式选择按钮	编辑	编辑	按下该按钮，可以对储存在内存中的程序数据进行编辑操作，此时按钮左上角指示灯亮，同时屏幕下方出现"EDIT"提示符
		MDI	手动数据输入	按下该按钮，可以在输入了单一的指令或几条程序段后，立即按下循环启动按钮使机床动作，以满足操作需要。如，开机后在MDI状态指定转速"S800 M03;"；此时按钮左上角指示灯亮，同时屏幕下方出现"MDI"提示符
		自动	自动执行	机床锁住：按下该按钮后，刀具在自动运行过程中的移动功能将被限制执行，但能执行M、S、T指令。系统显示程序运行时刀具的位置坐标

(续)

序号	类别	按钮	名称	功能说明
3	模式选择按钮	自动	自动执行	空运行：按下该按钮后，在自动运行过程中刀具按机床参数指定的速度快速运行。该功能主要用于检查刀具的运行轨迹是否正确
				程序段跳跃：按下该按钮后，程序段前加"/"符号的程序段将被跳过执行
				单段运行：按下该按钮后，按一次循环启动按钮，车床将执行一段程序后暂停；再次按下循环启动按钮，则车床再执行一段程序后暂停。采用这种方法可对程序及操作进行检查
				选择停止：按下该按钮后，在自动执行的程序中出现有"M01"指令的程序段时，其加工程序将停止执行。此时主轴功能、冷却功能等也将停止。再次按下循环启动后，系统将继续执行"M01"以后的程序
		JOG	手动连续进给	进给方向键：手动连续慢速进给：按下JOG进给方向键按钮不放，该指定轴即沿指定的方向进行进给。进给速率可通过调节范围为0%~150%进给速度倍率旋钮进行调节。屏幕左下方显示JOG方式下进给速度F大小，若按下中间"快速"按钮，则坐标轴以系统设定的最高速度运行。另外，对于在自动执行的程序中所指定的进给速度F，也可用其进给速度倍率旋钮进行调节
				进给速度倍率旋钮：在按方向选择按钮后，同时旋转进给倍率旋钮，则坐标轴按照倍率指定的进给速度移动，速度倍率范围为0%~150%

(续)

序号	类别	按钮	名称	功能说明
3	模式选择按钮	手轮	手轮进给操作	先通过钮子开关选择进给轴（X轴或Z轴），再选择增量步长（F0×1、25%×10、50%×100、100%），转动手摇脉冲发生器即可移动滑板，每次只能移动一个坐标轴。手摇脉冲发生器顺时针旋转方向为正向进给方向，逆时针旋转方向为负向进给方向。当选择"×1"增量步长时，表示手摇脉冲发生器转过一格（一周有100格），刀具移动距离为0.001mm。同理，"×100"表示手摇脉冲发生器转过一格时，刀具移动0.1mm
		回参考点	手动返回参考点	在该状态下，可以执行返回参考点的功能。当相应轴返回参考点指令执行完成后，对应轴的返回参考点指示灯亮
4	循环启动执行按钮	循环启动	循环启动开始按钮	在自动运行状态下，按下"循环启动"按钮，车床自动运行加工程序
		进给保持	进给保持按钮	在车床循环启动状态下，按下"进给保持"按钮，程序运行及刀具运动将处于暂停状态，其他功能如主轴转速、冷却等保持不变。再次按下"循环启动"按钮，车床重新进入自动运行状态
5	主轴功能	反转	主轴反转按钮	在HANDLE（手轮）模式或JOG（手动）模式下，按下该按钮，主轴将逆时针转动
		正转	主轴正转按钮	在HANDLE（手轮）模式或JOG（手动）模式下，按下该按钮，主轴将顺时针转动
		停止	主轴停转按钮	在HANDLE（手轮）模式或JOG（手动）模式下，按下该按钮，主轴将停止转动

(续)

序号	类别	按钮	名称	功能说明
5	主轴功能	升速 100% 降速	主轴倍率修调旋钮	在主轴旋转过程中，可以通过主轴倍率修调按钮对主轴转速实现无级调速。每按一下主轴倍率修调按钮"升速"使主轴转速增加10%；同样，每按一下主轴倍率修调按钮"降速"使主轴转速减小10%。在加工程序执行过程中，也可对程序中指定的转速进行调节
6	液压系统功能按钮	冷却	冷却启动按钮	"冷却"按钮用于控制数控机床冷却系统电源的开启与关闭
		尾架顶紧	液压尾座按钮	在液压系统开启的情况下，"尾架顶紧"按钮用于控制液压尾座的顶紧与松开
		卡盘夹紧	液压卡盘按钮	在液压系统开启的情况下，"卡盘夹紧"按钮用于控制液压卡盘的夹紧与松开
7	其他功能	手动换刀	手动换刀按钮	每按一次"手动换刀"按钮，刀架将依次转过一个刀位
		0 I 程序保护	程序保护	当程序保护开关处于"1"位置时，即使在"EDIT"状态下也不能对NC程序进行编辑操作。只有当程序保护开关处于"0"位置时，同时在"EDIT"状态下，才能对NC程序进行编辑操作

三、数控车床的开机操作

操作数控车床时首先应该执行正确的开机操作步骤，在车床上电之前，要进行系列检查工作，车床上电之后，也要观察屏幕显示情况及各表读数是否正常。

1. 电源接通前的检查

在车床主电源开关接通之前，操作者必须做好下面的检查工作：

1）检查车床的防护门、电箱门等是否关闭。

2）检查润滑装置上油标的液面位置是否符合要求。

3）检查切削液的液面是否高于泵吸入口位置。

4）检查所选择的液压卡盘的夹持方向是否正确（卡盘正反卡开关设置在电箱内）。

5）检查是否遵守了《数控车床使用说明书》中规定的注意事项。

当检查以上各项均符合要求时，方可合上车床主电源开关，车床工作灯亮，风扇起动，润滑泵、液压泵起动。

2. 电源接通后的检查操作

车床通电后，操作者应做好下面的检查工作：

1）按下CNC装置电源启动键，在CRT显示器上应出现机床的初始位置坐标。

2）检查安装在车床上部的总压力表，若表头读数为"4MPa"，说明系统压力正常，可以进行后面的操作。

项目十六　数控车床手动操作

项目综述

为了调试和调整机床，必须掌握数控车床手动操作要领。手动操作包括手动返回参考点、车床手动连续进给以及手摇脉冲发生器操作。实施本项目所训练的专业技能和应掌握的关联知识见表 16-1。

表 16-1　专业技能和关联知识

专业技能	关联知识
数控车床机床坐标系建立 数控车床手动连续进给 数控车床手摇脉冲发生器使用与调整	数控车床机床坐标系建立应用场合 数控车床机床坐标系建立步骤 手动连续进给操作步骤及要领 手轮使用方法和要领

操作要领及关联知识

一、数控车床手动返回参考点操作

1. 数控车床手动返回参考点应用场合

当数控车床采用增量式测量系统时，一旦车床断电，数控系统就失去了对参考点坐标的记忆，所以当再次接通数控系统电源时，必须进行返回参考点的操作。另外，当车床操作过程中遇到急停信号或超程报警信号，待故障排除后车床恢复工作时，也要求进行返回参考点操作。

2. 手动返回参考点步骤

1）按下"回参考点"开关，这是方式选择开关之一。

2）为了提高移动速度，按下"快速移动"倍率开关。

3）按与返回参考点相应的进给轴和方向选择开关（通常为 X 轴和 Z 轴的正方向），这个方向的坐标轴便进行返回参考点运动直至返回参考点，此时指示灯亮。在进行相应参数设定之后，刀具也可以同时进行两轴联动。刀具以快速移动速度移动到减速点，然后按参数中设定的速度移动到参考点。

手动返回参考点操作的相应按钮如图 16-1 所示。

3. 关于返回参考点的几点说明

1）一旦返回参考点完成，"返回参考点完成指示灯"点亮，车床不再移动。

2）当车床离开参考点时，"返回参考点完成指示灯"熄灭。

3）数控车床返回参考点后，就建立了机床坐标系。

二、数控车床手动连续进给（JOG）操作

模块三 数控车床基本操作（FANUC 0i Mate TC）

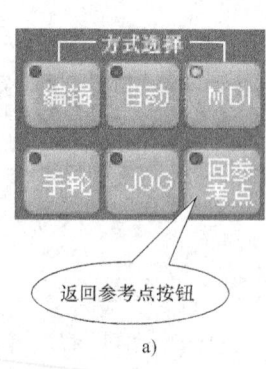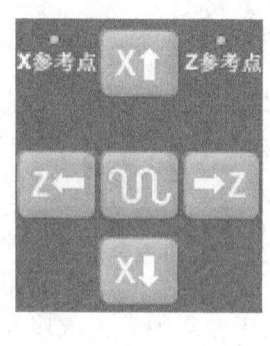

图 16-1　FANUC 0i Mate TC 数控车床返回参考点操作的相应按钮
a) 方式选择　b) 回参考点坐标轴及快速移动速度选择

1. 手动连续进给（JOG）操作步骤

1) 按手动连续进给选择开关，它是方式选择开关之一。

2) 按进给轴和方向选择开关，车床沿相应轴的相应方向移动。在开关被按下期间，车床按参数设定的进给速度移动，开关一释放，车床就停止运动。

3) 手动连续进给速度可由进给倍率开关调整。

4) 若在按下进给轴和方向选择开关期间按下快速移动开关，则在快速移动开关被按下期间，机床按快速移动速度运动。在快速移动期间，快速移动倍率有效。

手动连续进给（JOG）操作的相应按钮如图 16-2 所示。

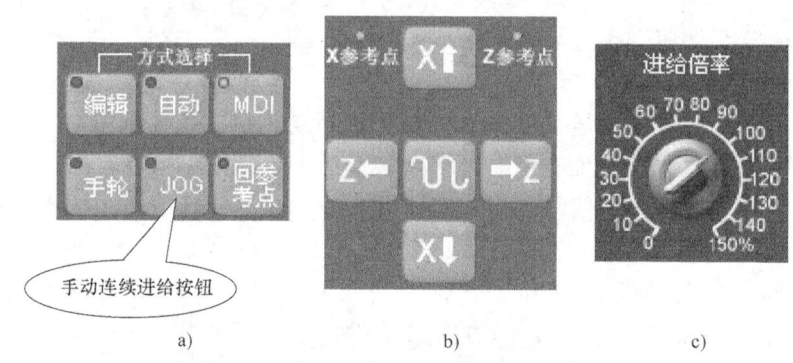

图 16-2　FANUC 0i Mate TC 数控车床手动连续进给操作的相应按钮
a) 方式选择　b) 手动连续进给坐标轴选择　c) 进给倍率选择

2. 关于手动连续进给（JOG）操作的几点说明

1) 为使手动每转进给有效，将参数号第 1402 号的第 4 位（JRV）设定为 1 即可。在手动每转进给期间，机床进给速度 = 主轴每转进给距离（mm/r）× JOG 进给速度倍率 × 实际主轴转速（r/min）。

2) 手动快速移动速度、自动加/减速时间常数、加/减速方法和编程指令 G00 一样。

3) 如果先按进给轴及方向选择开关，再选择 JOG 进给方式选择开关，则 JOG 进给方式无效；为了使 JOG 进给方式有效，应该先选择 JOG 方式选择开关，再选择进给轴及方向选择开关。

三、数控车床手轮进给操作

在手轮方式下，机床坐标轴可由旋转车床操作面板上的手摇脉冲发生器控制而连续不断地移动，用开关选择移动轴（如 X 轴或 Z 轴）。

当手摇脉冲发生器旋转一个刻度时，刀具移动的最小距离等于输入增量。手摇脉冲发生器转一个刻度时，刀具移动距离可被放大 10 倍或由参数（第 7113 号和第 7114 号）确定。

1. 使用手摇脉冲发生器的操作步骤

1) 按"手轮"开关，它是方式选择开关之一。

2) 按手轮进给轴选择开关，选择机床要移动的一个坐标轴。

3) 按手轮倍率选择开关，选择机床移动的倍率，当手摇脉冲发生器转过一个刻度时，机床移动的最小距离等于最小输入增量。

4) 旋转手轮，车床沿选择轴移动。手轮旋转 360°，车床移动距离相当于 100 个刻度的距离。

FANUC 0i Mate TC 数控车床手摇脉冲发生器操作的相应按钮如图 16-3 所示。

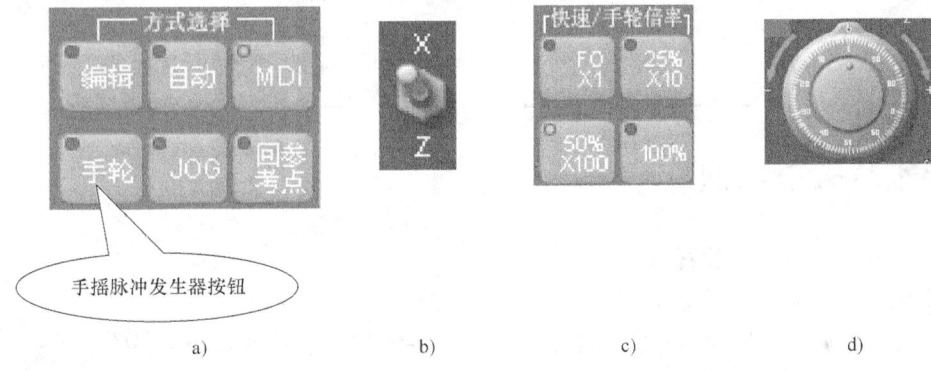

a)   b)   c)   d)

图 16-3   FANUC 0i Mate TC 数控车床手摇脉冲发生器操作的相应按钮
a) 方式选择   b) 手轮进给轴选择   c) 手轮倍率选择   d) 手轮操作

2. 关于使用手摇脉冲发生器的几点说明

1) 参数 JHD（第 7100 号第 0 位）决定在 JOG 方式下手摇脉冲发生器是否有效，当该参数设定为 1 时，手轮进给和增量进给二者均有效。

2) 手摇脉冲发生器指令速度超过车床快速移动速度时，车床的移动情况取决于参数 HPT（第 7100 号第 4 位）的设定：当该参数设定为 0 时，进给速度被限制在快速移动速度，超过快速移动速度的脉冲量是无效的，即车床移动距离可能与手摇脉冲发生器刻度不相符合；当该参数设定为 1 时，进给速度设定为快速移动速度，超过快速移动速度的脉冲量是有效的并且被累计在 CNC 中，即虽然不再旋转手轮，但车床不能立即停止运动，手轮停止后由于累计在 CNC 中的脉冲的作用车床还要移动。一般来说，手摇脉冲发生器的旋转速度不应大于 5r/s，否则就会出现手轮不转机床仍然在移动或机床移动距离与手摇刻度不符等现象。因此在使用手轮时根据参数设定情况一定要注意车床的移动范围，确保安全。

项目十七　数控车床程序编辑

项目综述

利用数控机床 MDI 面板实现程序的生成、调用、编辑等操作是机床操作必备基本技能。实施本项目所训练的专业技能和应掌握的关联知识见表 17-1。

表 17-1　专业技能和关联知识

专业技能	关联知识
数控车床程序创建	数控车床程序生成
数控车床程序前后台编辑	数控车床程序调用
数控车床程序调用	数控车床程序编辑
数控车床程序删除、检索	数控车床程序检索与删除

操作要领及关联知识

一、数控车床程序编辑操作

1. 字的插入、修改和删除操作

对于已经存储在 CNC 存储器中的程序，关于字的插入、修改和删除操作步骤如下：

1）选择"编辑"方式。

2）按 <PROG> 功能键显示程序画面。

3）选择要编辑的程序：如果要编辑的程序已被选择，则执行第 4 步操作；如果要编辑的程序未被选择，则用程序号检索。

4）用扫描方法或字检索方法检索要修改的字。

5）执行字的插入、修改和删除操作。

2. 关于字的检索操作

字的检索操作步骤如下：

1）按下光标键 →，则光标在屏幕上向前逐字移动，且光标在被选择字处显示。

2）按下光标键 ←，则光标在屏幕上往回逐字移动，且光标在被选择字处显示。

3）按下光标键 → 或 ← 不放，则连续扫描字。

4）按下光标键 ↓，下一个程序段的第一个字被检索。

5）按下光标键 ↑，前一个程序段的第一个字被检索。

6）按下光标键 ↓ 或 ↑ 不放，则光标连续移动到程序结尾或开头。

7）按翻页键 [PAGE↓]，则显示下一页并检索到该页第一个字。

8）按翻页键 [↑PAGE]，则显示上一页并检索到该页第一个字。

9）持续按翻页 [PAGE↓] 或 [↑PAGE] 时，则连续翻页。

3. 指向程序头的操作

将光标移到程序起始位置的操作称为指向程序头的操作，有两种操作方法，具体如下。

（1）方法一　在"编辑"方式下，当选择程序画面时，按<RESET>键，当光标已经返回到程序的开始处时，在画面上从头开始显示程序内容。

（2）方法二

1）在 MEMORY 方式或 EDIT 方式下，当选择程序画面时，按<O_P>地址键。

2）输入程序号。

3）按<O SRH>软键即可完成指向程序头的操作。

4. 插入字的操作

插入字的操作步骤如下：

1）在插入字之前检索或扫描字。

2）输入要插入的地址。

3）输入数据。

4）按<INS>键即可完成插入字的操作。

5. 修改字的操作

修改字的操作步骤如下：

1）检索或扫描要修改的字。

2）输入要插入的地址。

3）输入数据。

4）按<ALTER>键即可完成修改字的操作。

6. 删除字的操作

删除字的操作步骤如下：

1）检索或扫描要修改的字。

2）按<DELETE>键即可完成删除字的操作。

7. 删除程序段的操作

删除程序段的操作如下：

1）检索或扫描要删除的程序段地址 N。

2）按<EOB_E>键输入地址。

3）按<DELETE>键即可完成删除程序段的操作。

8. 删除多个连续程序段的操作

删除多个连续程序段的操作步骤如下：

1）检索或扫描要删除的第一个程序段的字。

2）按<N_Q>键输入要删除部分最后一个程序段的顺序号。

3）按<DELETE>键即可完成删除多个连续程序段的操作。

二、程序号和程序顺序号检索操作

1. 程序号检索操作

程序号检索操作有几种方法，具体如下。

（1）方法一

1）选择"编辑"方式。

2）按 <PROG> 功能键显示程序画面。

3）按 <O_P> 地址键输入地址。

4）键入要检索的程序号。

5）按 <O SRH> 软键进行检索。

6）检索操作完成后，在屏幕的右上角显示被检索的程序号，如果程序未找到，则产生 P/S 报警（NO.071）。

（2）方法二

1）选择"编辑"方式。

2）按 <PROG> 功能键显示程序画面。

3）按 <O SRH> 软键进行检索。

2. 顺序号检索操作

顺序号检索操作步骤如下：

1）选择 MEMORY 方式。

2）按 <PROG> 功能键显示程序画面。

3）按 <N_Q> 地址键输入要检测的顺序号。

4）按 <N SRH> 软键进行检索。

5）完成检索后，要检索的顺序号显示在屏幕的右上角，如果在当前检测的程序中没有要检索的顺序号，则产生 P/S 报警（NO.060）。

三、删除程序的操作

1. 删除一个程序的操作

删除一个程序的操作步骤如下：

1）选择"编辑"方式。

2）按 <PROG> 功能键显示程序画面。

3）按 <O_P> 地址键输入要求的程序号。

4）按 <DELETE> 键即可。

完成上面操作后，相应程序号的程序就会被删除。

2. 删除全部程序的操作

删除全部程序的操作步骤如下：

1）选择"编辑"方式。

2）按 <PROG> 功能键显示程序画面。

3）按 <O_P> 地址键输入 -9999。

4）按 <DELETE> 键即可。

完成上面操作后，全部程序就会被删除。

3. 指定范围内的程序删除操作

指定范围内的程序删除操作步骤如下：

1）选择"编辑"方式。

2）按<PROG>功能键显示程序画面。

3）按下面格式用地址键和数字键输入欲删除程序的程序号范围：OXXXX，OYYYY，其中 XXXX 为欲删除程序的起始号，YYYY 为欲删除程序的终止号。

4）按<DELETE>键，则 OXXXX 至 OYYYY 之间的程序全部被删除。

四、程序的后台编辑操作

在执行一个程序期间编辑另一个程序称为程序的后台编辑，编辑方法和前台编辑方法相同，它可以节省程序编辑时间。

后台编辑的程序完成编辑操作后，将被保存到前台存储器中。

1. 程序后台编辑操作步骤

程序的后台编辑操作步骤如下：

1）选择"编辑"方式。

2）按<PROG>功能键显示程序画面。

3）按<（OPRT）>软键，再按<BG-EDT>软键。

4）在后台编辑画面，用通常的程序编辑方法编辑程序。

5）编辑完成之后，按<（OPRT）>软键，再按<BG-EDT>软键，则编辑程序被存储到前台程序存储器中。

2. 关于程序后台编辑操作的几点说明

1）后台编辑期间发生的报警不会影响前台操作。

2）前台操作期间发生的报警不会影响后台编辑。

3）在后台编辑中，如果企图编辑前台操作选择的程序，则会发生 BP/S 报警（NO.140）。

4）在前台操作期间企图选择后台正在编辑的程序，则在前台操作中会发生 P/S 报警（NO.059，078）。

五、创建程序操作

创建程序有多种方法，如通过 MDI 方式、示教方式、图形对话方式、自动编程设备等。

1. 用 MDI 操作面板创建程序

用 MDI 操作面板创建程序的操作步骤如下：

1）选择 EDIT 方式。

2）按<PROG>功能键显示程序画面。

3）按<O_P>地址键并输入程序号。

4）按<INS>键。

5）用程序编辑功能创建一个程序即可。

2. 在程序中自动插入顺序号的操作

在程序中自动插入顺序号的操作步骤如下：

1）将参数 SEQUENCE NO 设定为 1。

2）进入 EDIT 方式。

3）按<PROG>功能键显示程序画面。

4）检索要编辑的程序号并移动光标到开始自动插入顺序号的程序段的 EOB（;）处,当程序号被存储且 EOB（;）用 <INS> 键输入时,顺序号自动从 0 开始插入。

5）按 <N_Q> 地址键并输入初始值。

6）按 <INS> 键。

7）输入程序段各个字。

8）按 <EOB_E> 键。

9）按 <INS> 键即可完成在程序中自动插入顺序号的操作。

项目十八　数控车床程序自动运行操作

项目综述

数控车床程序自动运行有多种操作方式。实施本项目所训练的专业技能和应掌握的关联知识见表 18-1。

表 18-1　专业技能和关联知识

专业技能	关联知识
数控车床 MDI 运行操作	数控车床 MDI 运行方式
数控车床存储器运行操作	数控车床存储器运行方式
数控车床程序再启动（P 型或 Q 型）操作	数控车床程序再启动方式
数控车床子程序调度操作	数控车床子程序调用
数控车床手轮中断操作	数控车床子程序中断操作方式

操作要领及关联知识

一、数控车床自动运行程序编辑操作的几种方式

数控车床程序自动运行包括下面几种方式：

1) 存储器运行方式：指执行存储在 CNC 存储器中程序的运行方式。
2) MDI 运行方式：指执行从 MDI 操作面板输入程序的运行方式。
3) DNC 运行方式：读取外部输入/输出设备上的程序使机床运行的方式。
4) 程序再启动方式：从中断点启动重新自动运行程序的方式。
5) 程序调度工作方式：对外部输入/输出设备中存储的程序按计划顺序执行的方式。
6) 子程序调用工作方式：在存储器运行期间，对存储在外部输入/输出设备上的子程序进行调用的工作方式。
7) 手轮中断方式：自动运行期间执行手动进给功能。
8) 镜像工作方式：在自动运行期间允许沿轴作镜像运动的方式。
9) 手动插入和返回工作方式：在自动运行期间，刀具返回到手动插入开始的位置，重新启动自动运行的工作方式。

二、存储器运行操作

1. 存储器运行操作步骤

存储器运行操作步骤如下：

1) 按"MEMORY"方式选择按钮。
2) 从存储器中选择一个程序，执行下面操作：

按 <PROG> 功能键显示程序画面→按 <O_p> 地址键→用数字键输入欲运行的程序号→按 <O SRH> 软键。

3)按机床操作面板上的循环启动按钮,程序自动运行启动,同时循环启动指示灯亮;当自动运行结束后,指示灯熄灭。

2. 关于存储器运行操作几点说明

(1)程序自动运行通过按钮的暂停操作 按机床操作面板上"进给保持"按钮,机床作如下响应:

1)当机床正在移动时,进给运行减速并停止。

2)当暂停(停刀)正在被执行时,暂停(停刀)就停止。

3)当 M、S 或 T 功能被执行时,在 M、S 或 T 功能完成之后运行停止。

4)在"进给保持"期间按下机床操作面板上的"循环启动"按钮,机床重新开始运行。

(2)程序自动运行通过指令 M00 的停止操作 在执行了包含 M00 的程序段之后存储器运行停止,当程序停止之后,所有的模态信息保持不变,可用循环启动按钮恢复程序工作。

(3)程序自动运行通过指令 M02、M30 的终止操作 当读入指令 M02、M30(通常位于主程序结尾处)时,存储器运行结束并进入复位状态。

三、程序的 MDI 运行操作

在 MDI 方式下,在 MDI 面板的程序画面上可建立最多 10 行程序,它与普通程序的格式一样,且可从 MDI 面板执行。

程序的 MDI 运行操作步骤如下:

1)按 MDI 方式选择按钮。

2)按 MDI 面板上 <PROG> 功能键选择程序画面,出现如图 18-1 所示画面,且自动进入程序号 O0000。

3)与普通程序编辑方法类似,编制要执行的程序。

4)将光标移到程序头(也可以从中间开始),按下操作面板上的循环启动按钮,程序开始执行。当执行到程序结束代码(M02、M30)或 ER(%)时,程序运行结束而且自动删除。

5)要中途停止或结束 MDI 运行,按机床操作面板上的急停按钮或按 MDI 面板上的 <RESET> 键即可。

四、程序的再启动操作

该功能指定程序段的顺序号或程序段号,以便当刀具破损或休息后在指定的程序段重新启动加工操作。再启动方法有两种:P 型和 Q 型,如图 18-2 所示。

按指定的顺序号重新启动程序的步骤如下:

1)对于 P 型,刀具退回并更换一把新刀具(必要时修改刀偏量);对于 Q 型,当电源接通或解除急停时,执行全部必要的操作,包括返回参考点,同时手动移动机

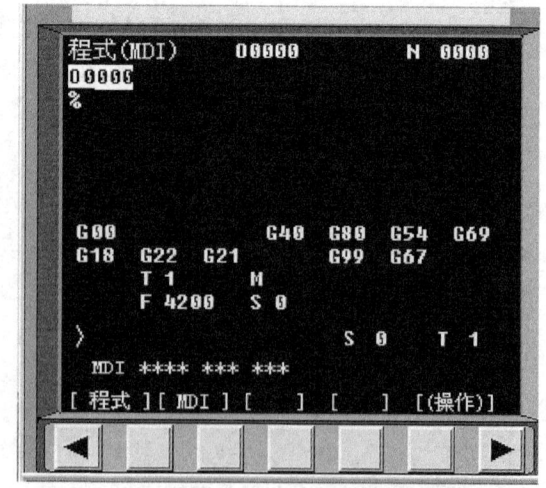

图 18-1 FANUC 0i Mate TC 数控车床 MDI 程序建立画面

床到程序起点，使模态数据和坐标系和换刀前相同。

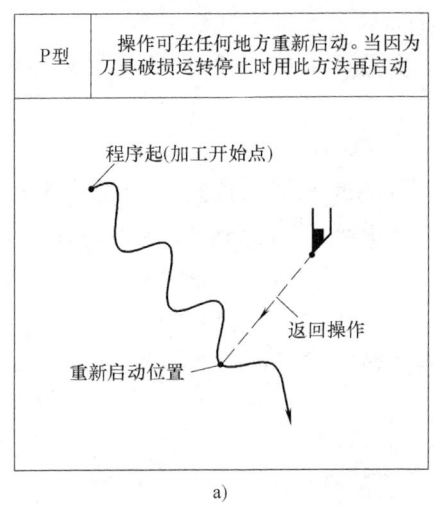 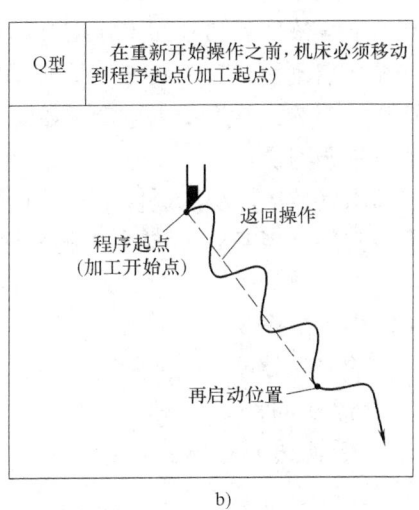

图 18-2 程序再启动方式
a) P 型方式启动 b) Q 型方式启动

2) 接通机床操作面板上程序再启动按钮。

3) 按 MDI 面板上 <PROG> 功能键显示要用的程序。

4) 找到程序头。

5) 输入要重新启动的程序段顺序号，然后按 <P 型> 或 <Q 型> 软键。如果相同的顺序号出现不止一次，则必须指定目标程序段的位置，指定次数和顺序号。

6) 检索顺序号，并在 CRT 上出现程序再启动检索顺序号画面，如图 18-3 所示。

画面上"DESTINATION"表示加工重新开始的位置；"DISTANCE TO GO"表示从当前刀具位置到加工重新开始位置的距离。各个轴名左侧的数字表示刀具移动到重新启动位置坐标轴的动作顺序。可以显示重新启动程序的坐标值和移动量，但最多显示 4 个轴（程序再启动画面仅显示 CNC 的控制轴数据）。M：14 个最近指令的 M 代码。T：2 个最近指定的 T 代码。S：最近指定的 S 代码。代码按指定的次序显示出来，全部代码可用程序再启动指令或在复位状态中循环启动来清除。

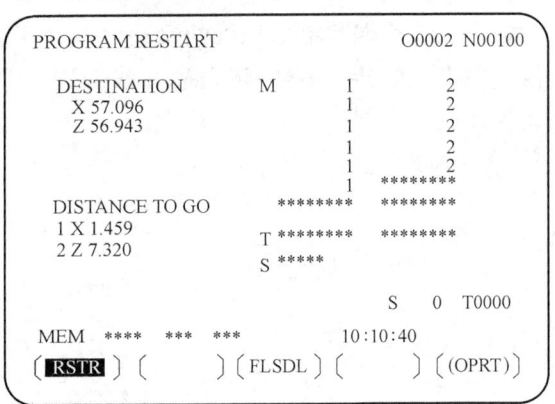

图 18-3 程序再启动检索顺序号画面

7) 关断程序再启动按钮。此时在轴名左侧的 DISTANCE TO GO 闪烁。

8) 检查屏幕是否有要执行的 M、S 和 T 代码。如有，则进入 MDI 方式，执行 M、S 和 T 功能；执行之后恢复以前的方式。在程序再启动的画面上将不显示这些代码。

9）检查在 DISTANCE TO GO 下指示的距离是否正确。同时检查当刀具移动到加工重新开始位置时刀具是否会碰到工件或其他物体。如果存在这种可能性，则用手动将刀具移到其他位置，使刀具从该位置移到加工重新开始位置时不会遇到任何障碍物。

10）按循环启动按钮，刀具按空运转速度依次沿着由参数（第7310号）设定的轴序移到加工重新开始位置，然后加工重新开始。

五、子程序调用操作

子程序调用（M98）功能提供了在存储器运行期间调用和执行存储在外部输入/输出设备中的子程序文件。当 CNC 存储器中的程序段被执行时，外部输入/输出设备中的子程序文件被调用。

六、手轮中断操作

手轮操作的移动量可以叠加到自动运行方式的移动量中，如图18-4所示。

在自动运行期间，如果对应轴的手轮中断轴选择信号接通，则该轴的手轮中断有效，旋转手摇脉冲发生器实现手轮中断。

手轮中断的移动距离决定于手摇脉冲发生器的转动量和手轮进给倍率的选择（×1，×10，×M，×N）。由于该移动没有加/减速，因此对于手轮中断来说使用较大的倍率是很危险的。

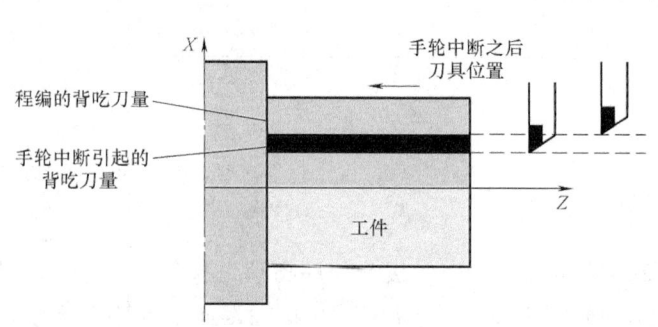

图18-4 手轮中断操作移动量叠加图例

七、镜像操作

在自动运行期间沿坐标轴的运动可以实现镜像。为使用此功能，需将机床操作面板上的镜像按钮设定为接通或从 CRT/MDI 或 LCD/MDI 设定镜像参数为 ON。图18-5所示为数控车床镜像图例。

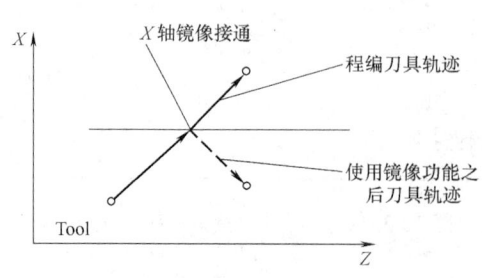

图18-5 数控车床镜像图例

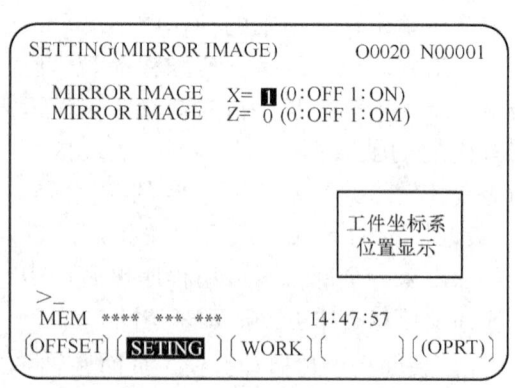

图18-6 数控车床轴镜像设定画面

镜像操作操作步骤如下:

1) 按单程序段按钮,停止自动运行。如从操作一开始就使用镜像功能的话,可省略这一步。

2) 按机床操作面板上目标轴的镜像按钮或按以下步骤设定镜像:

设定 MDI 方式→按 <OFFST/SET> 功能键→按 <SETTING> 软键显示设定(SETTING)画面,如图 18-6 所示→将光标移到镜像设定位置然后将目标轴设定为 1。

3) 进入自动运行方式(存储器方式或 MDI 方式),然后按循环启动按钮开始自动运行。

项目十九　数控车床参数设定与数据显示操作

项目综述

数控系统与车床本体连接时需要进行系统参数设置以保证车床正确运行，同时还要进行工件坐标系建立、刀具几何及磨损补偿、螺距误差补偿等操作。实施本项目所训练的专业技能和应掌握的关联知识见表19-1。

表19-1　专业技能和关联知识

专业技能	关联知识
数控车床程序运行时显示各种位置坐标操作	数控车床各种坐标系显示方式
数控车床程序运行时以各种方式显示程序内容操作	数控车床程序运行各种显示方式
数控车床刀具偏移值设置和显示	数控车床刀偏设置方式
数控车床工件坐标系建立、坐标系偏移设置和显示等操作	数控车床工件坐标系设置与调用
数控车床螺距误差补偿数据设定操作	数控车床螺距误差补偿

操作要领及关联知识

为了操作数控车床，数控系统的各种数据必须在 CRT/MDI 或 LCD/MDI 上设定；在数控车床操作期间，操作者也需要通过显示的数据来监控车床的运行状态，以便及时发现和处理现场发生的各种故障。

一、数控车床位置显示画面操作

按下 MDI 操作面板上 <POS> 功能键，便会出现数控车床位置显示画面，画面上菜单说明如图 19-1 所示。

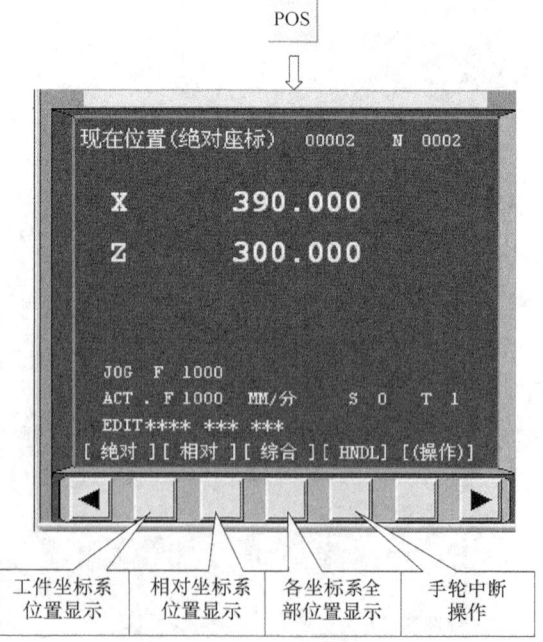

从图 19-1 可以看出，通过软键切换可以显示包括工件坐标系绝对位置显示画面、相对坐标系的位置显示画面和综合位置显示画面。上述画面上也显示进给速度、运行时间以及零件数。另外，<POS> 功能键也可用于显示伺服电动机和主轴电动机的负载以及主轴电动机的旋转速度（当切换到运行监视画面时），还可用于显示由手轮中断引起的移动距离。

1. 在工件坐标系中绝对位置显示操作

按 <ABS>（绝对）软键，显示工件坐标系的当前刀具位置，当前位置随刀具

图 19-1　数控车床位置显示画面

移动而改变，最小输入增量单位用作显示数值的单位，画面顶部的标题指出所用的是绝对坐标，图 19-1 所示即为绝对坐标画面。

2. 在相对坐标系中位置显示与设定操作

（1）在相对坐标系中的位置显示　按 < REL >（相对）软键，显示操作者设定的相对坐标系中刀具的当前位置，当前位置随刀具移动而改变，增量系单位用作显示数值的单位，画面顶部的标题指出所用的是相对坐标，如图 19-2 所示。

（2）在相对坐标系中的位置设定　相对坐标系中刀具当前位置可以复位为 0.000 或预置一个指定值，具体步骤如下：

1）在相对坐标的画面上输入一个轴地址（X 轴或 Z 轴），于是指定轴的地址闪烁。

2）欲将坐标值复位为 0.000，按 < ORIGIN > 软键，闪烁轴的相对坐标复位为 0.000；欲将坐标值预置为指定值，输入一个值并按 < PRESET > 软键，闪烁轴的相对坐标被设定为输入值。

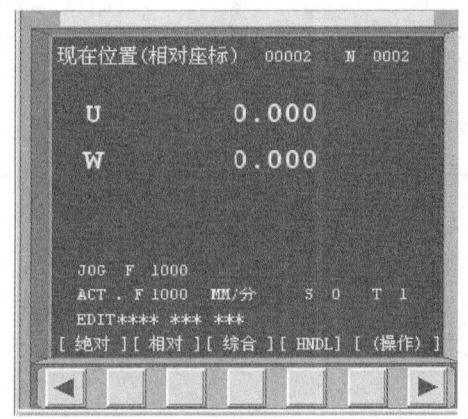

图 19-2　数控车床相对坐标系中位置显示画面

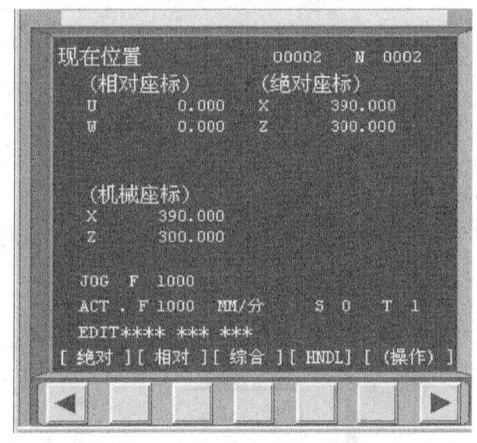

图 19-3　数控车床综合坐标显示画面

3. 综合坐标显示操作

按 < ALL >（综合）软键，在画面上可以显示工件坐标系、相对坐标系以及机床坐标系中刀具的当前位置和剩余移动距离，也可以进行相对坐标设定，如图 19-3 所示。

4. 预置工件坐标系操作

可以在位置显示画面通过 MDI 操作预置一个偏移的工件坐标系，具体操作如下：

1）按功能键 < POS > 以显示位置画面。

2）按 < OPRT > 软键。

3）按翻页软键直至 < WRK-CD > 软键出现。

4）按 < WRK-CD > 软键。

5）按 < ALLAXS > 软键预置全部轴。

6）为了在第 5 步中预置个别轴，可输入轴名，然后按 < AXS-CD > 软键。

二、数控车床程序显示画面操作

按下 MDI 操作面板上的 < PROG > 键，便会出现数控车床程序显示画面，画面上菜单如图 19-4 所示。

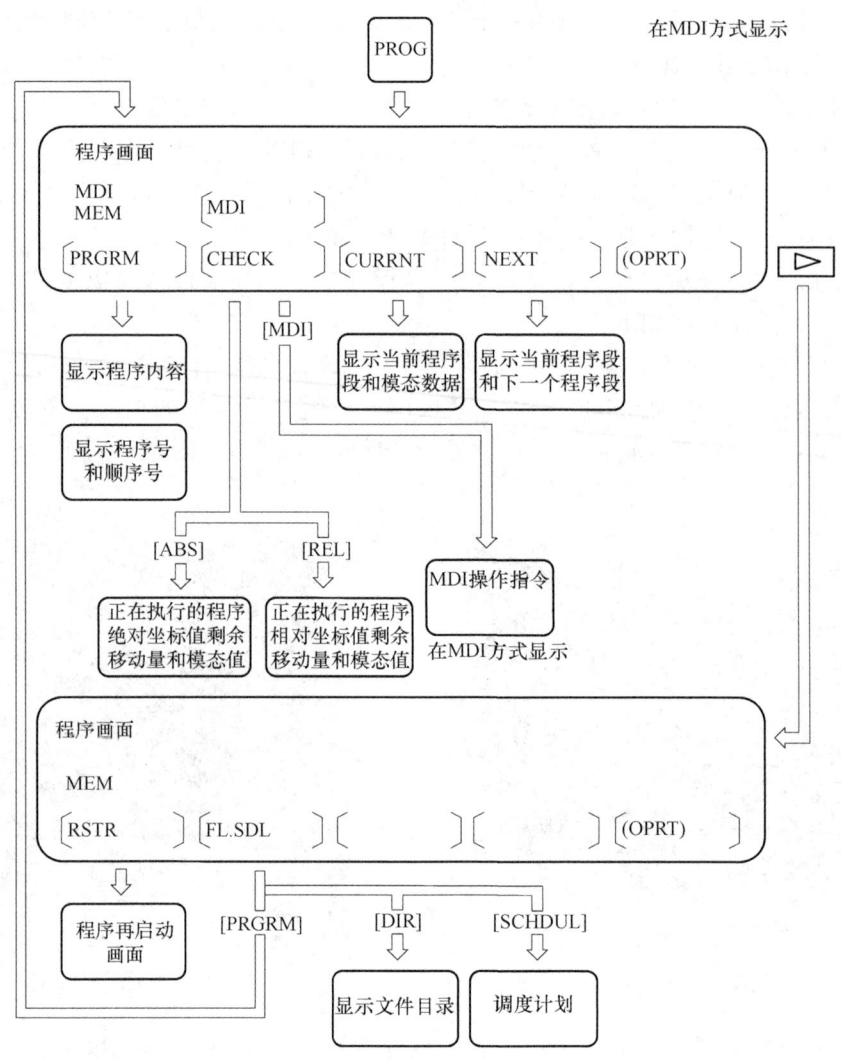

图 19-4　数控车床程序显示画面

图 19-5　数控车床程序内容显示画面

图 19-6　数控车床当前程序段显示画面

从图 19-4 可以看出，通过软键切换可以显示程序内容画面、当前程序段显示画面、下一程序段显示画面、程序检查画面、MDI 操作用程序画面等。

1. 程序内容显示操作

按 <PRGRM> 软键，光标定位到当前正在执行的程序段，如图 19-5 所示。

2. 当前程序段显示画面操作

按 <CURRNT> 软键，当前正在执行的程序段及其模态数据被显示，如图 19-6 所示。

3. 下一程序段显示画面操作

按 <NEXT> 软键，显示当前正在执行的程序段和下一个即将执行的程序段内容。

4. 程序检查画面操作

按 <CHECK> 软键，显示当前所执行的程序、刀具的当前位置和模态数据，如图 19-7 所示。

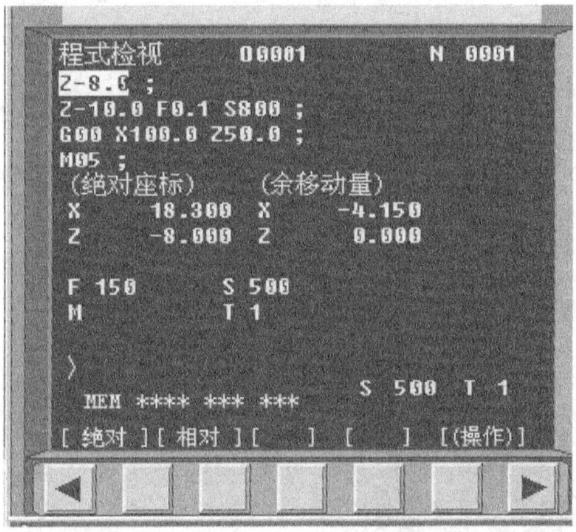

图 19-7　数控车床程序检查画面

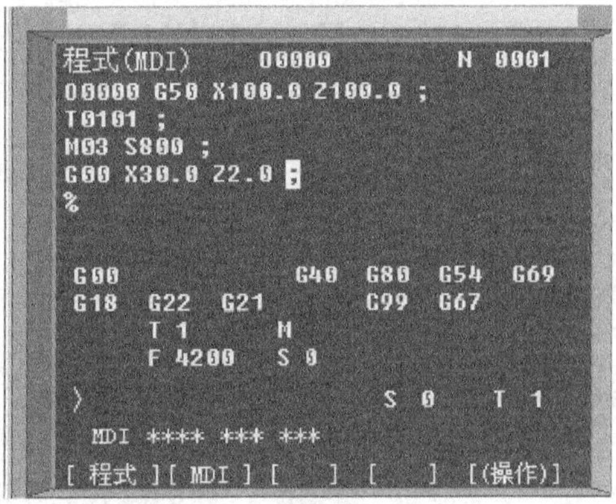

图 19-8　数控车床 MDI 方式下输入程序和模态数据显示画面

5. MDI 方式下从 MDI 输入程序和模态数据显示画面操作

按下 <PROG> 功能键及 <MDI> 软键，则显示从 MDI 输入的程序和模态数据，如图 19-8 所示。

6. EDIT 方式下程序编辑画面和程序显示画面操作

在 EDIT 方式下按 <PROG> 功能键，则显示程序编辑画面和程序显示画面，还可以显示图形会话编辑显示画面和文件目录画面等，如图 19-9 所示。

7. 显示使用的内存和程序清单操作

选择 EDIT 方式，按 <PROG> 功能键，按 <LIB> 软键，便会出现程序清单，如图 19-10 所示。

三、数控车床参数设置和显示操作

按下 <OFFST/SET> 键，出现如图 19-11 所示的参数设置和显示画面，可以显示和设定以下数据：

1）刀具偏移值。

2）参数设定。

3）运行时间和零件数。

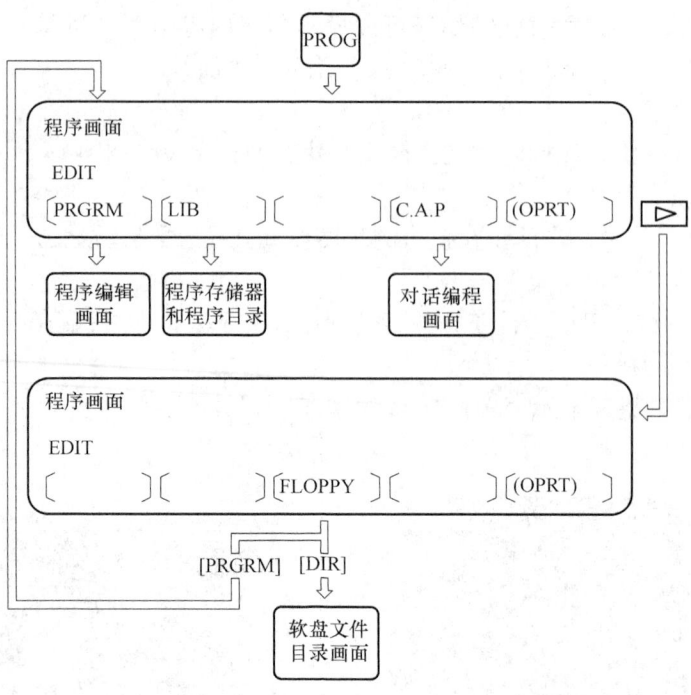

图 19-9 数控车床 EDIT 方式下程序编辑画面和程序显示画面

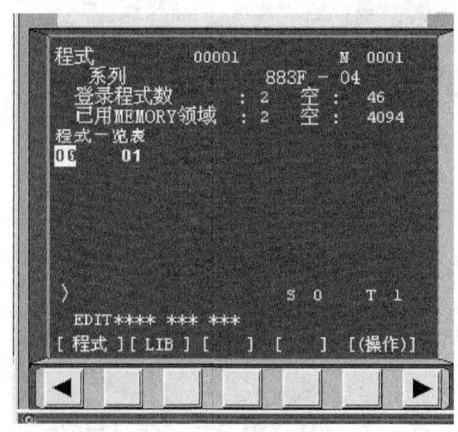

图 19-10 数控车床程序清单显示画面

4）工件原点偏移值和工件坐标系偏移值。

5）用户宏程序公用变量。

6）软操作面板。

7）刀具寿命管理数据。

1. 刀具偏移值设定和显示操作

刀具偏移值设定和显示操作步骤如下：

1）按下＜OFFST/SET＞功能键。

2）选择＜OFFSET＞软键，出现刀具补偿画面，图 19-12 所示为刀具几何形状偏移补偿画面，图 19-13 所示为刀具磨损偏移补偿画面。

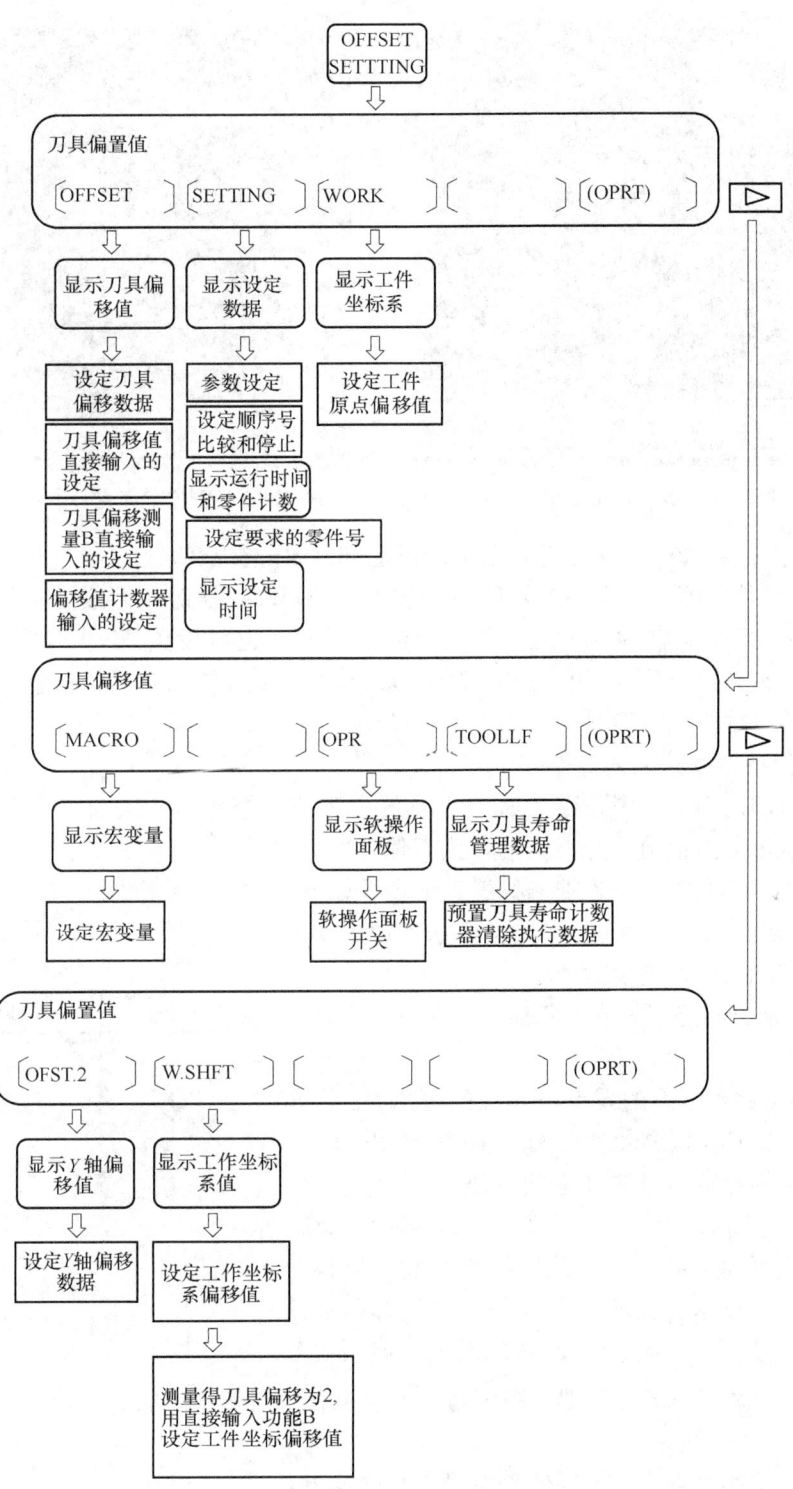

图 19-11 数控车床参数设置和显示画面

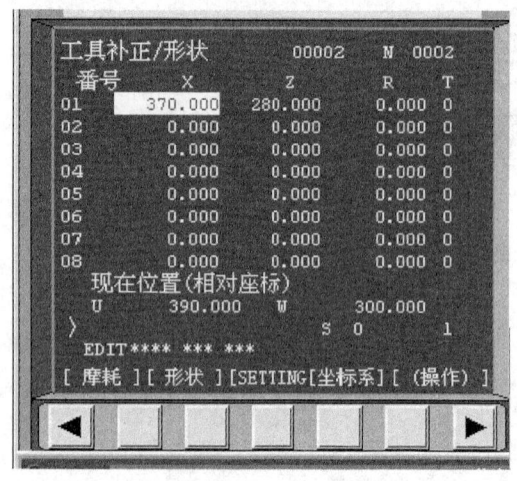
图 19-12 数控车床刀具几何形状偏移补偿画面

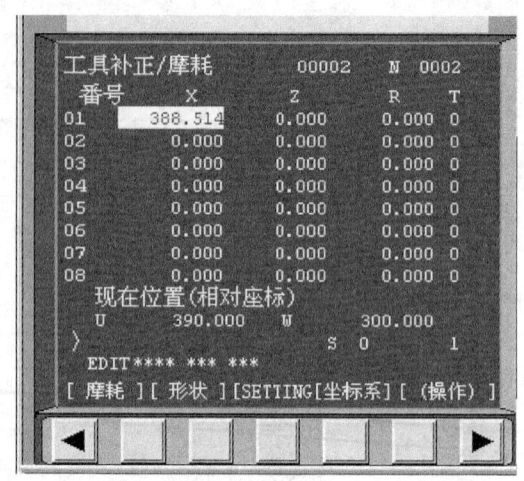
图 19-13 数控车床刀具磨损偏移补偿画面

3）用翻页键和光标键移动光标至所需设定或修改的补偿值处。

4）为设定补偿值，输入一个补偿值并按下 <INPUT> 软键；为改变补偿值，输入一个值并按下 < +INPUT > 软键，于是该值与当前值相加（也可设负值）。若按下 <INPUT> 软键，则输入值替换原有值。TIP 是实际刀尖号，TIP 可在刀具几何形状偏移补偿画面或刀具磨损偏移补偿画面中进行定义。

2. 刀具偏移量直接输入操作

将编程时用的刀具参考位置（标准刀具的刀尖或转塔中心）与加工中实际使用刀具刀尖位置之差设定为刀偏值，并直接输入到刀偏存储器中。

（1）Z 轴偏移量设定　Z 轴偏移量设定步骤如下：

1）建立如图 19-14 所示的工件坐标系，在手动方式中用一把实际刀具切削表面 A。

2）在 X 轴方向退回刀具，Z 轴不动并停止主轴运动。

3）测量工件坐标系的零点至 A 面的距离 β，再在图 19-15 所示的刀具偏移量直接输入画面上用下述方法将该值设定为指定刀号的 Z 向测量值。

按 <OFFST/SET> 功能键以及 <OFFSET> 软键，出现刀具补偿画面，如果刀具几何补偿和磨损补偿分别设定，就分别显示与其相应的画面；将光标移动到欲设定的偏移号处，按地址键 Z 进行设定，键入实际

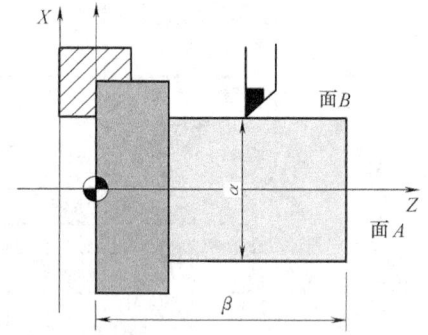
图 19-14 数控车床刀具偏移量直接输入对刀图例

测量值 β 后按 <MEASUR> 软键，则测量值 β 与编程的坐标值之间的差值作为偏移量被设入指定的刀偏号。

（2）X 轴偏移量设定　X 轴偏移量设定步骤如下：

1）在手动方式中切削表面 B。

2）沿 Z 轴退回而 X 轴不动，并停止主轴运动。

3）测量表面 B 的直径 α，用与前述设定 Z 轴相同的方法将该测量值设为指定刀号的 X

方向测量值。

对所有使用的刀具重复以上步骤，则其刀偏量可自动计算并设定。例如，当程序中表面 B 的坐标值为 70.0 时，α = 69.0，在偏移号 2 处按 <MEASUR> 软键并设定 69.0，于是 2 号刀偏的 X 方向刀偏量为 1.0。

3. 工件坐标系设定操作

当用 G54~G59 指令设定工件坐标系时，工件坐标系设定操作步骤如下：

1）按下 <OFFST/SET> 功能键。

2）按下菜单继续键，直至显示 <坐标系> 软键画面，如图 19-16 所示。

3）按 <坐标系> 软键。

4）将光标移至坐标系需要偏移的轴上。

5）输入偏移值并按下 <INPUT> 软键。

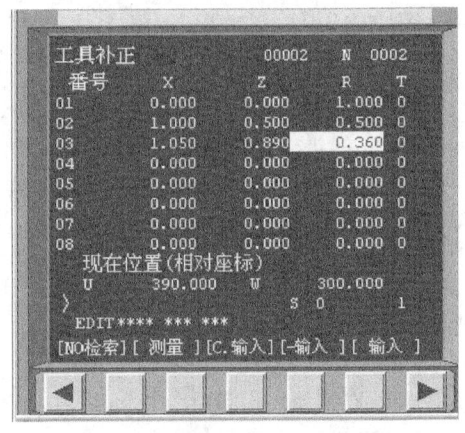

图 19-15　数控车床刀具偏移量直接输入画面

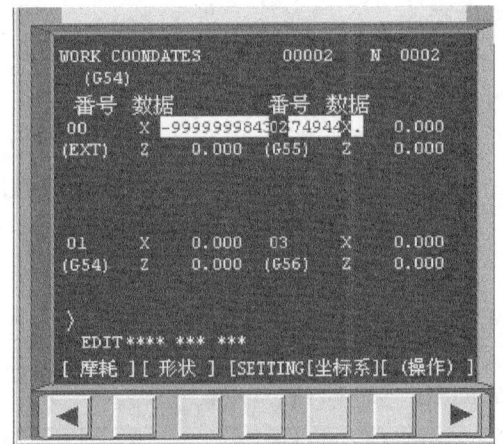

图 19-16　数控车床工件坐标系设定画面

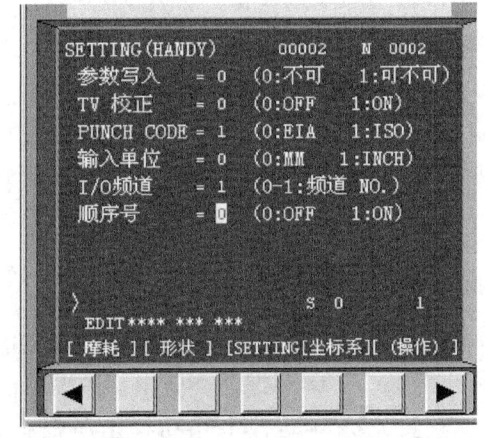

图 19-17　数控车床显示和输入设定画面

4. 显示和输入设定数据操作

（1）显示和输入设定数据操作　在设定（SETTING）画面上，操作者可以允许/禁止参数的写入、允许/禁止编辑程序时自动插入顺序号、设定顺序号比较和停止功能等，设定画面如图 19-17 所示。

设定数据的操作步骤如下：

1）选择 MDI 方式。

2）按下 <OFFST/SET> 功能键。

3）按下 <SETING> 软键显示 SETTING 数据画面，该画面分几个页面，通过 MDI 操作面板中的上、下翻页键可切换至所需要的画面。

4）按光标移动键将光标移至所需设定的项目上。

5）输入新值并按下 <INPUT> 软键。

图19-17中，参数写入开关为"0"时表示禁止写入，为"1"时表示允许写入，具体如下：

1）设定是否执行 TV 校验"TV CHECK"：设定为"0"时表示不进行 TV 校验，设定为"1"时表示进行 TV 校验。

2）设定数据通过读带机/穿孔机接口输出时的代码"PUNCH CODE"：设定为"0"时表示输出 EIA 代码，设定为"1"时表示输出 ISO 代码。

3）设定输入单位"INPUT UNIT"：设定为"0"时表示公制，设定为"1"时表示英制。

4）设定 I/O 通道"I/O CHANNEL"：设定为"0"时表示选择通道0，设定为"1"时表示选择通道1，设定为"2"时表示选择通道2。

5）设定顺序号插入"SEQUENCE NO."：设定在 EDIT 方式下，程序编辑时是否执行顺序号自动插入，设定为"0"时表示不执行顺序号自动插入，设定为"1"时表示执行顺序号自动插入。

6）设定 F10/11 纸带格式转换"TAPE FORMAT"：设定为"0"时表示不进行纸带格式转换，设定为"1"时表示进行纸带格式转换。

7）设定顺序号停止"SEQUENCE STOP"：设定顺序号比较和停止功能的操作停止时的顺序号，以及该顺序号所需的程序号。

8）设定镜像"MIRROR IMAGE"：设定为"0"时表示镜像关，设定为"1"时表示镜像开。

（2）显示和设定运行时间、工件数量和时间的操作 通过设定可以显示各种运行时间、工件的总数和已加工的工件数，设定步骤如下：

1）选择 MDI 方式。

2）按下 < OFFST/SET > 功能键。

3）按下 < SETING > 软键显示 SETTING 数据画面，该画面分几个页面，通过 MDI 操作面板中的上、下翻页键切换至出现图 19-18 所示的画面。

4）按光标移动键将光标移至所需设定的项目上。

5）为了设定所需要的工件数，将光标移至"PARTS REQUIRED"，输入所需加工工件的数量并按下 < INPUT > 软键。

6）为了设定时间，将光标移至"DATE"或"TIME"，输入日期或时间并按下 < INPUT > 软键。

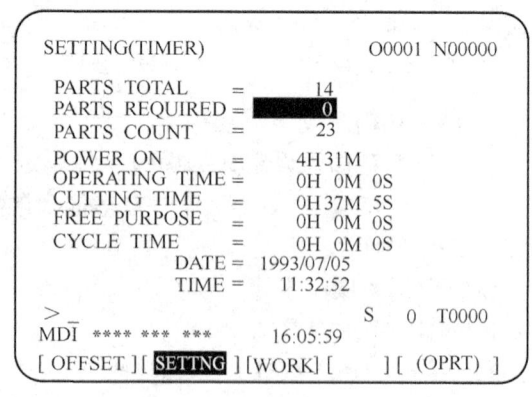

图 19-18 数控车床运行时间、零件数量和时间的设定画面

四、数控车床系统参数设置和显示操作

当 CNC 与机床连接时，必须通过在 MDI 操作面板上或通过外部输入/输出设备设定参数以定义机床的功能和规格，以便充分利用伺服电动机和其他部件的特性。

按下 MDI 操作面板上的 < SYSTM > 键，便会出现数控车床系统参数显示和设定画面，如图 19-19 所示。

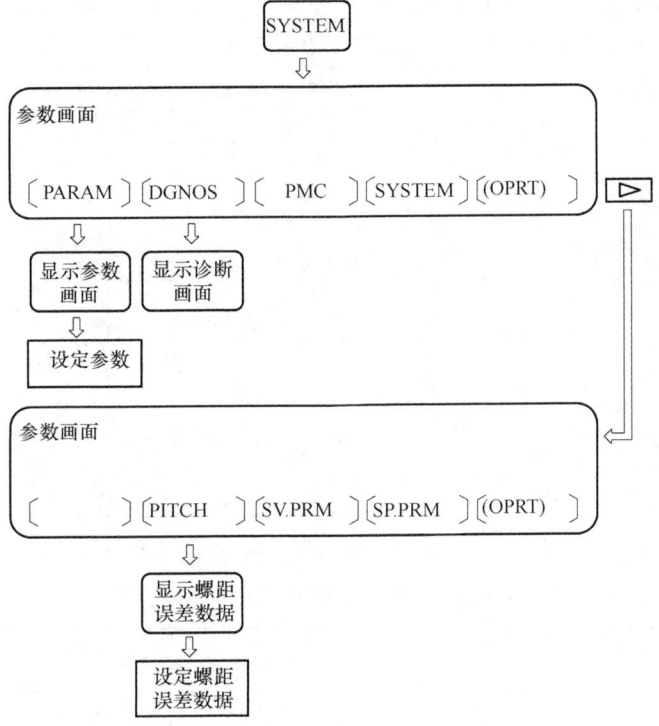

图 19-19 数控车床系统参数显示和设定画面

1. 显示和设定机床系统参数操作步骤

显示和设定机床系统参数操作步骤如下：

1）将参数写入开关"PARAMETER WRITE（参数写入）"设定为 1 以允许写入（见前面参数显示与设定操作）。

2）按下＜SYSTM＞功能键。

3）按下＜PARAM＞软键显示系统参数画面，如图 19-20 所示。

4）通过 MDI 上翻页键和光标移动键将光标移至所需设置或显示的参数号处。

5）在 MDI 方式下用数字键输入新值并按下＜INPUT＞软键，参数被设定为输入值并显示该值。

6）将参数写入开关"PARAMETER WRITE"设定为 0 以禁止写入。

2. 显示和设定螺距误差补偿数据操作

图 19-20 数控车床按下 PAPAM 软键显示系统参数画面

如果指定了螺距误差补偿数据，各轴的螺距误差可用各轴检测单位进行补偿。各轴以指定的间隔设置补偿点，在各补偿点根据实测设定螺距误差补偿数据。补偿原点是刀具返回的机床参考点。

数控车床螺距误差补偿点编号如图19-21所示。

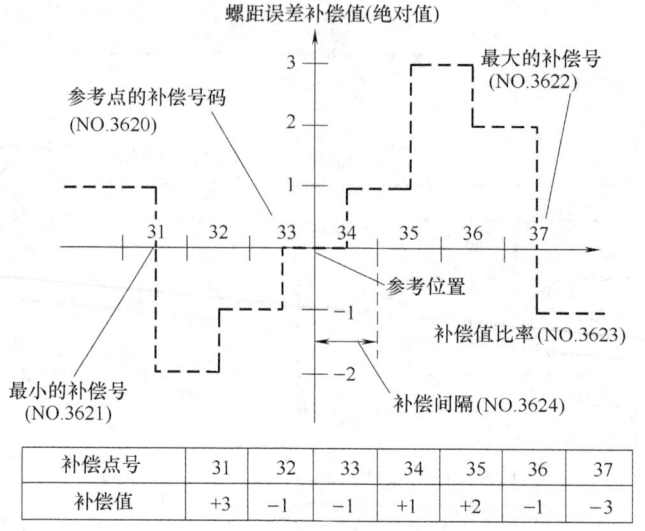

补偿点号	31	32	33	34	35	36	37
补偿值	+3	−1	−1	+1	+2	−1	−3

图19-21 数控车床螺距误差补偿点编号

显示和设定螺距误差补偿数据操作步骤如下：

1）设定以下参数：

各轴的参考点的补偿点号：参数3620

各轴的最小补偿点号：参数3621

各轴的最大补偿点号：参数3622

各轴的补偿值倍率：参数3623

各轴的补偿间隔：参数3624

2）按 < SYSTM > 功能键。

3）按菜单继续键，按 < PITCH > 软键。

图19-22 数控车床螺距误差补偿点参数设定画面

4）将光标移至所需设定的补偿点号，画面如图19-22所示。

5）用数字键输入补偿值并按下 < INPUT > 软键。

模块四 数控车床典型零件加工

项目二十 阶梯轴类零件加工

项目综述

本项目结合阶梯轴零件加工案例,综合训练学生实施工艺设计、程序编程、仿真软件使用、机床加工、零件精度检测、产品提交等零件加工完整工作过程的工作方法。实施本项目所训练的专业技能和应掌握的关联知识见表20-1。

表20-1 专业技能和关联知识

专业技能	关联知识
零件工艺结构分析	阶梯轴类零件数控车削加工工艺设计
阶梯轴类零件加工工艺方案设计	数控车床操作规程
机床、毛坯、夹具、刀具、切削用量合理选用	数控车床仿真软件应用
阶梯轴类零件工序卡填写	阶梯轴类零件数控车削加工
阶梯轴类零件加工程序编写	阶梯轴类零件精度检测
熟练使用数控车削加工仿真软件	
熟练操作机床对阶梯轴类零件进行加工	
零件精度检测、数据处理及加工结果判断	
产品及工艺文件提交	
工具书、工艺文件及操作说明书使用	

操作要领及关联知识

一、零件加工工作任务

【示例20-1】 零件图如图20-1所示,零件图号为WHCY4001,工作时间180min,完成下面工作任务:

(1) 工艺设计

1) 对零件进行工艺性分析。

2) 选择毛坯和机床。

3) 确定加工方案。

4) 选择刀具并填写刀具单。

5) 确定零件装夹方式。

6) 确定粗、精加工切削用量。

7) 确定工序内容并填写工序卡。

(2) 编写加工程序

1) 建立工件坐标系。

2) 基点尺寸计算与坐标确定。

3) 编写加工程序。

(3) 零件加工与精度检测

1) 加工程序输入与仿真。

2) 零件加工。

3) 零件精度检测，填写"零件加工质量检验单"。

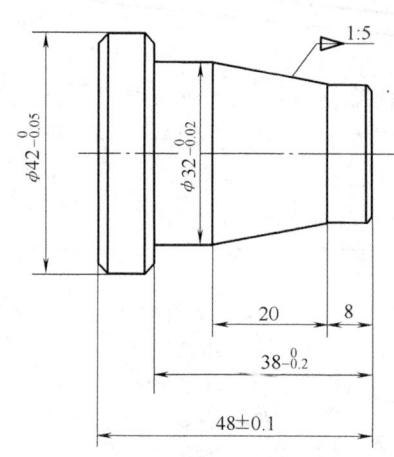

图20-1　阶梯轴零件加工综合实训图例1

二、零件加工工艺设计、编程与加工实施过程

1. 零件工艺性分析

该轴仅由直线要素构成，含三个圆柱面和一个圆锥面，有三处C1倒角，圆柱面尺寸精度分别为 $\phi 42_{-0.05}^{0}$ mm、$\phi 32_{-0.02}^{0}$ mm，阶梯轴有长度尺寸精度要求，分别是 $38_{-0.2}^{0}$ mm、48 ± 0.1 mm，表面粗糙度要求均为 $Ra3.2\mu m$。

2. 选择毛坯和机床

工件材质为45钢，毛坯尺寸为 $\phi 45mm\times 55mm$ 棒料，选择通用卧式数控车床（根据学校现有设备选用）。

3. 确定加工方案

车端面→粗车、半精车工件右侧（$\phi 32mm$ 侧）外圆表面，留0.5mm精加工余量→精加工外圆表面达到图样尺寸要求→工件调头装夹→车工件左端面（$\phi 42mm$ 侧），保证工件全长→粗车工件外圆，留0.5mm精加工余量→精加工外圆表面达到图样尺寸要求。

4. 刀具选择

选择外圆端面车刀：外圆左向横柄，主偏角为93°；刀片号为CCMT120408，刀尖角80°。

5. 确定零件装夹方式

工件加工时采用三爪自定心卡盘装夹。加工右端面时，三爪自定心卡盘夹持毛坯留出加工长度约40mm；工件调头时用软爪或护套夹持 ϕ32mm 部位，留出加工长度约15mm。

6. 确定切削用量

端面和外圆表面粗、精加工时的切削用量选择见表20-2。

表20-2 切削用量的选择

切削用量 加工要素		a_p（背吃刀量）/mm	f（进给速度）/mm·r^{-1}	n（主轴转速）/r·min^{-1}
工件右端面加工		0.5	0.20	800
工件左端面加工	粗加工	2	0.20	800
	精加工	1	0.10	
外圆表面粗加工		1	0.3	1000
外圆表面精加工		0.5	0.15	1200

7. 确定工序内容及填写阶梯轴数控加工工序卡（见表20-3）

表20-3 阶梯轴数控加工工序卡

零件图号	WHCY4001	零件名称		阶梯轴	
使用设备名称	数控车床	使用设备型号		CKA6150	
换刀方式	自动换刀	程序编号		O4001~O4002	
刀具表		量具表		工具表	
刀具刀号	刀具名称	序号	量具名称及规格	序号	工具名称及规格
T01	外圆端面车刀	1	游标卡尺 0~125mm	1	刀具垫片若干
T02		2	外径千分尺 25~50mm	2	其他车削加工辅具
序号	工艺内容	切削用量			备注
		a_p/mm	f/mm·r^{-1}	n/r·min^{-1}	
1	车工件右端面	0.5	0.20	800	
2	粗加工工件右端面外圆表面及倒角	1	0.3	1000	
3	精加工工件右端面外圆表面及倒角，达到图样尺寸要求	0.5	0.15	1200	
4	工件调头，软爪或护套装夹工件	—	—	—	
5	粗车工件左端面	2	0.20	800	
6	精车工件左端面，保证工件全长	0.5	0.10	800	
7	粗车工件左端外圆及倒角	1	0.3	1000	
8	精加工工件左端外圆表面及倒角，达到图样尺寸要求	0.5	0.15	1200	
编制		审核		批准	
日期				第 页	共 页

8. 工件坐标系建立

加工工件左、右端面及外圆时，分别以零件左、右端面中心为工件坐标系原点。

9. 基点坐标计算

本例主要计算圆锥小端直径。已知圆锥锥度为 1∶5，圆锥大端直径为 $\phi32\mathrm{mm}$，根据锥度定义"圆锥锥度为大小端圆的直径差与锥体高度的比值"，则有：

$$\frac{32-D}{20}=\frac{1}{5}$$

算得：圆锥小端直径 D 为 $\phi28\mathrm{mm}$，小端倒角后直径为 $\phi26\mathrm{mm}$。

10. 加工程序编制

工件右端加工程序号为 O4001，加工程序如下：

O4001；
　T0101；
　G99　M03　S800；
　G00　X46.0　Z2.0；
　G94　X-1.0　Z0.0　F0.2；
　G71　U1.0　R0.2；
　G71　P10　Q20　U0.5　W0.1　F0.3　S1000；
N10　G00　G42　X22.0　S1200；
　G01　X28.0　Z-1.0　F0.15；
　　　Z-8.0；
　　　X31.99　Z-28.0；
　　　Z-37.9；
　　　X40.0；
N20　　X43.98　Z-40.0；
　G70　P10　Q20；
　G00　G40　X100.0　Z100.0；
　M05；
　M30；

工件左端面加工程序号为 O4002，加工程序如下：

O4002；
　T0101；
　G99　M03　S800；
　G00　X46.0　Z10.0；
　G94　X-1.0　Z5.0　F0.2；
　　　Z3.0；
　　　Z1.0；
　　　Z0.0；
　G90　X43.0　Z-11.0　F0.3；
　G00　G42　X37.98　Z1.0；
　G01　X41.98　Z-1.0　F0.15；
　　　　　Z-11.0；
　G00　G40　X100.0　Z100.0；

M05；

M30；

11. 零件的仿真加工

零件程序编写完成后,可先在仿真软件上进行仿真加工,以校验程序的正确性。采用上海宇龙软件工程有限公司开发的数控加工仿真系统进行仿真加工过程如下：

1）通过输入用户名和密码进入仿真加工界面,仿真加工界面如图20-2所示。

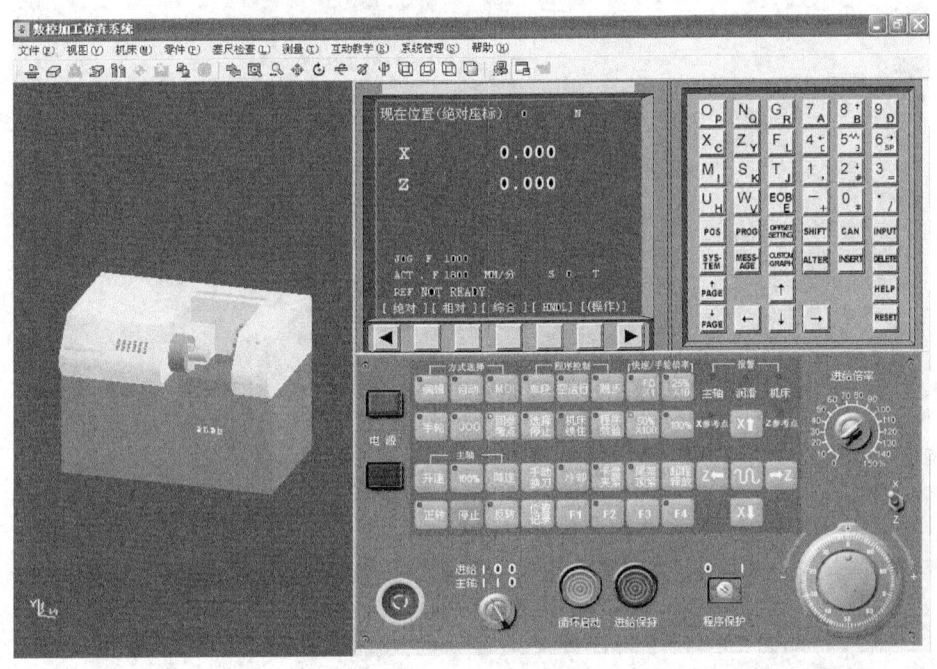

图20-2　仿真加工界面

2）进入<机床>菜单,单击<选择机床>栏目：选择数控系统类型、机床类型、机床生产厂家等。如选择"FANUC 0i Mate TC 数控系统"、"数控车床"、"大连机床厂"等。

3）进入<零件>菜单,单击<定义毛坯>栏目：输入毛坯名称→选择毛坯材料→选择毛坯形状→定义毛坯尺寸,如图20-3所示。

4）进入<零件>菜单,单击<放置零件>栏目：选择类型→选择定义的毛坯→安装毛坯,如图20-4所示。

5）接通控制系统电源：按下电源接通按钮,按钮绿色指示灯亮,同时按下急停按钮,控制系统电源接通。

6）建立机床坐标系：在机床操作面板上按下"回参考点"按钮,绿色指示灯亮,分别按下"+X"、"+Z"按钮,机床回参考点,相应指示灯亮,同时显示屏上显示机床坐标位置,如图20-5所示。

7）进入<机床>菜单,单击<选择刀具>栏目：选择刀位→选择刀片→选择刀柄,并输入刀具长度及刀尖半径值,如图20-6所示。

8）工件试切：按下机床操作面板上"JOG"按钮,指示灯亮,同时按下机床主轴"正

模块四 数控车床典型零件加工

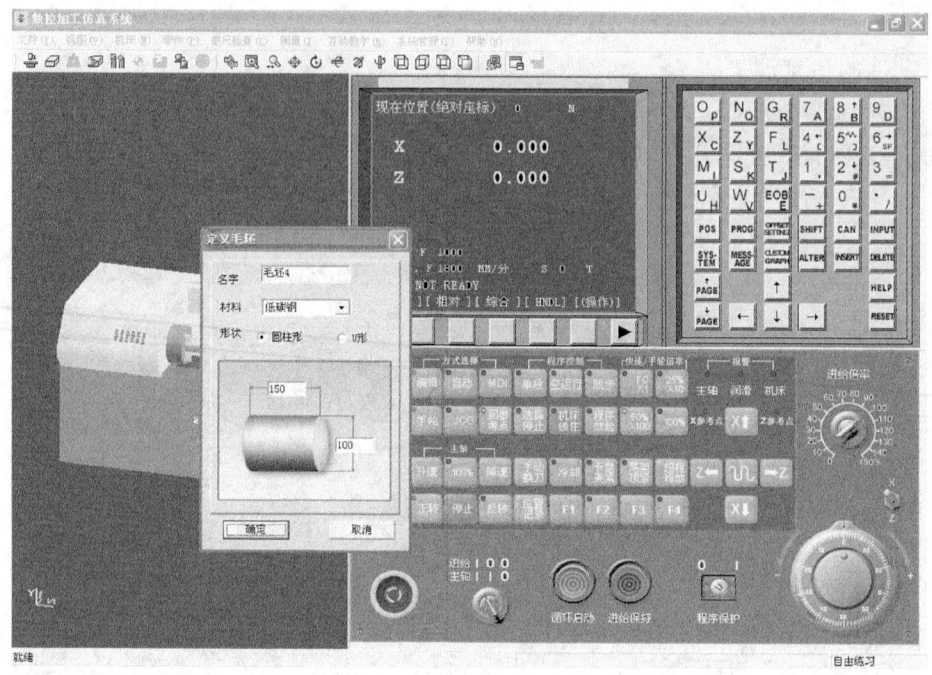

图 20-3 定义毛坯界面

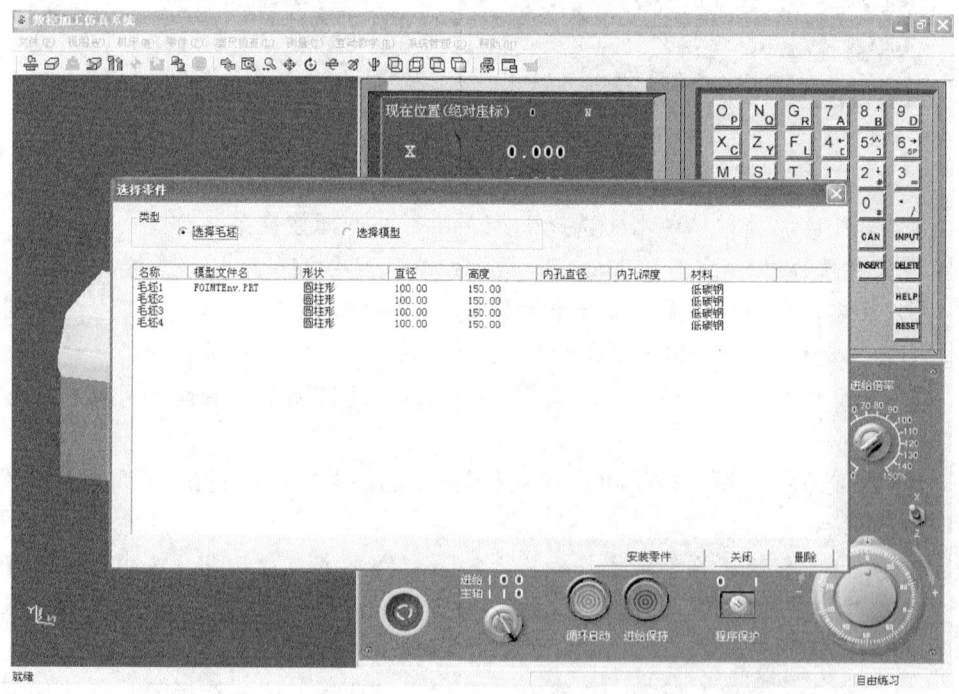

图 20-4 放置零件界面

项目二十 阶梯轴类零件加工

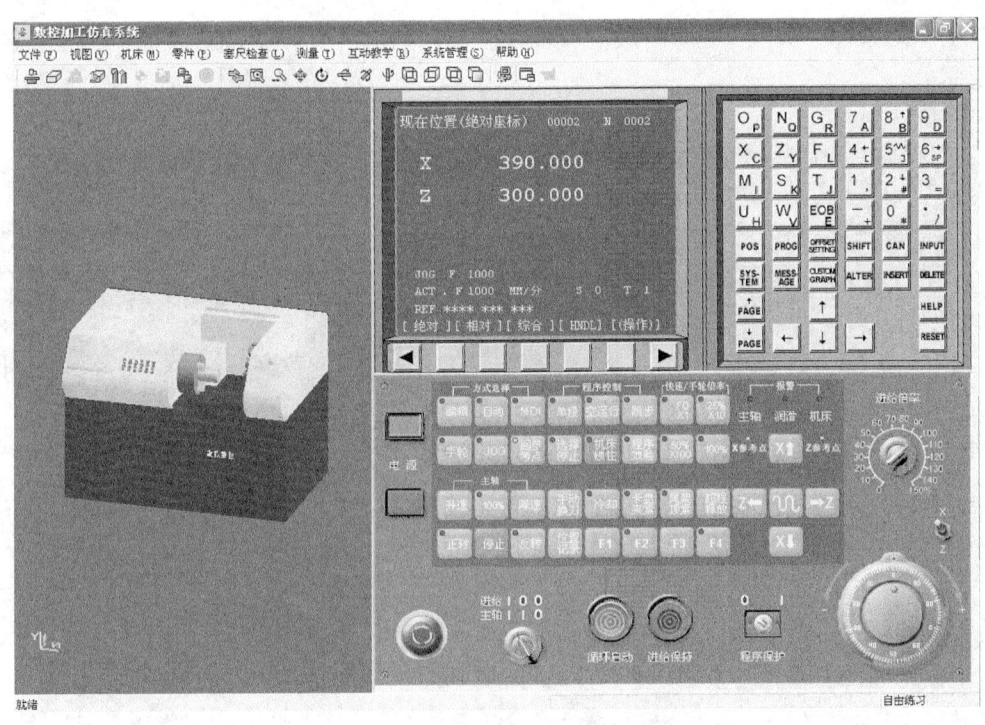

图 20-5 回参考点界面

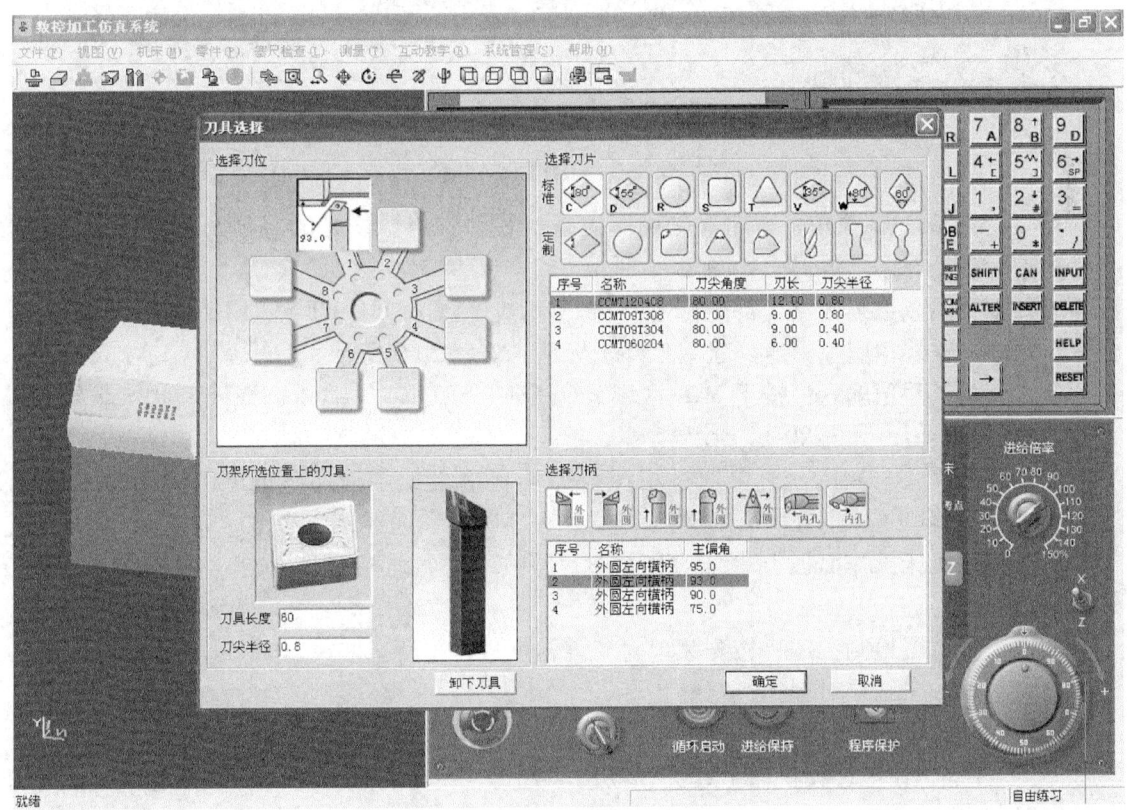

图 20-6 刀具选择与安装界面

227

转"按钮,通过"-X"、"-Z"的配合使用,对工件进行试切,记录下相应坐标值,如图 20-7 所示。

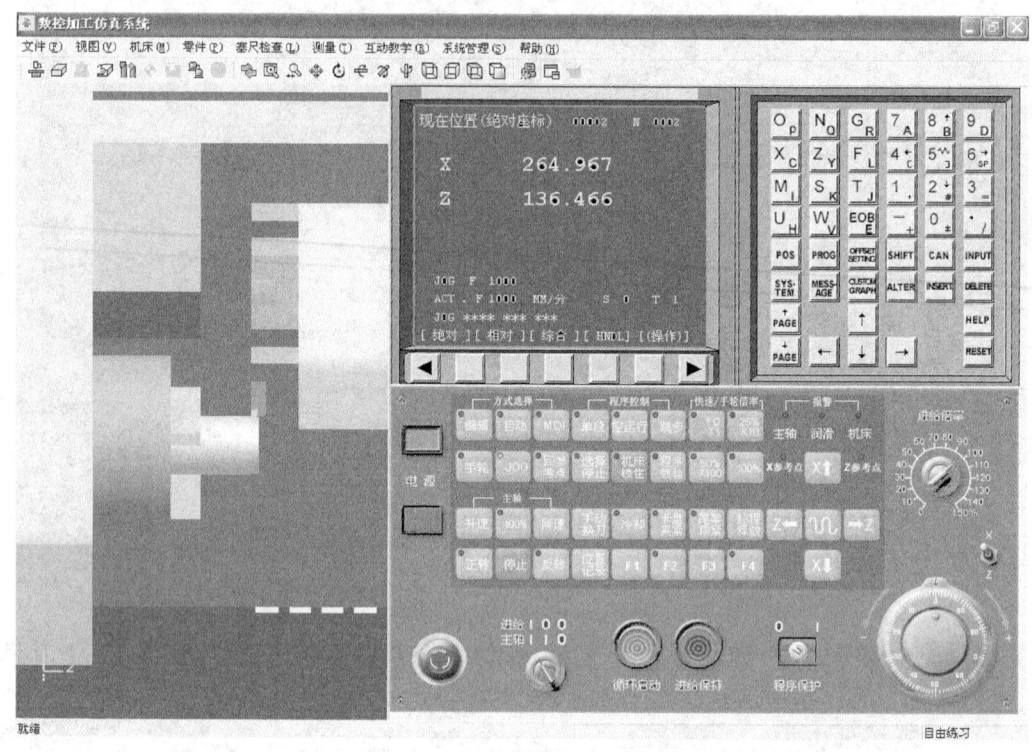

图 20-7 工件试切界面

9)进入<测量>菜单,单击<剖面图测量>栏目:对试切处的直径及其距离端面的长度尺寸进行测量并记录数据,如图 20-8 所示。

10)根据测量数据建立工件坐标系:按下 MDI 区域 < OFFSET SETING > 键→选择 < 坐标系 > 软键→输入相应坐标值→建立工件坐标系,如图 20-9 所示。

11)刀具补偿值输入:按下 MDI 区域 < OFFSET SETING > 键→选择 < 形状 > 软键→输入刀具相应补偿值,如图 20-10 所示。

12)程序输入与调用:可以通过机床操作面板输入加工程序,也可以调用输入程序:进入<机床>菜单→单击<DNC 传送>→选择程序路径→选择调用程序。

13)按下机床操作面板上"自动"按钮,并按下"循环启动"按钮,则机床自动进行工件加工。

14)工件精度检测:通过检测菜单对工件精度进行检测。

15)根据加工结果对程序进行修正。

12. 零件加工及精度检测

1)零件加工:毛坯在机床上装夹、校正→刀具装夹与调整→对刀与参数输入→程序输入与调用→工件加工。

2)零件精度检测:零件加工完毕后,填写零件加工质量检验单(见表 20-4)。

项目二十　阶梯轴类零件加工

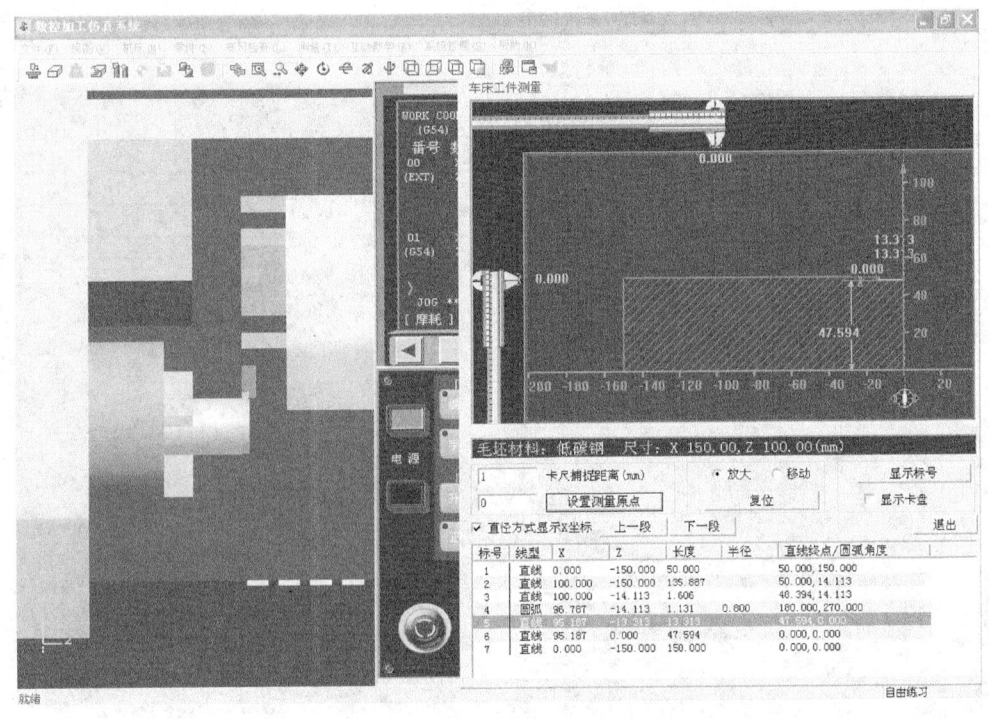

图 20-8　车床工件测量界面

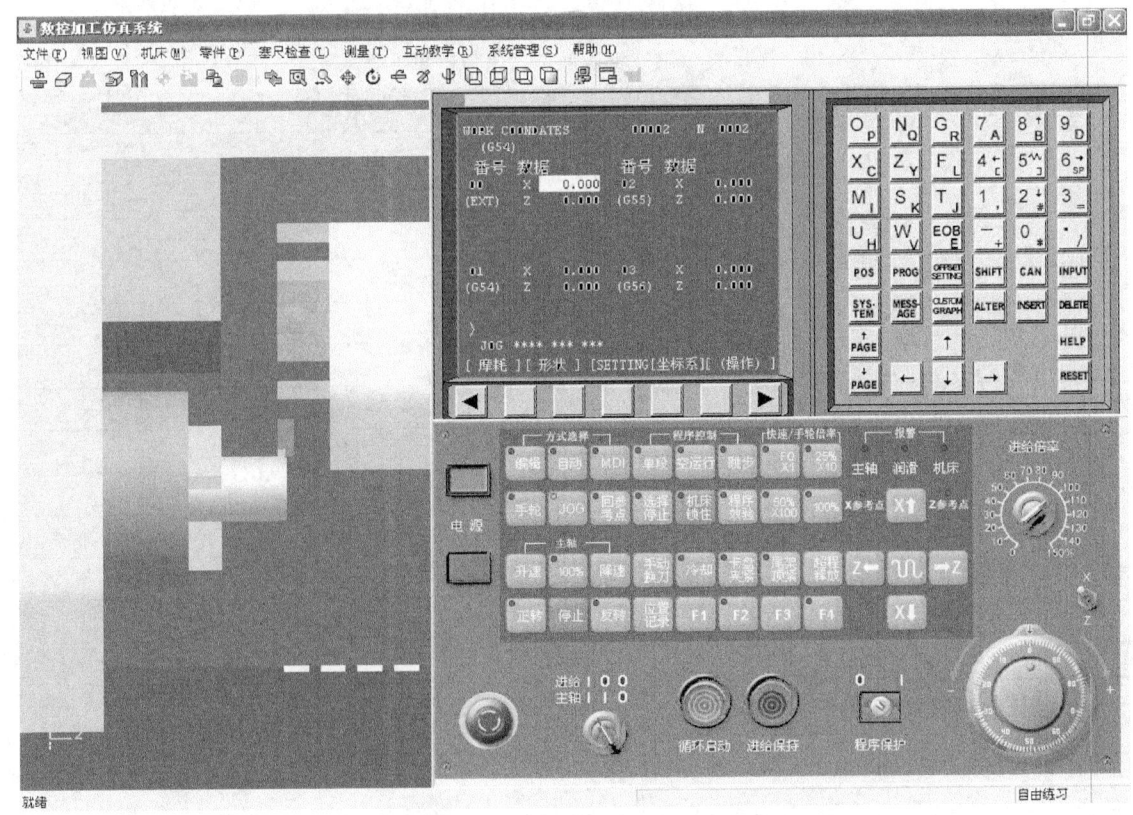

图 20-9　工件坐标系建立界面

模块四 数控车床典型零件加工

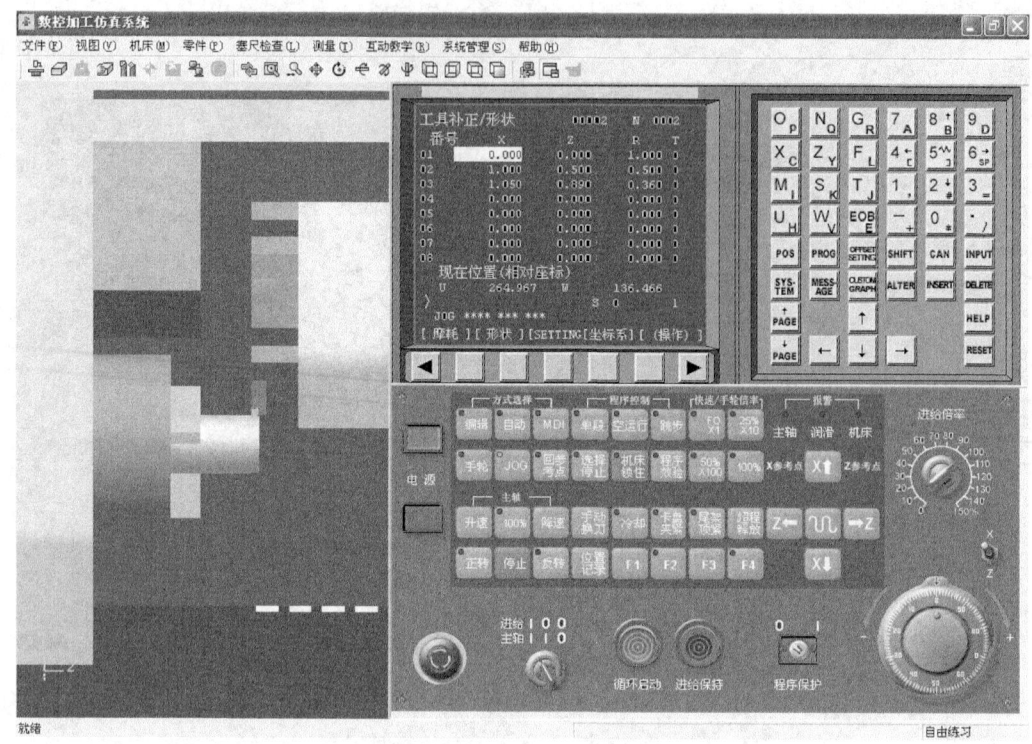

图 20-10 刀具补偿值输入界面

表 20-4 零件加工质量检验单

检测项目	检测内容及要求		自检	质检员检查
外圆尺寸/mm	$\phi42_{-0.05}^{0}$	IT		
		Ra		
	$\phi32_{-0.05}^{0}$	IT		
		Ra		
	1:5 锥面	IT		
		Ra		
长度尺寸/mm	8	IT		
		Ra		
	20	IT		
		Ra		
	$38_{-0.2}^{0}$	IT		
		Ra		
	48±0.1	IT		
		Ra		

注：长度尺寸中的"Ra"指端面表面粗糙度。

项目二十一 含圆弧要素阶梯轴类零件加工

项目综述

本项目结合含圆弧要素阶梯轴零件加工案例，引导学生综合实施工艺设计、程序编程、仿真软件使用、机床操作与零件加工、零件精度检测、产品及工艺文件提交等零件加工完整工作过程。实施本项目所训练的专业技能和应掌握的关联知识见表21-1。

表21-1 专业技能和关联知识

专业技能	关联知识
零件工艺结构分析	含圆弧要素阶梯轴类零件数控车削加工工艺设计
含圆弧要素阶梯轴类零件加工工艺方案设计	多把刀具的对刀与参数设置
机床、毛坯、夹具、刀具、切削用量的合理选用	切断刀的特性及正确装夹
含圆弧要素阶梯轴类零件工序卡的填写	含圆弧要素阶梯轴类零件精度检测
恒线速加工指令的合理应用	
刀具半径补偿指令应用及参数设置	
含圆弧要素阶梯轴类零件加工程序的编写	
熟练使用数控车削加工仿真软件	
熟练操作机床对含圆弧要素阶梯轴类零件进行加工	
零件精度检测、数据处理及加工结果判断	
产品及工艺文件提交	
工具书、工艺文件及操作说明书使用	

操作要领及关联知识

一、零件加工工作任务

【示例21-1】 零件图如图21-1所示，零件图号为WHCY4002，工作时间180min，完成下面工作任务：

（1）工艺设计

1）对零件进行工艺性分析。

2）选择毛坯和机床。

3）确定加工方案。

4）选择刀具并填写刀具单。

5）确定零件装夹方式。

6）确定粗、精加工切削用量。

7）确定工序内容并填写工序卡。

（2）编写加工程序

1）建立工件坐标系。

2）基点尺寸的计算与确定。
3）编写加工程序。
（3）零件加工与精度检测
1）加工程序输入与仿真。
2）零件加工。
3）零件精度检测，填写"零件加工质量检验单"。

二、零件加工工艺设计、编程与加工实施过程

1. 零件工艺性分析

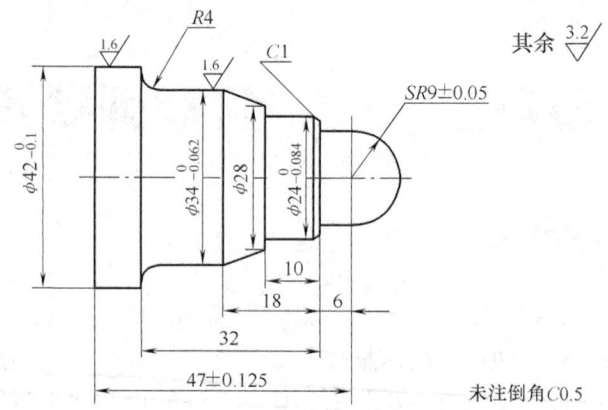

图 21-1 含圆弧要素阶梯轴零件加工综合实训图例

该阶梯轴由球面、圆柱面、圆锥面、圆弧面构成。外圆表面尺寸精度分别为 $\phi42_{-0.1}^{0}$ mm、$\phi34_{-0.062}^{0}$ mm、$\phi24_{-0.084}^{0}$ mm、$SR9\pm0.05$ mm，直径为 $\phi28$mm 的圆锥面小端、半径为 $R4$mm 的圆弧、直径为 $\phi18$mm 的圆柱面等，尺寸精度按自由公差处理；阶梯轴有长度尺寸精度要求，球心至左端面长度为 47 ± 0.125mm，其余长度按自由公差处理；各处倒角按照图样要求分别为 $C1.5$ 和 $C0.5$；表面粗糙度要求为 $Ra1.6$ 和 $Ra3.2$。

2. 选择毛坯和机床

工件材质为 45 钢，毛坯尺寸为 $\phi45$mm×90mm，选择通用卧式数控车床（根据学校现有设备选用）。

3. 确定加工方案

车端面→粗车、半精车工件外圆表面，留 0.5mm 精加工余量→精加工外圆表面达到图样尺寸要求→切断工件，保证工件全长。

4. 刀具选择

1）外圆端面车刀（粗加工）：外圆左向横柄，主偏角为 93°；刀片型号为 CCMT120408，刀尖角 80°。

2）外圆端面车刀（精加工）：外圆左向横柄，主偏角为 93°；刀片型号为 DCMT11T308，刀尖角 55°。

3）切断刀。

5. 确定零件装夹方式

工件加工时采用三爪自定心卡盘装夹。用三爪自定心卡盘夹持毛坯，毛坯伸出卡盘长度约 75mm。

6. 确定切削用量

端面和外圆表面粗、精加工时的切削用量选择见表 21-2。

表 21-2 切削用量的选择

加工要素	切削用量 a_p（背吃刀量）/mm	f（进给速度）/mm·min^{-1}	n（主轴转速）/r·min^{-1}
端面加工	1	80	800
外圆表面粗加工	1	100	800

(续)

切削用量 加工要素	a_p（背吃刀量）/mm	f（进给速度）/mm·min^{-1}	n（主轴转速）/r·min^{-1}
球面精加工	0.5	60	主轴最高转速限定2000r/min 恒线速为100m/min
外圆表面精加工	0.5	60	1200
工件切断加工	—	20	800

7. 确定工序内容及填写含圆弧要素阶梯轴数控加工工序卡（见表21-3）

表 21-3 含圆弧要素阶梯轴数控加工工序卡

零件图号	WHCY4002	零件名称	含圆弧要素阶梯轴	
使用设备名称	数控车床	使用设备型号	CKA6150	
换刀方式	自动换刀	程序编号	O4003	

刀具表			量具表		工具表	
刀具刀号	刀具名称	序号	量具名称及规格	序号	工具名称及规格	
T01	93°外圆端面车刀（粗车）	1	游标卡尺0~150mm	1	刀具垫片若干	
T02	93°外圆端面车刀（精车）	2	外径千分尺0~25mm	2	其他车削加工辅具	
T03	切断刀	3	外径千分尺25~50mm	3		
T04		4	半径规 R1~R6.5	4		
T05		5	半径规 R7~R14.5	5		

序号	工艺内容	切削用量			备注
		a_p/mm	f/mm·min^{-1}	n/r·min^{-1}	
1	车工件右端面	1	80	800	
2	粗加工工件右端面、外圆表面及倒角	1	100	800	
3	精加工工件右端面外圆表面及倒角，加工到尺寸	0.5	60	1200	
4	切断工件，保证工件全长	—	20	800	
编制		审核		批准	
日期				第 页	共 页

8. 工件坐标系建立

零件编程、加工时以工件右端面中心为工件坐标系原点。

9. 加工程序编制

工件加工程序号为 O4003，加工程序如下：

O4003；
  T0101；
  G98　M03　S800；
  G00　X46.0　Z2.0；
  G94　X-1.0　Z0.0　F80.0；
  G71　U1.0　R0.2；
  G71　P10　Q20　U0.5　W0.1　F100.0；
  T0202；
N10　G00　Z0.0；
  G01　G42　X0.0　F60.0；
  G50　S2000.0；
  G96　S100.0；
  G03　X18.0　Z-9.0　R9.0；
  G97　S1200.0；
  G01　W-6.0；
    X20.96；
    X23.96　W-1.5；
    W-8.5；
    X28.0；
    X33.97　W-8.0；
    W-10.0；
    G02　X41.95　W-4.0　R4.0；
N20　G01　Z-60.0；
  G70　P10　Q20；
  G00　G40　X100.0　Z100.0；
  T0202；
  G00　X43.0　Z-56.0；
  G01　X-1.0　F20.0；
  G00　X100.0；
    Z100.0；
M05；
M30；

10. 零件的仿真加工

进入宇龙数控加工仿真系统，输入加工程序对零件进行仿真加工。

11. 零件加工及精度检测

1）零件加工：毛坯在机床上装夹、校正→在刀架上安装并调整好所用刀具→对刀与参数输入→程序输入与调用→工件加工。

2）零件精度检测：零件加工完毕后，填写零件加工质量检验单（见表21-4）。

表21-4　零件加工质量检验单

检测项目	检测内容及要求		自检	质检员检查
外圆尺寸/mm	$SR9\pm0.05$	IT		
		Ra		
	$\phi 24_{-0.084}^{0}$	IT		
		Ra		
	$\phi 34_{-0.062}^{0}$	IT		
		Ra		
	$\phi 42_{-0.1}^{0}$	IT		
		Ra		

（续）

检测项目	检测内容及要求		自检	质检员检查
长度尺寸/mm	9	IT		
		Ra		
	6	IT		
		Ra		
	10	IT		
		Ra		
	18	IT		
		Ra		
	32	IT		
		Ra		
	47±0.125	IT		
		Ra		

注：长度尺寸中的"Ra"指端面表面粗糙度。

项目二十二 含螺纹要素阶梯轴类零件加工

项目综述

本项目结合含螺纹要素阶梯轴零件加工案例,引导学生综合实施工艺设计、程序编程、仿真软件使用、机床加工、零件精度检测、产品提交等零件加工完整工作过程。实施本项目所训练的专业技能和应掌握的关联知识见表22-1。

表22-1 专业技能和关联知识

专业技能	关联知识
零件工艺结构分析	含螺纹要素阶梯轴类零件数控车削加工工艺设计
含螺纹要素阶梯轴类零件加工工艺方案设计	螺纹尺寸及其精度计算
机床、毛坯、夹具、刀具、切削用量合理选用	角度样板正确使用
螺纹大径、小径及其尺寸精度计算	螺纹车削加工循环指令应用
含螺纹要素阶梯轴类零件工序卡填写	螺纹要素精度检测
含螺纹要素阶梯轴类零件加工程序编写	
使用角度样板找正安装外螺纹车刀	
对刀及刀具参数的输入	
熟练操作机床对含螺纹要素阶梯轴类零件进行加工	
零件精度检测特别是对螺纹要素精度检测、数据处理及加工结果判断	
产品及工艺文件提交	
工具书、工艺文件及操作说明书使用	

操作要领及关联知识

一、零件加工工作任务

【示例22-1】 零件图如图22-1所示,零件图号为WHCY4003,工作时间180min,完成下面工作任务:

(1) 工艺设计

1) 对零件进行工艺性分析。

2) 选择毛坯和机床。

3) 确定加工方案。

4) 选择刀具并填写刀具单。

5) 确定零件装夹方式。

6) 确定粗、精加工切削用量。

7) 确定工序内容并填写工序卡。

(2) 编写加工程序

1) 建立工件坐标系。

2）基点尺寸计算与确定。
3）螺纹尺寸及其精度计算。
4）编写加工程序。
（3）零件加工与精度检测
1）加工程序输入与仿真。
2）零件加工。
3）零件精度检测，填写"零件加工质量检验单"。

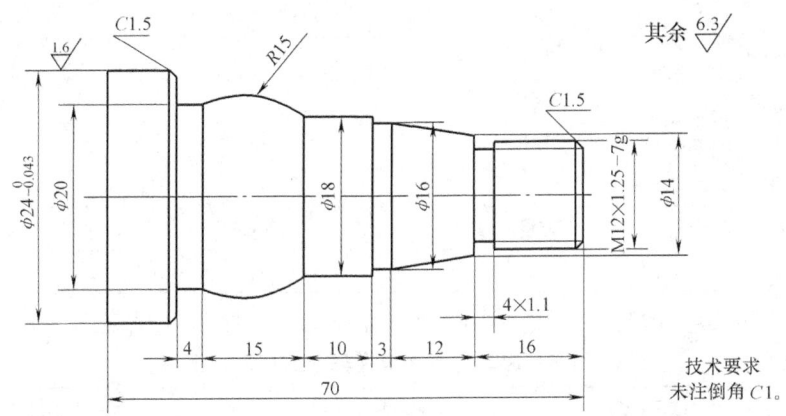

图 22-1　含螺纹要素阶梯轴零件加工综合实训图例

二、零件加工工艺设计、编程与加工实施过程

1. 零件工艺性分析

该轴由多种结构要素构成，有圆柱要素、圆锥要素、圆弧要素、螺纹要素以及沟槽要素。圆柱面包括四段，分别是 $\phi24_{-0.043}^{0}$ mm、$\phi20$ mm、$\phi18$ mm、$\phi16$ mm；圆锥面大小端直径分别是 $\phi16$ mm、$\phi14$ mm；圆弧部分圆弧半径为 $R15$ mm，长度尺寸为 15 mm；螺纹部分标注尺寸为 M12×1.25-7g，螺纹退刀槽尺寸为 4mm×1.1mm。表面粗糙度要求为 $Ra1.6$ 和 $Ra6.3$。

2. 选择毛坯和机床

工件材质为 45 钢，毛坯尺寸为 $\phi25$ mm 长棒料，选择通用卧式数控车床（根据学校现有设备选用）。

3. 确定加工方案

车端面→粗车、半精车工件外圆表面，留 0.5mm 精加工余量→精加工外圆表面达到图样尺寸要求→车沟槽→加工螺纹达到图样尺寸要求→工件切断，长度方向留 0.5mm 加工余量→工件调头装夹并校正→车端面保证工件全长→端面倒角。

4. 刀具选择

1）外圆端面车刀：外圆左向横柄，主偏角为 93°；刀片型号为 CCMT120408，刀尖角 80°。
2）切槽刀：4mm 宽方头切槽刀配置外圆切槽刀柄。
3）普通螺纹车刀：60°螺纹车刀配置外螺纹刀柄。
4）切断刀。

5. 确定零件装夹方式

工件加工时采用三爪自定心卡盘装夹。加工时，三爪自定心卡盘夹持毛坯留出加工长度约80mm；工件调头时用软爪或护套夹持工件 ϕ18mm 部位以便加工工件左端面及倒角。

6. 确定切削用量

端面和外圆表面粗、精加工时的切削用量选择见表22-2。

表22-2 切削用量的选择

切削用量 加工要素	a_p（背吃刀量）/mm	f（进给速度）/mm·min^{-1}	n（主轴转速）/r·min^{-1}
工件左、右端面加工	0.5	80	800
外圆表面粗加工	2	100	800
外圆表面精加工	0.5	60	1200
螺纹退刀槽加工	—	30	800
螺纹加工	背吃刀量递减	1.25mm/r	800
工件切断	—	30	800

7. 确定工序内容及填写含螺纹要素阶梯轴数控加工工序卡（见表22-3）

表22-3 含螺纹要素阶梯轴数控加工工序卡

零件图号	WHCY4003	零件名称		含螺纹要素阶梯轴	
使用设备名称	数控车床	使用设备型号		CKA6150	
换刀方式	自动换刀	程序编号		O4004	
	刀具表		量具表		工具表
刀具刀号	刀具名称	序号	量具名称及规格	序号	工具名称及规格
T01	93°外圆端面车刀	1	游标卡尺 0~125mm	1	刀具垫片若干
T02	切槽刀（4mm宽）	2	外径千分尺 0~25mm	2	螺纹对刀角度样板
T03	60°螺纹车刀	3	钢直尺	3	薄纯铜皮
T04	切断刀	4		4	

序号	工艺内容	切削用量			备注
		a_p/mm	f	n/r·min^{-1}	
1	车工件右端面	0.5	80mm/min	800	
2	粗加工工件外圆表面及倒角	2	100mm/min	800	
3	精加工工件外圆表面及倒角至图样尺寸要求	0.5	60mm/min	1200	
4	加工螺纹退刀槽	—	30mm/min	800	
5	加工螺纹	背吃刀量递减	1.25mm/r	800	
6	工件调头装夹及校正	—	—	—	
7	加工工件左端面及倒角并保证全长	0.5	80mm/min	800	
编制		审核		批准	
日期			第 页		共 页

8. 工件坐标系建立

加工时以零件右端端面中心为工件坐标系原点。

9. 外螺纹部分尺寸计算

（1）外螺纹 M12×1.25-7g 尺寸计算　通过查表获得螺纹基本偏差 es = -0.028mm；螺纹大径公差 T_d = -0.028mm；螺纹中径公差 T_{d2} = 0.17mm。

（2）大径尺寸范围计算

1）大径基本尺寸 d = 12mm，基本偏差为 es = -0.028mm，大径公差为 T_d = 0.274mm。

2）大径下偏差为：ei = es - T_d = -0.028mm - 0.274mm = -0.302mm。

3）大径的尺寸范围为：$\phi 12_{-0.302}^{-0.028}$mm，螺纹加工前圆柱面编程尺寸取 ϕ11.835mm。

（3）螺纹牙型高度 h 计算

$$h = 0.6495P = 0.6495 \times 1.25\text{mm} = 0.812\text{mm}。$$

（4）螺纹小径 d_1 计算

$$H = \frac{\sqrt{3}}{2}P = \frac{\sqrt{3}}{2} \times 1.25\text{mm} = 1.08\text{mm}。$$

$$R = \frac{1}{6}H = \frac{1}{6} \times 1.08\text{mm} = 0.18\text{mm}。$$

$$d_1 = d - \frac{7}{4}H + 2R + \text{es} - \frac{T_{d2}}{2}$$

$$= 12\text{mm} - \frac{7}{4} \times 1.08\text{mm} + 2 \times 0.18\text{mm} - 0.028\text{mm} - \frac{1}{2} \times 0.17\text{mm}$$

$$= 10.357\text{mm}。$$

10. 加工程序编制

工件加工程序号为 O4004，加工程序如下：

```
O4004；
T0101；              //外圆表面加工
G98  M03  S800；
G00  X26.0  Z2.0；
G94  X-1.0  Z0.0  F80.0；
G71  U2.0  R0.5；
G71  P10  Q20  U0.5  W0.1；
N10  G00  G42  X4.835；
     G01  X11.835  Z-1.5  F60.0
S1200；
     Z-16.0；
     X14.0；
     X16.0  W-12.0；
     W-3.0；
     X18.0；
     W-10.0；
     G03  X20.0  W-15.0  R15.0；
     G01  W-4.0；
          X20.978；
          X23.978  W-1.5；
N20       Z-75.0；
     G70  P10  W20；
     G00  G40  X100.0  Z100.0；
T0202；              //切槽
S800.0；
G00  X16.0  Z-16.0；
G01  X9.8  F30.0；
G04  X4.0；
G01  X16.0；
G00  X100.0  Z100.0；
T0303；              //螺纹加工
G00  X14.0 Z4.0；
```

```
G76  P011060  Q100  R200;           G00  X100.0  Z100.0;
G76  X10.357  Z-14.0  P812  Q350    M05;
F1.25  S800;                         M30;
```

11. 零件的仿真加工

零件加工程序编写完成后，在仿真软件中通过仿真加工进行程序校验。

12. 零件加工及精度检测

1）零件加工：毛坯在机床上装夹、校正→刀具装夹与调整→对刀与参数输入→程序输入与调用→工件加工。

2）零件精度检测：零件加工完毕后，填写零件加工质量检验单（见表22-4）。

表22-4 零件加工质量检验单

检测项目	检测内容及要求		自检	质检员检查
外圆尺寸/mm	$\phi 24_{-0.043}^{0}$	IT		
		Ra		
	$\phi 20$	IT		
		Ra		
	R15	IT		
		Ra		
	$\phi 18$	IT		
		Ra		
	$\phi 16$ 圆锥面	IT		
		Ra		
	M12×1.25-7g	IT		
		Ra		
长度尺寸/mm	4×1.1	IT		
		Ra		
	16	IT		
		Ra		
	12	IT		
		Ra		
	3	IT		
		Ra		
	10	IT		
		Ra		
	15	IT		
		Ra		
	4	IT		
		Ra		
	70	IT		
		Ra		

注：长度尺寸中的"Ra"指端面表面粗糙度。

项目二十三　含沟槽要素阶梯轴类零件加工

项目综述

本项目结合含沟槽要素阶梯轴零件加工案例，引导学生综合训练工艺设计、程序编程、仿真软件使用、机床加工、零件精度检测、产品提交等零件加工完整工作过程。实施本项目所训练的专业技能和应掌握的关联知识见表 23-1。

表 23-1　专业技能和关联知识

专 业 技 能	关 联 知 识
零件工艺结构分析 含沟槽要素阶梯轴类零件加工工艺方案设计 机床、毛坯、夹具、刀具、切削用量的合理选用 沟槽加工进给次数及刀具轴向位移量计算 零件加工进给路线设计 沟槽加工循环指令应用 含沟槽要素阶梯轴类零件工序卡的填写 含沟槽要素阶梯轴类零件加工程序的编写 切槽刀刀位点确定、对刀及刀具参数的输入 熟练操作机床对含沟槽要素阶梯轴类零件进行加工 零件精度检测，特别是对螺纹要素精度检测、数据处理及加工结果判断 产品及工艺文件提交 工具书、工艺文件及操作说明书使用	含沟槽要素阶梯轴类零件数控车削加工工艺设计 沟槽加工进给次数及刀具轴向位移量计算 沟槽车削加工循环指令应用

操作要领及关联知识

一、零件加工工作任务

【示例 23-1】　零件图如图 23-1 所示，零件图号为 WHCY4004，工作时间 240min，完成下面工作任务：

(1) 工艺设计

1) 对零件进行工艺性分析。
2) 选择毛坯和机床。
3) 确定加工方案。
4) 选择刀具并填写刀具单。
5) 确定零件装夹方式。
6) 确定粗、精加工切削用量。

7）确定工序内容并填写工序卡。

（2）编写加工程序

1）建立工件坐标系。

2）基点尺寸计算与确定。

3）螺纹尺寸及其精度计算。

4）沟槽尺寸计算。

5）编写加工程序。

（3）零件加工与精度检测

1）加工程序输入与仿真。

2）零件加工。

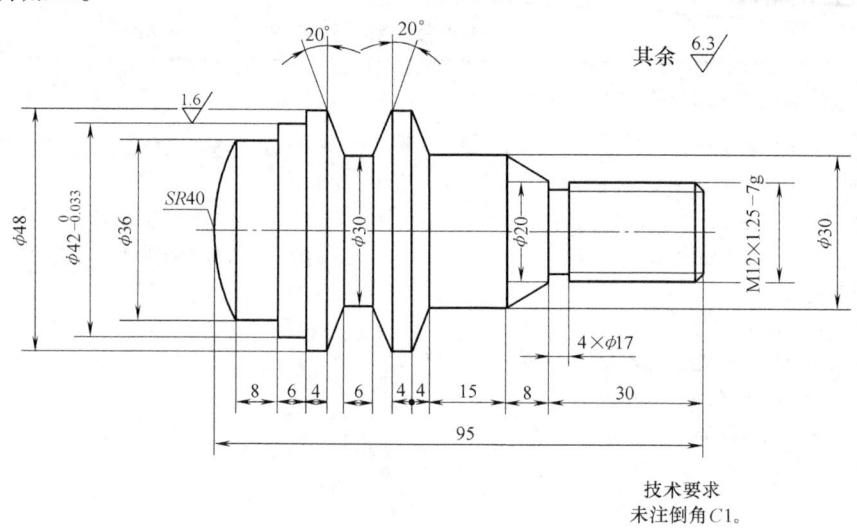

图 23-1　含沟槽要素阶梯轴零件加工综合实训图例

二、零件加工工艺设计、编程与加工实施过程

1. 零件工艺性分析

该轴由多种结构要素构成：有圆柱要素、圆锥要素、球面要素、螺纹要素以及沟槽要素。零件左部圆柱面包括 $\phi 36mm$、$\phi 42_{-0.033}^{0}mm$、$\phi 48mm$ 三部分，含两个倾斜角为 20°的圆锥面、直径为 $\phi 30mm$ 的沟槽以及半径为 40mm 的球面；零件右部包括直径为 $\phi 30mm$ 的圆柱面、大小端直径分别是 $\phi 30mm$、$\phi 20mm$ 的圆锥面；4mm × $\phi 17mm$ 的螺纹退刀槽以及 M20 × 1.5-7g 螺纹部分；工件全长 95mm。表面粗糙度有 $Ra1.6$ 和 $Ra6.3$ 两种要求。

2. 选择毛坯和机床

工件材质为 45 钢，毛坯尺寸为 $\phi 50mm \times 97mm$ 圆柱棒料，选择通用卧式数控车床（根据学校现有设备选用）。

3. 确定加工方案

车工件右端面→粗车、半精车工件右部外圆表面至长度为 4mm 的圆锥面处，留 0.5mm 精加工余量→精加工外圆表面达到图样尺寸要求→车沟槽→加工螺纹到尺寸→工件调头，夹持 $\phi 30mm$ 圆柱面并校正→加工工件左部端面并保证工件全长→外圆表面粗车、半精车，留 0.5mm 精加工余量→精加工外圆表面达到图样尺寸要求→加工直径 $\phi 30mm$ 沟槽及 20°锥面倒角→退刀。

4. 刀具选择

1）外圆端面车刀：外圆左向横柄，主偏角为93°；刀片型号为CCMT120408，刀尖角80°。

2）切槽刀：选4mm宽方头切槽刀片配置外圆切槽刀柄。

3）普通螺纹车刀：选择60°螺纹车刀配置外螺纹刀柄。

5. 确定工件装夹方式

加工时采用三爪自定心卡盘装夹工件。加工工件右部时，用三爪自定心卡盘夹持工件并留出加工长度约70mm；调头时用软爪或护套夹持工件ϕ30mm部位以便加工工件左部。

6. 确定切削用量

端面、外圆、沟槽、螺纹等表面粗、精加工时的切削用量选择见表23-2。

表 23-2 切削用量的选择

加工要素	a_p（背吃刀量）/mm	f（进给速度）	n（主轴转速）
工件左、右端面加工	0.5	80mm/min	800r/min
外圆表面粗加工	2	100mm/min	800r/min
外圆表面精加工	0.5	60mm/min	1200r/min
沟槽加工	—	30mm/min	800r/min
螺纹加工	背吃刀量递减	1.25mm/r	800r/min
球面精加工	0.5	60mm/min	主轴最高转速限制为2000r/min，主轴恒线速为100m/min

7. 确定工序内容及填写含沟槽要素阶梯轴加工工序卡（见表23-3）

8. 工件坐标系建立

加工时分别以零件左、右端端面中心为工件坐标系原点。

9. 尺寸计算

（1）外螺纹 M20×1.5-7g 尺寸计算　通过查表获得螺纹基本偏差 es = -0.032mm；螺纹大径公差 T_d = 0.306mm；螺纹中径公差 T_{d2} = 0.18mm。

（2）大径尺寸范围计算

1）大径基本尺寸 d = 20mm，基本偏差 es = -0.032mm，大径公差 T_d = 0.306mm。

2）大径下偏差为：ei = es - T_d = -0.032mm - 0.306mm = -0.338mm。

3）大径的尺寸范围为：$\phi 20_{-0.338}^{-0.032}$ mm，螺纹加工前圆柱面编程尺寸取 ϕ19.815mm。

（3）螺纹牙型高度 h 计算　h = 0.6495P = 0.6495×1.5mm = 0.974mm。

（4）螺纹小径 d_1 计算

1）$H = \frac{\sqrt{3}}{2}P = \frac{\sqrt{3}}{2} \times 1.5\text{mm} = 1.299\text{mm}$。

2）$R = \frac{1}{6}H = \frac{1}{6} \times 1.299\text{mm} = 0.217\text{mm}$。

表 23-3 含沟槽要素阶梯轴加工工序卡

零件图号	WHCY4004	零件名称		含沟槽要素阶梯轴	
使用设备名称	数控车床	使用设备型号		CKA6126	
换刀方式	自动换刀	程序编号		O4005、O4006	
	刀具表		量具表		工具表
刀具刀号	刀具名称	序号	量具名称及规格	序号	工具名称及规格
T01	93°外圆端面车刀	1	游标卡尺 0~125mm	1	刀具垫片若干
T02	切槽刀（4mm 宽）	2	外径千分尺 0~25mm	2	螺纹对刀角度样板
T03	60°螺纹车刀	3	外径千分尺 25~50mm	3	薄纯铜皮
T04		4	钢直尺	4	

序号	工艺内容	切削用量			备注
		a_p /mm	f	n /r·min^{-1}	
1	车工件右端面	0.5	80mm/min	800	
2	粗加工工件右部外圆表面	2	100mm/min	800	
3	精加工工件外圆表面及倒角达到图样尺寸要求	0.5	60mm/min	1200	
4	加工螺纹退刀槽	—	30mm/min	800	
5	加工螺纹	背吃刀量递减	1.25mm/r	800	
6	工件调头，夹持φ30mm 圆柱面并校正	—	—	—	
7	加工工件左端面并保证全长	0.5	80mm/min	800	
8	粗加工工件左部外圆表面	2	100mm/min	800	
9	精加工工件左部外圆表面达到图样尺寸要求	0.5	60mm/min	1200	
10	沟槽及锥面加工		30mm/min	800	

编制		审核		批准	
日期				第 页	共 页

3) $d_1 = d - \dfrac{7}{4}H + 2R + \text{es} - \dfrac{T_{d2}}{2} = 20\text{mm} - \dfrac{7}{4} \times 1.299\text{mm} + 2 \times 0.217\text{mm} - 0.032\text{mm} - \dfrac{1}{2} \times 0.18\text{mm} = 18.04\text{mm}$。

(5) 20°角锥面在 Z 轴方向尺寸为 $\left(\dfrac{48-30}{2}\right)\text{mm} \cdot \tan 20 = 3.27\text{mm}$

(6) 球冠在 Z 轴方向尺寸为 $(40 - \sqrt{40^2 - 18^2})\text{mm} = 4.27\text{mm}$

10. 加工程序编制

工件加工程序号为 O4005、O4006，加工程序如下：

O4005；　　　　//工件右部加工
　T0101；　　　　//外圆表面加工
　G98　M03　S800；
　G00　X52.0　Z2.0；
　G94　X-1.0　Z0.0　F80.0；
　G71　U2.0　R0.5；
　G71　P10　Q20　U0.5　W0.1
F100.0；
N10　G00　G42　X13.815；
　　G01　X19.815　Z-1.0　F60.0
S1200；
　　Z-30.0；
　　X20.0；
　　X30.0　W-8.0；
　　W-15.0；
N20　X52.0　W-6.0；
　　G70　P10　Q20；
　　G00　G40　X100.0　Z100.0；
　T0202；　　　　//螺纹退刀槽加工
　G00　X22.0　Z-30.0　S800；
　G01　X17.0　F30.0；
　G04　X4.0；
　G01　X22.0；
　G00　X100.0　Z100.0；
　T0303；　　　　//螺纹加工
　G00　X22.0　Z2.0；
　G76　P011060　Q100　R200；
　G76　X18.04　Z-28.0　P974　Q400
F1.5　S800；
　G00　X100.0　Z100.0；
　M05；
　M30；

O4006；　　　　//工件左部加工
　T0101；　　　　//外圆表面加工
　G98　M03　S800；
　G00　X52.0　Z2.0；
　G94　X-1.0　Z0.5　F80.0；
　G71　U2　R0.5；
　G71　P10　Q20　U0.5　W0.1
F100.0；
N10　G00　Z0.0；
G01　G42　X0.0　F60.0；
　　G50　S2000；
　　G96　S100；
　　G03　X36.0　Z-4.28　R40；
　　G97　S1200；
　　G01　W-8.0；
　　X41.98；
　　W-6.0；
　　X48.0；
N20　　Z-44.0；
　　G70　P10　Q20；
　　G00　G40　X100.0　Z100.0；
　T0202；　　　　//沟槽加工
　G00　X50.0　Z-29.55；
　G75　R0.3；
　G75　X30.0　Z-31.55　P1500　Q2000
F30.0；
　G01　X48.0　Z-26.28　F30.0；
　　X30.0　Z-29.55；
　　Z-31.55；
　　X48.0　W-3.27；
　G00　X100.0　Z100.0；
　M05；
　M30；

11. 零件的仿真加工

零件程序编写完成后，在仿真软件中通过仿真加工进行程序校验。

12. 零件加工及精度检测

1) 零件加工：毛坯在机床上装夹、校正→刀具装夹与调整→对刀与参数输入→程序输入与调用→工件加工。

2) 零件精度检测：零件加工完毕后，填写零件加工质量检验单（见表23-4）。

表23-4 零件加工质量检验单

检测项目	检测内容及要求		自检	质检员检查
外圆尺寸/mm	SR40	IT		
		Ra		
	$\phi 48$	IT		
		Ra		
	$\phi 42_{-0.033}^{0}$	IT		
		Ra		
	$\phi 36$	IT		
		Ra		
	$\phi 30$	IT		
		Ra		
	$\phi 30$	IT		
		Ra		
	$\phi 20$	IT		
		Ra		
	$\phi 17$	IT		
		Ra		
	M20×1.5-7g	IT		
		Ra		
长度尺寸/mm	4.28	IT		
		Ra		
	8	IT		
		Ra		
	6	IT		
		Ra		
	4	IT		
		Ra		
	6	IT		
		Ra		
	4	IT		
		Ra		
	4	IT		
		Ra		
	15	IT		
		Ra		

（续）

检测项目	检测内容及要求		自检	质检员检查
长度尺寸/mm	8	IT		
		Ra		
	4	IT		
		Ra		
	30	IT		
		Ra		

注：长度尺寸中的"Ra"指端面表面粗糙度。

项目二十四　阶梯孔套类零件加工

项目综述

本项目结合阶梯孔套类零件加工案例，引导学生实施工艺设计、程序编程、仿真软件使用、机床加工、零件精度检测、产品提交等零件加工完整工作过程。实施本项目所训练的专业技能和应掌握的关联知识见表24-1。

表24-1　专业技能和关联知识

专 业 技 能	关 联 知 识
零件工艺结构分析	阶梯孔套类零件数控车削加工工艺设计
阶梯孔套类零件加工工艺设计	阶梯孔加工刀具特点及选用
阶梯孔加工刀具选择、切削用量选用及刀具参数设定	阶梯孔加工切削用量选用
孔加工循环指令的正确应用	孔加工循环指令
阶梯孔套类零件工序卡的填写	
阶梯孔套类零件加工程序的编写	
阶梯孔加工刀位点的确定	
熟练操作机床对阶梯孔套类零件进行加工	
阶梯孔要素精度检测、数据处理及加工结果判断	
产品及工艺文件提交	
工具书、工艺文件及操作说明书使用	

操作要领及关联知识

一、零件加工工作任务

【示例24-1】　零件图如图24-1所示，零件图号为WHCY4005，工作时间180min，完成下面工作任务：

（1）工艺设计

1）对零件进行工艺性分析。

2）选择毛坯和机床。

3）确定加工方案。

4）选择刀具并填写刀具单。

5）确定零件装夹方式。

6）确定粗、精加工切削用量。

7）确定工序内容并填写工序卡。

（2）编写加工程序

1）建立工件坐标系。

2) 加工尺寸计算与确定。
3) 编写加工程序。
(3) 零件加工与精度检测
1) 加工程序输入与仿真。
2) 零件加工。
3) 零件精度检测,填写"零件加工质量检验单"。

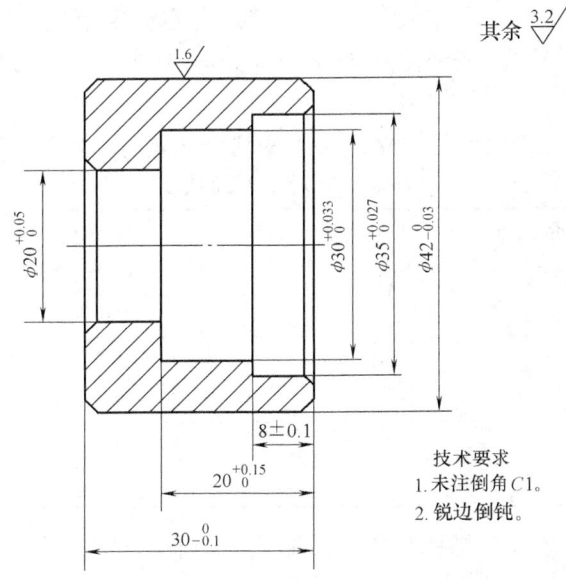

图 24-1 阶梯孔套类零件加工图例

二、零件加工工艺设计、编程与加工实施过程

1. 零件工艺性分析

该零件属于阶梯孔套类零件加工。外部形状比较简单,为 $\phi 42_{-0.03}^{0}$ mm 圆柱面;内部由 $\phi 20_{0}^{+0.05}$ mm、$\phi 30_{0}^{+0.033}$ mm、$\phi 35_{0}^{+0.027}$ mm 三段台阶孔构成,阶梯孔长度方向有尺寸精度要求,分别是 (8 ± 0.1) mm、$20_{0}^{+0.15}$ mm、$30_{-0.1}^{0}$ mm。外圆表面粗糙度要求为 $Ra1.6\mu m$,孔表面粗糙度要求为 $Ra3.2\mu m$。

2. 选择毛坯和机床

工件材质为 45 钢,毛坯尺寸为 $\phi 45$ mm × 300mm,选择通用卧式数控车床(根据学校现有设备选用)。

3. 确定加工方案

车工件端面→粗车外圆表面,长度为 33mm,留 0.5mm 精加工余量→钻中心孔→钻 $\phi 18$ mm 孔,孔深 35mm→粗车内孔→精车内孔至图样尺寸要求→精车外圆至图样尺寸要求→工件切断,长度方向留 0.5mm 精加工余量→工件调头装夹并找正→车端面并保证工件全长→倒角。

4. 刀具选择

1) 外圆端面车刀:外圆左向横柄,主偏角为 93°;刀片型号为 CCMT120408,刀尖角 80°。

2）内孔车刀：内孔柄，主偏角为93°，加工深度60mm；刀片型号为CCMT120408，刀尖角80°。

3）中心钻：A5.3中心钻。

4）钻头：ϕ18mm麻花钻。

5）切断刀。

5. 确定零件装夹方式

工件加工时采用三爪自定心卡盘装夹。用三爪自定心卡盘夹持毛坯并留出加工长度约50mm；工件调头时用软爪或护套夹持工件$\phi 42_{-0.03}^{0}$mm外圆部分，留出15mm加工长度。

6. 确定切削用量

端面、外圆、阶梯孔等表面粗、精加工时的切削用量选择见表24-2。

表24-2 切削用量的选择

加工要素 \ 切削用量	a_p（背吃刀量）/mm	f（进给速度）/mm·min^{-1}	n（主轴转速）/r·min^{-1}
工件左、右端面加工	0.5	80	800
外圆表面粗加工	2	100	800
外圆表面精加工	0.5	60	1200
阶梯孔粗加工	1	50	800
阶梯孔精加工	0.5	30	1200

7. 确定工序内容及填写阶梯孔套类零件加工工序卡（见表24-3）

表24-3 阶梯孔套类零件加工工序卡

零件图号	WHCY4005	零件名称		阶梯孔套类零件	
使用设备名称	数控车床	使用设备型号		CKA6150	
换刀方式	自动换刀	程序编号		O4007	
	刀具表		量具表		工具表
刀具刀号	刀具名称	序号	量具名称及规格	序号	工具名称及规格
T01	93°外圆端面车刀	1	游标卡尺 0~125mm	1	刀具垫片若干
T02	93°内孔车刀	2	外径千分尺 25~50mm	2	薄纯铜皮
	A5.3中心钻	3	内径千分尺系列	3	
	ϕ18mm麻花钻	4		4	
T03	切断刀	5		5	
序号	工艺内容		切削用量		备注
		a_p/mm	f/mm·min^{-1}	n/r·min^{-1}	
1	车工件端面	0.5	80	800	
2	粗加工工件外圆表面	2	100	800	
3	钻中心孔	—	—	800	

(续)

序号	工艺内容	切削用量			备注
		a_p /mm	f /mm·min^{-1}	n /r·min^{-1}	
4	钻 ϕ18mm 孔，孔深35mm	—	—	800	
5	阶梯孔粗加工	1	50	800	
6	阶梯孔精加工	0.5	30	1200	
7	外圆表面精加工	0.5	60	1200	
8	工件切断	—	30	800	
9	工件调头装夹并校正	—	—	—	
10	工件左端面加工、倒角并保证全长	0.5	80	800	
编制		审核		批准	
日期				第　页	共　页

8. 工件坐标系建立

加工时以零件右端端面中心为工件坐标系原点。

9. 尺寸计算

各尺寸取尺寸公差范围中间值作为编程尺寸。

10. 加工程序编制

工件加工程序号为 O4007，加工程序如下：

O4007；
　　T0101；　　　　　　　　　　　　　　//外圆表面粗加工
　　G98　M03　S800；
　　G00　X46.0　Z2.0；
　　G94　X-1.0　Z0.0　F80.0；
　　G90　X42.5　Z-34.0；
　　G00　X100.0　Z100.0；
　　M00；　　　　　　　　　　　　　　//程序暂停，手工钻孔
　　T0202；　　　　　　　　　　　　　　//阶梯孔加工
　　G00　X16.0　Z1.0；
　　G71　U1.0　R0.5；
　　G71　P10　Q20　U-0.5　W0.1　F50.0；
　N10　G00　G41　X39.014；
　　G01　X35.014　Z-1.0　F30.0　S1200；
　　　Z-8.0；
　　　X30.017；
　　　Z-20.07；
　　　X20.03；
　　　Z-31.0；
　N20　X16.0；

```
      G70  P10  Q20;
      G00  G40  Z100.0;
           X100.0;
      T0101;                          //外圆表面精加工
      G00  G42  X37.98  Z1.0  S1200;
      G01  X41.98  Z-1.0  F60.0;
           Z-34.0;
      G00  G40  X100.0  Z100.0;
      T0303;                          //工件切断
      S800;
      G00  X44.0  Z-29.95;
      G01  X18.0  F30.0;
      G00  X100.0;
           Z100.0;
      M05;
      M30;
```

11. 零件的仿真加工

零件程序编写完成后,在数控加工仿真软件中通过仿真加工进行程序校验。

12. 零件加工及精度检测

1)零件加工:毛坯在机床上装夹、校正→刀具装夹与调整→对刀与参数输入→程序输入与调用→工件加工。

2)零件精度检测:零件加工完毕后,填写零件加工质量检验单(见表24-4)。

表24-4 零件加工质量检验单

检测项目	检测内容及要求		自检	质检员检查
外圆直径/mm	$\phi 42_{-0.03}^{0}$	IT		
		Ra		
阶梯孔直径/mm	$\phi 20_{0}^{+0.05}$	IT		
		Ra		
	$\phi 30_{0}^{+0.033}$	IT		
		Ra		
	$\phi 35_{0}^{+0.027}$	IT		
		Ra		
长度尺寸/mm	8 ± 0.1	IT		
		Ra		
	$20_{0}^{+0.15}$	IT		
		Ra		
	$30_{-0.1}^{0}$	IT		
		Ra		

注:长度尺寸中的"Ra"指端面表面粗糙度。

项目二十五　含内沟槽要素阶梯孔套类零件加工

项目综述

本项目结合含内沟槽要素阶梯孔套类零件加工案例，引导学生综合实施工艺设计、程序编程、仿真软件使用、机床加工、零件精度检测、产品提交等零件加工完整工作过程。实施本项目所训练的专业技能和应掌握的关联知识见表 25-1。

表 25-1　专业技能和关联知识

专业技能	关联知识
零件工艺结构分析 含内沟槽要素阶梯孔套类零件加工工艺设计 内沟槽加工刀具选择、切削用量选用及刀具参数设定 内沟槽加工循环指令的正确应用 含内沟槽要素阶梯孔套类零件工序卡的填写 含内沟槽要素阶梯孔套类零件加工程序的编写 内沟槽刀具刀位点的确定 熟练操作机床对含内沟槽要素阶梯孔套类零件进行加工 含内沟槽要素阶梯孔套类零件精度检测、数据处理及加工结果判断 产品及工艺文件提交 工具书、工艺文件及操作说明书使用	含内沟槽要素阶梯孔套类零件数控车削加工工艺设计 内沟槽加工刀具特点及选用 内沟槽加工循环指令

操作要领及关联知识

一、零件加工工作任务

【示例 25-1】　零件图如图 25-1 所示，零件图号为 WHCY4006，工作时间 180min，完成下面工作任务：

（1）工艺设计

1）对零件进行工艺性分析。

2）选择毛坯和机床。

3）确定加工方案。

4）选择刀具并填写刀具单。

5）确定零件装夹方式。

6）确定粗、精加工切削用量。

7）确定工序内容并填写工序卡。

(2) 编写加工程序

1) 建立工件坐标系。

2) 加工尺寸计算与确定。

3) 编写加工程序。

(3) 零件加工与精度检测

1) 加工程序输入与仿真。

2) 零件加工。

3) 零件精度检测，填写零件加工质量检验单。

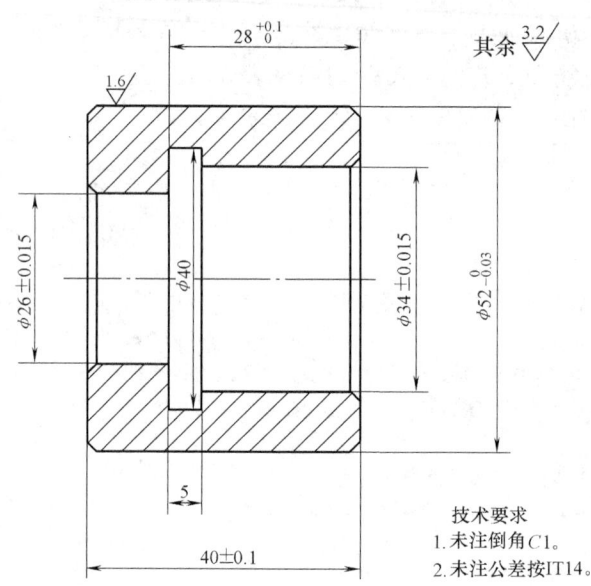

图 25-1 含内沟槽要素阶梯孔套类零件加工图例

二、零件加工工艺设计、编程与加工实施过程

1. 零件工艺性分析

该零件属于含内沟槽要素阶梯孔套类零件加工。外部形状比较简单，为 $\phi 52_{-0.03}^{0}$ mm 圆柱面；内部由 $\phi(26 \pm 0.015)$ mm、$\phi(34 \pm 0.015)$ mm 台阶孔构成，内沟槽部分尺寸为 5mm×ϕ40mm，内沟槽距离工件右端面长度尺寸为 $28_{0}^{+0.1}$ mm，工件全长为 (40 ± 0.1) mm。外圆表面粗糙度要求为 $Ra1.6\mu m$，其余表面粗糙度要求为 $Ra3.2\mu m$。

2. 选择毛坯和机床

工件材质为 45 钢，毛坯尺寸为 ϕ55mm×100mm，选择通用卧式数控车床（根据学校现有设备选用）。

3. 确定加工方案

车工件端面→粗车外圆表面直径尺寸至 ϕ52.5mm，长度为 43mm→钻中心孔→钻 ϕ24mm 孔，孔深 45mm→粗车内孔，留 0.5mm 精加工余量→精车内孔至图样尺寸要求→内沟槽加工→精车外圆至图样尺寸要求→工件切断，长度方向留 0.5mm 精加工余量→工件调头装夹并找正→车端面并保证工件全长→倒角。

4. 刀具选择

1）外圆端面车刀：外圆左向横柄，主偏角为93°；刀片型号为CCMT120408，刀尖角80°。

2）内孔车刀：内孔柄，主偏角为93°，加工深度60mm；刀片型号为CCMT120408，刀尖角80°。

3）内切槽刀：方头切槽刀，宽度3mm，内孔切槽刀柄，加工深度40mm，切槽深度4.5mm。

4）中心钻：A5.3中心钻。

5）钻头：ϕ24mm麻花钻。

6）切断刀。

5. 确定零件装夹方式

工件加工时采用三爪自定心卡盘装夹。用三爪自定心卡盘夹持圆钢棒料留出加工长度约60mm；工件调头时用软爪或护套夹持工件$\phi 52_{-0.03}^{0}$mm外圆部分，留出15mm加工长度。

6. 确定切削用量

端面、外圆、阶梯孔、沟槽等表面粗、精加工时的切削用量选择见表25-2。

表25-2 切削用量的选择

加工要素 切削用量	a_p（背吃刀量）/mm	f（进给速度）/mm·min^{-1}	n（主轴转速）/r·min^{-1}
工件左、右端面加工	0.5	80	800
外圆表面粗加工	1.5	80	800
外圆表面精加工	0.5	60	1200
阶梯孔粗加工	1	50	800
阶梯孔精加工	0.5	30	1200
内沟槽粗加工	—	30	600
内沟槽精加工	—	30	1200

7. 确定工序内容及填写含内沟槽要素阶梯孔套类零件加工工序卡（见表25-3）

8. 工件坐标系建立

加工时以零件右端端面中心为工件坐标系原点。

9. 尺寸计算

各尺寸取尺寸公差范围中间值作为编程尺寸。

表 25-3　含内沟槽要素阶梯孔套类零件加工工序卡

零件图号	WHCY4006	零件名称	含内沟槽要素阶梯孔套类零件	
使用设备名称	数控车床	使用设备型号	CKA6150	
换刀方式	自动换刀	程序编号	O4008	

	刀具表		量具表		工具表
刀具刀号	刀具名称	序号	量具名称及规格	序号	工具名称及规格
T01	93°外圆端面车刀	1	游标卡尺 0～125mm	1	刀具垫片若干
T02	93°内孔车刀	2	外径千分尺 50～75mm	2	薄纯铜片
T03	内切槽刀（宽3mm）	3	内径千分尺系列	3	
T04	切断刀	4		4	
T05	A5.3 中心钻	5		5	
T06	φ24mm 麻花钻	6		6	

序号	工艺内容	切削用量			备注
		a_p /mm	f /mm·min^{-1}	n /r·min^{-1}	
1	车工件端面	0.5	80	800	
2	粗加工工件外圆表面	1.5	80	800	
3	钻中心孔	—	—	800	
4	钻 φ24mm 孔，孔深 45mm	—	—	800	
5	阶梯孔粗加工	1	50	800	
6	阶梯孔精加工	0.5	30	1200	
7	内沟槽粗加工		30	600	
8	内沟槽精加工		30	1200	
9	外圆表面精加工	0.5	60	1200	
10	工件切断，留 0.5mm 精加工余量	—	30	800	
11	工件调头装夹并校正	—	—	—	
12	工件左端面加工、倒角并保证全长	0.5	80	800	

编制		审核		批准	
日期				第　页	共　页

10. 加工程序编制

工件加工程序号为 O4008，加工程序如下：

```
O4008；
    T0101；              //外圆表面粗加工
    G98  M03  S800；
    G00  X56.0  Z2.0；
    G94  X-1.0  Z0.0  F80.0；
    G90  X52.5  Z-44.0；
    G00  X100.0  Z100.0；
    M00；                //程序暂停，手工钻孔
    T0202；              //阶梯孔加工
    G00  X22.0  Z1.0；
    G71  U1.0  R0.5；
    G71  P10  Q20  U-0.5  W0.1
F50.0；
    N10  G00  G41  X40.0；
    G01  X34.0  Z-1.0  F30.0
S1200；
        Z-28.05；
        X26.0；
        Z-41.0；
    N20  X22.0；
    G70  P10  Q20；
    G00  G40  Z100.0；
        X100.0；
    T0303；              //内沟槽加工
    G00  X24.0  Z2.0  S600.0；
        Z-26.1；
    G75  R0.3；
    G75  X39.8  Z-27.9  P1000  Q1800
F30.0；
    G01  X24.0  Z-26.0  F30.0
S1200；
        X40.0；
        Z-28.05；
        X24.0；
    G00  Z100.0；
        X100.0；
    T0101；              //外圆表面精加工
    G00  G42  X47.99  Z1.0  S1200；
    G01  X51.99  Z-1.0  F60.0；
        Z-44.0；
    G00  G40  X100.0  Z100.0；
    T0404；              //工件切断
    S800；
    G00  X54.0  Z-40.0；
    G01  X24.0  F30.0；
    G00  X100.0；
        Z100.0；
    M05；
    M30；
```

11. 零件的仿真加工

零件程序编写完成后，在仿真软件中通过仿真加工进行程序校验。

12. 零件加工及精度检测

1）零件加工：毛坯在机床上装夹、校正→刀具装夹与调整→对刀与参数输入→程序输入与调用→工件加工。

2）零件精度检测：零件加工完毕后，填写零件加工质量检验单（见表25-4）。

表25-4 零件加工质量检验单

检测项目	检测内容及要求		自检	质检员检查
外圆直径/mm	$\phi 52_{-0.03}^{0}$	IT		
		Ra		

(续)

检测项目	检测内容及要求		自检	质检员检查
阶梯孔直径/mm	$\phi 26 \pm 0.015$	IT		
		Ra		
	$\phi 34 \pm 0.015$	IT		
		Ra		
内沟槽/mm	$4 \times \phi 40$	IT		
		Ra		
长度尺寸/mm	$28^{+0.1}_{0}$	IT		
		Ra		
	5	IT		
		Ra		
	40 ± 0.1	IT		
		Ra		

注：长度尺寸中的"Ra"指端面表面粗糙度。

项目二十六　含内螺纹要素阶梯孔套类零件加工

项目综述

本项目结合含内螺纹要素阶梯孔套类零件加工案例，引导学生综合实施工艺设计、程序编程、仿真软件使用、机床加工、零件精度检测、产品提交等零件加工完整工作过程。实施本项目所训练的专业技能和应掌握的关联知识见表26-1。

表26-1　专业技能和关联知识

专 业 技 能	关 联 知 识
零件工艺结构分析 含内螺纹要素阶梯孔套类零件加工工艺设计 内螺纹加工刀具选择、切削用量选用及刀具参数设定 内螺纹加工循环指令正确应用 含内螺纹要素阶梯孔套类零件工序卡填写 含内螺纹要素阶梯孔套类零件加工程序编写 熟练操作机床对含内螺纹要素阶梯孔套类零件进行加工 含内螺纹要素阶梯孔套类零件精度检测、数据处理及加工结果判断 产品及工艺文件提交 工具书、工艺文件及操作说明书使用	含内螺纹要素阶梯孔套类零件数控车削加工工艺设计 内螺纹尺寸计算 左、右旋内螺纹主轴方向、走刀方向的确定 内螺纹加工刀具特点及选用 内螺纹加工循环指令

操作要领及关联知识

一、零件加工工作任务

【示例26-1】　零件图如图26-1所示，零件图号为WHCY4007，工作时间180min，完成下面工作任务：

（1）工艺设计

1）对零件进行工艺性分析。

2）选择毛坯和机床。

3）确定加工方案。

4）选择刀具并填写刀具单。

5）确定零件装夹方式。

6）确定粗、精加工切削用量。

7）确定工序内容并填写工序卡。

（2）编写加工程序

1) 建立工件坐标系。
2) 加工尺寸计算与确定。
3) 编写加工程序。
（3）零件加工与精度检测
1) 加工程序输入与仿真。
2) 零件加工。
3) 零件精度检测，填写零件加工质量检验单。

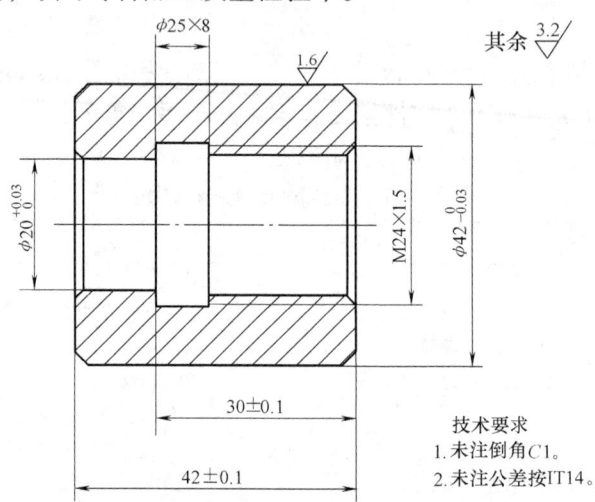

图 26-1　含内螺纹要素阶梯孔套类零件加工图例

二、零件加工工艺设计、编程与加工实施过程

1. 零件工艺性分析

该零件属于含内螺纹要素阶梯孔套类零件加工。外部形状比较简单，为 $\phi 42_{-0.03}^{0}$ mm 圆柱面；内孔由 $\phi 20_{0}^{+0.03}$ mm 圆柱面、M24×1.5 内螺纹以及 $\phi 25$ mm×8mm 内沟槽构成，内沟槽距离工件右端面长度尺寸为 30±0.1mm，工件全长为 42±0.1mm。外圆表面粗糙度要求为 $Ra1.6$，其余表面粗糙度要求为 $Ra3.2$。

2. 选择毛坯和机床

工件材质为 45 钢，毛坯尺寸为 $\phi 45$ mm×100mm，选择通用卧式数控车床（根据学校现有设备选用）。

3. 确定加工方案

车工件端面→粗车外圆表面直径尺寸至 $\phi 42.5$mm，长度为 45mm→钻中心孔→钻 $\phi 18$mm 孔，孔深 45mm→粗车内孔，留 0.5mm 精加工余量→精车内孔至图样尺寸要求→内沟槽粗、精加工→内螺纹加工→精车外圆至图样尺寸要求→工件切断，长度方向留 0.5mm 精加工余量→工件调头装夹并找正→车端面并保证工件全长→倒角。

4. 刀具选择

1) 外圆端面车刀：外圆左向横柄，主偏角为 93°；刀片型号为 CCMT120408，刀尖角 80°。

2) 内孔车刀：内孔柄，主偏角为 93°，加工深度 60mm；刀片型号为 CCMT120408，刀尖角80°。

3）内切槽刀：方头切槽刀片，宽度3mm，内孔切槽刀柄，加工深度40mm，切槽深度4.5mm。

4）内螺纹车刀：60°螺纹车刀片，刀尖角60°，内螺纹柄，加工深度125mm。

5）中心钻：A5.3中心钻。

6）钻头：ϕ18mm麻花钻。

7）切断刀。

5. 确定零件装夹方式

工件加工时采用三爪自定心卡盘装夹。用三爪自定心卡盘夹持圆钢棒料留出加工长度约60mm；工件调头时用软爪或护套夹持工件$\phi 42_{-0.03}^{0}$mm外圆部分，留出15mm加工长度。

6. 确定切削用量

端面、外圆、阶梯孔、沟槽、内螺纹等表面粗、精加工时的切削用量选择见表26-2。

表26-2 切削用量的选择

加工要素	切削用量 a_p（背吃刀量）/mm	f（进给速度）	n（主轴转速）/r·min^{-1}
工件左、右端面加工	0.5	80mm/min	800
外圆表面粗加工	1.5	80mm/min	800
外圆表面精加工	0.5	60mm/min	1200
阶梯孔粗加工	1	50mm/min	800
阶梯孔精加工	0.5	30mm/min	1200
内沟槽粗加工	—	30mm/min	600
内沟槽精加工	—	30mm/min	1200
螺纹加工	背吃刀量依次递减	1.5mm/r	800

7. 确定工序内容及填写含内螺纹要素阶梯孔套类零件加工工序卡（见表26-3）

8. 工件坐标系建立

加工时以零件右端端面中心为工件坐标系原点。

9. 尺寸计算

M24×1.5内螺纹尺寸计算：

1）车削内螺纹前孔径 $D_{孔} = D - P = 24\text{mm} - 1.5\text{mm} = 22.5\text{mm}$。

2）牙型高度 $h = 0.6495P = 0.6495 \times 1.5\text{mm} = 0.974\text{mm}$。

表26-3 含内螺纹要素阶梯孔套类零件加工工序卡

零件图号	WHCY4007	零件名称	含内螺纹要素阶梯孔套类零件	
使用设备名称	数控车床	使用设备型号	CKA6150	
换刀方式	自动换刀	程序编号	O4009	

刀具表			量具表		工具表	
刀具刀号	刀具名称	序号	量具名称及规格	序号	工具名称及规格	
T01	93°外圆端面车刀	1	游标卡尺 0~125mm	1	刀具垫片若干	
T02	93°内孔车刀	2	外径千分尺 25~50mm	2	薄纯铜皮	
T03	内切槽刀（宽3mm）	3	内径千分尺系列	3		
T04	60°螺纹车刀	4	内螺纹千分尺系列	4		
T05	切断刀	5		5		
T06	A5.3 中心钻	6		6		
T07	φ18mm 麻花钻	7		7		

序号	工艺内容	切削用量			备注
		a_p/mm	f	n /r·min^{-1}	
1	车工件端面	0.5	80mm/min	800	
2	粗加工工件外圆表面	1.5	80mm/min	800	
3	钻中心孔	—	—	800	
4	钻φ18mm孔，孔深45mm	—	—	800	
5	阶梯孔粗加工	1	50mm/min	800	
6	阶梯孔精加工	0.5	30mm/min	1200	
7	内沟槽粗加工		30mm/min	600	
8	内沟槽精加工		30mm/min	1200	
9	内螺纹加工	递减	1.5mm/r	800	
10	外圆表面精加工	0.5	60mm/min	1200	
11	工件切断，留0.5mm精加工余量	—	30mm/min	800	
12	工件调头装夹并校正				
13	工件左端面加工、倒角并保证全长	0.5	80mm/min	800	

编制		审核		批准	
日期				第 页	共 页

10. 加工程序编制

工件加工程序号为 O4009，加工程序如下：

```
O4009;
    T0101;              //外圆表面粗加工
    G98  M03  S800;
    G00  X46.0  Z2.0;
    G94  X-1.0  Z0.0  F80.0;
    G90  X42.5  Z-45.0;
    G00  X100.0  Z100.0;
    M00;                //程序暂停，手工钻孔
    T0202;              //阶梯孔加工
    G00  X18.0  Z1.0;
    G71  U1.0  R0.5;
    G71  P10  Q20  U-0.5  W0.1  F50.0;
    N10  G00  G41  X26.5;
         G01  X22.5  Z-1.0  F30.0  S1200;
              Z-30.0;
              X20.02;
              Z-43.0;
    N20       X18.0;
         G70  P10  Q20;
         G00  G40  Z100.0;
              X100.0;
    T0303;              //内沟槽加工
    G00  X18.0  Z1.0  S600.0;
         Z-25.1;
    G75  R0.3;
    G75  X24.8  Z-29.9  P1000  Q2400  F30.0  S600;
    G01  Z-25.0  F30.0  S1200;
         X25.0;
         Z-30.0;
         X18.0;
    G00  Z100.0;
         X100.0;
    T0404;              //内螺纹加工
    G00  X18.0  Z4.0  S800;
    G76  P011060  Q100  R200;
    G76  X24.0  Z-23.5  P974  Q400  F1.5;
    G00  X100.0  Z100.0;
    T0101;              //外圆表面精加工
    G00  G42  X37.98  Z1.0  S1200;
    G01  X41.98  Z-1.0  F60.0;
         Z-45.0;
    G00  G40  X100.0  Z100.0;
    T0505;              //工件切断
    S800;
    G00  X44.0  Z-42.0;
    G01  X18.0  F30.0;
    G00  X100.0;
         Z100.0;
    M05;
    M30;
```

1）零件加工：毛坯在机床上装夹、校正→刀具装夹与调整→对刀与参数输入→程序输入与调用→工件加工。

2）零件精度检测：零件加工完毕后，填写零件加工质量检验单（见表26-4）。

表 26-4 零件加工质量检验单

检测项目	检测内容及要求		自检	质检员检查
外圆直径/mm	$\phi 42_{-0.03}^{0}$	IT		
		Ra		
阶梯孔直径/mm	$\phi 20_{0}^{+0.03}$	IT		
		Ra		
	$\phi 22.5$（螺纹底孔）	IT		
		Ra		
内沟槽/mm	$\phi 25 \times 8$	IT		
		Ra		
内螺纹/mm	$M24 \times 1.5$	IT		
		Ra		
长度尺寸/mm	30 ± 0.1	IT		
		Ra		
	8	IT		
		Ra		
	42 ± 0.1	IT		
		Ra		

注：长度尺寸中的"Ra"指端面表面粗糙度。

项目二十七　含平底孔要素套类零件加工

项目综述

本项目结合含平底孔要素套类零件加工案例，引导学生综合实施工艺设计、程序编程、仿真软件使用、机床加工、零件精度检测、产品提交等零件加工完整工作过程。实施本项目所训练的专业技能和应掌握的关联知识见表 27-1。

表 27-1　专业技能和关联知识

专 业 技 能	关 联 知 识
零件工艺结构分析	平底孔加工工艺路线设计
含平底孔要素套类零件刀具及切削用量选用	平底孔加工用刀具
平底孔加工工艺路线设计	槽加工指令综合应用
宽、窄内沟槽要素程序编制	
内沟槽尺寸测量及误差分析	

一、零件加工工作任务

【示例 27-1】　零件图如图 27-1 所示，零件图号为 WHCY4008，工作时间 120min，完成下面工作任务：

（1）工艺设计

1）对零件进行工艺性分析。

2）选择毛坯和机床。

3）确定加工方案。

4）选择刀具并填写刀具单。

5）确定零件装夹方式。

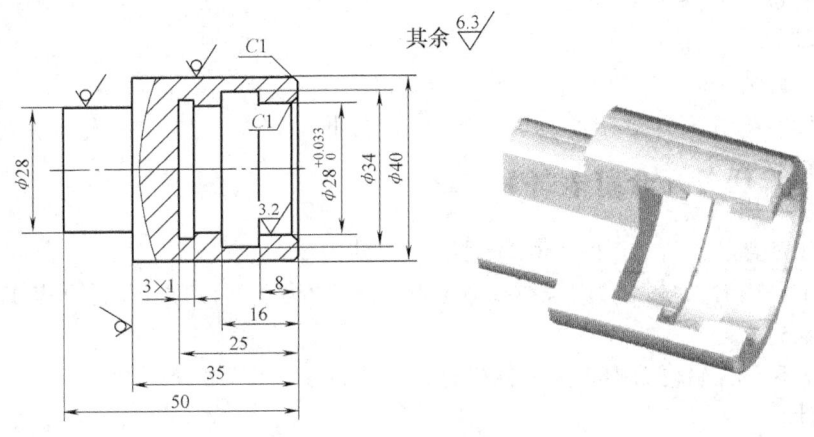

图 27-1　含平底孔要素套类零件加工图例

6）确定粗、精加工切削用量。

7）确定工序内容并填写工序卡。

（2）编写加工程序

1）建立工件坐标系。

2）加工尺寸计算与确定。

3）编写加工程序。

（3）零件加工与精度检测

1）加工程序输入与仿真。

2）零件加工。

3）零件精度检测，填写零件加工质量检验单。

二、零件加工工艺设计、编程与加工实施过程

1. 零件工艺性分析

该零件属于含平底孔、内沟槽要素套类零件加工，外轮廓要素已经加工完毕。对于内轮廓要素，有孔径为 $\phi 28^{+0.033}_{0}$ mm，孔深为25mm的平底孔，并有两个槽宽分别为 3mm×1mm、8mm×ϕ34mm 的内沟槽。

2. 选择毛坯和机床

工件材质为45钢，毛坯尺寸为 ϕ40mm×50mm（半成品件），选择通用卧式数控车床（根据学校现有设备选用）。

3. 确定加工方案

工件右端面车平→钻中心孔→普通钻头钻ϕ26mm孔→平底钻头平ϕ26mm孔底面→加工3mm×1mm内沟槽→加工8mm×ϕ34mm内沟槽。

4. 刀具选择

1）不通孔车刀：内孔背镗柄，主偏角为93°，加工深度60mm；刀片型号为CC-MT120408，刀尖角80°。

2）内切槽刀：方头切槽刀片，宽度3mm，内孔切槽刀柄，加工深度40mm，切槽深度4.5mm。

3）中心钻：A5.3中心钻。

4）钻头：ϕ26mm麻花钻。

5）平底锪钻：ϕ26mm平底钻。

5. 确定零件装夹方式

工件加工时采用三爪自定心卡盘装夹。用三爪自定心卡盘和护套夹持ϕ28mm部位，ϕ40mm左端面紧靠三爪自定心卡盘。

6. 确定切削用量

内孔、内沟槽粗、精加工时的切削用量选择见表27-2。

7. 确定工序内容及填写含内螺纹要素阶梯孔套类零件加工工序卡（见表27-3）

8. 工件坐标系建立

加工时以零件右端端面中心为工件坐标系原点。

9. 尺寸计算

注意将内孔尺寸 $\phi 28^{+0.033}_{0}$ mm 的编程尺寸取为其尺寸范围中间值。

表 27-2 切削用量的选择

加工要素 \ 切削用量	a_p（背吃刀量）/mm	f（进给速度）	n（主轴转速）
工件端面加工	0.5	80mm/min	800r/min
钻中心孔	—	0.10mm/r	100m/min
钻 $\phi 26$mm 孔	—	0.10mm/r	100m/min
锪平 $\phi 26$mm 底孔	—	0.10mm/r	100m/min
$\phi 26$mm 孔粗加工	0.75	50mm/min	800r/min
$\phi 26$mm 孔精加工	0.25	30mm/min	1200r/min
内沟槽 3mm×1mm 加工	—	30mm/min	600r/min
沟槽 8mm×$\phi 34$mm 粗加工	—	30mm/min	600r/min
沟槽 8mm×$\phi 34$mm 精加工	—	30mm/min	1200r/min

表 27-3 含内螺纹要素阶梯孔套类零件加工工序卡

零件图号	WHCY4008	零件名称	含内螺纹要素阶梯孔套类零件		
使用设备名称	数控车床	使用设备型号	CKA6150		
换刀方式	自动换刀	程序编号	O4010		
刀具表		量具表		工具表	
刀具刀号	刀具名称	序号	量具名称及规格	序号	工具名称及规格
T01	93°外圆端面车刀	1	游标卡尺 0～125mm	1	刀具垫片若干
T02	93°不通孔车刀	2	外径千分尺 25～50mm	2	薄纯铜皮
T03	内切槽刀（宽3mm）	3	内径千分尺系列	3	
T04	A5.3 中心钻	4	弹簧内卡钳	4	
T05	$\phi 26$mm 麻花钻	5	钩形游标深度卡尺 0～150mm	5	
T06	$\phi 26$mm 锪孔钻	6		6	

序号	工艺内容	切削用量			备注
		a_p/mm	f	n	
1	车工件端面	0.5	80mm/min	800r/min	
2	钻中心孔	—	0.10mm/r	100m/min	
3	钻 $\phi 26$mm 孔，孔深 24.5mm	—	0.10mm/r	100m/min	
4	平 $\phi 26$mm 底孔	—	0.10mm/r	100m/min	
5	$\phi 28$mm 孔粗加工	0.75	50mm/min	800r/min	
6	$\phi 28$mm 孔精加工	0.25	30mm/min	1200r/min	
7	内沟槽 3mm×1mm 加工	—	30mm/min	600r/min	
7	内沟槽 8mm×$\phi 34$mm 粗加工	—	30mm/min	600r/min	
8	内沟槽 8mm×$\phi 34$mm 精加工	—	30mm/min	1200r/min	
编制		审核		批准	
日期				第 页	共 页

10. 加工程序编制

工件加工程序号为 O4010，加工程序如下：

 O4010；

 T0101；   //工件端面加工

 G98 M03 S800；

 G00 X42.0 Z2.0；

 G94 X-1.0 Z0.0 F80.0；

 G00 X100.0 Z100.0；

 M00；   //程序暂停，手工钻孔

 T0202；   //孔加工

 G00 X27.5 Z1.0；

 G01 Z-25.0 F50.0；

   X-0.5；

 G00 Z1.0；

 G41 X32.016 S1200；

 G01 X28.016 Z-1.0 F30；

   Z-25.0；

   X-0.5；

 G00 G40 Z100.0；

   X100.0；

 T0303；

 G00 X27.0；

   Z-25.0

 G01 X30.0 F30.0；

 G04 X1.0；

 G01 X27.0；

   Z-15.8；

 G75 R0.5；

 G75 X33.8 Z-11.2 P1500 Q1300 F30.0；

 G00 Z-16.0；

 G01 X34.0；

   Z-11.0；

   X27.0；

 G00 Z100.0；

   X100.0；

 M05；

 M30；

11. 零件的仿真加工

零件程序编写完成后，在仿真软件中通过仿真加工进行程序校验。

12. 零件加工及精度检测

1）零件加工：半成品毛坯在机床上装夹、校正→刀具装夹与调整→对刀与参数输入→程序输入与调用→工件加工。

2）零件精度检测：零件加工完毕后，填写零件加工质量检验单（见表27-4）。

表27-4 零件加工质量检验单

检测项目	检测内容及要求		自检	质检员检查
孔直径/mm	$\phi 28^{+0.033}_{0}$	IT		
		Ra		
内沟槽/mm	3×1	IT		
		Ra		
	8×ϕ34	IT		
		Ra		
长度尺寸/mm	8	IT		
		Ra		
	16	IT		
		Ra		
	25	IT		
		Ra		

注：长度尺寸中的"Ra"指端面表面粗糙度。

项目二十八　组合件加工

项目综述

本项目结合组合件加工案例，引导学生综合实施工艺设计、程序编程、仿真软件使用、机床加工、零件精度检测、产品提交等零件加工完整工作过程。实施本项目所训练的专业技能和应掌握的关联知识见表 28-1。

表 28-1　专业技能和关联知识

专 业 技 能	关 联 知 识
组合件工艺结构分析	组合件结构工艺性分析
组合件加工方法选择	组合件加工方法、加工顺序确定原则
组合件零件加工工艺路线设计	组合件精度保证措施及配制
组合件工序卡的填写	组合件精度检测方法
组合件程序的编写	组合件工艺文件填写
组合件配制及精度保证	
组合件精度检测	
产品及工艺文件提交	

操作要领及关联知识

一、零件加工工作任务

【示例 28-1】　零件图如图 28-1 所示，零件图号为 WHCY4009，工作时间 300min，完成下面工作任务：

（1）工艺设计

1) 对组合件进行工艺性分析。

2) 选择毛坯和机床。

3) 确定组合件加工方案。

4) 选择刀具并填写刀具单。

5) 确定零件装夹方式。

6) 确定粗、精加工切削用量。

7) 确定工序内容并填写工序卡。

（2）编写加工程序

1) 建立工件坐标系。

2) 加工尺寸计算与确定。

3) 编写加工程序。

（3）零件加工与精度检测

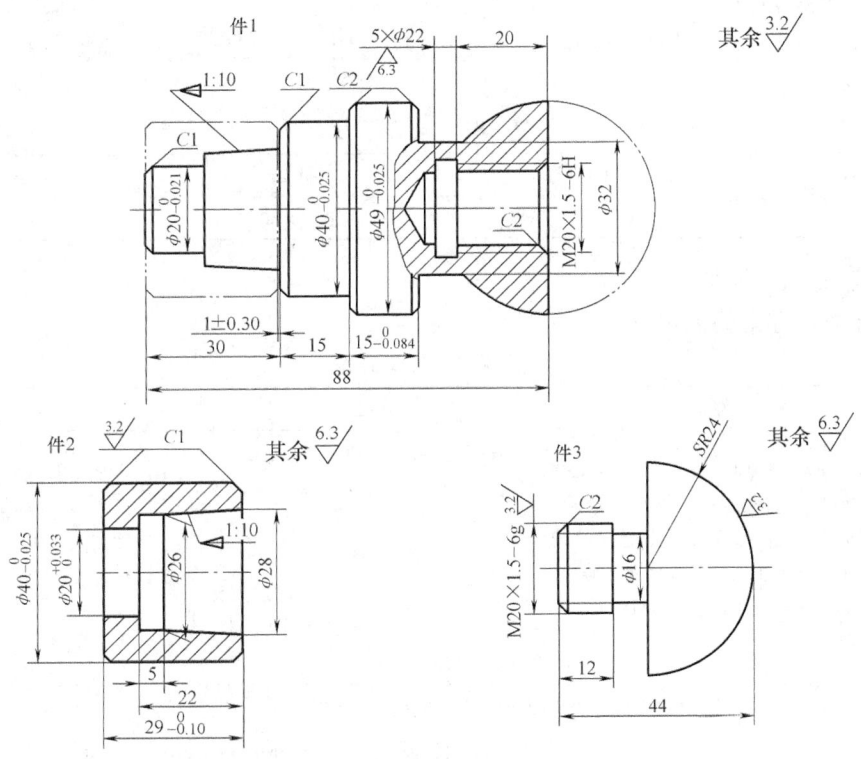

图 28-1 组合件加工图例

1）加工程序输入与仿真。
2）零件加工。
3）组合件装配后加工。
4）零件精度检测，填写零件加工质量检验单。

二、零件加工工艺设计、编程与加工实施过程

1. 零件工艺性分析

该组合件由三个零件组成。结构工艺性分析见表 28-2。

表 28-2 结构工艺性分析

工件序号	件1	件2	件3
结构工艺性分析	属于含不通孔阶梯轴，含有 $\phi20_{-0.021}^{0}$ mm、$\phi40_{-0.025}^{0}$ mm、$\phi49_{-0.025}^{0}$ mm、$\phi32$mm 四段圆柱体，一段锥度为 1:10 的圆锥体，还有一个半径为 $R24$mm 的球冠体，件1右端含有 M20×1.5-6H 内螺纹要素，为方便螺纹加工，有 5mm×$\phi22$mm 的螺纹退刀槽	属于套类零件，外表面为 $\phi40_{-0.025}^{0}$ mm 圆柱体，内部为阶梯孔结构，由 $\phi20_{0}^{+0.033}$ mm、$\phi26$mm 两段圆柱体和一段锥度为 1:10 的圆锥体构成，与件1左端结构配合	为一个异形短轴类零件。左端为 M20×1.5-6g 螺纹和螺纹退刀槽，右端为 $SR24$mm 半球体结构，与件1右端结构配合

2. 选择毛坯和机床

工件材质为 45 钢，毛坯尺寸见表 28-3，选择通用卧式数控车床（根据学校现有设备选用）。

表 28-3　毛坯尺寸

工件序号	件 1	件 2	件 3
毛坯尺寸/mm	$\phi50\times90$	$\phi45\times60$	$\phi50\times46$

3. 确定加工方案

各零件加工方案的确定见表 28-4。

表 28-4　加工方案

工件序号	件 2	件 1	件 3
加工方案设计	车件 2 右端面→钻 $\phi18\text{mm}$ 通孔→阶梯孔粗、精加工→外圆表面粗、精加工→件 2 切断，长度方向留 0.5mm 精加工余量→工件调头装夹、校正→车件 2 左端面并保证全长且倒角	车件 1 左端面→粗、精加工件 1 左端外圆表面→件 1 调头装夹、找正→车件 1 右端面并保证全长→钻 $\phi16\text{mm}$ 孔，孔深 25mm→内孔粗、精加工至螺纹加工尺寸→车退刀槽→车内螺纹→外圆表面粗加工留 0.5mm 精加工余量	车件 3 左端面→外圆表面粗、精加工→车沟槽→车螺纹→件 3 切断，长度方向留 0.5mm 加工余量→件 3 调头装夹、校正→车件 3 右端面并保证全长→半球体粗、半径加工，留 0.5mm 加工余量
	用件 1、件 2 试配并修正件 2 内锥面，以保证锥体接触面积		
		件 1、件 3 装配，并加工球体达到图样尺寸要求	

4. 刀具选择

各零件加工刀具选择见表 28-5。

表 28-5　刀具选择

工件序号	件 1	件 2	件 3
刀具选择	1）外圆端面车刀 2）内孔车刀（不通孔） 3）内切槽刀 4）内螺纹车刀 5）中心钻 6）$\phi16\text{mm}$ 钻头	1）外圆端面车刀 2）内孔车刀（通孔） 3）中心钻 4）$\phi18\text{mm}$ 钻头	1）外圆端面车刀 2）外切槽刀（宽 3mm） 3）外螺纹车刀

1）外圆端面车刀：外圆左向横柄，主偏角为 93°；刀片型号为 CCMT120408，刀尖角 80°。

2）内孔车刀（通孔）：内孔柄，主偏角为 93°，加工深度 60mm；刀片型号为 CCMT120408，刀尖角 80°。

3）内孔车刀（不通孔）：内孔背镗柄，主偏角为 93°，加工深度 60mm；刀片型号为 CCMT120408，刀尖角 80°。

4）内切槽刀：方头切槽刀片，宽度为 3mm，内孔切槽刀柄，加工深度 40mm，切槽深度 4.5mm。

5）内螺纹车刀：60°螺纹刀片，刀尖角 60°，内螺纹柄，加工深度 125mm。

6）外切槽刀：选 4mm 宽方头切槽刀片配置外圆切槽刀柄。

7）外螺纹车刀：60°螺纹车刀配置外螺纹刀柄。

8）中心钻：A5.3 中心钻。

9）钻头：ϕ16mm 麻花钻。

10）平底锪钻：ϕ16mm 平底钻。

11）钻头：ϕ18mm 麻花钻。

5. 确定零件装夹方式

加工时工件均采用三爪自定心卡盘装夹。调头装夹时注意采用护套或软爪装夹工件，避免伤害已加工表面。

6. 确定切削用量

1）加工件 1 所选用的切削用量见表 28-6。

表 28-6　件 1 切削用量

切削用量 加工要素	a_p（背吃刀量）/mm	f（进给速度）	n（主轴转速）
工件端面加工	0.5	80mm/min	800r/min
外圆表面粗加工	1.5	80mm/min	800r/min
外圆表面精加工	0.25	60mm/min	1200r/min
钻中心孔	—	0.10mm/r	100m/min
钻 ϕ16mm 孔	—	0.10mm/r	100m/min
M20 螺纹基准孔粗加工	1	50mm/min	800r/min
M20 螺纹基准孔精加工	0.25	30mm/min	1200r/min
内沟槽 5mm×ϕ22mm 加工	—	30mm/min	600r/min
M20×1.5 螺纹加工	背吃刀量递减	1.55mm/r	700r/min

2）加工件 2 所选用的切削用量见表 28-7。

表 28-7　件 2 切削用量

切削用量 加工要素	a_p（背吃刀量）/mm	f（进给速度）	n（主轴转速）
工件端面加工	0.5	80mm/min	800r/min
钻中心孔	—	0.10mm/r	100m/min
钻 ϕ18 孔	—	0.10mm/r	100m/min
阶梯孔粗加工	1	50mm/min	800r/min
阶梯孔精加工	0.25	30mm/min	1200r/min
外圆表面粗加工	1.5	80mm/min	800r/min
外圆表面精加工	0.25	60mm/min	1200r/min
工件切断	—	30mm/min	800r/min

3）加工件 3 所选用的切削用量见表 28-8。

表 28-8 件 3 切削用量

切削用量 加工要素	a_p（背吃刀量）/mm	f（进给速度）	n（主轴转速）
工件端面加工	0.5	80mm/min	800r/min
外圆表面粗、半精加工	1.5	80mm/min	800r/min
外圆表面精加工	0.25	60mm/min	1200r/min
M20×1.5 螺纹加工	背吃刀量递减	1.55mm/r	700r/min
球体精加工（装配后）	0.25	30mm/min	恒线速加工时主轴最高转速为 2000r/min 恒线速控制 100m/min

7. 确定工序内容及填写工序卡

1）件 1 加工工序卡见表 28-9。

表 28-9 件 1 加工工序卡

零件图号	WHCY4009	零件名称		工件 1		
使用设备名称	数控车床	使用设备型号		CKA6150		
换刀方式	自动换刀	程序编号		O4011、O4012		
	刀具表		量具表		工具表	
刀具刀号	刀具名称	序号	量具名称及规格	序号	工具名称及规格	
T01	93°外圆端面车刀	1	游标卡尺 0~125mm	1	刀具垫片若干	
T02	93°内孔车刀	2	外径千分尺 0~25mm	2	薄纯铜皮	
T03	内切槽刀（3mm 宽）	3	外径千分尺 25~50mm	3		
T04	60°内螺纹车刀	4	内径千分尺系列	4		
T05	A5.3 中心钻	5	弹簧内卡钳	5		
T06	ϕ16mm 钻头	6	钩形游标深度卡尺 0~150mm	6		
序号	工艺内容		切削用量			备注
			a_p/mm	f	n	
1	车工件左端面		0.5	80mm/min	800r/min	
2	左端外圆表面粗加工		1.5	80mm/min	800r/min	
3	左端外圆表面精加工		0.25	60mm/min	1200r/min	
4	工件调头装夹、校正		—	—	—	
5	车工件右端面并保证全长		0.5	80mm/min	800r/min	
6	钻中心孔		—	0.10mm/r	100m/min	
7	钻 ϕ16mm 孔，孔深 28mm		—	0.10mm/r	100m/min	
8	M20 螺纹基准孔粗加工		1	50mm/min	800r/min	
9	M20 螺纹基准孔精加工		0.25	30mm/min	1200r/min	
10	内沟槽 5mm×ϕ22mm 加工			30mm/min	600r/min	
11	M20×1.5 螺纹加工		背吃刀量递减	1.55mm/r	700r/min	

(续)

序号	工艺内容	切削用量			备注
		a_p/mm	f	n	
12	工件右部外圆表面粗、半精加工	1.5	80mm/min	800r/min	
13	工件右部外圆表面精加工（装配后）	0.25	60mm/min	恒线速控制 100m/min	
编制		审核		批准	
日期				第　页	共　页

2) 件2加工工序卡见表28-10。

表28-10　件2加工工序卡

零件图号	WHCY4009	零件名称		工件2	
使用设备名称	数控车床	使用设备型号		CKA6150	
换刀方式	自动换刀	程序编号		O4013	
刀具表		量具表		工具表	
刀具刀号	刀具名称	序号	量具名称及规格	序号	工具名称及规格
T01	93°外圆端面车刀	1	游标卡尺，0~125mm	1	刀具垫片若干
T02	93°内孔车刀	2	外径千分尺，25~50mm	2	薄纯铜皮
T03	切断刀	3	内径千分尺系列	3	
T04	A5.3中心钻	4	弹簧内卡钳	4	
T05	φ18mm钻头	5	钩形游标深度卡尺，0~150mm	5	
序号	工艺内容	切削用量			备注
		a_p/mm	f	n	
1	车工件右端面	0.5	80mm/min	800r/min	
2	钻中心孔	—	0.10mm/r	100m/min	
3	钻φ18mm通孔	—	0.10mm/r	100m/min	
4	阶梯孔粗加工	1	50mm/min	800r/min	
5	阶梯孔精加工	0.25	30mm/min	1200r/min	
6	外圆表面粗加工	1.5	80mm/min	800r/min	
7	外圆表面精加工	0.25	60mm/min	1200r/min	
8	工件切断，长度方向留0.5mm余量	—	30mm/min	800r/min	
9	工件调头装夹、校正	—			
10	工件左端面加工并保证全长	0.5	80mm/min	800r/min	
编制		审核		批准	
日期				第　页	共　页

3) 件3加工工序卡见表28-11。

表 28-11　件 3 加工工序卡

零件图号	WHCY4009	零件名称		工件 3	
使用设备名称	数控车床	使用设备型号		CKA6150	
换刀方式	自动换刀	程序编号		O4014、O4015、O4016	
	刀具表		量具表		工具表
刀具刀号	刀具名称	序号	量具名称及规格	序号	工具名称及规格
T01	93°外圆端面车刀	1	游标卡尺，0～125mm	1	刀具垫片若干
T02	外切槽刀（4mm 宽）	2	外径千分尺，0～25mm	2	薄纯铜皮
T03	60°外螺纹车刀	3	外径千分尺，25～50mm	3	

序号	工艺内容	切削用量			备注
		a_p/mm	f	n	
1	车工件左端面	0.5	80mm/min	800r/min	
2	外圆表面粗加工	1.5	80mm/min	800r/min	
3	外圆表面精加工	0.25	60mm/min	1200r/min	
4	退刀槽加工	—	30mm/min	800r/min	
5	M20×1.5 螺纹加工	背吃刀量递减	1.5mm/r	700r/min	
6	工件调头装夹、校正	—	—	—	
7	工件右端面加工并保证全长	0.5	80mm/min	800r/min	
7	球体表面粗、半精加工	1.5	80mm/min	800r/min	
8	工件右部外圆表面精加工（装配后）	0.5	60r/min	恒线速控制 100m/min	

编制		审核		批准		
日期				第　页		共　页

8. 工件坐标系建立

加工时分别以件 1、件 2、件 3 左、右端端面中心为工件坐标系原点。

9. 尺寸计算

在对该组合件进行编程时，主要是进行螺纹尺寸的计算，见表 28-12。

表 28-12　件 1、件 3 的螺纹尺寸计算

件 1	件 3
M20×1.5 内螺纹尺寸计算 1）车削内螺纹前孔径： $D_{孔} = D - P = 20\text{mm} - 1.5\text{mm} = 18.5\text{mm}$ 2）螺纹牙型高度： $h = 0.6495P = 0.6495 \times 1.5\text{mm} = 0.9743\text{mm}$	（1）M20×1.5-6g 外螺纹尺寸计算 对于外螺纹 M20×1.5-6g，通过查表获得以下尺寸： 螺纹基本偏差 es = -0.032mm；螺纹大径公差 T_d = 0.236mm；螺纹中径公差 T_{d2} = 0.14mm （2）大径尺寸范围计算 1）大径基本尺寸： $d = 20\text{mm}$，基本偏差为 es = -0.032mm，大径公差为 T_d = 0.236mm 2）大径下偏差： ei = es - T_d = -0.032mm - 0.236mm = -0.268mm 3）大径的尺寸范围为 $\phi 20^{-0.032}_{-0.268}$ mm，螺纹加工前圆柱面编程尺寸取 ϕ19.85mm （3）螺纹牙型高度 h 计算 $h = 0.6495P = 0.6495 \times 1.5\text{mm} = 0.9743\text{mm}$ （4）螺纹小径 d_1 计算 $H = \frac{\sqrt{3}}{2}P = \frac{\sqrt{3}}{2} \times 1.5\text{mm} = 1.299\text{mm}$ $R = \frac{1}{6}H = \frac{1}{6} \times 1.299\text{mm} = 0.2165\text{mm}$ $d_1 = d - \frac{7}{4}H + 2R + \text{es} - \frac{T_{d2}}{2}$ $= 20\text{mm} - \frac{7}{4} \times 1.299\text{mm} + 2 \times 0.2165\text{mm} - 0.032\text{mm} - \frac{1}{2} \times 0.14\text{mm}$ $= 18.061\text{mm}$

10. 加工程序编制

件 1 加工程序号为 O4011，O4012，加工程序如下：

O4011；　　//件 1 左部加工程序
　T0101；//件 1 左部端面及外圆表面加工
　M03　S800；
　G00　X52.0　Z2.0；
　G94　X-1.0　Z0.0　F80.0；
　G71　U1.5　R0.5；
　G71　P10　Q20　U0.5　W0.1　F80.0；
N10　G00　G42　X13.99　S1200；
　　G01　X19.99　Z-1.0　F60.0；
　　　Z-12.0；
　　　X26.0；
　　　X27.8　Z-30.0；
　　　X37.99；
　　　X39.99　W-1.0；

O4012；　　//件 1 右部加工程序
　T0101；//件 1 右部端面加工
　M03　S800；
　G00　X52.0　Z2.0；
　G94　X-1.0　Z1.0　F80.0；
　　　Z0.0；
　G71　U1.5　R0.5；　//件 1 右部外圆
　　　　　　　　　　　　　表面半精加工
　G71　P10　Q20　U0.5　W0.1　F80.0；
N10　G00　X49.0　S1200；
　　G01　Z0.0　F60.0；
　　G03　X33.0　Z-17.89　R24.5；
　　G01　Z-27.5；
　　　X43.99；

```
        Z-45.0;
        X44.99;
        X48.99  W-2.0;
        Z-65.0;
N20     X55.0;
        G70  P10  Q20;
        G00  G40  X100.0  Z100.0
        M05;
        M30;
```

工件2加工程序号为O4013，加工程序如下：

```
O4013;        //件2加工程序
    T0101;    //件2端面加工
    M03  S800;
    G00  X46.0  Z2.0;
    G94  X-1.0  Z0.0  F80.0;
    M00;      //程序暂停，手工进行孔加工
    T0202;    //内孔加工
    G00  X17.0  Z2.0;
    G71  U1.0  R0.5;
    G71  P10  Q20  U-0.5  W0.1
F50.0;
N10 G00  G41  X27.9  S1200;
    G01  X26.0  Z-17.0;
         Z-22.0;
         X20.016;
N20      Z-30.0;
    G70  P10  Q20;
    G00  X17.0  S800;
         Z100.0;
N20     X50.99  W-3.5;
    G70  P10  Q20;
    G00  X100.0  Z100.0;
    M05;
    M30;
         X100.0;
    T0101;    //外圆表面加工
    G00  X46.0  Z2.0;
    G71  U1.5  R0.5;
    G71  P30  Q40  U0.5  W0.1
F80.0;
N30 G00  G42  X33.99  S1200;
    G01  X39.99  Z-1.0  F60.0;
N40      Z-34.0;
    G70  P30  Q40;
    G00  G40  X100.0  Z100.0;
    T0303;   //件2切断
    G00  X42.0  Z29.0;
    G01  X18.0  F30.0  S800;
         X42.0;
    G00  X100.0  Z100.0;
    M05;
    M30;
```

件3加工程序号为O4014、O4015、O4016，加工程序如下：

```
O4014;       //件3左部加工程序
    T0101;
    M03  S800;
    G00  X52.0  Z2.0;  //件3左端面加工
    G94  X-1.0  Z0.0  F80.0;
    G71  U1.5  R0.5;
    G71  P10  Q20  U0.5  W0.1  F80.0;

O4015;       //件3右部加工程序
    T0101;
    M03  S800;
    G00  X52.0  Z2.0;  //件3右端面
                          加工
    G94  X-1.0  Z0.0  F80.0;//保证件3全
                             长44.5mm
```

```
N10  G00  G42  X11.85  S1200;
     G01  X19.85  Z-2.0  F60.0;
          Z-20.0;
N20       X52.0;
     G70  P10  Q20;
     G00  G40  X100.0  Z100.0;
     T0202;            //退刀槽加工
     G00  X21.0  Z-19.9  S800;
     G75  R0.5;
     G75  X16.0  Z-15.1  P1500  Q2400
          F30.0;
     G00  X50.0;
          Z-20.0;
     G01  X16.0  F30.0;
          Z-15.0;
     G00  X100.0;
          Z100.0;
     T0303;            //外螺纹加工
     G00  X22.0  Z2.0;
     G76  P011060  Q100  Q200;
     G76  X18.061  Z-15.0  P974  Q400 F1.5;
     G00  X100.0  Z100.0;
     M05;
     M30;
```

```
     G71  U1.5  R0.5;
     G71  P10  Q20  U0.5  W0.1  F80.0;
N10  G00  X0.0;
     G01  Z0.0  F80.0;
N20  G03  X49.0  Z-24.5  R24.5;
     G70  P10  Q20;
     G00  X100.0  Z100.0;
     M05;
     M30;
O4016；//件3、件1装配后球体部分精加工
     T0101;
     M03  S1200;
     G00  X50.0  Z-0.5;
     G01  G42  X0.0  F80.0;
     G50  S2000;
     G96  S100;
     G03  X32.0  Z-42.39  R24.0;
     G97  S1200;
     G01  Z-52.5;
          X44.99;
          X50.99  W-3.0;
     G00  G40  X100.0  Z100.0;
     M05;
     M30;
```

11. 零件的仿真加工

零件程序编写完成后，在数控加工仿真软件中通过仿真加工进行程序校验。

12. 零件加工及精度检测

1）零件加工：半成品毛坯在机床上装夹、校正→刀具装夹与调整→对刀与参数输入→程序输入与调用→工件加工。

2）零件精度检测：零件加工完毕后，填写零件加工质量检验单，见表28-13～表28-15。

表28-13 件1加工质量检验单

检测项目	检测内容及要求	自　检	质检员检查
外表面直径尺寸/mm	$\phi 20^{\ 0}_{-0.021}$	IT	
		Ra	
	$\phi 26$（锥度1:10）	IT	
		Ra	

(续)

检测项目	检测内容及要求		自检	质检员检查
外表面直径尺寸/mm	$\phi 40_{-0.025}^{0}$	IT		
		Ra		
	$\phi 49_{-0.025}^{0}$	IT		
		Ra		
	$\phi 32$	IT		
		Ra		
	SR24	IT		
		Ra		
内孔及沟槽部分尺寸/mm	M20×1.5-6H	IT		
		Ra		
	5×$\phi 22$	IT		
		Ra		
长度尺寸/mm	30	IT		
		Ra		
	15	IT		
		Ra		
	$15_{-0.084}^{0}$	IT		
		Ra		
	88	IT		
		Ra		
	20	IT		
		Ra		
	5	IT		
		Ra		

注：长度尺寸中的"Ra"指端面表面粗糙度。

表 28-14　件 2 加工质量检验单

检测项目	检测内容及要求		自检	质检员检查
外表面直径尺寸/mm	$\phi 40_{-0.025}^{0}$	IT		
		Ra		
内孔部分尺寸/mm	$\phi 20_{0}^{+0.033}$	IT		
		Ra		
	$\phi 26$（锥度 1:10）	IT		
		Ra		

(续)

检测项目	检测内容及要求		自检	质检员检查
长度尺寸/mm	5	IT		
		Ra		
	22	IT		
		Ra		
	$29_{-0.10}^{0}$	IT		
		Ra		

注：长度尺寸中的"Ra"指端面表面粗糙度。

表 28-15　件 3 加工质量检验单

检测项目	检测内容及要求		自检	质检员检查
外表面直径尺寸/mm	M20×1.5-6g	IT		
		Ra		
	φ16	IT		
		Ra		
	SR24	IT		
		Ra		
长度尺寸/mm	12	IT		
		Ra		
	44	IT		
		Ra		

注：长度尺寸中的"Ra"指端面表面粗糙度。

附　　录

附表 A　数控车削加工工序卡

零件图号				零件名称			
使用设备名称				使用设备型号			
换刀方式				程序编号			

刀具表		量具表		工具表	
刀具刀号	刀具名称	序号	量具名称及规格	序号	工具名称及规格
T01		1		1	
T02		2		2	
T03		3		3	
T04		4		4	
T05		5		5	
T06		6		6	

序号	工艺内容	切削用量			备注
		a_p/mm	n/(r·min^{-1})	f/(mm·r^{-1})	
1					
2					
3					
4					
5					
6					
7					
8					

编制		审核		批准	
日期				第　　页	共　　页

附表 B 数控车削加工工件安装及工件坐标系设定卡

零件图号		零件名称	
使用设备名称		使用设备型号	
程序编号			
工步序号		工步简图	
工步名称			
刀具刀号			
工步序号		工步简图	
工步名称			
刀具刀号			
工艺设计		批准		第　页	
工艺审核		日期		共　页	

附表 C 数控车削加工程序编制卡

零件名称	零件图号	程序号

班级	姓名	学号

附表 D　数控车削加工刀具选用卡

零件图号			零件名称		
使用设备名称			使用设备型号		
换刀方式			程序编号		

序号	刀具刀号	刀具名称及规格	刀尖半径及刀柄尺寸	数量	加工表面
1					
2					
3					
4					
5					
6					
7					
8					
9					
10					

备注		日期			
编制		审核		批准	|第 页　共 页

附表 E 数控车削加工零件精度检测卡

检测项目	检测内容及要求		自检	质检员检查
外圆或内孔尺寸 /mm		IT		
		Ra		
		IT		
		Ra		
		IT		
		Ra		
		IT		
		Ra		
		IT		
		Ra		
		IT		
		Ra		
		IT		
		Ra		
		IT		
		Ra		
长度尺寸 /mm		IT		
		Ra		
		IT		
		Ra		
		IT		
		Ra		
		IT		
		Ra		

参 考 文 献

[1] 周兰,常晓俊. 现代数控加工设备［M］. 北京:机械工业出版社,2005.
[2] 张伦玠,徐伟,胡涛. 数控车床职业技能鉴定强化实训教程［M］. 武汉:华中科技大学出版社,2005.
[3] 关颖. FANUC系统数控车床培训教程［M］. 北京:化学工业出版社,2007.
[4] 崔兆华. 数控车工（中级）［M］. 北京:机械工业出版社,2007.
[5] 沈建峰,虞俊. 数控车工（高级）［M］. 北京:机械工业出版社,2007.
[6] 王洪. 数控加工程序编制［M］. 北京:机械工业出版社,2003.
[7] 王伯平. 互换性与测量技术基础［M］. 北京:机械工业出版社,2001.
[8] 余英良. 数控机床加工技术［M］. 北京:高等教育出版社,2007.
[9] 王维. 数控加工工艺及编程［M］. 北京:机械工业出版社,2001.
[10] 吴明友. 数控车床（华中数控）考工实训教程［M］. 北京:化学工业出版社,2006.
[11] 张超英,罗科学. 数控机床加工工艺、编程及操作实训［M］. 北京:高等教育出版社,2003.
[12] 沈建峰. 数控车床编程与操作实训［M］. 北京:国防工业出版社,2005.
[13] 冯志刚. 数控宏程序编程方法、技巧与实例［M］. 北京:机械工业出版社,2007.

实 训 项 目

班级 _____

姓名 _____

学号 _____

实训项目一　数控车床认识实训

班级_____姓名_____学号_____

一、实训目的及能力要求

通过数控车床认识实训，使学生具备下面能力：
1) 具备认识数控车床基本构成及各部件功能能力。
2) 具备分析数控车床基本运动能力。
3) 具备认识数控车床主要技术参数及其作用能力。

二、实训设备

实训车间或实训基地现有数控车床。

三、实训要求及实训报告（见表训 1-1）

表训 1-1　实训要求及实训报告

序号	实训要求	实训报告内容	教师评价
1	绘制一台实训车间数控车床构成简图（包括数控系统部分）（手工绘图或 AUTOCAD 绘图）		
2	在结构简图上针对主要部件画出指引线，并用表格方式列出数控车床的主要构成部件的功能		
3	分析该车床床身导轨的布局形式及这种布局形式的特点		
4	所采用的数控系统的类型及数控系统主要技术参数（控制轴数、联动轴数、主轴功能、插补功能、刀具功能等）		

（续）

序号	实训要求	实训报告内容	教师评价
5	X、Z 方向采用的伺服驱动器类型及规格		
6	X、Z 方向伺服驱动电动机主要技术参数		
7	主轴驱动电动机主要技术参数		
8	画出主运动传动链示意图，指出主运动采用的测速装置及其安装位置		
9	画出纵、横向运动传动链示意图，指出进给运动采用的测速装置及其安装位置		
10	分析刀架结构形式及换刀方式		

四、成绩评定
教师总体评价及综合成绩评定：

_____

_____

_____

_____

综合成绩_____

教师签名_____

实训项目二 数控车床加工工艺范围认识实训

班级_____ 姓名_____ 学号_____

一、实训目的及能力要求

通过数控车床工艺范围认识实训，使学生具备下面能力：
1) 初步了解数控车床安全操作规程。
2) 初步了解数控车床开关机顺序。
3) 具备分析回转体类零件结构要素能力。
4) 具备认识数控车床加工工艺范围能力。
5) 具备识别数控车床典型加工表面使用刀具能力。

二、实训设备

实训车间或实训基地现有数控车床。

三、教师演示内容

1) 结合现场实训设备进行数控车床安全操作规程讲解。
2) 结合现场实训设备演示数控车床开关机操作顺序。
3) 零件结构要素分析：图训 2-1 所示为某轴类零件图，图训 2-2 所示为某轴套类零件图。分析零件包含的结构要素（如内外圆柱面、圆锥面、沟槽、螺纹面、端面等）。
4) 毛坯类型与尺寸规格选择说明。
5) 加工工艺路线设计（加工顺序安排）讲解。
6) 零件加工装夹方式演示。
7) 针对不同加工面的刀具演示。
8) 切削用量选择说明。
9) 切削过程演示。

四、实训要求及实训报告

1. 轴类零件（见图训 2-1、表训 2-1）

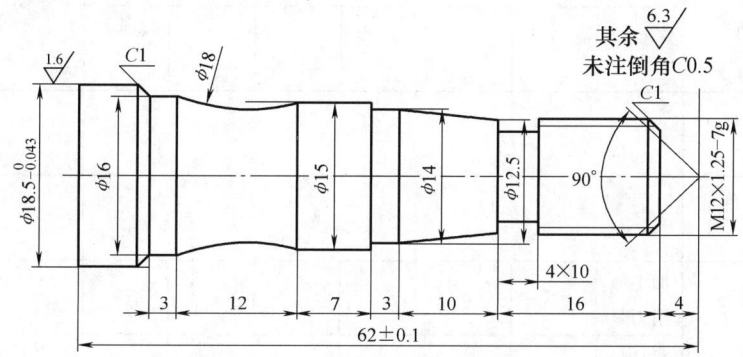

图训 2-1 数控车削加工工艺范围认识实训图例（轴类零件）

表训 2-1　轴类零件实训要求及实训报告

实训要求	实训报告内容							教师评价
	圆柱面	圆锥面	圆弧面	端面	沟槽	螺纹面	其他	
零件结构要素分析								
用图形表示零件加工时的装夹方式								
用流程图表示零件加工顺序安排								
加工所用刀具	加工所用刀具							
	对应加工面							

2. 轴套类零件（见图训 2-2、表训 2-2）

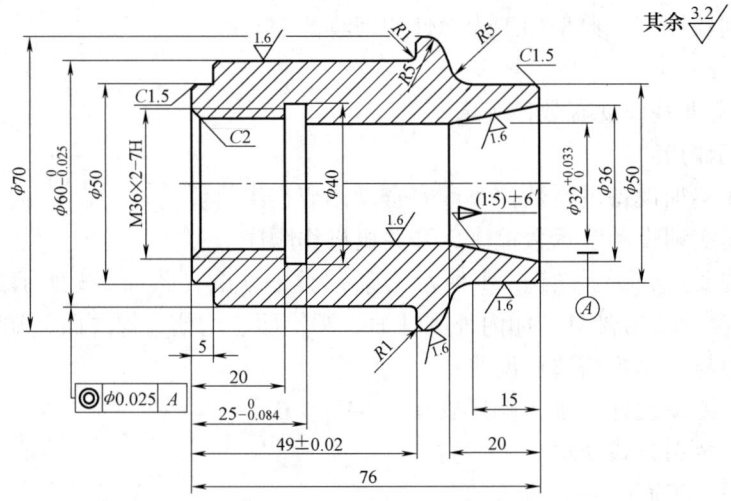

图训 2-2　数控车削加工工艺范围认识实训图例（轴套类零件）

表训 2-2　轴套类零件实训要求及实训报告

实训要求	实训报告							教师评价
	圆柱面	圆锥面	圆弧面	端面	沟槽	螺纹面	其他	
零件结构要素分析								
用图形表示零件加工时的装夹方式								
用流程图表示零件加工顺序安排								
加工所用刀具	加工所用刀具							
	对应加工面							

3. 拓展能力训练（见表训 2-3）

表训 2-3　拓展能力实训要求及实训报告

实 训 要 求	实训报告内容	教 师 评 价
用流程图表示所使用数控车床的正确开/关机顺序		
实训用数控车床能完成哪些结构要素的回转体类零件加工？请举例说明		
实训用数控车床可使用的刀具		
实训用数控车床能达到的精度等级和表面粗糙度		
用图形表示长轴类零件在车削加工时的装夹方式		
用图形表示盘类零件在车削加工时的装夹方式		

五、成绩评定

教师总体评价及综合成绩评定：

_____

_____

_____

_____

综合成绩_____

教师签名_____

实训项目三 零件图识读与绘制实训

班级_____姓名_____学号_____

一、实训目的及能力要求

通过中等复杂程度零件图的识读与绘制实训，使学生具备下面能力：
1）分析及理解零件结构工艺性。
2）分析和理解零件技术要求（尺寸精度、形位公差、表面粗糙度、力学性能等）。
3）根据装配图分析零件功能和结构，并设计零件图。
4）零件的三维造型及二维图样生成。

二、实训要求及实训报告

1. 零件图识读实训

图训 3-1 所示为轴类零件，图训 3-2 所示为套类零件，图训 3-3 所示为盘类零件，按照要求分析各零件，完成实训报告（见表训 3-1）。

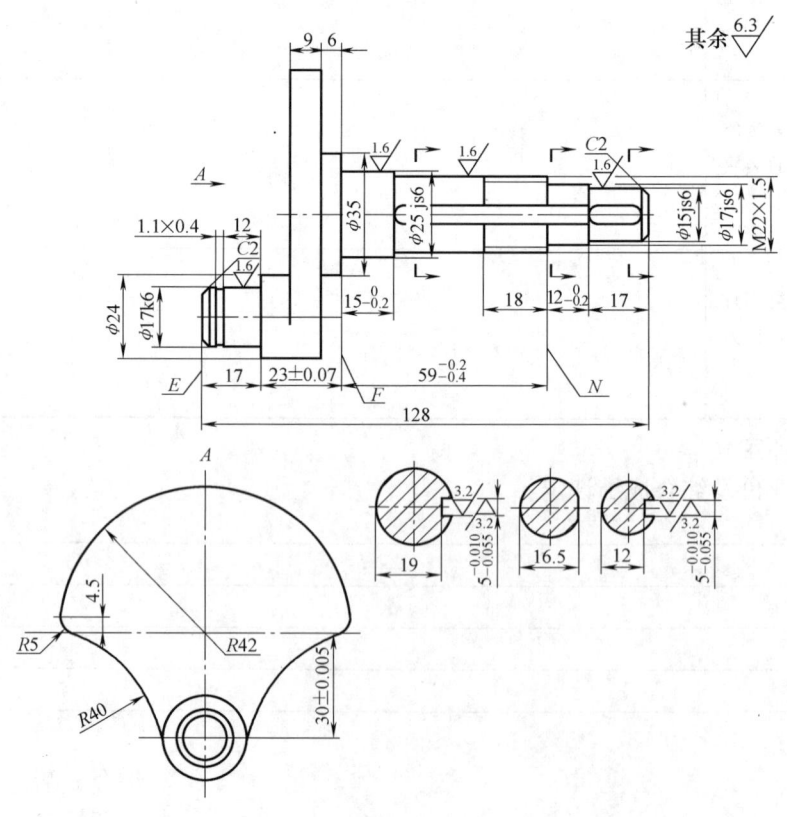

图训 3-1 零件图识读实训——轴类零件

其余

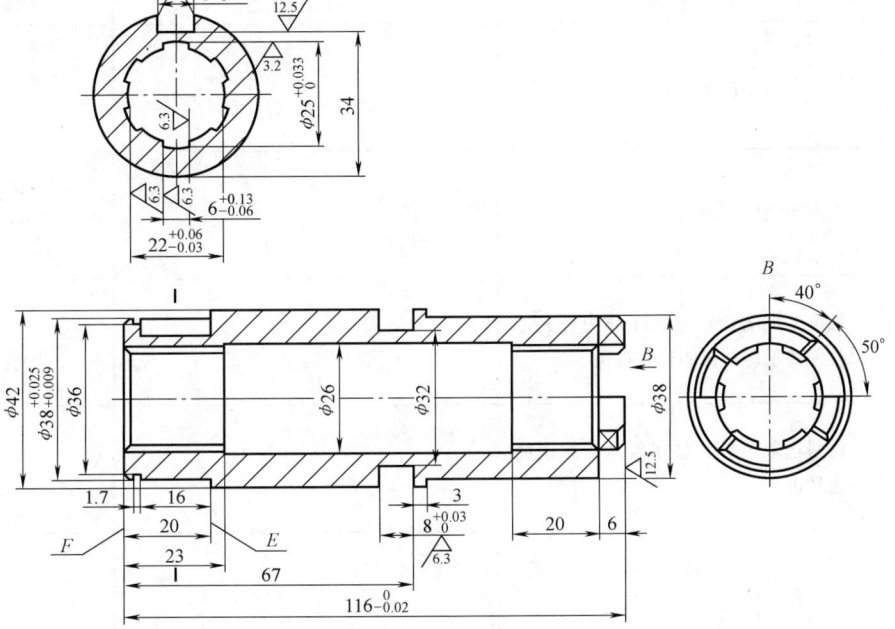

图训 3-2　零件图识读实训——套类零件

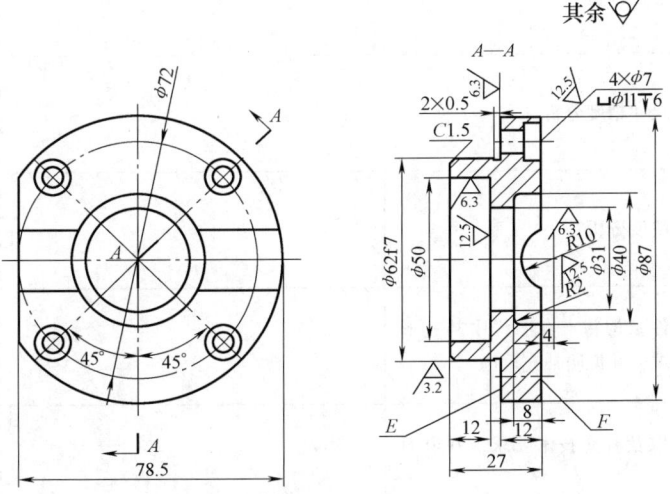

图训 3-3　零件图识读实训——盘类零件

表训 3-1　零件图读图实训要求及实训报告

零件	实训要求	实训报告内容	教师评价
轴类零件	零件视图分析		
	结构工艺性分析		

(续)

零 件	实训要求	实训报告内容	教师评价
轴类零件	尺寸及尺寸精度分析		
	表面粗糙度分析		
	根据零件结构特点在图样中补充形位公差要求,并说明补充理由		
	材料选取及补充技术要求,并说明补充理由		
套类零件	零件视图分析		
	结构工艺性分析		
	尺寸及尺寸精度分析		
	表面粗糙度分析		
	根据零件结构特点在图样中补充形位公差要求,并说明补充理由		
	材料选取及补充技术要求,并说明补充理由		
盘类零件	零件视图分析		
	结构工艺性分析		
	尺寸及尺寸精度分析		

(续)

零件	实训要求	实训报告内容	教师评价
盘类零件	表面粗糙度分析		
	根据零件结构特点在图样中补充形位公差要求,并说明补充理由		
	材料选取及补充技术要求,并说明补充理由		

2. 零件图绘制实训

(1) 根据零件轴测图画出零件图 图训 3-4 所示为轴类零件轴测图,据此完成下面任务:

1) 选取合适的设计比例,完成零件结构设计,进行合理尺寸标注并提出技术要求,采用手工绘图。

2) 运用熟悉的三维造型软件完成轴的三维造型设计并转换成二维视图。

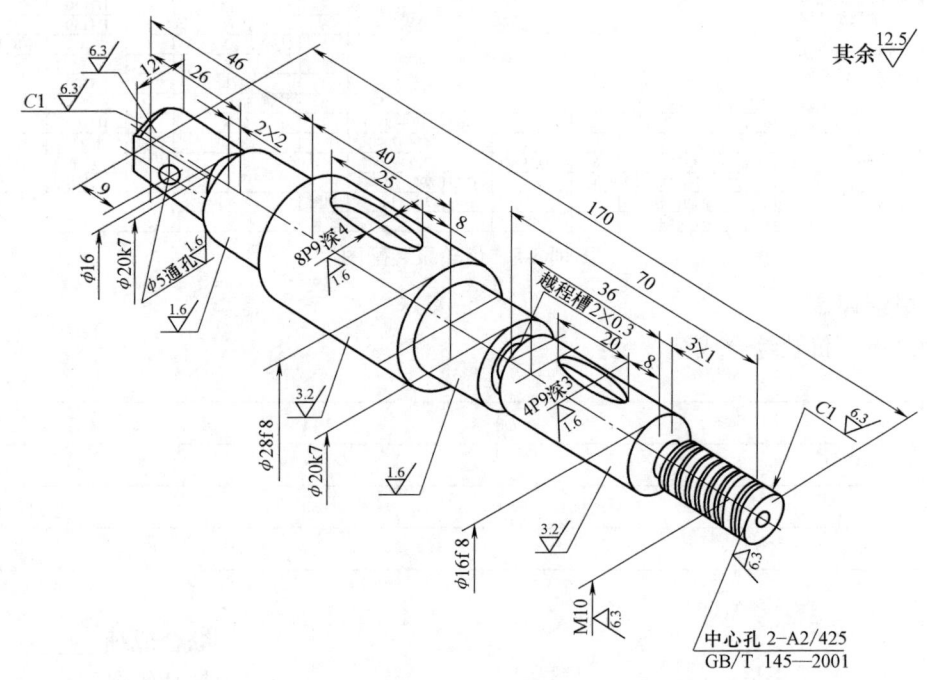

图训 3-4 轴类零件轴测图

(2) 根据装配图拆分轴类零件图 图训 3-5 所示为齿轮泵装配图,根据装配图画出轴(序号 10) 的零件图(选择合适比例绘图)。

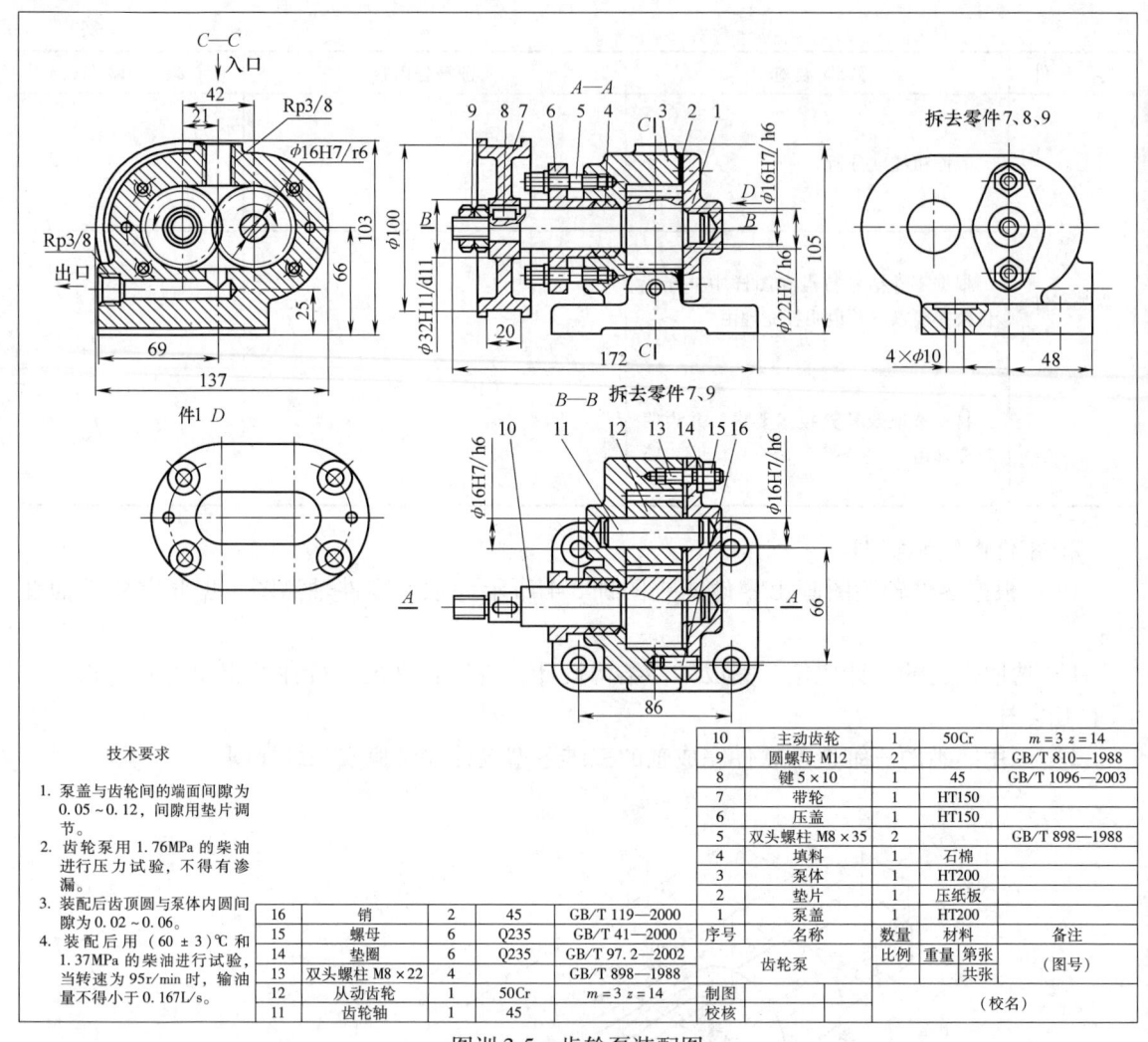

图训3-5 齿轮泵装配图

三、成绩评定

教师总体评价及综合成绩评定：

_____
_____
_____
_____
_____

综合成绩_____

教师签名_____

实训项目四　数控车削加工工艺设计实训

班级_____姓名_____学号_____

一、实训目的及能力要求

通过数控车削加工工艺设计实训，使学生具备下面能力：
1）能够准确分析零件结构工艺性。
2）根据零件形状及尺寸精度要求选择合适加工方法。
3）毛坯和加工设备选择。
4）选用或设计合适的夹具并正确装夹工件。
5）合理选择加工刀具。
6）制订正确加工工艺路线。
7）选择合适切削用量。
8）合理编制工艺文件。
9）根据零件结构要素及加工精度要求合理选择、使用量具并进行零件合格性判断。

二、实训设备、刀具及材料

1）实训车间或实训基地现有数控车床。
2）数控车削加工常用刀具。
3）数控车削加工常用量具。
4）数控车削加工所用的毛坯材料。

三、实训内容及实训报告

如图训4-1所示的组合件，完成实训报告内容。
1. 对零件进行结构工艺性分析，完成实训报告（见表训4-1）

表训4-1　实训报告

序号	分析项目		轴类零件（件1）	轴套类零件（件2）
1	尺寸分析	直径方向尺寸		
2		长度方向尺寸		
3		尺寸设计基准		

(续)

序号	分 析 项 目		轴类零件（件1）	轴套类零件（件2）
4	轮廓要素分析	基本形状		
5		节点坐标		
6	形位公差分析	形状公差		
7		位置公差		
8	表面质量及力学性能分析	表面粗糙度		
9		表面硬度		

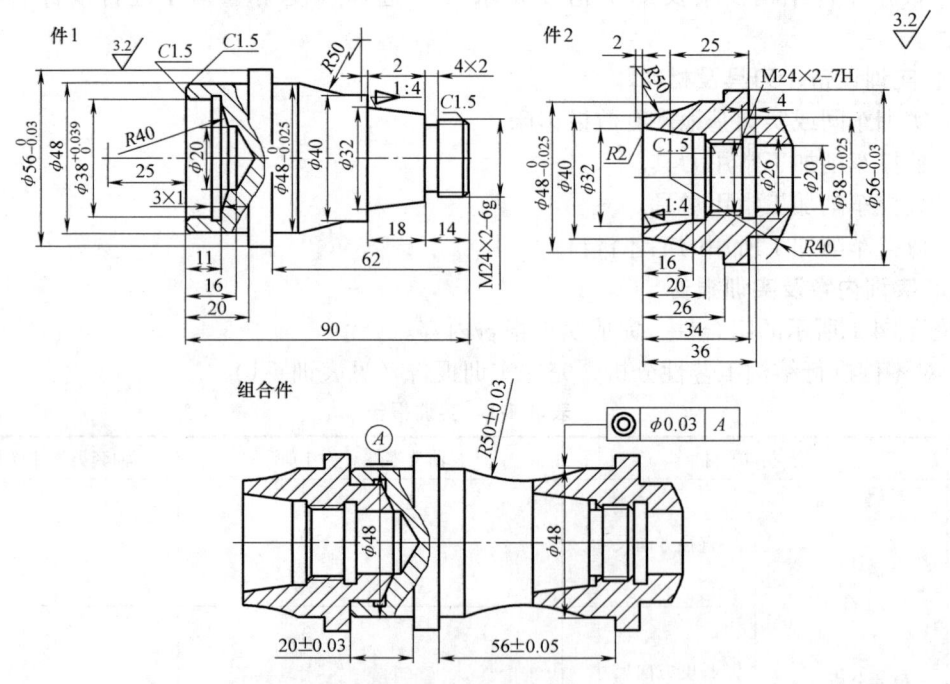

技术要求
1. 锐边去毛倒棱,未注倒角为C1,件1右端允许打中心孔。
2. 件2与件1相互配合,配合松紧适中,圆锥面配合接触面积大于60%。
3. 件2与件1内、外球面着色对配,着色面不小于50%。

图训4-1 数控车削加工工艺设计实训图例（组合件）

2. 毛坯及加工设备选择

1）给出所选择毛坯的形状和尺寸图，并说明你的选择理由（如生产批量、加工要求等）。

_____
_____
_____
_____

2）写出机床的型号及主要技术参数。

_____
_____
_____
_____

3. 完成数控车削加工工件安装及工件坐标系设定卡（见表训 4-2、表训 4-3）

表训 4-2　数控车削加工工件安装及工件坐标系设定卡（件1）

零件图号		零件名称	
使用设备名称		使用设备型号	
程序编号			
工步序号		工步简图	
工步名称			
刀具刀号			
工步序号		工步简图	
工步名称			
刀具刀号			
工步序号		工步简图	
工步名称			
刀具刀号			
工艺设计		批准	第　页
工艺审核		日期	共　页

表训 4-3　数控车削加工工件安装及工件坐标系设定卡（件 2）

零件图号			零件名称		
使用设备名称			使用设备型号		
程序编号					
工步序号		工步简图			
工步名称					
刀具刀号					
工步序号		工步简图			
工步名称					
刀具刀号					
工步序号		工步简图			
工步名称					
刀具刀号					
工艺设计		批准		第　　页	
工艺审核		日期		共　　页	

4. 根据零件技术要求及实训条件，完成数控车削加工刀具清单（见表训 4-4、表训 4-5）

表训 4-4　数控车削加工刀具清单（件 1）

零件图号		零件名称		
使用设备名称		使用设备型号		
换刀方式		程序编号		
序号	刀具刀号	刀具名称及规格	刀具半径及刀柄尺寸	数量	加工表面
1					
2					
3					

（续）

序号	刀具刀号	刀具名称及规格	刀具半径及刀柄尺寸	数量	加工表面
4					
5					
备注			日期		
编制		审核		批准		第　页　共　页

表训 4-5　数控车削加工刀具清单（件2）

零件图号			零件名称	
使用设备名称			使用设备型号	
换刀方式			程序编号	

序号	刀具刀号	刀具名称及规格	刀具半径及刀柄尺寸	数量	加工表面
1					
2					
3					
4					
5					
备注			日期		
编制		审核		批准		第　页　共　页

5. 填写数控车床加工工艺卡（见表训 4-6 ~ 表训 4-8）

表训 4-6　数控车床加工工序卡（件 1）

零件图号			零件名称				
使用设备名称			使用设备型号				
换刀方式			程序编号				
	刀具表			量具表		工具表	
刀具刀号	刀具名称	序号	量具名称及规格		序号	工具名称及规格	
T01		1			1		
T02		2			2		
T03		3			3		
T04		4			4		
T05		5			5		
T06		6			6		
序号	工艺内容			切削用量			备注
				a_p/mm	n/r·min^{-1}	f/mm·r^{-1}	
1							
2							
3							
4							
5							
6							
7							
8							
编制			审核			批准	
日期						第　　页	共　　页

表训 4-7　数控车床加工工序卡（件 2）

零件图号			零件名称				
使用设备名称			使用设备型号				
换刀方式			程序编号				
刀具表			量具表		工具表		
刀具刀号	刀具名称	序号	量具名称及规格		序号	工具名称及规格	
T01		1			1		
T02		2			2		
T03		3			3		
T04		4			4		
T05		5			5		
T06		6			6		

序号	工艺内容	切削用量			备注
		a_p/mm	$n/\text{r}\cdot\text{min}^{-1}$	$f/\text{mm}\cdot\text{r}^{-1}$	
1					
2					
3					
4					
5					
6					
7					
8					

编制		审核		批准	
日期				第　页	共　页

表训 4-8 数控车床加工工序卡（装配后加工部分）

零件图号			零件名称			
使用设备名称			使用设备型号			
换刀方式			程序编号			
刀具表			量具表		工具表	
刀具刀号	刀具名称	序号	量具名称及规格	序号	工具名称及规格	
T01		1		1		
T02		2		2		
T03		3		3		
T04		4		4		
T05		5		5		
T06		6		6		

序号	工艺内容	切削用量			备注
		a_p/mm	$n/\text{r}\cdot\text{min}^{-1}$	$f/\text{mm}\cdot\text{r}^{-1}$	
1					
2					
3					
4					

编制		审核		批准		
日期				第　　页	共　　页	

6. 零件精度检验项目设计（见表训 4-9、表训 4-10）

表训 4-9 零件精度检验表（件1）

序号	量具名称及规格	待检测要素	图样要求	实测数据	合格性判断

表训 4-10　零件精度检验表（件 2）

序号	量具名称及规格	待检测要素	图样要求	实测数据	合格性判断

四、成绩评定

教师总体评价及综合成绩评定：

_____
_____
_____
_____
_____

综合成绩_____

教师签名_____

实训项目五　数控车床坐标系建立及对刀操作实训

班级_____姓名_____学号_____

一、实训目的及能力要求

通过数控车床坐标系建立及对刀操作实训，使学生具备下面能力：
1) 工件装夹及找正。
2) 应用操作面板对机床进行基本操作。
3) 建立机床坐标系。
4) 建立工件坐标系。
5) 多把刀具对刀。
6) 熟练应用测量工具对工件进行测量及其数据处理。

二、实训设备、刀具及材料

1) 实训车间或实训基地现有数控车床。
2) 数控车削加工常用刀具。
3) 数控车削加工常用量具。
4) 数控车削加工所用的毛坯棒料。

三、实训内容及实训报告

1. 机床坐标系建立实训（见表训5-1）

表训5-1　机床坐标系建立实训

序 号	操 作 要 求	操作步骤及内容
1	按照数控车床的开机顺序要求，进行数控车床开机操作	开机操作步骤：
2	记录开机时显示器上刀架在机床坐标系中的坐标值	机床坐标系中的坐标值：
3	操作机床操作面板，改变刀架位置，记录显示器上刀架在机床坐标系中的坐标值	机床坐标系中的坐标值：

(续)

序号	操作要求	操作步骤及内容
4	进行机床回参考点操作	机床回参考点操作步骤:
5	记录显示器上刀架回参考点时在机床坐标系中的坐标值	机床坐标系中的坐标值:

结论:

2. 工件坐标系建立实训

如图训 5-1 所示零件图,选择 $\phi 40mm \times 50mm$ 毛坯棒料,材料为 45 钢,用外圆端面车刀加工该工件。为了完成零件加工,需要两次装夹工件:第一次夹持工件左边,加工右边部分,第二次工件调头装夹,加工左边部分,因此需要两次建立工件坐标系。用试切法建立工件坐标系,并完成表训 5-2。

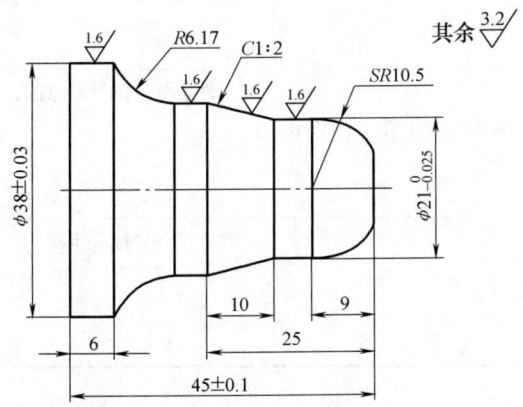

图训 5-1 试切法建立工件坐标系图例

表训 5-2 工件坐标系建立实训

序号	操作要求	操作步骤及内容
1	画出夹持工件左边部分加工右边部分时工件坐标系位置示意图(建议以装夹后的右端面为坐标远点),并标明起刀点位置和坐标	工件坐标系位置示意图:
2	工件装夹与校正	工件装夹与校正步骤:

(续)

序 号	操作要求	操作步骤及内容
3	刀具装夹与调整	刀具装夹与调整：
4	试切端面与退刀	退刀方向及机床坐标系中 Z 方向坐标值记录：
5	试切外圆及退刀	退刀方向及机床坐标系中 X 方向坐标值记录：
6	刀具回到起刀点	坐标尺寸计算及回到起刀点操作过程：
7	建立工件坐标系	建立工件坐标系操作：
8	工件调头安装，画出此时工件坐标系示意图	工件坐标系位置示意图：
9	建立工件坐标系	建立工件坐标系步骤：

四、成绩评定

教师总体评价及综合成绩评定：

_____
_____
_____
_____

综合成绩_____

教师签名_____

实训项目六　数控车床基本指令编程实训

班级_____姓名_____学号_____

一、实训目的及能力要求

通过数控车床基本指令编程实训，学生应具备下面能力：

1）熟练应用数控车床基本指令。
2）根据图样对零件进行结构工艺性分析。
3）能够对简单轴类零件、套类零件进行数控加工工艺设计。
4）零件基点坐标运算的能力。
5）简单回转体类零件程序编写的能力。

二、实训设备、刀具及材料

1）实训车间或实训基地现有数控车床。
2）数控车削加工常用刀具。
3）数控车削加工所用的毛坯棒料。

三、实训内容及实训报告

图训6-1、图训6-2所示分别为简单轴类零件和简单套类零件的零件图。根据图样要求完成实训任务。

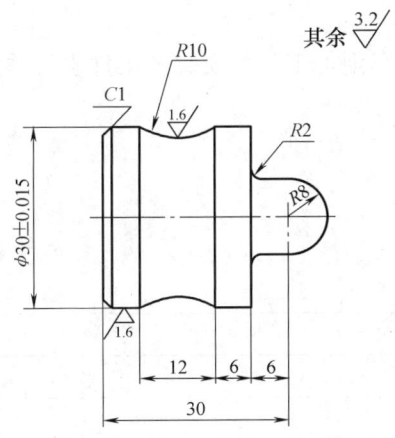

技术要求
1. 锐边倒钝。
2. 未注公差按IT14。

图训6-1　数控车床基本指令编程
　　实训——简单轴类零件

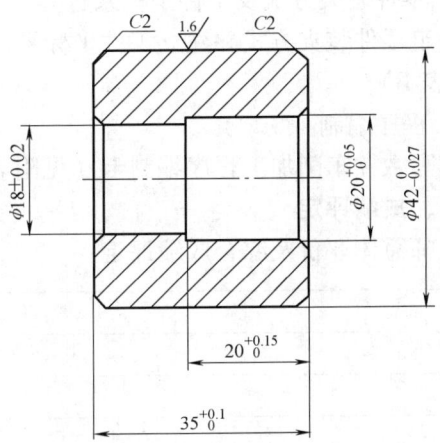

技术要求
1. 未注倒角 C1。
2. 未注公差按IT14。

图训6-2　数控车床基本指令编程
　　实训——简单套类零件

1. 零件结构工艺性分析（见表训 6-1）

表训 6-1　零件结构工艺性分析

零件类型 结构工艺性分析	简单轴类零件	简单套类零件
重要部位尺寸精度分析		
重要部位形位公差分析		
表面粗糙度分析		
表面力学性能分析		

2. 毛坯选择（见表训 6-2）

表训 6-2　毛坯选择

零件类型 毛坯选择	简单轴类零件	简单套类零件
毛坯尺寸规格		
毛坯材料	PVC 棒料	

3. 零件加工工艺设计

设计零件加工工艺，完成数控车削加工工序卡（见附表 A）。

4. 零件装夹方式及工件坐标系建立

确定零件装夹方式并建立工件坐标系，完成数控车削加工工件安装及工件坐标系设定卡（见附表 B）。

5. 程序编制

填写数控车削加工程序编制卡（见附表 C）。

四、成绩评定

教师总体评价及综合成绩评定：

_____

_____

_____

_____

_____

综合成绩_____

教师签名_____

实训项目七　刀具补偿功能指令编程与操作实训

班级_____姓名_____学号_____

一、实训目的及能力要求

通过刀具补偿功能指令编程与操作实训，使学生具备下面能力：
1) 熟练判断刀具方向符号。
2) 通过对刀和测量设置刀具位置参数和刀具半径补偿参数。
3) 能够分析并修正因刀具参数原因引起的零件加工误差。
4) 应用刀具圆弧半径补偿指令编制零件精加工程序。
5) 熟练操作数控车床并进行相关参数设定。
6) 熟练选用及使用检测工具。

二、实训设备、刀具及材料

1) 实训车间或实训基地现有数控车床。
2) 外圆端面车刀、内孔镗刀。
3) 毛坯棒料若干（45钢）。
4) 轴类零件加工必要检测工具。

三、实训内容及实训报告

1. 如图识7-1所示零件，选择 $\phi 42mm$ 毛坯棒料，按不加入刀具半径补偿和加入刀具半径补偿两种情形分别编写零件加工程序，并对零件进行加工和尺寸测量，完成表训7-1。

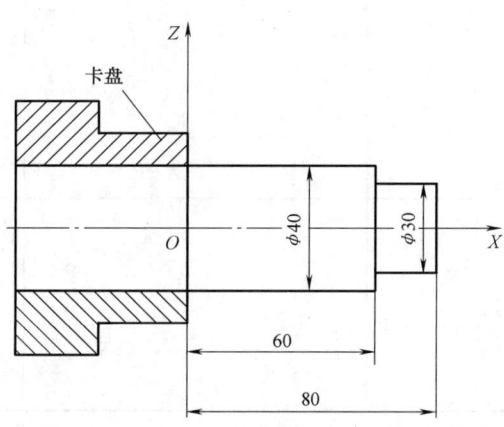

图训7-1　用刀具补偿指令编程加工实训图例1

表训 7-1　实训报告

序号	实训要求及项目		不加入刀具半径补偿时	加入刀具半径补偿时
1	零件加工工艺路线设计			
2	加工时所使用刀具及编号			
3	切削用量选择	粗加工		
		精加工		
4	零件加工程序			
5	零件尺寸测量工具			
6	零件完工尺寸测量			
7	两种情形尺寸分析及结论			

2. 如图训 7-2 所示零件图，毛坯棒料尺寸为 $\phi60mm$，45 钢，对零件进行工艺分析和设计，编写零件加工程序，完成零件加工并进行零件尺寸检测和分析，同时填写数控车削加工工序卡（见附表 A）。

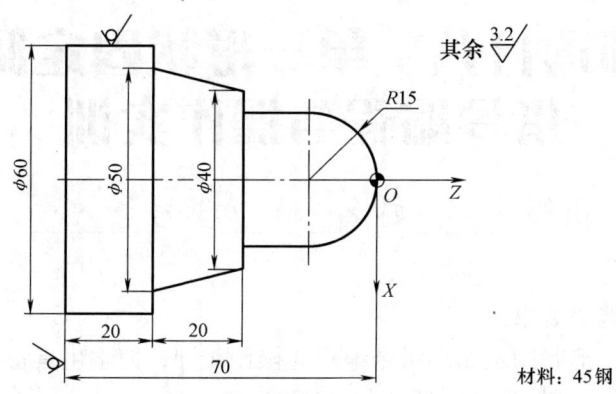

图训 7-2　用刀具补偿指令编程加工实训图例 2

四、成绩评定

教师总体评价及综合成绩评定：

_____
_____
_____
_____
_____

综合成绩_____

教师签名_____

实训项目八 单一形状固定循环指令编程与操作实训

班级_____ 姓名_____ 学号_____

一、实训目的及能力要求

通过数控车床单一形状固定循环指令编程与操作实训，使学生具备下面能力：
1）熟练应用圆柱、圆锥切削循环指令（G90）。
2）熟练应用平端面、锥形端面切削循环指令（G94）。
3）综合应用数控车床单一形状固定循环指令。
4）零件工艺设计及编程能力。

二、实训设备、刀具及材料

1）实训车间或实训基地现有数控车床。
2）外圆端面车刀（粗、精加工）。
3）毛坯棒料若干（45钢）。

三、实训内容及实训报告

如图训8-1～图训8-3所示的零件图，根据每个零件图完成实训报告（见表训8-1）。

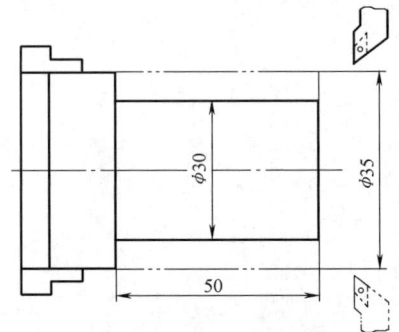

图训8-1 单一形状固定循环指令编程与操作实训图例1

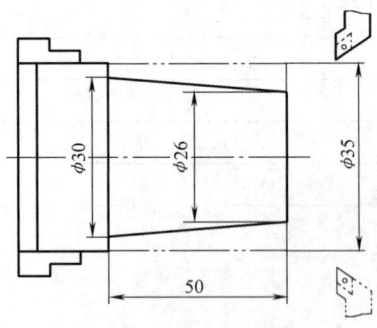

图训8-2 单一形状固定循环指令编程与操作实训图例2

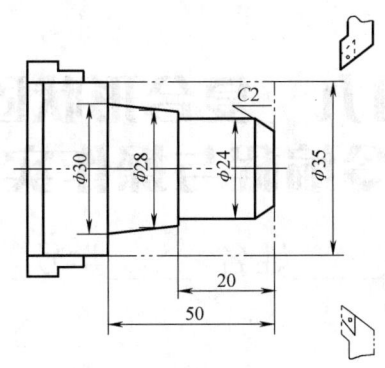

图训 8-3　单一形状固定循环指令编程与操作实训图例 3

表训 8-1　实训报告

实训要求 \ 待编程零件	图训 8-1	图训 8-2	图训 8-3
结构工艺性分析			
机床选择			
毛坯材料及规格选择			
零件装夹方式设计及工件坐标系设定	填写数控车削加工工件安装及工件坐标系设定卡（见附表 B）		
刀具选择	填写数控车削加工刀具选用卡（见附表 D）		
切削用量选择	填写数控车削加工工序卡（见附表 A）		
加工工艺路线设计			
加工程序编制	填写数控车削加工程序编制卡（见附表 C）		

四、成绩评定

教师总体评价及综合成绩评定：

_____
_____
_____
_____
_____

综合成绩_____

教师签名_____

实训项目九 复合形状固定循环指令编程与操作实训

班级_____姓名_____学号_____

一、实训目的及能力要求

通过数控车床复合形状固定循环指令编程与操作实训，使学生具备下面能力：
1）熟练应用内、外圆粗车循环指令（G71）。
2）熟练应用端面粗车循环指令（G72）。
3）熟练应用固定形状粗车循环指令（G73）。
4）熟练应用精车循环指令（G70）。
5）能够针对复杂形状零件进行工艺设计及编程。

二、实训设备、刀具及材料

1）实训车间或实训基地现有数控车床。
2）外圆端面车刀（粗、精加工）。
3）毛坯棒料若干（45 钢）。

三、实训内容及实训报告

如图训 9-1 ~ 图训 9-3 所示的零件图，根据每个零件图完成实训报告（见表训 9-1）。

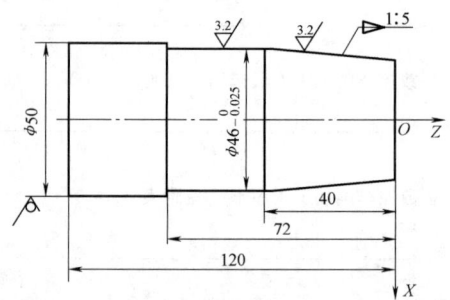

图训 9-1 复合形状固定循环指令编程与操作实训图例 1

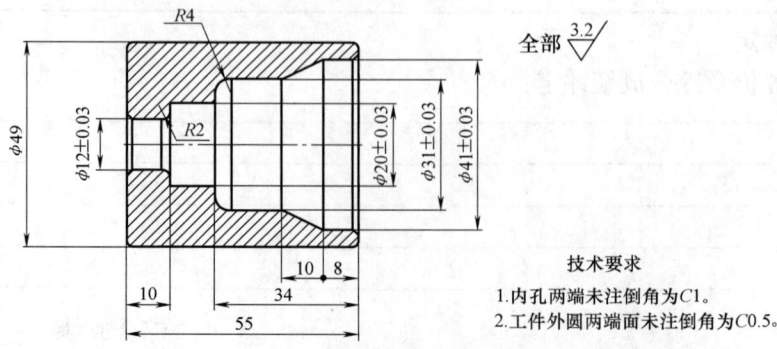

图训 9-2 复合形状固定循环指令编程与操作实训图例 2

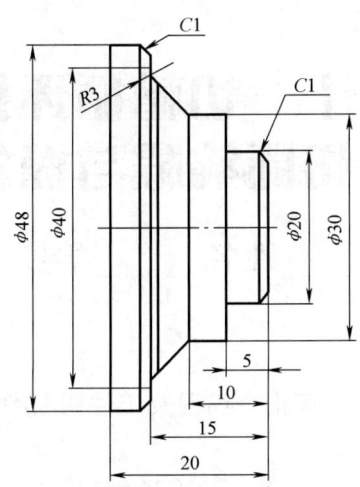

图训 9-3　复合形状固定循环指令编程与操作实训图例 3

表训 9-1　实训报告

实训要求＼待编程零件	图训 9-1	图训 9-2	图训 9-3
结构工艺性分析			
机床选择			
毛坯材料及规格选择			
零件装夹方式设计及工件坐标系设定	填写数控车削加工工件安装及工件坐标系设定卡（见附表 B）		
刀具选择	填写数控车削加工刀具选用卡（见附表 D）		
切削用量选择 加工工艺路线设计	填写数控车削加工工序卡（见附表 A）		
加工程序编制	填写数控车削加工程序编制卡（见附表 C）		

四、成绩评定

教师总体评价及综合成绩评定：

_____
_____
_____
_____
_____

综合成绩_____

教师签名_____

实训项目十　切槽循环指令编程及工件切断编程与操作实训

班级_____姓名_____学号_____

一、实训目的及能力要求

通过数控车床切槽（钻孔）循环指令编程及工件切断编程与操作实训，使学生具备下面能力：

1）熟练应用端面切槽（钻孔）循环指令 G74 编程。
2）熟练应用径向切槽（钻孔）循环指令 G75 编程。
3）编写工件切断程序。
4）合理选用切槽刀具、切断刀具。
5）确定切槽刀、切断刀刀位点及尺寸计算能力。
6）设计含槽类要素回转工件的粗、精加工工艺路线。
7）针对槽类要素加工正确选用切削用量。

二、实训设备、刀具及材料

1）实训车间或实训基地现有数控车床。
2）外圆端面车刀（粗、精加工）、切槽刀、切断刀。
3）毛坯棒料若干（45 钢）。

三、实训内容及实训报告

如图训 10-1、图训 10-2 所示的零件图，根据每个零件图完成实训报告（见表训 10-1）。

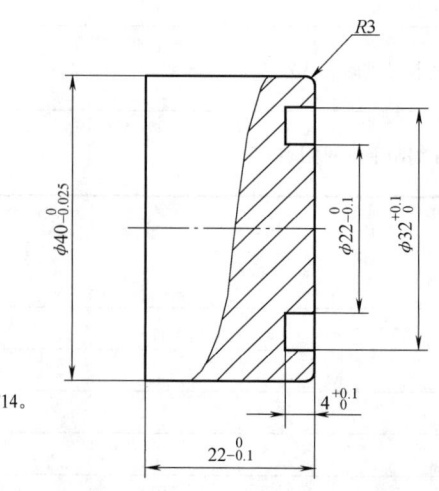

图训 10-1　端面切槽（钻孔）循环指令编程与操作实训图例 1

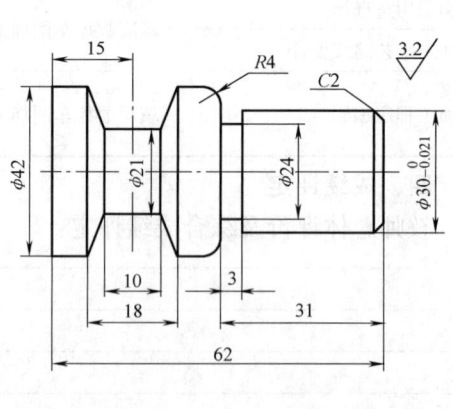

图训 10-2　径向切槽（钻孔）循环指令编程与操作实训图例 2

表训 10-1　实训报告

实训要求 \ 待编程零件	图训 10-1	图训 10-2
结构工艺性分析		
机床选择		
毛坯材料及规格选择		
零件装夹方式设计及工件坐标系设定	填写数控车削加工工件安装及工件坐标系设定卡（见附表 B）	
刀具选择	填写数控车削加工刀具选用卡（见附表 D）	
切削用量选择	填写数控车削加工工序卡（见附表 A）	
加工工艺路线设计		
加工程序编制	填写数控车削加工程序编制卡（见附表 C）	

四、成绩评定
教师总体评价及综合成绩评定：

_____

_____

_____

_____

综合成绩_____

教师签名_____

实训项目十一　螺纹切削循环指令编程与操作实训

班级_____姓名_____学号_____

一、实训目的及能力要求

通过数控车床螺纹切削循环指令编程与操作实训，使学生具备下面能力：

1）熟练应用单行程螺纹切削指令 G32。
2）熟练应用螺纹切削单一固定循环指令 G92。
3）熟练应用螺纹切削复合循环指令 G76。
4）根据螺纹标记计算螺纹尺寸及其公差值。
5）选用及正确安装螺纹加工刀具。
6）对含螺纹要素的工件进行加工工艺设计。
7）正确选用含螺纹要素工件的切削用量。

二、实训设备、刀具及材料

1）实训车间或实训基地现有数控车床。
2）内、外圆端面车刀（粗、精加工），内、外切槽刀（3mm 宽），内、外螺纹车刀（60°普通螺纹车刀、30°梯形螺纹车刀）。
3）毛坯棒料若干（45 钢）。

三、实训内容及实训报告

如图训 11-1~图训 11-4 所示的零件图，根据每个零件图完成实训报告（见表训 11-1）。

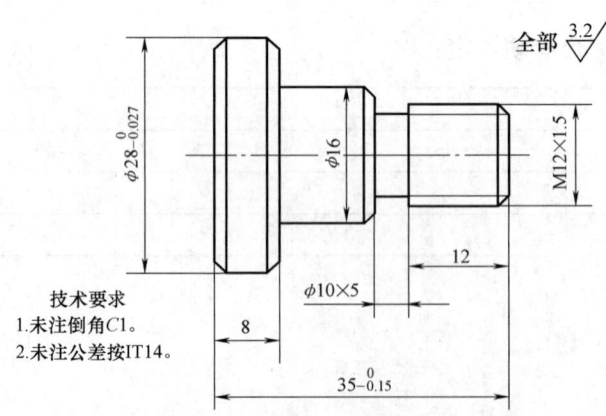

图训 11-1　螺纹加工循环指令编程与
操作实训图例 1——外螺纹右旋

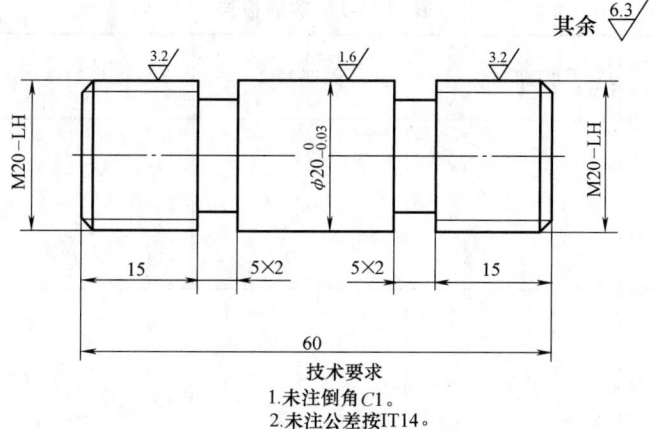

图训 11-2　螺纹加工循环指令编程与操作实训图例 2——外螺纹左旋

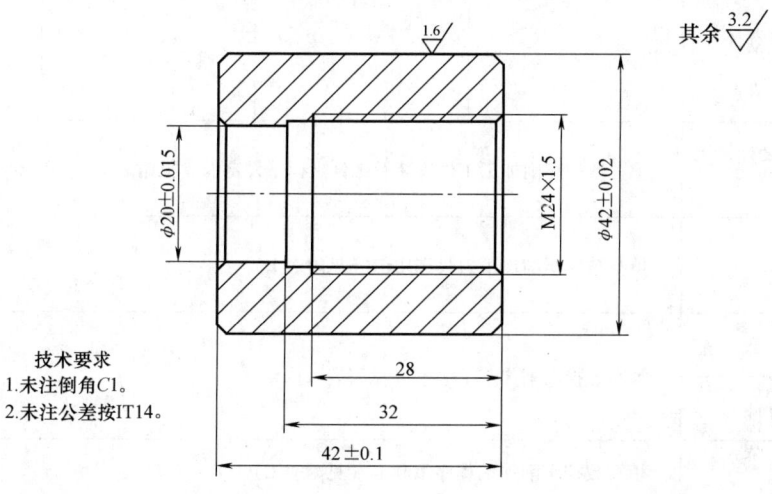

图训 11-3　螺纹加工循环指令编程与操作实训图例 3——内螺纹右旋

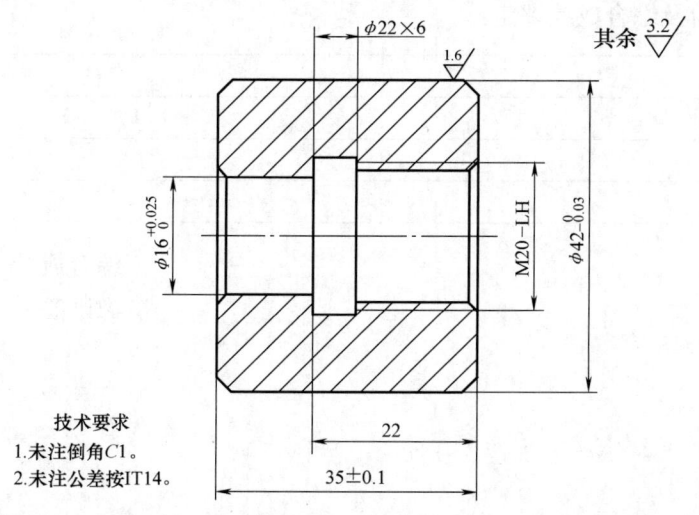

图训 11-4　螺纹加工循环指令编程与操作实训图例 4——内螺纹左旋

表训 11-1　实训报告

实训要求＼待编程零件	图训 11-1	图训 11-2	图训 11-3	图训 11-4
结构工艺性分析				
机床选择				
毛坯材料及规格选择				
零件装夹方式设计及工件坐标系设定	填写数控车削加工工件安装及工件坐标系设定卡（见附表 B）			
刀具选择	填写数控车削加工刀具选用卡（见附表 D）			
切削用量选择	填写数控车削加工工序卡（见附表 A）			
加工工艺路线设计				
加工程序编制	填写数控车削加工程序编制卡（见附表 C）			

四、成绩评定

教师总体评价及综合成绩评定：

_____
_____
_____
_____
_____

综合成绩_____

教师签名_____

实训项目十二　数控车削中心孔加工固定循环指令编程与操作实训

班级_____姓名_____学号_____

一、实训目的及能力要求

通过数控车床钻孔固定循环指令编程与操作实训，使学生具备下面能力：

1）熟练应用正面/侧面钻孔固定循环指令 G83/G87。

2）熟练应用正面/侧面攻螺纹固定循环指令 G84/G88。

3）熟练应用正面/侧面镗孔固定循环指令 G85/G89。

4）正确选用各种孔加工方式（钻、扩、铰、镗、攻螺纹）刀具。

5）各种孔加工方式切削用量选用。

二、实训设备、刀具及材料

1）实训车间或实训基地现有数控车削中心。

2）车削中心常用刀具。

3）毛坯棒料若干（45 钢）。

三、实训内容及实训报告

待加工工件的零件图如图训 12-1 所示，加工各平面及外圆达到图样尺寸要求，根据零件图完成互成 120°角的三个螺孔的加工工艺设计并编写加工程序。

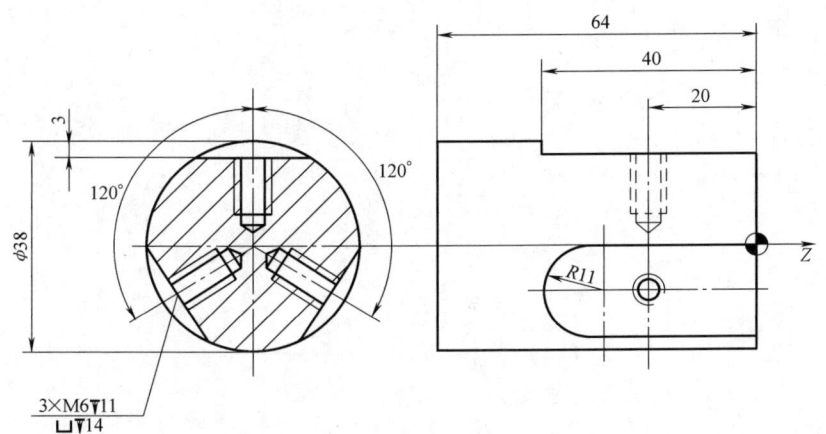

图训 12-1　孔加工固定循环指令编程与操作实训图例

1）对零件进行结构工艺性分析。

2）选择合适机床。

3）选择毛坯材料及尺寸规格。

4）零件装夹方式设计及工件坐标系设定，填写数控车削加工工件安装及工件坐标系设定卡（见附表 B）。

5）刀具选择，填写数控车削加工刀具选用卡（见附表D）。

6）切削用量选择及加工工艺路线设计，填写数控车削加工工序卡（见附表A）。

7）加工程序编制，填写数控车削加工程序编制卡（见附表C）。

四、成绩评定

教师总体评价及综合成绩评定：

_____
_____
_____
_____
_____

综合成绩_____

教师签名_____

实训项目十三　子程序编程与调用实训

班级_____姓名_____学号_____

一、实训目的及能力要求

通过数控车床子程序编程与调用操作实训，使学生具备下面能力：
1）分析零件结构特点。
2）分析子程序应用场合。
3）编写子程序。
4）调用子程序。

二、实训设备、刀具及材料

1）实训车间或实训基地现有数控车削中心。
2）数控车床常用刀具。
3）毛坯棒料若干（45 钢）。

三、实训内容及实训报告

待加工工件的零件图如图训 13-1 所示，完成下面实训内容。

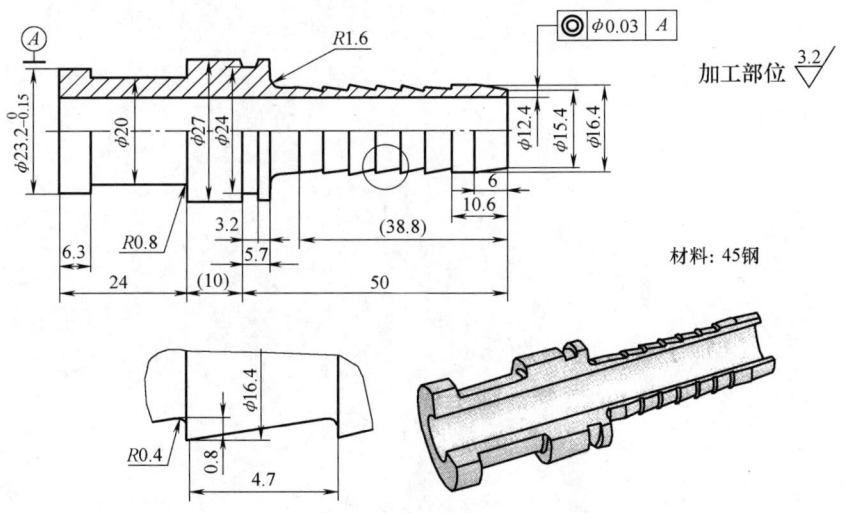

图训 13-1　子程序编程与调用实训图例

1）对零件进行结构工艺性分析。
2）选择合适机床。
3）选择毛坯材料及尺寸规格选择。
4）零件装夹方式设计及工件坐标系设定，填写数控车削加工工件安装及工件坐标系设定卡（见附表 B）。
5）刀具选择，填写数控车削加工刀具选用卡（见附表 D）。

6）切削用量选择及加工工艺路线设计，填写数控车削加工工序卡（见附表 A）。

7）加工程序编制，填写数控车削加工程序编制卡（见附表 C）。

四、成绩评定

教师总体评价及综合成绩评定：

_____
_____
_____
_____
_____

综合成绩_____

教师签名_____

实训项目十四 非圆曲线用户宏程序编程与调用实训

班级_____姓名_____学号_____

一、实训目的及能力要求

通过数控车床子程序编程与调用操作实训，使学生具备下面能力：
1）熟练使用宏变量及宏程序语句。
2）应用宏程序编写零件粗、精宏程序。
3）编写含有非圆曲线轮廓要素宏程序。

二、实训设备、刀具及材料

1）实训车间或实训基地现有数控车削中心。
2）数控车床常用刀具。
3）毛坯棒料若干（45钢）。

三、实训内容及实训报告

待加工工件的零件图如图训 14-1 所示，完成下面实训内容。

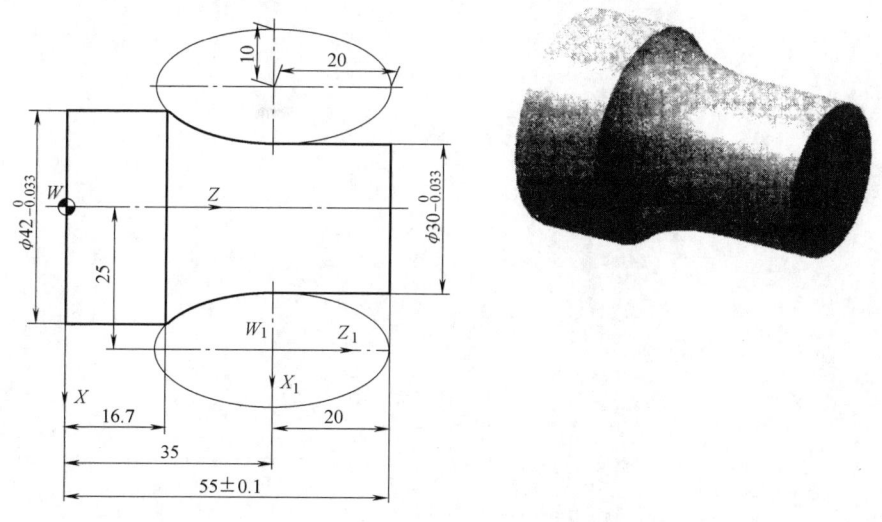

图训 14-1 非圆曲线用户宏程序编程与调用实训图例

1）对零件进行结构工艺性分析。
2）选择合适机床。
3）选择毛坯材料及尺寸规格。
4）零件装夹方式设计及工件坐标系设定，填写数控车削加工工件安装及工件坐标系设定卡（见附表B）。
5）刀具选择，填写数控车削加工刀具选用卡（见附表D）。

6) 切削用量选择及加工工艺路线设计,填写数控车削加工工序卡(见附表A)。

7) 加工程序编制,填写数控车削加工程序编制卡(见附表C)。

四、成绩评定

教师总体评价及综合成绩评定:

_____

_____

_____

_____

_____

综合成绩_____

教师签名_____

实训项目十五　操作面板基本操作实训

班级_____姓名_____学号_____

一、实训目的及能力要求

通过操作面板基本操作实训，使学生具备下面能力：
1）认识数控车床操作面板各按钮及指示灯作用。
2）数控车床 MDI 键盘基本操作能力。
3）数控车床操作面板基本操作能力。

二、实训设备、刀具及材料

实训车间或实训基地现有数控车床。

三、实训内容及实训报告

根据表训 15-1 中的实训内容，完成实训报告。

表训 15-1　实训报告

序号	实训内容	操作过程、观察现象及屏幕显示情况
1	数控车床的正确开机操作流程	
2	利用 MDI 键盘输入字符串"N10 M03 S600；"	
3	在字符串"N10 M03 S600"中将光标移动到末位	
4	在字符串"N10 M03 S600"中将光标向前移动两位	
5	在字符串"N10 M03 S600"中删除"M03"	
6	在字符串"N10 S600"中的"N10"后插入"M03"	
7	按下急停按钮	
8	设计两种操作模式，使主轴正转，转速 S600	
9	主轴正转，转速 S500（用主轴倍率修调按钮操作）	
10	主轴正转，转速 S700（用主轴倍率修调按钮操作）	

(续)

序号	实训内容	操作过程、观察现象及屏幕显示情况
11	主轴反转，转速 S400	
12	主轴点动操作	
13	将屏幕切换至位置显示画面	
14	将屏幕切换至程序画面	
15	将屏幕切换至刀偏设置画面	
16	将屏幕切换至系统显示画面	
17	将屏幕切换至图形模拟画面	
18	说明软键作用及操作	

四、成绩评定

教师总体评价及综合成绩评定：

_____

_____

_____

_____

综合成绩_____

教师签名_____

实训项目十六　手动操作实训

班级_____姓名_____学号_____

一、实训目的及能力要求
通过数控车床的手动操作实训，使学生具备下面能力：
1）建立机床坐标系操作能力。
2）数控车床手动连续进给操作能力。
3）数控车床手轮进给操作能力。

二、实训设备、刀具及材料
实训车间或实训基地现有数控车床。

三、实训内容及实训报告
1. 数控车床手动返回参考点操作（见表训16-1）

表训16-1　数控车床手动返回参考点操作实训报告

序号	实训项目	实训过程记录
1	手动返回参考点操作步骤	
2	返回参考点时显示器坐标值显示	
3	返回参考点前后操作面板指示灯显示变化	
4	返回参考点坐标轴移动速度大小	
5	选择移动倍率大小	
6	建立机床坐标系	

2. 数控车床手动连续进给（JOG）操作（见表训16-2）

表训16-2　数控车床手动连续进给（JOG）操作实训报告

序号	实训项目	实训过程记录
1	记录手动连续进给操作步骤	
2	选择手动进给20%倍率，记录机床坐标轴移动速度值大小	
3	选择手动进给120%倍率，记录机床坐标轴移动速度值大小	

（续）

序号	实训项目	实训过程记录
4	实现坐标轴每转进给，记录机床参数设置步骤及过程	
5	根据机床位置情况，若先选择"+X"或"-X"，再选择JOG按钮，记录机床运动情况	

3. 数控车床手轮进给操作（见表训16-3）

表训16-3　数控车床手轮进给操作实训报告

序号	实训项目	实训过程记录
1	记录手轮进给操作步骤	
2	通过手轮操作实现 X 轴的正、负两个方向的运动	
3	通过手轮操作实现 Z 轴的正、负两个方向的运动	
4	手轮转动前，记录机床坐标轴坐标值大小	
5	手轮旋转360°后，记录机床坐标轴坐标值大小，将手轮刻度与坐标值变化值进行比较	
6	将系统参数HPT（第7100号第4位）的设定为0时，极快速旋转手轮，比较手轮旋转前后坐标变化与手轮刻度值大小	
7	将系统参数HPT（第7100号第4位）的设定为1时，极快速旋转手轮然后突然停止，观察坐标轴运动情况以及写出你的结论	

四、成绩评定

教师总体评价及综合成绩评定：

综合成绩_____

教师签名_____

实训项目十七　数控车床程序编辑操作实训

班级_____姓名_____学号_____

一、实训目的及能力要求

通过数控车床程序编辑操作实训，使学生具备下面能力：
1）数控车床程序创建能力。
2）数控车床程序前、后台编辑能力。
3）数控车床程序调用能力。
4）数控车床程序删除、检索等能力。

二、实训设备、刀具及材料

实训车间或实训基地现有数控车床（FANUC 数控系统）。

三、实训内容及实训报告

1）利用数控车床 MDI 操作面板输入下面程序：

O1111；
G40　G20；
T0101；
S600　M04；
G00　X52.0　Z52.0；
G00　X30.0　F100；
　　　Z-20.0；
　　　X40.0　Z-30.0；
　　　X52.0；
G28　U0　W0；
M30；

2）将上面输入的程序以文件名 O1111 保存。
3）在上面程序基础上，完成实训报告（见表训 17-1）。

表训 17-1　实训报告

序号	程序操作要求	程序操作过程
1	对上面程序进行自动生成程序段号的操作：程序首段号为 N05，段号间隔为 5	
2	第二行修改为：G40 G21 G98；	
3	第四行应改为：S600 M03；	
4	将程序另存为 O2222	
5	调用程序 O2222，并将光标指向程序终点	

(续)

序号	程序操作要求	程序操作过程
6	删除程序段 N15，然后将程序另存为 O3333	
7	调用程序 O2222，删除连续程序段 N05~N25 之间内容，将程序另存为 O4444	
8	进行检索程序号为 O3333 的操作	
9	进行删除程序号为 O2222 的操作	
10	进行删除程序号 O3333~O4444 的操作	
11	将程序 O1111 在后台进行重新输入操作，将程序命名为 O5555 并保存	

四、成绩评定

教师总体评价及综合成绩评定：

_____

_____

_____

_____

综合成绩_____

教师签名_____

实训项目十八　数控车床程序自动运行操作实训

班级_____姓名_____学号_____

一、实训目的及能力要求

通过数控车床程序自动运行操作实训，使学生具备下面能力：
1）数控车床 MDI 运行操作能力。
2）数控车床存储器运行操作能力。
3）数控车床程序再启动（P 型或 Q 型）操作能力。
4）数控车床子程序调度操作能力。
5）数控车床手轮中断操作能力。

二、实训设备、刀具及材料

实训车间或实训基地现有数控车床。

三、实训内容及实训报告

通过 MDI 操作面板输入下面程序，以文件名 O0001 保存，并完成实训报告（见表训 18-1）。

O0001；
G50　X100.0　Z100.0；
T0101；
M03　S800
G50　S1500；
G96　S60.0；
G00　X52.0　Z0.0；
G01　X－1.0　F0.15；
G97　S800；
G00　X52.0　Z1.0；
G71　U2.0　R1.0
G71　P01　Q02　U0.5　W0.1　F0.3；
G00　X100.0　Z100.0；
T0202；
N01　G00　G42　X20.0　Z1.0；
G01　X24.0　Z－1.0　F0.1；
Z－26.0；
G02　U8.0　W－4.0　R4.0；
G01　X38.0；

X40.0　W-1.0;
W-19.0;
X46.0;
N02　U6.0　W-3.0;
G00　G40　X100.0　Z100.0;
M30;

表训 18-1　实训报告

序号	实训要求	实训操作步骤及现象
1	通过 MDI 方式运行该程序	
2	修改 O0001 程序,修改完毕后以文件名 O0002 保存,要求程序在运行第 12 行后自动停止运行	
3	调用程序 O0002 并运行该程序	
4	重新运行程序 O0002,要求程序运行时在任意程序段都能够手动停止该程序运行	
5	调用程序 O0001,要求程序从"T0202"处开始运行	
6	调用程序 O0001,要求程序从"T0202"处开始实现手轮中断操作,手轮操作选择×1 倍率	

四、成绩评定

教师总体评价及综合成绩评定:
_____
_____
_____
_____
_____

综合成绩_____

教师签名_____

实训项目十九　数控车床参数设定与数据显示操作实训

班级_____姓名_____学号_____

一、实训目的及能力要求

通过数控车床参数设定与数据显示操作实训，使学生具备下面能力：
1）数控车床程序运行时显示各种位置坐标的操作能力。
2）数控车床程序运行时以各种方式显示程序内容的操作能力。
3）数控车床刀具偏移值设置和显示能力。
4）数控车床工件坐标系建立、坐标系偏移设置和显示等操作能力。
5）数控车床螺距误差补偿数据设定的操作能力。

二、实训设备、刀具及材料

实训车间或实训基地现有数控车床。

三、实训内容及实训报告（见表训19-1）

表训19-1　实训报告

序号	实训内容		实训操作步骤及现象
1	位置显示操作	显示刀具位置绝对坐标画面	
2		显示刀具位置相对坐标画面	
3		显示刀具位置坐标综合画面	
4		预置两个工件坐标系，坐标原点 O_1、O_2 坐标分别为（30，40）、（40，30）	
5	调用或重新输入"实训项目八"给定程序，在"机床锁住"状态下运行该程序，完成下面实训内容		
6	程序显示操作	显示程序全部内容	
7		在程序运行时仅显示当前程序段内容	
8		在程序运行时显示当前程序段下一段内容	
9		在程序运行时进入程序检查画面，并记录画面上的模态数据	
10		显示CNC内存程序清单	

(续)

序号	实训内容	实训操作步骤及现象
11	参数设置和显示操作	如图所示，在卡盘上夹持一棒料，在回转刀架中安装三把编号分别为1、2、3的刀具，以其中的1号刀具作为标准刀具，把标准刀具的刀补值设为0，转动刀架，依次测量出每把刀具与基准刀 X、Z 轴的偏移值 ΔX、ΔZ，然后在刀补表中输入相应的值，注意输入值的正负号 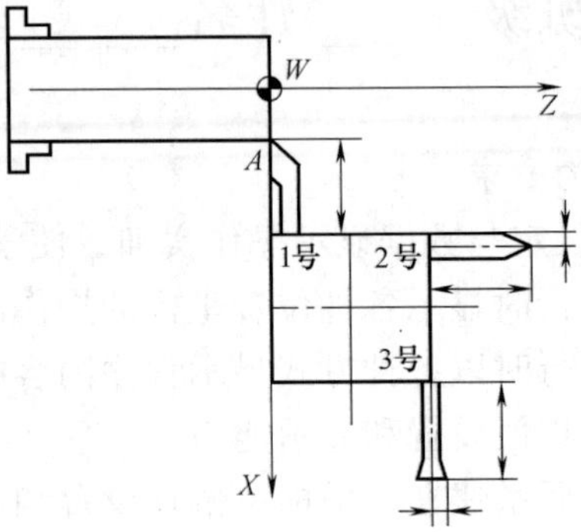 （图：工件坐标系示意图，标注 W、Z、X、A、1号、2号、3号） | 刀具号 \ 偏移值 | ΔX | ΔZ | |---|---|---| | 1号刀具 | 0 | 0 | | 2号刀具 | | | | 3号刀具 | | |
12	输入刀具偏移量	
13	工件坐标系偏移设置 通过对刀方法以工件右端面中心作为工件坐标系原点，通过改变设置将工件坐标系原点移至工件左端面	
14	显示和输入设定数据操作 将参数输入单位设定为英寸，在输入的程序中不自动加入程序段顺序号	

四、成绩评定

教师总体评价及综合成绩评定：

_____

_____

_____

_____

综合成绩_____

教师签名_____

实训项目二十　阶梯轴类零件加工实训

班级_____姓名_____学号_____

一、实训目的及能力要求

通过阶梯轴类零件加工实训，使学生具备下面能力：
1) 零件工艺结构分析能力。
2) 零件加工工艺路线设计能力。
3) 机床、毛坯、夹具、刀具、切削用量等选用能力。
4) 工序卡填写能力。
5) 程序编写能力。
6) 数控车削加工仿真软件使用能力。
7) 机床操作及零件加工能力。
8) 零件精度检测能力。
9) 产品及工艺文件提交能力。

二、实训设备、刀具及材料

1) 实训车间或实训基地现有数控车床。
2) 数控车削加工常用刀具。
3) 数控车削加工毛坯棒料。
4) 常用精度检测装置。

三、工作任务单

根据图训 20-1 所示的零件图，完成实训报告（见表训 20-1）。

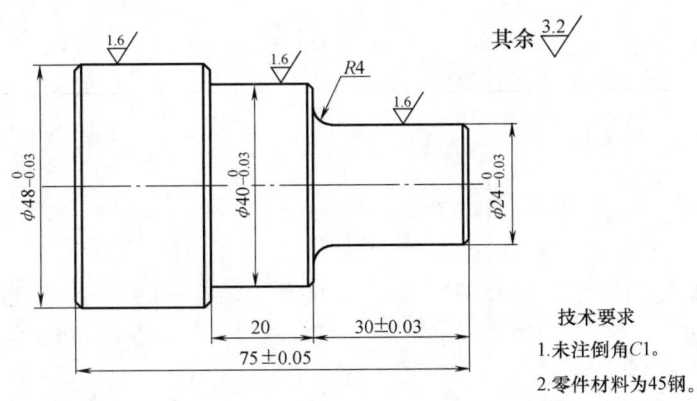

图训 20-1　阶梯轴零件加工综合实训图例

表训 20-1　实训报告

序号	实训工作任务	实训工作任务实施
1	零件结构工艺性分析	
2	机床选择（型号及规格）	
3	毛坯选择（材料及规格）	
4	加工方案设计	

（续）

序号	实训工作任务	实训工作任务实施
5	加工刀具选择	填写数控车削加工刀具选用卡（见附表 D）
6	零件装夹方式及工件坐标系建立	装夹方式一简图： 装夹方式二简图：
7	零件工艺设计及填写工序卡	填写数控车削加工工序卡（见附表 A）
8	基点计算及编写零件加工程序	基点计算： 填写数控车削加工程序编制卡（见附表 C）

(续)

序号	实训工作任务	实训工作任务实施
9	零件仿真加工及程序修正	仿真加工步骤:
		程序存在问题及修正:
10	零件加工	零件加工步骤:
		零件加工过程问题处理:

（续）

序号	实训工作任务	实训工作任务实施
11	零件加工精度检测	填写数控车削加工零件精度检测卡（见附表E）
12	工艺文件整理与产品提交	工艺文件清单： 零件提交：

四、成绩评定

教师总体评价及综合成绩评定：
_____
_____
_____
_____
_____

综合成绩_____

教师签名_____

实训项目二十一　含圆弧要素阶梯轴类零件加工实训

班级_____姓名_____学号_____

一、实训目的及能力要求

通过含圆弧要素阶梯轴类零件加工实训，使学生具备下面能力：

1）零件工艺结构分析能力。
2）零件加工工艺路线设计能力。
3）机床、毛坯、夹具、刀具、切削用量等要素的选用能力。
4）工序卡填写能力。
5）多把刀具对刀及刀具参数设置能力。
6）恒线速指令正确应用能力。
7）程序编写能力。
8）数控车削加工仿真软件使用能力。
9）机床操作及零件加工能力。
10）零件精度检测能力。
11）产品及工艺文件提交能力。

二、实训设备、刀具及材料

1）实训车间或实训基地现有数控车床。
2）数控车削加工常用刀具。
3）数控车削加工毛坯棒料。
4）常用精度检测装置。

三、工作任务单

根据如图训 21-1 所示的零件图，完成实训报告（见表训 21-1）。

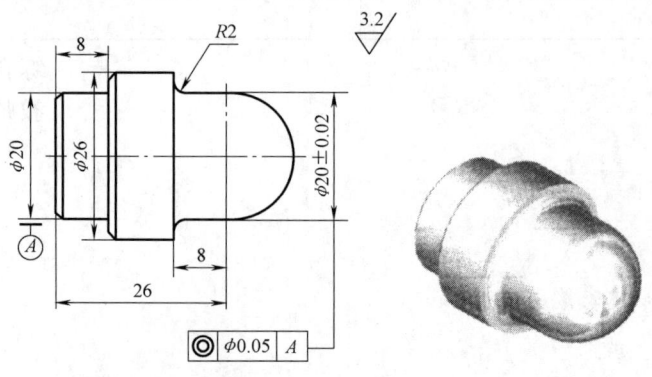

图训 21-1　含圆弧要素阶梯轴零件加工综合实训图例

表训 21-1　实训报告

序号	实训工作任务	实训工作任务实施
1	零件结构工艺性分析	
2	机床选择（型号及规格）	
3	毛坯选择（材料及规格）	
4	加工方案设计	

（续）

序号	实训工作任务	实训工作任务实施
5	加工刀具选择	填写数控车削加工刀具选用卡（见附表D）
6	零件装夹方式及工件坐标系建立	装夹方式一简图： 装夹方式二简图：
7	零件工艺设计及填写工序卡	填写数控车削加工工序卡（见附表A）
8	基点计算及编写零件加工程序	基点计算： 填写数控车削加工程序编制卡（见附表C）

（续）

序号	实训工作任务	实训工作任务实施
9	零件仿真加工及程序修正	仿真加工步骤： 程序存在问题及修正：
10	零件加工	零件加工步骤： 零件加工过程问题处理：

(续)

序号	实训工作任务	实训工作任务实施
11	零件加工精度检测	填写数控车削加工零件精度检测卡（见附表E）
12	工艺文件整理与产品提交	工艺文件提交清单： 零件提交：

四、成绩评定

教师总体评价及综合成绩评定：

_____
_____
_____
_____

综合成绩_____

教师签名_____

实训项目二十二 含螺纹要素阶梯轴类零件加工实训

班级_____ 姓名_____ 学号_____

一、实训目的及能力要求

通过含螺纹要素阶梯轴类零件加工实训，使学生具备下面能力：
1) 零件工艺结构分析能力。
2) 零件加工工艺路线设计能力。
3) 机床、毛坯、夹具、刀具、切削用量等要素的选用能力。
4) 工序卡填写能力。
5) 多把刀具对刀能力及刀具参数设置能力。
6) 利用角度样板找正安装外螺纹车刀能力。
7) 外螺纹大径、小径尺寸及其尺寸范围计算能力。
8) 含螺纹要素零件的加工程序编写能力。
9) 数控车削加工仿真软件使用能力。
10) 机床操作及零件加工能力。
11) 零件精度检测能力。
12) 产品及工艺文件提交能力。

二、实训设备、刀具及材料

1) 实训车间或实训基地现有数控车床。
2) 数控车削加工常用刀具。
3) 数控车削加工毛坯棒料。
4) 常用精度检测装置。

三、工作任务单

根据如图训22-1所示的零件图，完成实训报告（见表训22-1）。

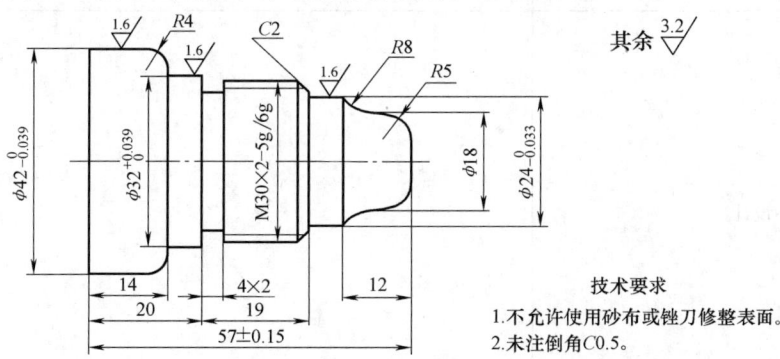

图训22-1 含螺纹要素阶梯轴零件加工综合实训图例

表训 22-1 实训报告

序号	实训工作任务	实训工作任务实施
1	零件结构工艺性分析	
2	机床选择（型号及规格）	
3	毛坯选择（材料及规格）	
4	加工方案设计	

（续）

序号	实训工作任务	实训工作任务实施
5	加工刀具选择	填写数控车削加工刀具选用卡（见附表D）
6	零件装夹方式及工件坐标系建立	装夹方式一简图：
		装夹方式二简图：
7	零件工艺设计及填写工序卡	填写数控车削加工工序卡（见附表A）
8	节点计算及编写零件加工程序	节点及其螺纹尺寸计算：
		填写数控车削加工程序编制卡（见附表C）

(续)

序号	实训工作任务	实训工作任务实施
9	零件仿真加工及程序修正	仿真加工步骤：
		程序存在问题及修正：
10	零件加工	零件加工步骤：
		零件加工过程问题处理：

(续)

序号	实训工作任务	实训工作任务实施
11	零件加工精度检测	填写数控车削加工零件精度检测卡（见附表E）
12	工艺文件整理与产品提交	工艺文件提交清单：
		零件提交：

四、成绩评定

教师总体评价及综合成绩评定：

_____
_____
_____
_____

综合成绩_____

教师签名_____

实训项目二十三 含沟槽要素阶梯轴类零件加工实训

班级_____ 姓名_____ 学号_____

一、实训目的及能力要求

通过含沟槽要素阶梯轴类零件加工实训，使学生具备下面能力：
1) 零件工艺结构分析能力。
2) 零件加工工艺路线特别是沟槽加工工艺路线设计能力。
3) 机床、毛坯、夹具、刀具、切削用量等要素的选用能力。
4) 工序卡填写能力。
5) 切槽刀刀位点确定、对刀及刀具参数的设置能力。
6) 用角度样板找正安装外螺纹车刀的能力。
7) 外螺纹大径、小径尺寸及其精度范围计算能力。
8) 沟槽要素尺寸计算能力。
9) 螺纹循环指令应用能力。
10) 沟槽循环指令应用能力。
11) 含综合要素工件的加工程序编写能力。
12) 数控车削加工仿真软件使用能力。
13) 机床操作及零件加工能力。
14) 零件精度检测能力。
15) 产品及工艺文件提交能力。

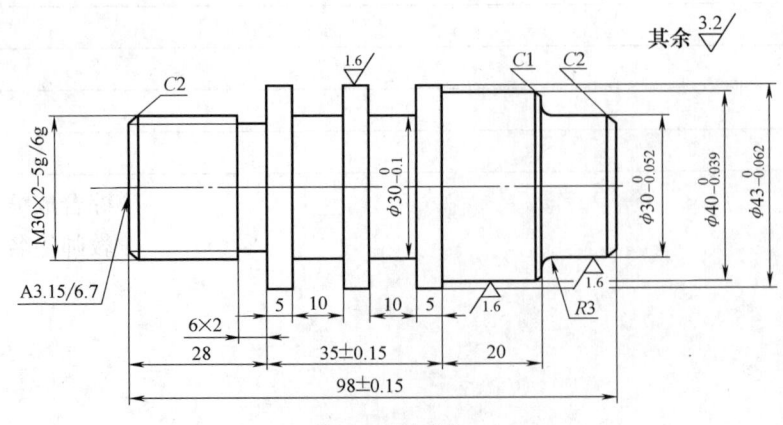

技术要求
1. 不允许使用砂布或锉刀修整表面。
2. 未注倒角C0.5。

图训23-1 含沟槽要素阶梯轴零件加工综合实训图例

二、实训设备、刀具及材料

1）实训车间或实训基地现有数控车床。
2）数控车削加工常用刀具。
3）数控车削加工毛坯棒料。
4）常用精度检测装置。

三、工作任务单

根据如图训 23-1 所示的零件图，完成实训报告（见表训 23-1）。

表训 23-1　实训报告

序号	实训工作任务	实训工作任务实施
1	零件结构工艺性分析	
2	机床选择（型号及规格）	

（续）

序号	实训工作任务	实训工作任务实施
3	毛坯选择（材料及规格）	
4	加工方案设计	
5	加工刀具选择	填写数控车削加工刀具选用卡（见附表D）
6	零件装夹方式及工件坐标系建立	装夹方式一简图： 装夹方式二简图：

(续)

序号	实训工作任务	实训工作任务实施
7	零件工艺设计及填写工序卡	填写数控车削加工工序卡（见附表A）
8	节点计算及编写零件加工程序	节点及其螺纹尺寸计算：
		填写数控车削加工程序编制卡（见附表C）
9	零件仿真加工及程序修正	仿真加工步骤：
		程序存在问题及修正：

(续)

序号	实训工作任务	实训工作任务实施
10	零件加工	零件加工步骤：
		零件加工过程问题处理：
11	零件加工精度检测	填写数控车削加工零件精度检测卡（见附表E）
12	工艺文件整理与产品提交	工艺文件提交清单：
		零件提交：

四、成绩评定

教师总体评价及综合成绩评定：

_____
_____
_____
_____
_____

综合成绩_____

教师签名_____

实训项目二十四　阶梯孔套类零件加工实训

班级_____姓名_____学号_____

一、实训目的及能力要求

通过阶梯孔套类零件加工实训，使学生具备下面能力：
1) 零件工艺结构分析能力。
2) 零件阶梯孔加工工艺设计能力。
3) 阶梯孔刀具及切削用量选用能力。
4) 工序卡填写能力。
5) 孔加工刀位点确定、对刀及刀具参数设置能力。
6) 孔加工循环指令正确使用能力。
7) 内孔测量及误差分析能力。
8) 产品及工艺文件提交能力。

二、实训设备、刀具及材料

1) 实训车间或实训基地现有数控车床。
2) 数控车削加工常用刀具。
3) 数控车削加工毛坯棒料。
4) 常用精度检测装置。

三、工作任务单

根据如图训24-1所示的零件图，完成实训报告（见表训24-1）。

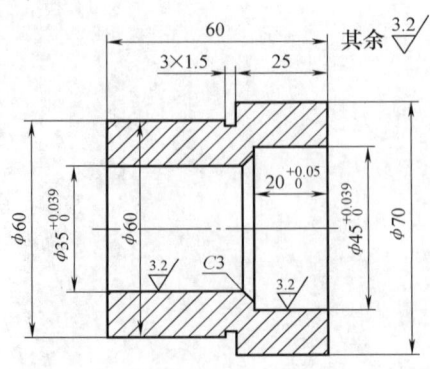

图训24-1　阶梯孔套类零件加工综合实训图例

表训 24-1　实训报告

序号	实训工作任务	实训工作任务实施
1	零件结构工艺性分析	
2	机床选择（型号及规格）	
3	毛坯选择（材料及规格）	
4	加工方案设计	

(续)

序号	实训工作任务	实训工作任务实施
5	加工刀具选择	填写数控车削加工刀具选用卡（见附表D）
6	零件装夹方式及工件坐标系建立	装夹方式一简图：
		装夹方式二简图：
7	零件工艺设计及填写工序卡	填写数控车削加工工序卡（见附表A）
8	基点计算及编写零件加工程序	基点尺寸计算：
		填写数控车削加工程序编写卡（见附表C）

（续）

序号	实训工作任务	实训工作任务实施
9	零件仿真加工及程序修正	仿真加工步骤：
		程序存在问题及修正：
10	零件加工	零件加工步骤：
		零件加工过程问题处理：

（续）

序号	实训工作任务	实训工作任务实施
11	零件加工精度检测	填写数控车削加工零件精度检测卡（见附表E）
12	工艺文件整理与产品提交	工艺文件提交清单：
		零件提交：

四、成绩评定

教师总体评价及综合成绩评定：

_____
_____
_____
_____

综合成绩_____

教师签名_____

实训项目二十五　含内沟槽要素阶梯孔套类零件加工实训

班级_____ 姓名_____ 学号_____

一、实训目的及能力要求

通过阶梯孔套类零件加工实训，使学生具备下面能力：
1）零件工艺结构分析能力。
2）含内沟槽要素阶梯孔套类零件加工工艺设计能力。
3）含内沟槽要素阶梯孔套类零件刀具及切削用量选用能力。
4）工序卡填写能力。
5）内切槽刀刀位点确定、对刀及刀具参数设置能力。
6）内沟槽加工循环指令正确使用能力。
7）内沟槽测量及误差分析能力。
8）产品及工艺文件提交能力。

二、实训设备、刀具及材料

1）实训车间或实训基地现有数控车床。
2）数控车削加工常用刀具。
3）数控车削加工毛坯棒料。
4）常用精度检测装置。

三、工作任务单

根据如图训25-1所示的零件图，完成实训报告（见表训25-1）。

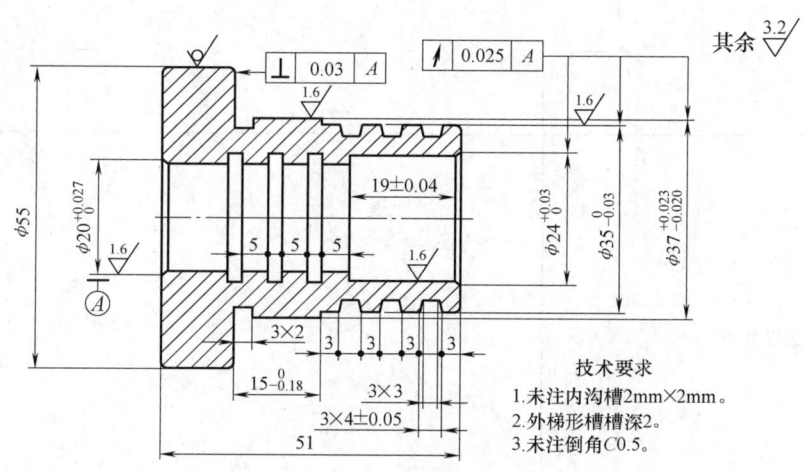

图训25-1　含内沟槽要素阶梯孔套类零件加工综合实训图例

表训 25-1 实训报告

序号	实训工作任务	实训工作任务实施
1	零件结构工艺性分析	
2	机床选择（型号及规格）	
3	毛坯选择（材料及规格）	
4	加工方案设计	

(续)

序号	实训工作任务	实训工作任务实施
5	加工刀具选择	填写数控车削加工刀具选用卡（见附表D）
6	零件装夹方式及工件坐标系建立	装夹方式一简图：
		装夹方式二简图：
7	零件工艺设计及填写工序卡	填写数控车削加工工序卡（见附表A）
8	节点计算及编写零件加工程序	节点尺寸计算：
		填写数控车削加工程序编制卡（见附表C）

(续)

序号	实训工作任务	实训工作任务实施
9	零件仿真加工及程序修正	仿真加工步骤：
		程序存在问题及修正：
10	零件加工	零件加工步骤：
		零件加工过程问题处理：

（续）

序号	实训工作任务	实训工作任务实施
11	零件加工精度检测	填写数控车削加工零件精度检测卡（见附表E）
12	工艺文件整理与产品提交	工艺文件提交清单： 零件提交：

四、成绩评定

教师总体评价及综合成绩评定：

综合成绩_____

教师签名_____

实训项目二十六　含内螺纹要素阶梯孔套类零件加工实训

班级＿＿＿＿　姓名＿＿＿＿　学号＿＿＿＿

一、实训目的及能力要求

通过含内螺纹要素阶梯孔套类零件加工实训，使学生具备下面能力：
1) 零件工艺结构分析能力。
2) 左旋内螺纹主轴旋向、刀具进给方向确定能力。
3) 含内螺纹要素阶梯孔套类零件加工工艺设计能力。
4) 含内螺纹要素阶梯孔套类零件刀具及切削用量选用能力。
5) 工序卡填写能力。
6) 内切槽刀刀位点确定、对刀及刀具参数设置能力。
7) 内螺纹加工循环指令正确使用能力。
8) 内沟槽测量及误差分析能力。
9) 产品及工艺文件提交能力。

二、实训设备、刀具及材料

1) 实训车间或实训基地现有数控车床。
2) 数控车削加工常用刀具。
3) 数控车削加工毛坯棒料。
4) 常用精度检测装置。

三、工作任务单

根据如图训26-1所示的零件图，完成实训报告（见表训26-1）。

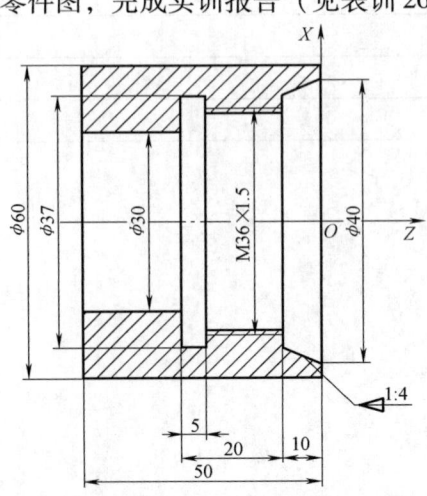

图训26-1　含内螺纹要素阶梯孔套类零件加工综合实训图例

表训 26-1 实训报告

序号	实训工作任务	实训工作任务实施
1	零件结构工艺性分析	
2	机床选择（型号及规格）	
3	毛坯选择（材料及规格）	
4	加工方案设计	

(续)

序号	实训工作任务	实训工作任务实施
5	加工刀具选择	填写数控车削加工刀具选用卡（见附表D）
6	零件装夹方式及工件坐标系建立	装夹方式一简图： 装夹方式二简图：
7	零件工艺设计及填写工序卡	填写数控车削加工工序卡（见附表A）
8	节点计算及编写零件加工程序	节点尺寸计算： 填写数控车削加工程序编制卡（见附表C）

（续）

序号	实训工作任务	实训工作任务实施
9	零件仿真加工及程序修正	仿真加工步骤：
		程序存在问题及修正：
10	零件加工	零件加工步骤：
		零件加工过程问题处理：

（续）

序号	实训工作任务	实训工作任务实施
11	零件加工精度检测	填写数控车削加工零件精度检测卡（见附表E）
12	工艺文件整理与产品提交	工艺文件提交清单： 零件提交：

四、成绩评定

教师总体评价及综合成绩评定：

_____
_____
_____
_____
_____

综合成绩_____

教师签名_____

表训 27-1　实训报告

序号	实训工作任务	实训工作任务实施
1	零件结构工艺性分析	
2	机床选择（型号及规格）	
3	毛坯选择（材料及规格）	
4	加工方案设计	

实训项目二十七 含平底孔要素套类零件加工实训

班级_____姓名_____学号_____

一、实训目的及能力要求

通过含平底孔要素套类零件加工实训，使学生具备下面能力：
1）零件工艺结构分析能力。
2）含平底孔要素套类零件刀具及切削用量选用能力。
3）平底孔加工工艺路线设计能力。
4）内沟槽要素加工程序编制能力。
5）工序卡填写能力。
6）内沟槽测量及误差分析能力。
7）产品及工艺文件提交能力。

二、实训设备、刀具及材料

1）实训车间或实训基地现有数控车床。
2）数控车削加工常用刀具。
3）提供数控车削加工毛坯棒料。
4）常用精度检测装置。

三、工作任务单

根据如图训 27-1 所示的零件图，完成实训报告（见表训 27-1）。

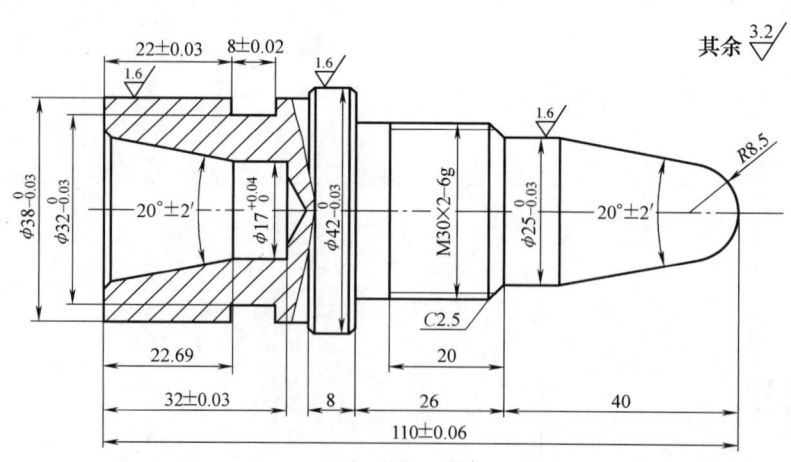

图训 27-1　含平底孔要素套类零件加工综合实训图例

（续）

序号	实训工作任务	实训工作任务实施
5	加工刀具选择	填写数控车削加工刀具选用卡（见附表D）
6	零件装夹方式及工件坐标系建立	装夹方式一简图：
		装夹方式二简图：
7	零件工艺设计及填写工序卡	填写数控车削加工工序卡（见附表A）
8	节点计算及编写零件加工程序	节点尺寸计算：
		填写数控车削加工程序编制卡（见附表C）

(续)

序号	实训工作任务	实训工作任务实施
9	零件仿真加工及程序修正	仿真加工步骤： 程序存在问题及修正：
10	零件加工	零件加工步骤： 零件加工过程问题处理：

实训项目二十八　组合件加工实训

班级_____ 姓名_____ 学号_____

一、实训目的及能力要求

通过含平底孔要素套类零件加工实训，使学生具备下面能力：

1）组合件工艺结构分析能力。
2）组合件加工方法选择能力。
3）组合件零件加工工艺路线设计能力。
4）组合件工序卡填写能力。
5）组合件程序编写能力。
6）组合件配制能力。
7）组合件精度检测能力。
8）产品及工艺文件提交能力。

二、实训设备、刀具及材料

1）实训车间或实训基地现有数控车床。
2）数控车削加工常用刀具。
3）数控车削加工毛坯棒料。
4）常用精度检测装置。

三、工作任务单

根据如图训28-1所示的零件图，完成实训报告（见表训28-1）。

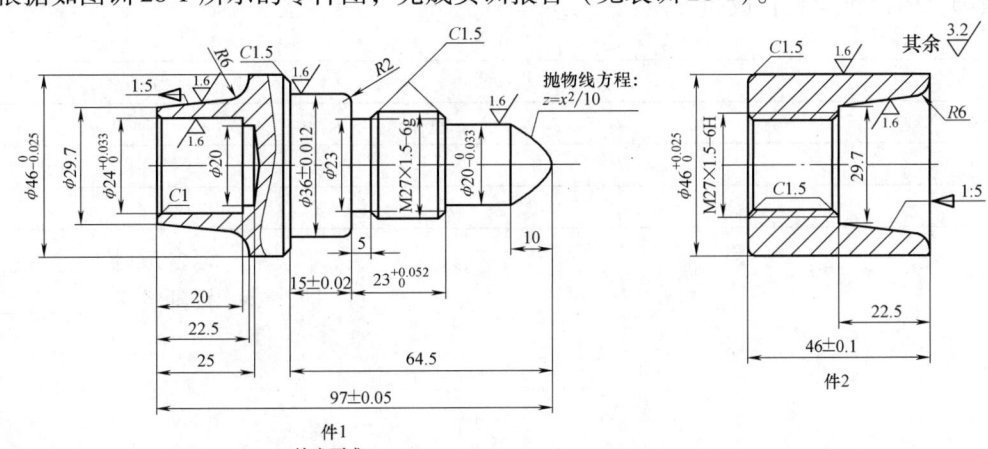

图训28-1　组合件加工综合实训图例

(续)

序号	实训工作任务	实训工作任务实施
11	零件加工精度检测	填写数控车削加工零件精度检测卡(见附表E)
12	工艺文件整理与产品提交	工艺文件提交清单: 零件提交:

四、成绩评定

教师总体评价及综合成绩评定:

_____

_____

_____

_____

综合成绩_____

教师签名_____

(续)

序号	实训工作任务	实训工作任务实施
5	组合件加工刀具选择	填写数控车削加工刀具选用卡（见附表D）
6	组合件零件装夹方式的确定及工件坐标系建立	件1装夹方式简图： 件2装夹方式简图：
7	组合件零件工艺设计及填写工序卡	填写数控车削加工工序卡（见附表A）
8	节点计算及编写零件加工程序	节点尺寸计算： 填写数控车削加工程序编制卡（见附表C）

表训 28-1　实训报告

序号	实训工作任务	实训工作任务实施
1	组合件结构工艺性分析	
2	机床选择（型号及规格）	
3	组合件毛坯选择（材料及规格）	
4	组合件加工方案设计	

(续)

序号	实训工作任务	实训工作任务实施
9	零件仿真加工及程序修正	仿真加工步骤：
		程序存在问题及修正：
10	零件加工	零件加工步骤：
		零件加工过程问题处理：

(续)

序号	实训工作任务	实训工作任务实施
11	零件加工精度检测	填写数控车削加工零件精度检测卡（见附表E）
12	工艺文件整理与产品提交	工艺文件提交清单： 零件提交：

四、成绩评定

教师总体评价及综合成绩评定：

_____

_____

_____

_____

综合成绩_____

教师签名_____